由“青椒课堂”提供在线实训及考试平台支持

Big Data Skills Competition Practice Guide

大数据技能竞赛知识点解析与实践

主　编　李　辉　张　莹　卢兴民
副主编　胡　健　张福华　蒋红兰
参　编　王新猛　李凤莲　王彦平　李　超　杨海迎

机械工业出版社
CHINA MACHINE PRESS

本书以大学生大数据技能竞赛、“智警杯”大数据技能竞赛为背景，全面系统地讲述了大数据技术的基本原理和应用。

本书共5章，主要介绍了Linux操作系统的常用命令和服务的使用；MySQL数据库操作与管理、非关系型数据库NoSQL；围绕大数据框架讲述了Hadoop技术、Hive数据仓库等大数据组件架构的应用；数据采集与分析；数据挖掘与数据可视化、业务分析报告撰写等内容。

本书内容循序渐进，条理性强，全部内容基于项目需求进行设计，同时对所需的系统环境、软件版本、数据等信息进行详细说明，有助于读者本地环境的复现和练习。

为提升学习效果，书中结合实际应用提供了大量的案例，并配以完善的学习资料，包括课件、软件、数据、源码、答案、在线竞赛模拟平台，为读者带来全方位的学习体验。扫描关注机械工业出版社计算机分社官方微信订阅号IT有得聊，回复“73112”。即可获取本书配套资源下载链接。

本书既可作为大数据技能竞赛的参赛辅导书，也可作为高等院校本、专科数据科学与大数据技术以及其他计算机相关专业大数据技术综合实训教材。

图书在版编目（CIP）数据

大数据技能竞赛知识点解析与实践/李辉，张莹，卢兴民主编．—北京：机械工业出版社，2023.6（2024.1重印）

ISBN 978-7-111-73112-2

Ⅰ．①大…　Ⅱ．①李…②张…③卢…　Ⅲ．①数据处理-竞赛题-题解　Ⅳ．①TP274-44

中国国家版本馆CIP数据核字（2023）第079640号

机械工业出版社（北京市百万庄大街22号　邮政编码100037）
策划编辑：王　斌　　　　责任编辑：王　斌
责任校对：樊钟英　李　杉　责任印制：郜　敏
三河市宏达印刷有限公司印刷
2024年1月第1版第2次印刷
184mm×260mm · 23.25印张 · 576千字
标准书号：ISBN 978-7-111-73112-2
定价：99.00元

电话服务　　　　　　　　　网络服务
客服电话：010-88361066　机　工　官　网：www. cmpbook. com
　　　　　010-88379833　机　工　官　博：weibo. com/cmp1952
　　　　　010-68326294　金　　书　　网：www. golden-book. com
封底无防伪标均为盗版　　机工教育服务网：www. cmpedu. com

前　言

近年来，随着各行各业数据资源的极大丰富及大数据技术的不断发展，大数据相关产业迎来了空前的发展机遇。大数据相关技术在各领域得到了广泛的应用，例如，金融大数据、商业大数据、网络舆情大数据及医疗与健康大数据等。对大数据人才的市场需求呈现井喷式增长。

各类大数据相关学科竞赛的举办，有效促进了高等院校大数据相关专业教学模式的探索性改良，推进相关专业课程体系、教学内容和教学方法等教学资源的质量提升和丰富完善，对于高校大数据相关专业建设的发展起到很好的促进作用。通过大数据学科竞赛，能够激发学生的自主学习热情，培养学生的团队意识和创新意识，提高了学生在平台搭建、数据采集、数据分析与挖掘等方面的实践能力，提高学生的专业技能，并践行了“理实一体化”“做学教一体化”的教学模式。

本书是作者在长期从事大数据分析技术、数据挖掘教学和科学研究成果的基础上，以大学生大数据技能竞赛、“智警杯”公安系统大数据技能竞赛为背景，以“大数据分析与应用职业技能等级标准”为参考编写而成。全书共5章，系统介绍了Linux操作系统、数据库技术、大数据平台技术、数据采集与分析、数据挖掘与数据可视化等内容。

第1章为Linux操作系统，主要介绍主机名、Hosts映射、防火墙配置等Linux常用命令，同时对时间同步、定时任务、远程访问等服务进行介绍。

第2章为数据库技术，主要介绍了数据库的安装和配置、数据库操作管理、数据表操作管理、视图、权限管理、备份与还原、非关系型数据库NoSQL等。

第3章为大数据平台技术，主要介绍了Hadoop分布式大数据框架、Hive数据仓库、HBase数据库、Spark技术框架、ZooKeeper协调框架、Flume数据收集、Sqoop数据传输、Azkaban任务调度工具等大数据组件架构的应用，还介绍了故障排查、性能调优等平台运维管理方案。

第4章为数据采集与分析，主要介绍了HTTP原理、网页组成、网络请求、XPath解析、数据存储等网络信息获取技术，同时对数据进行了统计分析方法介绍，包括描述性分析、探索性分析、缺失值分析等方法。

第5章为数据挖掘与数据可视化，介绍通过算法提取挖掘数据中的有用信息，主要内容包括线性回归、逻辑回归、决策树等算法，介绍如何对数据进行可视化呈现和数据分析报告的撰写。

本书详细介绍了大数据及数据分析的技术构成，理论和实践紧密结合，可以帮助读者梳理思路，对比不同技术的优势并做出选择，从而更加符合产业发展的需求。

本书结合历年竞赛真题知识的解析，可作为参加大数据类竞赛的辅导用书，同时配有全套教学课件、数据集、视频、环境等实训资源，亦可作为高等院校大数据相关专业、相关课程的实训教材，或是培训机构的培训教材。

本书主编为李辉、张莹、卢兴民，副主编为胡健、张福华、蒋红兰，参编人员为王新猛、李凤莲、王彦平、李超、杨海迎。在本书编写过程中，特别是真题梳理验证过程中，北京红亚华宇科技有限公司提供了资料协助和平台支持，在此表示衷心感谢。

由于编者水平有限，加之大数据技术的发展日新月异，书中难免会有疏漏和不妥之处，敬请广大读者批评指正。

编　者

实验环境配置说明

分　类	软件及相应版本
系统	CentOS Linux release 7. 3. 1611（Core） Windows 10
工具	WPS Excel 3. 9. 1（6204） Eclipse 2019-12 PyCharm 2020. 3. 3 IBM SPSS Statistics 26. 0 VS Code 1. 75. 1 Tableau 2018. 3 FineBI 5. 1
软件	MySQL 5. 7. 25/8. 0 JDK 1. 8 Hadoop 2. 7. 7 Hive 2. 3. 4 Spark 2. 4. 3 Scala 2. 10. 6/2. 11. 11 Kafka 0. 10 ZooKeeper 3. 4. 14/3. 6. 3 HBase 1. 6. 0 Sqoop 1. 4. 7
库	NumPy 1. 19. 5 Pandas 1. 2. 0 Matplotlib 3. 4. 2 Seaborn 0. 12. 0 Scikit-learn 1. 1. 2 Statsmodels 0. 12. 0 Mlxtend 0. 21. 0 Jieba 0. 42. 1 WordCloud 1. 12. 1 Pillow 8. 0. 1
插件	ECharts. js D3. js

目　录

第 1 章 Linux 操作系统

本章要点：

- Linux 操作系统主机名设置
- 防火墙等服务的管理和使用
- 周期性/定时执行任务
- 软件包的安装与管理
- SSH 远程登录的原理与实现

1.1 主机名配置

1.1.1 设置主机名

1. 概述

主机名（Hostname）为计算机系统、交换机、路由器等设备的名称，在网络中可用于对设备进行标识。

在一个局域网中，每台机器都有一个主机名，便于主机间的区分，同一网络中不能有两个主机名相同的系统。主机名通常使用容易记忆的方法进行设置，可以根据每台机器的功能对其进行命名，此方法便于主机间的相互访问，尤其在部署集群的时候更为方便。

在 Linux 系统中，有多种方式设置主机名，以下介绍两种常见版本主机名的配置方式。

2. 目标

在 Linux 操作系统中设置主机名。

3. 准备

操作系统：CentOS 7.3。

4. 考点 1：临时配置命令 hostname

hostname 命令用来显示或设置当前系统的主机、域或节点名，只改变临时主机名（transient hostname），对应修改的文件为/proc/sys/kernel/hostname，系统重启之后该文件被静态主机名（static hostname）进行覆盖。

语法格式：

```
hostname [选项]
```

常用参数如表 1-1 所示。

表 1-1　hostname 常用参数

选　项	功　能	选　项	功　能
-a	别名	-s	短主机名
-d	DNS 域名	-v	运行时显示详细过程
-f	长主机名	-y	NIS/YP 域名
-i	IP 地址	-F <文件>	读取指定文件

使用 hostname 命令修改主机名为 qingjiao，如图 1-1 所示。

```
[root@iz8vb2j5hsvhkkoce3qrg4z ~]# hostname qingjiao
[root@iz8vb2j5hsvhkkoce3qrg4z ~]# hostname
qingjiao
```

图 1-1　修改临时主机名

5. 考点 2：永久配置命令 hostnamectl

hostnamectl（hostname control）用于查询和更改系统主机名和相关配置，修改静态主机名，通过该方式配置主机名后，系统会自动将设置信息写入配置文件/etc/hostname，无须额外编辑，修改后静态主机名和临时主机名都发生变化，永久生效。

使用 hostnamectl 命令修改主机名后，可以使用 bash 命令使配置生效。

语法格式：

```
hostnamectl [选项]
```

常用参数如表 1-2 所示。

表 1-2　hostnamectl 常用参数

选　项	功　能
-H	操作远程主机
status	显示当前主机名设置
set-hostname	设置系统主机名
-H	操作远程主机

使用 hostnamectl 查看系统主机名，如图 1-2 所示。

```
[root@iz8vb2j5hsvhkkoce3qrg4z ~]# hostnamectl
   Static hostname: iz8vb2j5hsvhkkoce3qrg4z
   Pretty hostname: iZ8vb2j5hsvhkkoce3qrg4Z
Transient hostname: qingjiao
         Icon name: computer-vm
           Chassis: vm
        Machine ID: b7ab9add9a761df2e33b16b2038dbf9c
           Boot ID: 1b8451faff7f4f57bbe8fcd17d97520b
    Virtualization: kvm
  Operating System: CentOS Linux 7 (Core)
       CPE OS Name: cpe:/o:centos:centos:7
            Kernel: Linux 3.10.0-514.el7.x86_64
      Architecture: x86-64
```

图 1-2　查看系统主机名

从上图 1-2 可以看到，静态主机名为 iz8vb2j5hsvhkkoce3qrg4z，临时主机名为 qingjiao。使用 hostnamectl 命令修改静态主机名为 qingjiao，如图 1-3 所示。

```
[root@iz8vb2j5hsvhkkoce3qrg4z ~]# hostnamectl set-hostname qingjiao
[root@iz8vb2j5hsvhkkoce3qrg4z ~]# hostname
qingjiao
[root@iz8vb2j5hsvhkkoce3qrg4z ~]# hostnamectl
   Static hostname: qingjiao
         Icon name: computer-vm
           Chassis: vm
        Machine ID: b7ab9add9a761df2e33b16b2038dbf9c
           Boot ID: 1b8451faff7f4f57bbe8fcd17d97520b
    Virtualization: kvm
  Operating System: CentOS Linux 7 (Core)
       CPE OS Name: cpe:/o:centos:centos:7
            Kernel: Linux 3.10.0-514.el7.x86_64
      Architecture: x86-64
```

图 1-3　修改系统主机名

从图 1-3 可以看到，此时系统静态主机名已经修改为 qingjiao。为了便于使用，可使用 bash 命令即时生效该主机名，如图 1-4 所示。

```
[root@iz8vb2j5hsvhkkoce3qrg4z ~]# bash
[root@qingjiao ~]#
```

图 1-4　生效主机名

1.1.2　Hosts 映射

1. 概述

Hosts 是一个文本文件，用于记录 IP 和 Hostname 主机名之间的映射关系，一般格式为"IP 地址 主机名"，可以将其看作是一个关联"数据库"，当用户访问主机名时，系统会首先自动从/etc/hosts 文件中寻找对应的 IP 地址，一旦找到，系统会自动访问对应的 IP 地址。

Hosts 文件配置的映射是静态的，如果计算机更新了 IP 地址，则不能继续访问。

2. 目标

修改/etc/hosts 文件添加节点映射。

3. 准备

操作系统：CentOS 7.3。

4. 考点：添加节点映射

使用命令查看虚拟机 IP，终端中可以看到其 IP 地址为 172.16.35.180，如图 1-5 所示。

```
[root@qingjiao ~]# ifconfig
eth0: flags=4163<UP,BROADCAST,RUNNING,MULTICAST>  mtu 1500
        inet 172.16.35.180  netmask 255.255.240.0  broadcast 172.16.47.255
        inet6 fe80::216:3eff:fe13:34a8  prefixlen 64  scopeid 0x20<link>
        ether 00:16:3e:13:34:a8  txqueuelen 1000  (Ethernet)
        RX packets 4869  bytes 5420017 (5.1 MiB)
        RX errors 0  dropped 0  overruns 0  frame 0
        TX packets 1792  bytes 480723 (469.4 KiB)
        TX errors 0  dropped 0 overruns 0  carrier 0  collisions 0
```

图 1-5　查看 IP 地址

设定本机对应主机名为 qingjiao，将其写入/etc/hosts 文件中，可使用 vim 或者编辑工具对其进行操作。具体命令如下。

```
172.16.35.180 qingjiao
```

保存成功后，可以对其进行测试，使用 ping 命令检测是否可以连通并解析本机名称。

```
[root@ qingjiao~]# ping -a qingjiao
PING qingjiao (172.16.35.180) 56(84) bytes of data.
64 bytes from qingjiao (172.16.35.180): icmp_seq=1 ttl=64 time=0.012 ms
64 bytes from qingjiao (172.16.35.180): icmp_seq=2 ttl=64 time=0.026 ms
64 bytes from qingjiao (172.16.35.180): icmp_seq=3 ttl=64 time=0.025 ms
64 bytes from qingjiao (172.16.35.180): icmp_seq=4 ttl=64 time=0.024 ms
```

可以看到，对应 IP 解析名称为 qingjiao，并且能收到返回的数据。多个主机间相互访问直接使用 IP 地址比较麻烦，此时就可以设置主机映射，方便后续主机间快速查找并访问。

1.2 防火墙配置与管理

1.2.1 防火墙操作命令

1. 概述

防火墙作为公网与内网、专用网与公共网之间的保护屏障，是两个网络之间通信时的一种访问控制，在保护数据安全性方面起着至关重要的作用。CentOS7 防火墙默认使用 firewall 服务。

在后续部署 Hadoop 集群时，如果不关闭防火墙，可能会出现节点间无法通信的情况。集群一般处于同一个局域网内，关闭防火墙一般不会存在安全隐患，同时也可以通过配置防火墙规则进行端口过滤等。

2. 目标

查看并更改防火墙状态。

3. 准备

操作系统：CentOS 7.3。

4. 考点 1：firewall 基本使用

（1）查看防火墙服务状态

使用 status 命令查看防火墙服务状态。

```
[root@qingjiao~]#systemctl status firewalld
firewalld.service - firewalld - dynamic firewall daemon
  Loaded: loaded (/usr/lib/systemd/system/firewalld.service; disabled; vendor preset: enabled)
  Active: inactive (dead)
    Docs: man:firewalld(1)

11月 30 06:37:31 qingjiaosystemd[1]: Starting firewalld - dynamic firewall daemon...
11月 30 06:37:31 qingjiaosystemd[1]: Started firewalld - dynamic firewall daemon.
11月 30 08:26:32 qingjiaosystemd[1]: Stopping firewalld - dynamic firewall daemon...
11月 30 08:26:33 qingjiaosystemd[1]: Stopped firewalld - dynamic firewall daemon.
```

注：出现 Active：inactive（dead）灰色表示服务停止。

（2）开启/关闭防火墙

① 使用 start 命令开启防火墙。

```
[root@qingjiao~]#systemctl start firewalld
[root@qingjiao~]#systemctl status firewalld
firewalld.service - firewalld - dynamic firewall daemon
  Loaded: loaded (/usr/lib/systemd/system/firewalld.service; disabled; vendor preset: enabled)
  Active: active (running) since 2022-11-30 08:28:35 UTC; 1s ago
    Docs: man:firewalld(1)
 Main PID: 11206 (firewalld)
  Memory: 21.5M
CGroup: /system.slice/firewalld.service
 └─11206 /usr/bin/python2 -Es /usr/sbin/firewalld --nofork --nopid

11月 30 08:28:35 qingjiaosystemd[1]: Starting firewalld - dynamic firewall daemon...
11月 30 08:28:35 qingjiaosystemd[1]: Started firewalld - dynamic firewall daemon.
```

注：出现 Active：active（running）且高亮显示表示防火墙是启动状态。

② 使用 stop 命令关闭防火墙。

```
[root@qingjiao~]#systemctl stop firewalld
```

5. 考点 2：关闭防火墙自启动

使用命令查看虚拟机中服务自启动列表，执行结果中显示“enabled”为自启动，“disabled”为未自启动，如图 1-6 所示。

```
[root@qingjiao ~]# systemctl list-unit-files
UNIT FILE                                     STATE
proc-sys-fs-binfmt_misc.automount             static
dev-hugepages.mount                           static
dev-mqueue.mount                              static
proc-fs-nfsd.mount                            static
proc-sys-fs-binfmt_misc.mount                 static
sys-fs-fuse-connections.mount                 static
sys-kernel-config.mount                       static
sys-kernel-debug.mount                        static
tmp.mount                                     masked
var-lib-nfs-rpc_pipefs.mount                  static
brandbot.path                                 disabled
systemd-ask-password-console.path             static
systemd-ask-password-wall.path                static
session-1.scope                               static
session-28.scope                              static
session-31.scope                              static
aliyun.service                                enabled
```

图 1-6　查看服务自开启列表

① 使用 grep 命令筛选防火墙服务。

```
[root@qingjiao~]#systemctl list-unit-files |grep firewalld
firewalld.service                                        enabled
```

② 使用 disable 命令关闭防火墙自启。

```
[root@qingjiao~]#systemctl disable firewalld
Removed symlink /etc/systemd/system/multi-user.target.wants/firewalld.service.
Removed symlink /etc/systemd/system/dbus-org.fedoraproject.FirewallD1.service.
[root@qingjiao~]#systemctl list-unit-files |grep firewalld
firewalld.service                               disabled
```

1.2.2 配置防火墙规则

1. 概述

防火墙规则可定义允许或阻止的互联网流量类型，每个防火墙配置文件都有无法对其进行更改的防火墙规则的预定义集，但可以在此预定义集基础上对配置文件添加新规则。

firewalld 默认配置文件有/usr/lib/firewalld/（系统配置）、/etc/firewalld/（用户配置）。

firewalld 有图形界面工具 firewall-config 和命令行工具 fiewall-cmd，firewall-cmd 支持全部防火墙特性，使用命令进行规则配置会自动生成对应配置文件。

2. 目标

查看并更改防火墙规则。

3. 准备

操作系统：CentOS 7.3。

4. 考点 1：查看过滤规则

① 使用--state 选项查看防火墙状态，关闭显示“not running”，开启显示“running”。

```
[root@qingjiao~]# firewall-cmd --state
running
```

② 使用--list-ports 选项查看所有已开放的临时端口，默认为空。

```
[root@qingjiao~]# firewall-cmd --list-ports
```

③ 使用--list-ports --permanent 选项查看所有永久开放的端口，默认为空。

```
[root@qingjiao~]# firewall-cmd --list-ports --permanent
```

④ 使用--list-all 选项查看所有规则。

```
[root@qingjiao~]# firewall-cmd --list-all
public
  target: default
icmp-block-inversion: no
  interfaces:
  sources:
  services: dhcpv6-client ssh
  ports:
  protocols:
  masquerade: no
  forward-ports:
  source-ports:
icmp-blocks:
  rich rules:
```

5. 考点 2：修改过滤规则

（1）开放指定端口

修改过滤规则，开放 80 端口及端口段 1000-2000，重新加载防火墙并使配置生效，再次查看过滤规则即可看到对应信息。使用--permanent 参数可以将更改保存到配置文件中，否则重启之后修改失效。具体命令如下。

```
[root@qingjiao ~]# firewall-cmd --add-port=80/tcp  --permanent#开放 80 端口
success
[root@qingjiao ~]# firewall-cmd --add-port=1000-2000/tcp  --permanent  #开放端口段 1000-2000
success
[root@qingjiao ~]# firewall-cmd --reload  #重新加载防火墙并使配置生效
success
[root@qingjiao ~]# firewall-cmd --list-all  #再次查看过滤规则
public
  target: default
icmp-block-inversion: no
  interfaces:
  sources:
  services: dhcpv6-client ssh
  ports: 80/tcp 1000-2000/tcp
  protocols:
  masquerade: no
  forward-ports:
  source-ports:
icmp-blocks:
  rich rules:
```

（2）允许指定 IP 访问指定端口

① 添加规则允许 IP 为 192.168.1.1 访问的命令如下。

```
[root@qingjiao~]# firewall-cmd --permanent --add-rich-rule='rule family=ipv4 source address=
192.168.1.1 accept'
success
```

② 添加规则禁止 IP 为 192.168.1.2 访问的命令如下。

```
[root@qingjiao~]# firewall-cmd --permanent --add-rich-rule='rule family=ipv4 source address=
192.168.1.2 drop'
Success
```

③ 添加规则允许 192.168.2.1/24 IP 段的主机访问 22 端口 IP 段的命令如下。

```
[root@qingjiao~]# firewall-cmd --permanent --zone=public --add-rich-rule="rule family="
ipv4" source address="192.168.2.1/24" port protocol="tcp" port="22" accept"
success
```

④ 重新加载防火墙 permanent 规则配置的命令如下。

```
[root@qingjiao~]# firewall-cmd --reload
success
```

⑤ 查看所有规则的命令如下。

```
[root@qingjiao~]# firewall-cmd --list-all
public
  target: default
icmp-block-inversion: no
```

```
  interfaces:
  sources:
  services: dhcpv6-client ssh
  ports: 80/tcp 1000-2000/tcp
  protocols:
  masquerade: no
  forward-ports:
  source-ports:
icmp-blocks:
  rich rules:
rule family="ipv4" source address="192.168.1.1" accept
rule family="ipv4" source address="192.168.1.2" drop
rule family="ipv4" source address="192.168.2.1/24" port port="22" protocol="tcp" accept
```

（3）删除规则

删除端口段 1000-2000 的开放规则命令如下。

```
[root@qingjiao~]# firewall-cmd --remove-port=1000-2000/tcp  --permanent
success
[root@qingjiao~]# firewall-cmd --reload
success
[root@qingjiao~]# firewall-cmd --list-all
public
  target: default
icmp-block-inversion: no
  interfaces:
  sources:
  services: dhcpv6-client ssh
  ports: 80/tcp
  protocols:
  masquerade: no
  forward-ports:
  source-ports:
icmp-blocks:
  rich rules:
rule family="ipv4" source address="192.168.1.1" accept
rule family="ipv4" source address="192.168.1.2" drop
rule family="ipv4" source address="192.168.2.1/24" port port="22" protocol="tcp" accept
```

1.3 时间同步

1.3.1 同步网络时间

1. 概述

长时间运行 Linux 服务器时，其系统时间可能会存在一定的误差，一般情况下可以使用 date 命令进行时间修正。但是当不同设备上的系统时间不一致时，则会在协同处理、网络管理、执行顺序上出现问题。

网络时间协议（Network Time Protocol，NTP）是用来使各个主机时钟同步的一种协议，它可以直接将主机的时钟同步到世界协调时间（Universal Time Coordinated，UTC），也可以通过 NTP 服务器从权威时钟源或网络接收外部 UTC 源，客户端再从服务器请求和接收时间。

时间按照 NTP 服务器的等级传播，按照离外部 UTC 源的远近将所有服务器归入不同的 Stratum（层）中。Stratum-1 在顶层，有外部 UTC 接入，而 Stratum-2 则从 Stratum-1 获取时间，Stratum-3 从 Stratum-2 获取时间，以此类推，但 Stratum 层的总数限制在 15 以内。

2. 目标

单台服务器同步网络时间。

3. 准备

操作系统：CentOS 7.3。

4. 考点：单台服务器同步时间

（1）使用 date 查看虚拟机当前时间

Linux 系统中时钟有两个，一个是系统时钟，即 Linux 系统 Kernel 时间，另一个是硬件时钟，即主板上的 BIOS 时间。系统启动时，系统时间会读取硬件时钟的设置并独立于硬件运行，这个过程可能存在时区换算，导致系统时钟和硬件时钟不一致。

```
[root@qingjiao ~]# date              # 查看系统时间
2022 年 12 月 02 日星期五 07:31:33 UTC
[root@qingjiao ~]# date -R           # 查看系统时区和时间
Fri, 02 Dec 2022 07:31:38 +0000
[root@qingjiao ~]# hwclock -r        # 查看硬件时间
2022 年 12 月 02 日星期五 15 时 31 分 41 秒  -0.331672 秒
```

结果中可以看到，其系统时间为“07：31：33”，时区为“+0000”表示为 0 时区，和硬件时间（东八区）时间相差 8 个小时。

（2）修改时间与时区

① 使用 date -s 命令修改当前时间。

```
[root@qingjiao ~]# date -s 15:49:44  # 设置具体时间,不会对日期做更改
2022 年 12 月 02 日星期五 15:49:44 UTC
[root@qingjiao~]# date -R
Fri, 02 Dec 2022 15:49:55 +0000
```

结果中可以看到，系统时间虽然已经修改，但是其时区依然没有变化。

② 使用 ntpdate 命令使网络时间同步。

```
[root@qingjiao~]#ntpdate -u ntp.api.bz
 2 Dec 19:01:17 ntpdate[30325]: adjust time server 114.118.7.161 offset 0.000637 sec
```

参数说明：-u：越过防火墙与主机同步。ntp 常用服务器：NTP 服务器（上海）：ntp.api.bz；中国国家授时中心 IP 地址：210.72.145.44。

③ 使用 timedatectl 命令查询和更改系统时钟和设置，使用“set-timezone”设定对应时区。

```
[root@qingjiao~]#timedatectl set-timezone "Asia/Shanghai"
[root@qingjiao~]#timedatectl
```

```
      Local time:五 2022-12-0216:06:12 CST
  Universal time:五 2022-12-02 08:06:12 UTC
        RTC time:五 2022-12-0218:06:12
       Time zone:Asia/Shanghai (CST, +0800)
     NTP enabled:yes
NTP synchronized:no
 RTC in local TZ:yes
      DST active:n/a
```

④ 使用 tzselect 查找和修改时区。

```
[root@qingjiao~]#tzselect
Please identify a location so that time zone rules can be set correctly.
Please select a continent or ocean.
 1) Africa
 2) Americas
 3) Antarctica
 4) Arctic Ocean
 5) Asia
 6)……
#? 5    # 选择亚洲 5)Asia
Please select a country.
 1) Afghanistan  18) Israel    35) Palestine
 2) Armenia  19) Japan    36) Philippines
 3) Azerbaijan  20) Jordan    37) Qatar
 4) Bahrain  21) Kazakhstan    38) Russia
 5) Bangladesh  22) Korea (North)    39) Saudi Arabia
 6) Bhutan  23) Korea (South)    40) Singapore
 7) Brunei  24) Kuwait    41) Sri Lanka
 8) Cambodia  25) Kyrgyzstan    42) Syria
 9) China……
#? 9    # 选择国家 9)China
Please select one of the following time zone regions.
1) Beijing Time
2) Xinjiang Time
#? 1    # 选择北京时间 1)Beijing Time

The following information has been given:

China
Beijing Time

Therefore TZ='Asia/Shanghai' will be used.
Local time is now:Sat Dec  216:10:33 CST 2022.
Universal Time is now:Fri Dec  208:10:33 UTC 2022.
Is the above information OK?
1) Yes
```

```
2) No
#? 1    # 确认信息 1) Yes

You can make this change permanent for yourself by appending the line
TZ='Asia/Shanghai'; export TZ
to the file '.profile' in your home directory; then log out and log in again.

Here is that TZ value again, this time on standard output so that you
can use the /usr/bin/tzselect command in shell scripts:
Asia/Shanghai
```

注：tzselect 命令只是告诉提示时区的方法，根据得到的提示“TZ =' Asia/Shanghai '; export TZ”，需要将 TZ 环境变量写入.profile 文件。

```
[root@qingjiao~]# echo "TZ='Asia/Shanghai'; export TZ">> /etc/profile
[root@qingjiao ~]# source /etc/profile          #生效环境变量
[root@qingjiao ~]# date -R                      #查看时间
Sat, 02 Dec 2022 16:11:56 +0800
```

⑤ 修改配置文件，将/usr/share/zoneinfo 中相应的时区文件（如 Asia/Shanghai）替换当前的系统时区文件/etc/localtime，此种修改方式对 date 命令是即时生效的。

```
[root@qingjiao~]# rm -rf /etc/localtime
[root@qingjiao~]# ln -sf /usr/share/zoneinfo/Asia/Shanghai /etc/localtime
[root@qingjiao~]#ll /etc/localtime
lrwxrwxrwx 1 root root 33 12 月  2 17:56 /etc/localtime -> /usr/share/zoneinfo/Asia/Shanghai
[root@qingjiao~]# date -R
Fri, 02 Dec 2022 17:56:47 +0800
```

⑥ 使用 hwclock 同步本地系统时钟和 BIOS 时间。

```
[root@qingjiao ~]# hwclock -s            # 将硬件时间同步到系统时钟
[root@qingjiao ~]# hwclock -w            # 将系统时间同步到硬件时钟
[root@qingjiao ~]# hwclock -r            # 读取并打印硬件时间
2022 年 12 月 02 日星期五 17 时 58 分 22 秒  -0.284176 秒
```

1.3.2　同步服务器时间

1. 概述

对于一些服务依赖于时间的集群（如 Hadoop 集群），需要有一部主机作为 NTP 服务器，其他客户端主机从这部主机进行时间同步，另外 NTP 服务主机从更高一层的服务器获得时间信息，NTP 时间同步架构示意图如图 1-7 所示。

2. 目标

使用 NTP 服务器时间。

3. 准备

操作系统：CentOS 7.3。

4. 考点：使用 NTP 服务同步时钟源时间

需要准备两台虚拟机 qingjiao1、qingjiao2，其中 qingjiao1 作为 NTP 服务器，对外提供

NTP 服务，使用 qingjiao2 同步 qingjiao1 的时间。

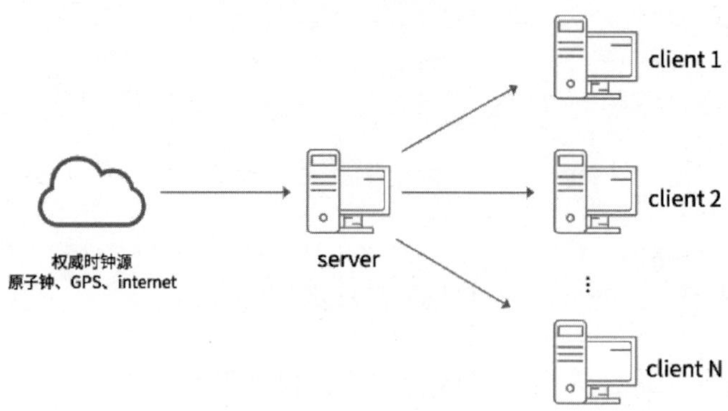

图 1-7　NTP 时间同步架构

（1）qingjiao1 配置时钟源

配置时钟源，主要是对配置文件/etc/ntp.conf 进行修改，常见配置参数如下。

```
restrict [ip] [mask] [par]          # 对 ntp 做权限控制,如 ignore 忽略所有 ntp 连接请求,默认不限制
server [address] [options...]       # 指定 NTP 服务器地址
fudge ip [startnum int]             # 设置时间服务器的层级
```

其中 fudge 必须和 server 一起使用，而且是在 server 的下一行。

NTP 时钟以分层层次结构来加以组织，该时钟层次的每一层被称为层（Stratum），顶层分配为数字 0。一个通过阶层 n 同步的服务器将运行在阶层 n+1。Startnum 的范围为 0～15，数字表示与参考时钟的距离，用于防止层次结构中的循环依赖性。

qingjiao1 作为 NTP 服务器，以本地时间为客户端提供时间服务，只需要配置 server，保证可以提供对时即可。

```
[root@qingjiao1 ~]#vim /etc/ntp.conf
server  127.127.1.0                 # local lock
fudge   127.127.1.0  stratum 10     # 层数为 10,通常用于给局域网主机提供时间服务
```

修改配置后，重启服务。

```
[root@qingjiao1 ~]#systemctl restart ntpd.service
[root@qingjiao1 ~]#systemctl status  ntpd.service
ntpd.service - Network Time Service
  Loaded: loaded (/usr/lib/systemd/system/ntpd.service; disabled; vendor preset: disabled)
  Active: active (running) since 一 2022-12-05 01:20:42 CST; 1min 19s ago
  Process: 15523 ExecStart=/usr/sbin/ntpd -u ntp:ntp $OPTIONS (code=exited, status=0/SUCCESS)
 Main PID: 15524 (ntpd)
  Memory: 608.0K
CGroup: /system.slice/ntpd.service
 └─15524 /usr/sbin/ntpd -u ntp:ntp -g


12 月 05 01:20:42 qingjiao1 ntpd[15524]: Listen and drop on...
12 月 05 01:20:42 qingjiao1 ntpd[15524]: Listen normally on...
12 月 05 01:20:42 qingjiao1 ntpd[15524]: Listen normally on...
```

```
12 月 05 01:20:42 qingjiao1 ntpd[15524]: Listen normally on...
12 月 05 01:20:42 qingjiao1 ntpd[15524]: Listen normally on...
12 月 05 01:20:42 qingjiao1 ntpd[15524]: Listening on routi...
12 月 05 01:20:42 qingjiao1 ntpd[15524]: 0.0.0.0 c016 06 re...
```

（2）qingjiao2 同步时钟源

客户端进行对时操作，可以使用 IP 地址、主机名。

```
[root@qingjiao2 ~]#ntpdate qingjiao1
5 Dec 17:31:37 ntpdate[25923]: adjust time server 47.92.106.184 offset 0.201392 sec
```

1.4　定时任务管理

1. 概述

定时任务是在指定时间内触发执行某个动作。Linux 中自带定时任务工具 crontab。使用这种定时任务方便修改定时规则，其命令格式如下。

```
crontab [参数] [文件名]
```

常用参数如表 1-3 所示。

表 1-3　crontab 常用参数

选　项	功　能
-u	指定用户
-e	编辑某个用户的 crontab 文件内容
-l	显示某个用户的 crontab 文件内容
-r	删除某用户的 crontab 文件
-i	删除某用户的 crontab 文件时需确认

如果没有指定文件名，系统则会接收键盘上输入的命令，自动写入 crontab。

crontab 语法格式如下：

```
Minutes Hours DayofMonth Month DayofWeek user-name command to be executed
```

crontab 表达式每位之间以空格分隔，每位从左到右代表的含义如表 1-4 所示。

表 1-4　crontab 表达式

字　段	允 许 值	允许的特殊字
分	0~59 的整数	, - * /四个字符
小时	0~23 的整数	, - * /四个字符
日期	1~31 的整数	, - * ? / L W C 八个字符
月份	1~12 的整数或者 JAN-DEC	, - * /四个字符
星期	1~7 的整数或者 SUN-SAT（1=SUN）	, - * ? / L C #八个字符

其中 * 和 ? 号都表示匹配所有的时间。

2. 目标

指定时间执行任务。

3. 准备

操作系统：CentOS 7.3。

4. 考点 1：执行定时任务

制定定时任务在 21：30 同步 qingjiao1 服务器时间。

```
[root@qingjiao2~]#crontab -e
no crontab for root - using an empty one
crontab: installing new crontab
[root@qingjiao2~]#crontab -l
30 21 * * * ntpdate qingjiao1
```

其中这里只指定了分和小时，其他参数为＊，代表每天 21：30 同步时间。

5. 考点 2：执行周期性任务

制定每天 10 点~17 点间每半个小时同步一次时间。

```
/30 10-17 * * * /usr/sbin/ntpdate qingjiao1
```

6. 考点 3：定时任务保存位置

crontab 支持多用户，默认使用当前用户，不同用户的配置保存在/var/spool/cron/目录下。

```
[root@qingjiao2~]# cd /var/spool/cron/
[root@qingjiao2cron]# ls
root
[root@qingjiao2cron]# cat root
30 21 * * * ntpdate qingjiao
```

1.5 SSH 远程访问

1.5.1 SSH 协议

1. 概述

Secure Shell（SSH）是由 IETF（The Internet Engineering Task Force）制定的建立在应用层基础上的安全网络协议。

SSH 可以通过 RSA 算法来产生公钥与私钥，在数据传输过程中对数据进行加密来保障数据的安全性和可靠性。公钥部分是公共部分，网络上任一节点均可以访问，私钥主要用于对数据进行加密，以防他人盗取数据。

Hadoop 集群的各个节点之间需要进行数据的访问，被访问的节点对于访问用户节点的可靠性必须进行验证，如果 Hadoop 集群对每个节点的访问均需要进行验证，其效率将会大大降低，所以实训中配置 SSH 免密，远程连入被访问节点，以此提高访问效率。

2. 目标

使用 SSH 进行免密访问。

3. 准备

操作系统：CentOS 7.3。

4. 考点 1：SSH 口令登录

SSH 口令登录非常简单，命令格式如下。

```
ssh user@hostname
```

此种方法需要通过密码身份验证登录到对应的服务器。

```
hongya@qingjiao ~ % ssh root@47.92.106.184
root@47.92.106.184's password:
Last failed login: Mon Dec  5 03:22:37 CST 2022 from 120.244.200.113 on ssh:notty
There were 3 failed login attempts since the last successful login.
Last login: Mon Dec  5 03:03:22 2022 from localhost
[root@qingjiao~]#
```

5. 考点 2：SSH 公钥免密登录

ssh-keygen 命令默认在~/.ssh 目录中生成 4096 位 SSH RSA 公钥和私钥文件。如果当前位置存在 SSH 密钥对，这些文件将被覆盖。

```
[root@qingjiao~]#ssh-keygen
Generating public/private rsa key pair.
Enter file in which to save the key (/root/.ssh/id_rsa):
Enter passphrase (empty for no passphrase):
Enter same passphrase again:
Your identification has been saved in /root/.ssh/id_rsa.
Your public key has been saved in /root/.ssh/id_rsa.pub.
The key fingerprint is:
3e:5b:aa:e0:1a:07:f4:66:b1:b6:12:33:1f:54:a0:21 root@qingjiao
The key's randomart image is:
+--[ RSA 2048]----+
|E ....           |
|.o .             |
| oo              |
|.o o             |
|  =B  S          |
| Xo .            |
| o=  o .         |
| = .  =          |
| .....o          |
+-----------------+
```

从以上打印结果可知，信息公钥保存在/root/.ssh/id_rsa.pub 中，将公钥信息存入 authorized_keys，这样才能保证通过密钥进行免密访问。

```
[root@qingjiao~]# cd /root/.ssh/
[root@qingjiao .ssh]# ls
authorized_keys id_rsa  id_rsa.pub  known_hosts
[root@qingjiao .ssh]# cat id_rsa.pub >>authorized_keys
```

首次访问主机时，需要进行信息验证，根据提示输入相应信息即可，再次登录则可直接免密登录，这里以主机连接自己为例。

```
[root@qingjiao .ssh]#ssh localhost
The authenticity of host 'localhost (::1)' can't be established.
ECDSA key fingerprint is 5e:6c:95:29:02:6f:b6:4c:7a:18:19:99:57:84:3b:7c.
Are you sure you want to continue connecting (yes/no)? yes
Warning: Permanently added 'localhost' (ECDSA) to the list of known hosts.
Last login: Mon Dec  5 03:00:18 2022 from 120.244.200.113
[root@qingjiao~]# exit  #退出连接
Connection to localhost closed.
[root@qingjiao .ssh]#ssh localhost
Last login: Mon Dec  5 03:03:10 2022 from localhost
[root@qingjiao~]#
```

1.5.2 SSH 连接工具

1. 概述

如果作为 Windows 操作系统用户，每天要对 Linux 服务器进行操作、文件传送等，那么选择一个高效 Secure Shell 软件（安全外壳协议，简称 SSH）是非常必要的。

2. 目标

使用工具进行 SSH 连接操作。

3. 准备

操作系统：Windows 7。

连接工具：Xshell、MobaXterm。

4. 考点 1：使用 Xshell 进行 SSH 连接操作

Xshell 是用于 Windows 平台的功能强大的 SSH1、SSH2、SFTP、TELNET、RLOGIN 和 SERIAL 终端模拟器。它使 Windows 操作系统用户可以轻松安全地访问 Unix/Linux 主机。

Xshell 旨在满足初学者和高级用户的需求，它的用户界面直观，为高级用户提供强大的功能，例如本地命令、使用正则表达式进行搜索、动态端口转发、国际语言等。Xshell 的操作界面及连接命令如图 1-8 所示。

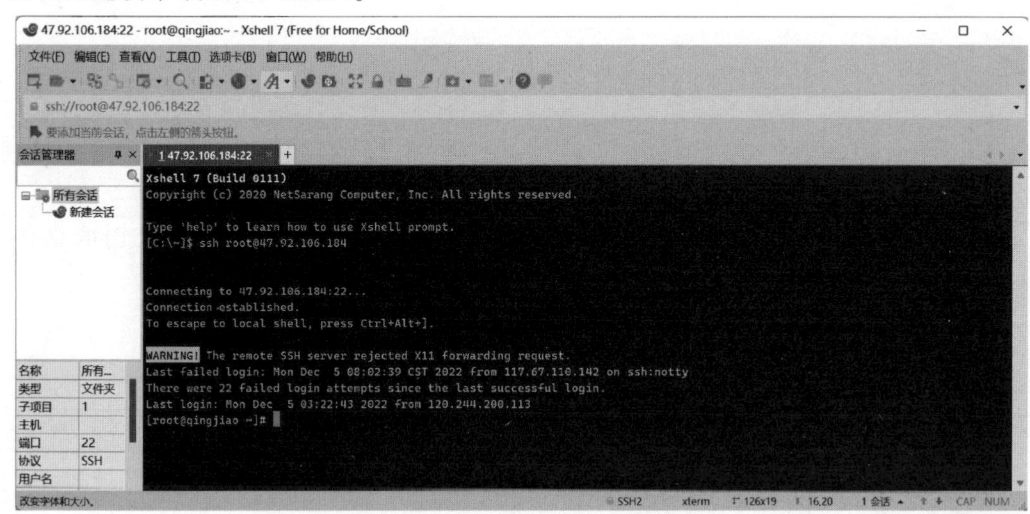

图 1-8　Xshell 工具界面

5. 考点 2：使用 MobaXterm 进行 SSH 连接操作

MobaXterm 是一款强大好用的远程终端登录利器，其功能十分强大，支持 SSH、FTP、串口、VNC、X server 等功能；支持标签，具备众多快捷键，操作方便；有丰富的插件，可以进一步增强功能。MobaXterm 的操作界面及连接命令如图 1-9 所示。

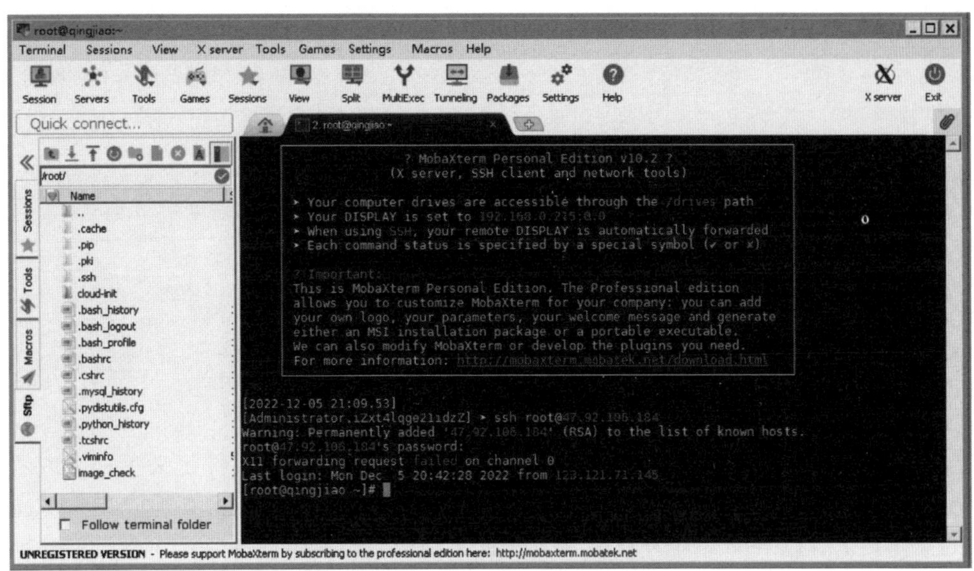

图 1-9　MobaXterm 操作界面

1.6　软件包管理

1.6.1　软件配置

1. 概述

CentOS 由于追求稳定性，其官方源中自带的软件不多，因而需要一些第三方源进行软件下载。

YUM（Yellow dog Update Modified）是一个在 Fedora、RedHat 以及 CentOS 中的 Shell 前端软件包管理器。YUM 的关键之处是有一个可靠的仓库（repository），其管理着一部分或整个 Linux 发行版本中应用程序的依赖关系，YUM 根据计算出来的依赖关系进行相关软件的安装、删除、升级。

2. 目标

修改 YUM 配置文件。

3. 准备

操作系统：CentOS 7.3。

4. 考点：修改 YUM 源配置文件

YUM 的配置文件/etc/yum.conf 中保存一切配置信息。文件内容一般分为 main 和 repository 两部分，但是默认情况下只有 main 部分。

- main 部分，用于保存全局配置信息；

- repository 部分，用于定义每个源/服务器的具体配置和信息，可以有一到多个。常位于/etc/yum.repo.d 目录下的各文件中。

① YUM 的配置文件/etc/yum.conf 如下所示。

```
[root@qingjiao~]# vim /etc/yum.conf
[main]
cachedir=/var/cache/yum/ $basearch/ $releasever     # YUM 下载的 RPM 包缓存目录
keepcache=0                                           # 缓存是否保存,1 为保存,0 为不保存
debuglevel=2                                          # 调试级别(0-10),默认为 2
logfile=/var/log/yum.log                              # YUM 日志文件所在位置
exactarch=1                                           # 更新时,是否更新不用版本的 RPM 包
obsoletes=1                                           # update 参数,允许更新陈旧的 RPM 包
gpgcheck=1                                            # 检查 GPG 密钥签名
plugins=1                                             # 允许使用插件
installonly_limit=5                                   # 允许保留内核包个数
bugtracker_url=http://bugs.centos.org/set_project.php? project_id=23&ref=http://bugs.
centos.org/bug_report_page.php? category=yum          # 追踪 bug 时的 URL
distroverpkg=centos-release                           # 获取发行版本
```

② repo 文件是 Fedora 中 YUM 源的配置文件，通常一个 repo 文件定义了一个或者多个软件仓库的细节内容，repo 文件中的设置内容将被 YUM 读取和应用，必须放在/etc/yum.repos.d 的文件夹下，以.repo 结尾才能生效，配置文件查看命令如下。

```
[root@qingjiao~]# cd /etc/yum.repos.d/
[root@qingjiaoyum.repos.d]# ls
CentOS-Base.repo
[root@qingjiaoyum.repos.d]# cat CentOS-Base.repo
[base]
name=CentOS- $releasever - Extras
failovermethod=priority
baseurl=http://mirrors.aliyun.com/centos/ $releasever/os/ $basearch/
        http://mirrors.aliyuncs.com/centos/ $releasever/os/ $basearch/
gpgcheck=1
......
```

③ 修改 repo 文件更改镜像源为清华源。

```
[root@qingjiaoyum.repos.d]# cp CentOS-Base.repo CentOS-Base.repo.bak # 备份文件
```

编辑配置文件，将以“baseurl=”开头的行内的域名替换为 mirrors.tuna.tsinghua.edu.cn。修改后的配置示例如下。

```
[root@qingjiaoyum.repos.d]# cat CentOS-Base.repo
[base]
name=CentOS- $releasever - Extras
failovermethod=priority
baseurl=http://mirrors.tuna.tsinghua.edu.cn/centos/ $releasever/os/ $basearch/
        http://mirrors.tuna.tsinghua.edu.cn/centos/ $releasever/os/ $basearch/
gpgcheck=1
......
```

1.6.2　下载安装软件

1. 概述

YUM 基于 RPM 包管理，能够从指定的服务器自动下载 RPM 包并且安装。其可以自动解决软件包之间的依赖关系，使用软件包中的依赖关系信息，保证软件包在安装前，先满足对应的条件，然后再自动安装软件包。

如果发生冲突，YUM 会自动放弃安装，不对系统做任何修改。YUM 通常通过网络安装和升级安装包。

2. 目标

使用 YUM 安装软件。

3. 准备

操作系统：CentOS 7.3。

4. 考点：使用 YUM 安装软件

YUM 语法格式：

```
yum [-options] [command] [packageName...]
```

-options 为可选项，常见参数如表 1-5 所示。

表 1-5　options 操作参数

-options	操　　作
-h	显示帮助信息
-y	安装过程提示选择全部为“yes”
-c	指定配置文件
-q	安静模式（不显示安装的过程）
-v	详细模式
-R	设定 yum 处理一个命令的最大等待时间
-C	从缓存中运行，不去下载或更新任何头文件

command 为要进行的操作，常见参数如表 1-6 所示。

表 1-6　command 操作参数

command	操　　作
install	安装 RPM 软件包
update	更新 RPM 软件包
remove	删除指定的 RPM 软件包
list	显示软件包的信息
search	检查软件包的信息
info	显示指定的 RPM 软件包的描述信息和概要信息
clean	清理 yum 缓存

使用 YUM 命令下载软件，以 wget 命令为例。

```
[root@qingjiao~]# yum install wget
已加载插件:fastestmirror
Loading mirror speeds from cached hostfile
正在解决依赖关系
-->正在检查事务
--->软件包 wget.x86_64.0.1.14-18.el7 将被安装
-->解决依赖关系完成
依赖关系解决
==========================================================================
 Package   架构版本源大小
==========================================================================
正在安装:
wget           x86_64          1.14-18.el7              centos7           547 k
事务概要
==========================================================================
安装  1 软件包
总下载量:547 k
安装大小:2.0 MB
Is this ok [y/d/N]: y
Downloading packages:
wget-1.14-18.el7.x86_64.rpm                                   | 547 kB  00:00
Running transaction check
Running transaction test
Transaction test succeeded
Running transaction
正在安装     : wget-1.14-18.el7.x86_64                                      1/1
验证中       : wget-1.14-18.el7.x86_64                                      1/1
已安装:
wget.x86_64 0:1.14-18.el7
完毕!
```

思考与练习

一、选择题

1. 如果想要查看当前系统的别名，可以使用以下哪个参数(　　)。

A. -a　　B. -d　　C. -f　　D. -s

2. Linux 中权限最大的账户是(　　)。

A. guest　　B. admin　　C. super　　D. root

3. 如何删除一个非空子目录/tmp (　　)。

A. del /tmp/ *　　B. rm -rf /tmp　　C. rm -Ra /tmp/ *　　D. rm -rf /tmp/ *

4. 不能显示文本文件内容的命令是(　　)。

A. more　　B. join　　C. cat　　D. less

5. 哪个命令可以将普通用户转换成超级用户(　　)。

A. super　　B. passwd　　C. tar　　D. su

6. 查看防火墙服务状态应使用命令(　　)。

A. systemctl start firewalld　　B. systemctl stop firewalld

C. systemctl status firewalld　　D. systemctl service firewalld

7. 建立一个新文件可以使用的命令为(　　)。

A. chmod　　B. more　　C. cp　　D. touch

8. 改变文件所有者的命令为(　　)。

A. chmod　　B. touch　　C. chown　　D. cat

9. 一般用(　　)命令来查看网络接口的状态。

A. ping　　B. ipconfig　　C. winipcfg　　D. ifconfig

10. 使用 date 查看系统时区和时间使用以下哪个命令(　　)。

A. date　　B. date -R　　C. hwclock -r　　D. date -s

11. Linux 系统中，使用 PS 命令的(　　)参数可用来显示所有用户的进程。

A. a　　B. b　　C. u　　D. x

12. Linux 文件权限一共 10 位长度，分成四段，第三段表示的内容是(　　)。

A. 文件类型　　B. 文件所有者的权限

C. 文件所有者所在组的权限　　D. 其他用户的权限

13. DNS 域名系统主要负责主机名和哪项之间的解析(　　)。

A. IP 地址　　B. MAC 地址　　C. 网络地址　　D. 主机别名

14. 哪个文件存放 YUM 的一切配置信息(　　)。

A. /etc/passwd　　B. /etc/yum.conf　　C. /etc/group　　D. /etc/gshadow

15. 使用 yum 命令安装软件包时，所用的选项是(　　)。

A. install　　B. remove　　C. erase　　D. update

二、简答题

1. 简述 Linux 操作系统的特性。
2. 简述 Linux 系统进行网络配置的过程。
3. SSH 由哪三部分组成?
4. 简述 YUM 软件包管理器的特点。
5. 查看防火墙状态时，其返回信息中高亮的“active”代表防火墙处于什么状态。

第 2 章 数据库技术

本章要点：

- 关系型数据库安装与配置
- 数据库 DDL、DML、DQL 操作
- 数据视图、备份与还原
- SQL 优化策略
- 非关系型数据库的概念

2.1 MySQL 数据库

2.1.1 MySQL 的安装

1. 概述

MySQL 是基于 C/S（Client/Server，客户端/服务器端）式的数据库，简单地说，如果要搭建 MySQL 环境，需要有两部分软件，即服务器端软件和客户端软件。MySQL 的安装和配置是 MySQL 操作的基础。

2. 目标

MySQL 安装与配置。

3. 准备

操作系统：CentOS 7.3。

软件版本：MySQL 8.0 及以上。

4. 考点 1：安装数据库

1）下载相应安装包。

进入 MySQL 官网，结合自己的操作系统选择合适的版本进行下载即可，如图 2-1 所示。

MySQL 官网地址：https：//www.mysql.com/cn/；

MySQL 8.0 下载地址：https：//dev.mysql.com/downloads/mysql/。

也可以用如下命令直接下载对应的安装包：

```
wget https://dev.mysql.com/get/Downloads/MySQL-8.0/mysql-8.0.30-linux-glibc2.12-x86_64.tar.xz
```

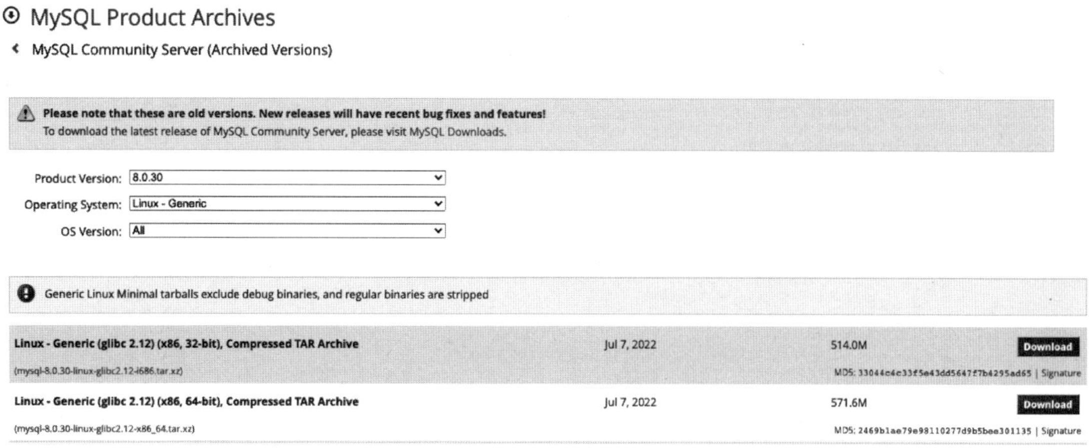

MySQL Product Archives

‹ MySQL Community Server (Archived Versions)

Please note that these are old versions. New releases will have recent bug fixes and features!
To download the latest release of MySQL Community Server, please visit MySQL Downloads.

Product Version: 8.0.30
Operating System: Linux - Generic
OS Version: All

Generic Linux Minimal tarballs exclude debug binaries, and regular binaries are stripped

Linux - Generic (glibc 2.12) (x86, 32-bit), Compressed TAR Archive (mysql-8.0.30-linux-glibc2.12-i686.tar.xz)	Jul 7, 2022	514.0M MD5: 33044c4c33f5e43dd5647f7b4295ad65 | Signature	Download
Linux - Generic (glibc 2.12) (x86, 64-bit), Compressed TAR Archive (mysql-8.0.30-linux-glibc2.12-x86_64.tar.xz)	Jul 7, 2022	571.6M MD5: 2469b1ae79e98110277d9b5bee301135 | Signature	Download

图 2-1　下载对应安装包

2）切换到 /usr/local/。

```
cd /usr/local/
```

3）创建 mysql 文件夹。

```
mkdir mysql
```

4）切换到 mysql 文件夹下。

```
cd mysql
```

5）解压 mysql8.0 安装包。

```
tar xvJf mysql-8.0.30-linux-glibc2.12-x86_64.tar.xz -C /usr/local/mysql
```

6）重命名解压出来的文件夹，这里改成 mysql-8.0。

```
mv mysql-8.0.30-linux-glibc2.12-x86_64 mysql-8.0
```

7）在/use/local/mysql-8.0 文件夹下创建 data 文件夹来存储文件。

```
mkdir data
```

8）创建用户组以及用户和密码。

```
groupadd mysql
useradd -g mysql mysql
```

9）授权新建的用户。

```
chown -R mysql.mysql /usr/local/mysql/mysql-8.0
chmod 750 /usr/local/mysql/mysql-8.0/data -R
```

10）配置环境，编辑/etc/profile 文件，注意保存后生效环境。

```
vim /etc/profile
export PATH=$PATH:/usr/local/mysql/mysql-8.0/bin:/usr/local/mysql/mysql-8.0/lib
```

11）编辑 my.cnf 文件，如图 2-2 所示。

```
vi /etc/my.cnf
```

```
[mysql]
default-character-set=utf8mb4
[client]
#port=3306
socket=/var/lib/mysql/mysql.sock
[mysqld]
user=mysql
general_log = 1
general_log_file= /var/log/mysql/mysql.log
socket=/var/lib/mysql/mysql.sock
basedir=/usr/local/mysql/mysql-8.0
datadir=/usr/local/mysql/mysql-8.0/data
log-bin=/usr/local/mysql/mysql-8.0/data/mysql-bin
innodb_data_home_dir=/usr/local/mysql/mysql-8.0/data
innodb_log_group_home_dir=/usr/local/mysql/mysql-8.0/data/
character-set-server=utf8mb4
lower_case_table_names=1
autocommit=1
default_authentication_plugin=mysql_native_password
symbolic-links=0
# Disabling symbolic-links is recommended to prevent assorted security risks
symbolic-links=0
# Settings user and group are ignored when systemd is used.
# If you need to run mysqld under a different user or group,
# customize your systemd unit file for mariadb according to the
# instructions in http://fedoraproject.org/wiki/Systemd

[mysqld_safe]
log-error=/usr/local/mysql/mysql-8.0/data/mysql.log
pid-file=/usr/local/mysql/mysql-8.0/data/mysql.pid

#
# include all files from the config directory
#
!includedir /etc/my.cnf.d

~
-- INSERT --
```

图 2-2　my.cnf 配置文件

12）切换到/usr/local/mysql/mysql-8.0/bin 目录下。

```
cd bin
```

13）初始化基础信息，得到数据库的初始密码（在/usr/local/mysql/mysql-8.0/bin 目录下执行）。

```
./mysqld --user = mysql --basedir =/usr/local/mysql/mysql-8.0 --datadir =/usr/local/mysql/mysql-8.0/data/ --initialize
```

14）复制 mysql.server 文件（在/usr/local/mysql/mysql-8.0 目录下）。

```
cp -a ./support-files/mysql.server /etc/init.d/mysql
cp -a ./support-files/mysql.server /etc/init.d/mysqld
```

15）赋予权限。

```
chown 777 /etc/my.cnf
chmod +x /etc/init.d/mysql
chmod +x /etc/init.d/mysqld
```

16）检查/var/lib/mysql 是否存在，若不存在则进行创建。

```
mkdir /var/lib/mysql
chown -R mysql:mysql /var/lib/mysql/
```

17）启动数据库服务，如图 2-3 所示。

```
service mysqld start
```

```
[root@qingjiao ~]# service mysqld start
Redirecting to /bin/systemctl start  mysqld.service
[root@qingjiao ~]# service mysqld status
Redirecting to /bin/systemctl status  mysqld.service
● mysqld.service - MySQL Server
   Loaded: loaded (/usr/lib/systemd/system/mysqld.service; enabled; vendor preset: disabled)
   Active: active (running) since 日 2023-01-15 21:30:07 UTC; 1s ago
     Docs: man:mysqld(8)
           http://dev.mysql.com/doc/refman/en/using-systemd.html
  Process: 20359 ExecStartPre=/usr/bin/mysqld_pre_systemd (code=exited, status=0/SUCCESS)
 Main PID: 20387 (mysqld)
   Status: "Server is operational"
   Memory: 367.5M
   CGroup: /system.slice/mysqld.service
           └─20387 /usr/sbin/mysqld

1月 15 21:30:06 qingjiao systemd[1]: Starting MySQL Server...
1月 15 21:30:07 qingjiao systemd[1]: Started MySQL Server.
```

图 2-3　启动数据库服务

18）连接 MySQL 数据库，如图 2-4 所示。

```
[root@qingjiao ~]# mysql -uroot -p123456
mysql: [Warning] Using a password on the command line interface can be insecure.
Welcome to the MySQL monitor.  Commands end with ; or \g.
Your MySQL connection id is 9
Server version: 8.0.30 MySQL Community Server - GPL

Copyright (c) 2000, 2022, Oracle and/or its affiliates.

Oracle is a registered trademark of Oracle Corporation and/or its
affiliates. Other names may be trademarks of their respective
owners.

Type 'help;' or '\h' for help. Type '\c' to clear the current input statement.

mysql> 
```

图 2-4　连接 MySql 数据库

出现“mysql>”就表示连接成功了。

5. 考点 2：数据库术语规范

在 SQL 中，关键字和函数名是不区分字母大小写的，在 Windows 系统中默认大小写不敏感，而在 Linux 系统中则大小写敏感，因此在使用过程中需要注意大小写规范问题。MySQL 在 Linux 下数据库名、表名、列名、别名大小写规则如下：

1）数据库名与表名是严格区分大小写的。

2）表的别名是严格区分大小写的。

3）列名与列的别名在所有的情况下均是忽略大小写的。

4）变量名也是严格区分大小写的。

一般大写是为了区分关键字，但不是强制的，很多编辑器也会对关键字进行高亮显示，输入大写字母需要切换键盘或者使用上档键，在输入大小写混合命令的时候，比较麻烦，全小写效率最高。

为了便于不同系统中数据的互导和迁移，本章统一字段的命名规则，全部采用小写的方式进行操作。

MySQL 中可以通过对参数“lower_case_table_names”的设置来改变系统大小写敏感度，官方参考文档为：https：//dev. mysql. com/doc/refman/8. 0/en/server-system-variables. html # sysvar_lower_case_table_names。

对于不同系统的大小写敏感默认值如图 2-5 所示。

命令行格式	--lower-case-table-names[=#]
系统变量	lower_case_table_names
范围	Global
动态	No
SET_VAR提示适用	No
类型	Integer
默认值（macOS）	2
默认值（UNIX）	0
默认值（Windows）	1
最小值	0
最大值	2

图 2-5　不同系统下数据库大小写敏感值

参考值解释如下：

- 设置 0，大小写敏感。
- 设置 1，大小写不敏感。创建的表，数据库都是以小写形式存放在磁盘上，对于 SQL 语句都是转换为小写对表和数据库进行查找。
- 设置 2，创建的表和数据库按照输入格式存放，但是 MySQL 将它们转换为小写以便于查询，此操作需要谨慎，注意实际和查询不一致的情况。

Linux 中，直接修改配置文件 my.cnf 进行大小写规则设置，其大小写对性能没有影响。

```
lower_case_table_names=1
```

在 MySQL 数据库中直接使用如下命令进行规则查看。

```
mysql> show variables like 'lower_case_table_names';
```

2.1.2　数据库操作管理

1. 概述

数据库的基本操作包括创建、修改、查看以及删除，下面分别介绍这四个数据库的基本操作。

2. 目标

掌握 MySQL 数据库基础操作，包括创建、修改、查看、删除的基础知识，并熟练使用相应的命令代码。

3. 准备

操作系统：CentOS 7.3。

软件版本：MySQL 8.0 及以上。

4. 考点 1：创建数据库

语法格式。

```
create database db_name;
```

其中，“create database”是创建数据库的固定格式；“db_name”为要创建的数据库名称。

示例：创建数据库“sales”并切换数据库。

```
mysql>create database sales;
mysql>use sales;
```

5. 考点 2：查看数据库

1）查看所有的数据库，如图 2-6 所示。

```
mysql> show databases;
+--------------------+
| Database           |
+--------------------+
| information_schema |
| mysql              |
| performance_schema |
| sales              |
| sys                |
+--------------------+
5 rows in set (0.00 sec)
```

图 2-6　查看数据库

图 2-6 中，information_schema、mysql、performance_schema、sys 为 MySQL 自带数据库。

2）查看数据库创建语句。

语法格式。

```
show create database db_name;
```

其中，“show create database”为查看指定数据库的固定格式；“db_name”为指定数据库的名称。

6. 考点 3：修改数据库

语法格式。

```
alter database db_name character set new_charset;
```

其中，“alter database”为修改数据库的固定语法格式；“db_name”为要修改的数据库名称；“character set”为要修改的数据库字符集；“new_charset”为新的字符集名称。

示例：修改数据库“test”将字符集编码格式 utf8mb4 修改为 gbk。

```
mysql>alter database test character set gbk;
```

修改结果如图 2-7 所示，第一部分为创建数据库“test”。第二部分为查询数据库“test”，这时数据的编码格式为 utf8mb4。第三部分修改编码格式为 gbk。第四部分重新查看“test”，可以看到字符集的编码格式由 utf8mb4 修改为 gbk。

```
mysql> create database test;
Query OK, 1 row affected (0.00 sec)

mysql> show create database test;
+----------+---------------------------------------------------------------------------------------------
| Database | Create Database
+----------+---------------------------------------------------------------------------------------------
| test     | CREATE DATABASE `test` /*!40100 DEFAULT CHARACTER SET utf8mb4 COLLATE utf8mb4_0900_ai_ci */ /*!80016
+----------+---------------------------------------------------------------------------------------------
1 row in set (0.00 sec)

mysql> alter database test character set gbk;
Query OK, 1 row affected (0.01 sec)

mysql> show create database test;
+----------+-----------------------------------------------------------------------------------+
| Database | Create Database                                                                   |
+----------+-----------------------------------------------------------------------------------+
| test     | CREATE DATABASE `test` /*!40100 DEFAULT CHARACTER SET gbk */ /*!80016 DEFAULT ENCRYPTION='N' */ |
+----------+-----------------------------------------------------------------------------------+
1 row in set (0.00 sec)
```

图 2-7　修改数据库编码格式

7. 考点 4：删除数据库

语法格式。

```
drop database db_name;
```

其中，“drop database”为删除数据库的固定语法格式；“db_name”为要删除的数据库名称。

使用 SQL 语句来删除数据库时，只需在 SQL 语句执行窗口中输入删除数据库的 SQL 语句。但是，需要特别注意的是，数据库一旦被删除，会将数据库中所有的表和数据一同删除，所以在做删除数据库的操作时需要非常慎重。

示例：删除数据库“test”。

```
mysql>drop database test;
```

2.1.3 数据表操作管理

1. 概述

表（Table）是数据库中数据存储最常见和最简单的一种形式，数据库可以将复杂的数据结构用较为简单的二维表来表示。二维表是由行和列组成的，分别都包含着数据。例如，产品信息表如表 2-1 所示。

表 2-1 产品信息表

product_id	product_name	product_subcategory	product_category
1	iPhone 11	手机	手机通信
2	HUAWEI P40	手机	手机通信
3	小米 10	手机	手机通信
4	OPPO Reno4	手机	手机通信
5	vivo Y70s	手机	手机通信
6	海尔 BCD-216STPT	冰箱	大家电
7	康佳 BCD-155C2GBU	冰箱	大家电
8	容声 BCD-529WD11HP	冰箱	大家电

其中，product_id 为商品 ID，该列存储的是每条记录的商品 ID 信息；product_name 为商品名称；product_subcategory 为商品子分类；product_category 为商品分类。

2. 目标

掌握 MySQL 数据库表基础操作，包括创建、修改、查看、删除的基础知识，并熟练使用相应的命令代码。

3. 准备

操作系统：CentOS 7.3。

软件版本：MySQL 8.0 及以上。

4. 考点 1：创建表

在 SQL 语句执行窗口中输入创建表的 SQL 语句。

语法格式。

```
create table table_name(
    字段名 1  数据类型 1  [完整性约束条件],
    字段名 2  数据类型 2  [完整性约束条件],
    字段名 3  数据类型 3  [完整性约束条件],
    …
    字段名 n  数据类型 n  [完整性约束条件]
    );
```

其中，“create table”为创建表的固定语法格式；“table_name”为要创建的表的名称，“字段名”为二维表中每一列的列名；“数据类型”为该字段所储存的数据的类型；“完整性约束条件”为可选项，指的是对字段的某些特殊约束。

注意：不同字段之间的定义使用“,”隔开；table_name 不能与数据库的关键字同名，如 create、database、table 等。

示例：创建商品信息表 product，销售表 sale。其中销售表 sale 如表 2-2 所示。

表 2-2　销售表 sale

product_id	sale_time	quantity
2	2022-04-01 00：00：00	1
1	2022-04-01 00：00：00	6
4	2022-04-01 00：00：00	6
13	2022-04-01 00：00：00	3
5	2022-04-01 00：00：00	7
14	2022-04-01 00：00：00	7
8	2022-04-01 00：00：00	2
3	2022-04-01 00：00：00	3
7	2022-04-01 00：00：00	9
10	2022-04-01 00：00：00	7
11	2022-04-01 00：00：00	9
6	2022-04-01 00：00：00	3
15	2022-04-01 00：00：00	9

字段名称 product_id 为商品 ID，该列存储的是每条记录的商品 ID 信息；sale_time 为销售时间；quantity 为销量。

```
mysql> create table product(                    //创建商品信息表 product
      >product_id int,
      >product_name varchar(255),
      >product_category varchar(255),
      >product_subcategory varchar(255));
Query OK, 0 rows affected (0.05 sec)
mysql> create table sale(                       //创建销售表 sale
      >product_id int,
      >sale_time timestamp,
      > quantity int);
Query OK, 0 rows affected (0.03 sec)
```

5. 考点 2：查看表

在表创建完成后，很多情况下都要查看表的信息，如在插入数据之前查看数据的类型和长度，或者查看主外键的设置等。

1）查看表的基本结构。

语法格式。

```
describe table_name;
```

其中，“describe”为查看表基本结构的固定语法格式，可以简写为“desc”；“table_name”为要查看的表的名称。

示例：查看 product 表结构，代码如下。

```
mysql>desc product;
```

查询表结构的结果如图 2-8 所示。

```
mysql> desc product;
+----------------------+--------------+------+-----+---------+-------+
| Field                | Type         | Null | Key | Default | Extra |
+----------------------+--------------+------+-----+---------+-------+
| product_id           | int          | YES  |     | NULL    |       |
| product_name         | varchar(255) | YES  |     | NULL    |       |
| product_category     | varchar(255) | YES  |     | NULL    |       |
| product_subcategory  | varchar(255) | YES  |     | NULL    |       |
+----------------------+--------------+------+-----+---------+-------+
```

图 2-8　查询表结构的结果

2）查看表的详细结构。

使用“show create table”语句不仅可以查看表的字段、数据类型及长度、是否允许空键、键的设置信息、默认值等，还可以查看数据库的存储引擎以及字符集等信息。

语法格式。

```
show create table table_name;
```

示例：查看 product 表的详细结构。

```
mysql>show create table product;
```

查询结果如图 2-9 所示。

```
mysql> show create table product;
+---------+------------------------------------------------------------------------
--------------------------------------------------------------------------------
| Table   | Create Table

+---------+------------------------------------------------------------------------
--------------------------------------------------------------------------------
| product | CREATE TABLE `product` (
  `product_id` int DEFAULT NULL,
  `product_name` varchar(255) DEFAULT NULL,
  `product_category` varchar(255) DEFAULT NULL,
  `product_subcategory` varchar(255) DEFAULT NULL
) ENGINE=InnoDB DEFAULT CHARSET=utf8mb4 COLLATE=utf8mb4_0900_ai_ci |
+---------+------------------------------------------------------------------------
--------------------------------------------------------------------------------
1 row in set (0.00 sec)
```

图 2-9　查询 product 表的详细结构

6. 考点 3：修改表

在表创建完成之后，可能会因为某些原因需要对表的名称、字段的名称、字段的数据类型、字段的排列位置等进行修改。

1）修改表名。

通过 SQL 语句“alter table”可以实现表名的修改，其语法格式如下。

```
alter table old_table name rename [to] new_table_name;
```

示例：将 product 表的表名修改为 products。

```
mysql>alter table product rename to products;
Query OK, 0 rows affected (0.06 sec)
```

验证修改结果如下。

```
mysql>show tables;
Tables_in_sales
      products
      sale
```

2）修改字段的数据类型。

在修改字段的数据类型时，需要明确指出要修改的是哪张表的哪个字段，要修改成哪种数据类型。修改字段的 SQL 语句是“alter table”，其语法格式如下。

```
alter table table_name modify column_name new_data_type;
```

其中，“table_name”为要修改的表的名称；“modify”为修改字段数据类型用到的关键字；“column_name”为要修改的字段的名称；“new_data_type”为修改后的数据类型。

示例：修改 products 表的 product_name 字段，将字段类型修改为 varchar（50）。

```
mysql>alter table products modify product_name varchar(50);
Query OK, 0 rows affected (0.03 sec)
Records: 0  Duplicates: 0  Warnings: 0
```

7. 考点 4：删除表

表的删除操作会将表中的数据一并删除，所以在进行删除操作时需要慎重。在删除表时需要注意的是，要删除的表是否与其他表存在关联，如果存在，那么被关联的表的删除操作比较复杂；如果不存在，也就是说，要删除的是一张独立的表，那么操作比较简单。

执行删除表的 SQL 语句，其语法格式如下。

```
drop table table_name;
```

其中，“drop table”为删除表的固定语法格式；“table_name”为要删除的表的名称。

示例：在 sales 数据库中创建表 test，然后将新建的 test 表删除。

```
mysql>create table test;
      >(id int);
Query OK, 0 rows affected (0.03 sec)
mysql>drop table test;
Query OK, 0 rows affected (0.02 sec)
```

2.1.4　数据操作管理

1. 概述

数据库是用来存储数据库对象的（如数据表、索引、视图等），而数据表则是用来存储数据的。如果想要操作表中存储的数据，如插入数据、更新数据以及删除数据，就需要使用数据操作语言（DML）。

2. 目标

掌握 MySQL 数据库基础操作，用“insert”语句实现数据的插入，用“update”语句实现数据的更新，用“delete”语句实现数据的删除。本章将针对数据操作语言进行详细的讲解。

3. 准备

操作系统：CentOS 7.3。

软件版本：MySQL 8.0 及以上。

4. 考点 1：插入数据

（1）使用 insert 语句插入数据

1）为所有字段插入数据。

为所有字段插入数据的 SQL 语句的语法格式如下。

```
insert [into] table_name [(column_name1,column_name2,…)] values | value (value1,value2,…);
```

示例：为 products 表中添加数据（1，iPhone 11，手机，手机通信），具体代码如下。

```
mysql> insert products values(1,'iPhone 11','手机','手机通信');
Query OK, 1 row affected (0.00 sec)
```

2）为指定字段插入数据。

为指定字段插入新的记录时必须指定字段名，其 SQL 语句的语法格式如下。

```
insert [into] table_name (column_name1,column_name2,…) values | value(value1,value2,…);
```

示例：为 products 表中添加数据（HUAWEI P40，手机，手机通信），具体代码如下。

```
mysql> insert products(product_name,product_category,product_subcategory) values('HUAWEI
P40','手机','手机通信');
Query OK, 1 row affected (0.02 sec)
```

说明：使用“insert”语句为所有或者指定字段插入数据的 SQL 语句还有另外一种形式，具体语法格式如下。

```
insert [into] table_name set column_name1 = value[,column_name2 = value2,…];
```

（2）使用 set 语句插入数据

1）为所有字段插入数据。

示例：使用 set 为 products 表中字段 product_id，product_name，product_category，product_subcategory 添加数据（3，小米 10，手机，手机通信），具体代码如下。

```
mysql> insert products set product_id = 3, product_name = '小米 10',
    >product_category = '手机',product_subcategory= '手机通信';
Query OK, 1 row affected (0.02 sec)
```

2）为指定字段插入数据。

示例：使用 set 为 products 表中字段 product_id，product_name，product_category 添加数据（4，OPPO Reno4，手机），具体代码如下。

```
mysql> insert products set product_id = 4, product_name = 'OPPO Reno4',product_category = '手机';
Query OK, 1 row affected (0.02 sec)
```

（3）同时插入多条数据

1）为所有字段同时插入多条数据。

为所有字段同时插入多条数据的 SQL 语句的语法格式如下。

```
insert [into] table_name [(column_name1,column_name2,…)]
                          values |value (value11,value21,…),
                                   (value12,value22,…),
                                                  …;
```

示例：为 products 表中字段 product_id，product_name，product_subcategory，product_category 同时添加两条数据，数据如表 2-3 所示。

表 2-3　为表中所有字段添加数据

product_id	product_name	product_subcategory	product_category
5	vivo Y70s	手机	手机通信
6	海尔 BCD-216STPT	冰箱	大家电

具体代码如下。

```
mysql>insert into products values(5,'vivo Y70s','手机','手机通信'),(6,'海尔 BCD-216STPT','冰箱',
'大家电');
Query OK, 2 rows affected (0.03 sec)
Records: 2  Duplicates: 0  Warnings: 0
```

2）为指定字段同时插入多条数据。

为指定字段同时插入多条数据的 SQL 语句的语法格式如下。

```
insert [into] table_name (column_name1,column_name2,…)
                        values |value(value11,value21,…),
                                 (value12,value22,…),
                                                …;
```

该 SQL 语法与为指定字段插入单条数据的语法相比，只是“values | value”后面记录的数目不同，不同的记录之间需要使用逗号“,”隔开。

示例：为 products 表中字段 product_id，product_name，product_subcategory 同时添加两条数据，数据如表 2-4 所示。

表 2-4　为指定字段添加数据

product_id	product_name	product_subcategory
7	康佳 BCD-155C2GBU	冰箱
8	容声 BCD-529WD11HP	冰箱

具体代码如下。

```
mysql> insert into products (product_id, product_name, product_category)
    > values (7, '康佳 BCD-155C2GBU', '冰箱'),
    > (8, '容声 BCD-529WD11HP', '冰箱');
Query OK, 2 rows affected (0. 00 sec)
Records: 2  Duplicates: 0  Warnings: 0
```

（4）插入查询结果

将查询结果插入另一张表中的 SQL 语句的语法格式如下。

```
    insert [into] table_name1 (column_list1) select column_list2 from table_name2 where where_
condition;
```

- "column_list1" 和 "column_list2" 字段列表中字段的数据类型和个数必须保持一致，否则系统会提示错误。
- 查询语句在此不必细究，可以等学完后续查询操作后再来复习这节中所讲述的内容。

示例：将 products 表中 "product_name = '手机'" 的数据存储到新的 phone_products 表中。

首先需要创建新表 phone_products，创建代码如下。

```
mysql>create table phone_products(
      >product_id int,
      >product_name varchar(255),
      >product_category varchar(255),
      >product_subcategory varchar(255));
```

对 products 表进行筛选，并将结果存入 phone_products 表中，具体代码如下。

```
mysql>insert phone_products (product_id,product_name,product_category,product_subcategory)
      >select * from products where product_category = '手机';
Query OK, 5 rows affected (0.00 sec)
Records: 5  Duplicates: 0  Warnings: 0
```

5. 考点 2：更新数据

更新数据可以实现表中已存在数据的更新，即实现对已存在数据的修改。更新数据需要使用 "update" 语句，更新数据时可以选择更新指定记录，也可以选择更新全部记录。

(1) 更新指定记录

更新指定记录的前提是根据条件找到指定的记录，所以此 SQL 语句需要结合使用 "update" 和 "where" 语句，其语法格式如下。

```
    update table_name set column_name1 = value1[,column_name2 = value2,…] where column_name2 =
value1[,column_name2 = value2,…];
```

示例：将 products 表中 product_name 值为 "康佳 BCD-155C2GBU" 修改为 "康佳 BCD-155C2GBU1"，代码如下。

```
mysql> update products set product_name = '康佳 BCD-155C2GBU1 ' where product_name = '康佳
      > BCD-155C2GBU';
Query OK, 1 row affected (0.04 sec)
Rows matched: 1  Changed: 1  Warnings: 0
```

(2) 更新全部记录

如果要更新表中全部记录的指定字段，只需要在上述 SQL 语句基础上去掉 where 子句即可，其 SQL 语句的语法格式如下。

```
update table_name set column_name = value1[,column_name2 = value2,…];
```

示例：为 products 表新增字段 age，并将 age 字段的值更新为 2。

新增字段代码如下。

```
mysql> alter table products add age int;
Query OK, 0 rows affected (0.10 sec)
Records: 0  Duplicates: 0  Warnings: 0
```

更新 age 字段值的代码如下。

```
mysql> update products set age = 2;
Query OK, 8 rows affected (0.01 sec)
Rows matched: 8  Changed: 8  Warnings: 0
```

6. 考点 3：删除数据

删除数据可以实现对表中已存在数据的删除。删除数据需要使用“delete”语句，删除数据时可以选择删除指定记录，也可以选择删除全部记录。

（1）删除指定记录

删除指定记录的前提是根据条件找到指定的记录，所以此 SQL 语句需要结合使用“delete”和“where”语句，其语法格式如下。

```
delete from table_name where where_condition;
```

其中，“delete”为删除数据所使用的关键字；“table_name”为要删除数据的表名；“where where_condition”为 where 子句，用来指定删除数据需要满足的条件。

示例：删除 products 表中 product_id 为 NULL 的数据，具体代码如下。

```
mysql>delete from products where product_id is NULL;
Query OK, 1 row affected (0.01 sec)
```

（2）删除全部记录

如果要删除表中的全部记录，只需要在上述删除指定记录的 SQL 语句基础上去掉 where 子句即可，其 SQL 语句的语法格式如下。

```
delete from table_name;
```

示例：删除 products 表中所有数据，具体代码如下。

```
mysql>delete from products;
Query OK, 7 rows affected (0.00 sec)
```

7. 考点 4：查询数据

（1）单表查询

1）简单查询。

① 所有字段查询。使用“*”替代所有字段进行查询，查询语句如下。

```
select * from products;
```

前 5 行查询结果如下。

```
mysql> select * from products limit 5;
product_id  product_name  product_category  product_subcategory
1           iPhone 11     手机              手机通信
2           HUAWEI P40    手机              手机通信
3           小米 10       手机              手机通信
4           OPPO Reno4    手机              手机通信
5           vivo Y70s     手机              手机通信
```

② 指定字段查询。查询指定字段时，只需要在“select”关键字后指定要查询的字段即可，字段指定的顺序就是查询结果中字段的显示顺序，具体语法如下。

```
select column_name1,column_name2,...from table_name;
```

示例：查询 products 表的 product_id，product_name。

查询语句及前 5 行查询结果如下。

```
mysql>select product_id,product_name from products limit 5;
product_id  product_name
1           iPhone 11
2           HUAWEI P40
3           小米 10
4           OPPO Reno4
5           vivo Y70s
```

③ 使用算数运算符查询。MySQL 在查询数据时，有时会根据用户的需求使用算术运算符来对查询的数据进行一些简单的计算。MySQL 中支持的算术运算符如表 2-5 所示。

表 2-5　算术运算符

运　算　符	作　　用
+	加
-	减
*	乘
/（DIV）	除
%（MOD）	求余

示例：对 sale 表进行处理，将 quantity 每条记录加 10。

首先需要导入 sale 数据，代码如下。

```
mysql>load data local infile '/users/.../sale.csv'
      >into table sale
      >fields terminated by ','
      >lines terminated by '\n'
      >ignore 1 rows;
```

具体查询语句及前 5 行结果如下。

```
mysql>select product_id,sale_time,quantity+10 from sale limit 5;
product_id  sale_time            quantity+10
2           2022-04-01 00:00:00  11
1           2022-04-01 00:00:00  16
4           2022-04-01 00:00:00  16
13          2022-04-01 00:00:00  13
5           2022-04-01 00:00:00  17
```

④ 为字段指定别名。具体语句如下。

```
select column_name1 [as] new column_name1,column_name2 as new column_name2,...from table_name;
```

示例：将上文处理的结果 quantity+10 的名称修改为 new_quantity。

具体查询语句及前 5 行结果如下。

```
mysql> select product_id,sale_time,quantity+10 as new_quantity from sale limit 5;
product_id   sale_time              new_quantity
2            2022-04-01 00:00:00    11
1            2022-04-01 00:00:00    16
4            2022-04-01 00:00:00    16
13           2022-04-01 00:00:00    13
5            2022-04-01 00:00:00    17
```

2）对查询结果排序。

在 MySQL 中使用“order by”子句按照指定的字段对数据记录进行排序，该指定字段可以是单字段，也可以是多字段。

按照单字段对查询结果中的数据记录进行排序时，需要在“order by”子句后面指定一个字段，其 SQL 语法如下。

```
select column_name1, column _name2, ...from table_name order by order _name [asc |desc];
```

示例：查询 sale 表的全部内容，并对结果按照 quantity 进行排序。

具体查询代码及查询结果前 5 行如下。

```
mysql> select * from sale order by quantity limit 5;
product_id  sale_time             quantity
12          2022-04-01 00:04:00   0
13          2022-04-01 00:04:00   0
5           2022-04-01 00:04:00   0
1           2022-04-01 00:03:00   0
6           2022-04-01 00:05:00   0
```

3）条件查询。

条件查询需要在“where”子句中指定查询条件，其 SQL 语法如下。

```
select column _name1, column _name2, ...from table name where where _condition;
```

① 使用比较运算符的查询。MySQL 可以在 where 子句中使用比较运算符来达到指定查询条件的目的。表 2-6 所示为 MySQL 中支持的比较运算符。

表 2-6　比较运算符

运算符类型	解　　释	运算符类型	解　　释
>	大于	=	等于
<	小于	<>	不等于
>=	大于等于	! =	不等于
<=	小于等于		

示例：查询 sale 表中 quantity 的值大于 5 的记录。

具体查询代码及查询前 5 行结果如下。

```
mysql>select * from sale where quantity > 5 limit 5;
  product_id  sale_time              quantity
    1         2022-04-01 00:00:00    6
    4         2022-04-01 00:00:00    6
    5         2022-04-01 00:00:00    7
    14        2022-04-01 00:00:00    7
    7         2022-04-01 00:00:00    9
```

② 使用［not］between... and... 的范围查询。使用 between... and... 的条件查询需要在 where 子句中指定查询的范围，其 SQL 语法如下。

```
select column_name1,column_name2 ... from table_name where where_condition [not] between begin_expr and end_expr;
```

示例：查询 sale 表中 quantity 的值大于等于 5、小于等于 10 的记录。

具体查询语句及查询前 5 行结果如下。

```
mysql> select * from sale where quantity between 5 and 10 limit 5;
  product_id  sale_time              quantity
    1         2022-04-01 00:00:00    6
    4         2022-04-01 00:00:00    6
    5         2022-04-01 00:00:00    7
    14        2022-04-01 00:00:00    7
    7         2022-04-01 00:00:00    9
```

4）限制查询。

MySQL 中，可以通过在 SELECT 查询语句中使用“LIMIT”关键字来限制查询数量，该关键字可以指定查询结果从哪条记录开始显示，语法格式如下。

```
select column_name1,column_name2 ... from table_name where where_condition limit [start_index] row_count;
```

注意：默认不指定起始位置，会从第一条开始获取，例如，查询 sale 表中前 5 行数据，代码如下。

```
mysql>select * from sale limit 5;
  product_id  sale_time              quantity
    2         2022-04-01 00:00:00    1
    1         2022-04-01 00:00:00    6
    4         2022-04-01 00:00:00    6
    13        2022-04-01 00:00:00    3
    5         2022-04-01 00:00:00    7
```

5）函数查询。

MySQL 中提供了大量函数来简化用户对数据库的操作，如字符串的处理、日期的运算、数值的运算等。字符函数具体介绍如表 2-7 所示。

表 2-7　字符函数

函 数 名	作　　用
length	获取数值的字节个数
concat	拼接字符串
upper	字母大写
lower	字母小写
substr	截取从指定索引的全部字符
substring	截取从指定索引处指定字符长度的字符
instr	返回子串第一次出现的索引，如果找不到返回 0
trim	清洗字符串首尾空格
lpad	用指定的字符实现左填充指定长度
rpad	用指定的字符实现右填充指定长度
replace	替换
insert	替换指定位置
nullif	如果两个数相等，返回 null，否则返回指定值

数学函数具体介绍如表 2-8 所示。

表 2-8　数学函数

函 数 名	作　　用
round	四舍五入
ceil	向上取整，返回大于等于该参数的最小整数
floor	向下取整，返回小于等于该参数的最大整数
truncate	截断
mod	取余
rand	取随机数
radians	将角度转换为弧度
degrees	将弧度转换为角度

日期和时间函数具体介绍如表 2-9 所示。

表 2-9　日期和时间函数

类　　型	函　　数
获取日期、时间	curdate( )，current_date( )，curtime( )，now( )，sysdate( )utc_date( )，utc_time( )
日期与时间戳的转换	unix_timestamp( )，unix_timestamp( )，from_unixtime( )
获取月份、星期、星期数、天数等函数	year( )，month( )，day( )，hour( )，minute( )，second( )monthname( )，dayname( )，weekday( )，quarter( )week( )，dayofyear( )，dayofmonth( )，dayofweek( )
日期的操作函数	extract( )
时间和秒钟转换的函数	time_to_sec( )，sec_to_time( )

流程控制函数具体介绍如表 2-10 所示。

表 2-10　流程控制函数

函 数 名	格　式
if	if（value，value1，value2）
ifnull	ifnull（value1，value2）
case when	case when . . . then . . . when . . . then . . . else. . . end

6）分组查询。

在 MySQL 中使用“group by”子句实现数据记录的分组，在“group by”子句中可以指定记录按照哪一个或者哪些字段进行分组，指定字段值相同的记录为一组。

① 使用“group by”进行简单分组查询。

示例：对 sale 表的 sale_time 进行分组。

具体查询语句及查询结果前 5 行如下。

```
mysql> select * from sale group by sale_time limit 5;
  product_id  sale_time                quantity
     2        2022-04-01 00:00:00      1
     2        2022-04-01 00:01:00      1
     2        2022-04-01 00:02:00      4
     2        2022-04-01 00:03:00      6
     2        2022-04-01 00:04:00      4
```

② 使用“group by”与聚合函数的分组查询。

示例：对 sale 表进行分析，按照 sale_time 进行分组，并对 quantity 按照分组进行求和。

具体查询语句如下。

```
mysql> select sale_time,sum(quantity) from sale group by sale_time limit 5;
    sale_time           sum(quantity)
2022-04-01 00:00:00         84
2022-04-01 00:01:00         84
2022-04-01 00:02:00         66
2022-04-01 00:03:00         61
2022-04-01 00:04:00         49
```

③ 使用“group by”与“having”的分组查询。

示例：对 sale 表进行分析，按照 sale_time 进行分组，并对 quantity 按照分组进行求和，求 quantity 汇总后大于 60 的数据。

具体查询语句如下。

```
mysql> select sale_time,sum(quantity) from sale group by sale_time having sum(quantity) > 60 limit 5;
    sale_time           sum(quantity)
2022-04-01 00:00:00         84
2022-04-01 00:01:00         84
2022-04-01 00:02:00         66
2022-04-01 00:03:00         61
2022-04-01 00:06:00         81
```

（2）多表查询

1）交叉连接查询。

SQL 交叉连接返回被连接的两个表所有数据行的笛卡儿积，返回的数据行数等于第一个表中符合查询条件的数据行数，乘以第二个表中符合查询条件的数据行数。代码格式如下。

```
select * from table1 cross join table2;
```

示例 1：求 products 表和 sale 表交叉连接的结果。

具体查询语句及前 5 行结果如下。

```
mysql> select * from product cross join sale limit 5;
product_id  product_name    product_category  product_subcategory  product_id  sale_time  quantity
    15      海尔 KFR-35GW    冰箱大家电         2                    2022-04-01  00:00:001
    14      奥克斯 KFR-35GW  冰箱大家电         2                    2022-04-01  00:00:001
    13      TCLKFRd-26GW    冰箱大家电         2                    2022-04-01  00:00:001
    12      美的 KFR-35GW    冰箱大家电         2                    2022-04-01  00:00:001
    11      格力 KFR-35GW    冰箱大家电         2                    2022-04-01  00:00:001
```

示例 2：请通过 SQL 语句分析 2021 年 1 月每个员工应出勤的日期，结果保留员工姓名及日期。

数据准备：创建表 attendance，calendar，employee，并导入数据。

① 创建表 attendance，并导入数据。

```
mysql>create table 'attendance' (
      >'id' int not null,
      >'check_date' date not null,
      >'emp_id' int not null,
      >'clock_in' timestamp,
      >'clock_out' timestamp,
      >primary key ('id'),
      >unique key 'uk_attendance' ('check_date','emp_id'));

mysql>load data local infile '/.../attendance.csv'
      >into table attendance
      >fields terminated by ','
      >lines terminated by '\n'
      >ignore 1 rows;
```

② 创建表 calendar，并导入数据。

```
mysql>create table 'calendar' (
      >'id' int not null,
      >'calendar_date' date not null,
      >'calendar_year' int not null,
      >'calendar_month' int not null,
      >'calendar_day' int not null,
      >'is_work_day' varchar(1) not null default 'y',
```

```
        >primary key ('id'),
        >unique key'calendar_date' ('calendar_date'));

mysql>load data local infile'/.../calendar.csv'
        >into table calendar
        >fields terminated by','
        >lines terminated by'\n'
        >ignore 1 rows;
```

③ 创建表 employee，并导入数据。

```
mysql>create table'employee' (
        >'emp_id'int not null,
        >'emp_sex'char(40) default null,
        >'emp_email'varchar(50) default null,
        >'emp_salary'varchar(10) default null,
        >'emp_bonus'varchar(10) default null,
        >'emp_job_id'int default null,
        >'emp_dept_id'int default null,
        >'emp_manager'varchar(50) default null,
        >'emp_name'char(10) default null,
        >'emp_date'date default null,
        >primary key ('emp_id'));

mysql>load data local infile'/.../employee.csv'
        >into table employee
        >fields terminated by','
        >lines terminated by'\n'
        >ignore 1 rows;
```

具体代码及查询结果前 5 行如下。

```
mysql> select c.calendar_date,e.emp_name from calendar c  cross join employee where
        >c.calendar_year = 2021 and c.calendar_month = 1 AND  c.is_work_day = 'Y'limit 5;
calendar_date  emp_name
  2021-01-29    刘备
  2021-01-28    刘备
  2021-01-27    刘备
  2021-01-26    刘备
  2021-01-25    刘备
```

2）内连接查询。

内连接（Inner Join）查询是使用频率最高的连接查询操作。内连接通过“inner join”关键字来实现连接查询，其 SQL 语法如下。

```
select column_name11, column_name2, ...from table1 [[as] t1] [inner] join table2 [[as] t21
on join_condition [where where_condition];
```

内连接查询是一种典型的连接运算，在连接条件“join_condition”中使用“=”“<>”“>”“<”等比较运算符来实现记录的筛选。内连接根据连接条件的不同可以分为等值连接

和非等值连接。

① 等值连接。

示例：使用等值连接对 products 表和 sale 表连接，连接条件为 products.product_id = sale.product_id。

具体查询语句如下。

```
mysql> select * from products inner join sale on products.product_id = sale.product_id limit 5;
product_id product_name product_category product_subcategory product_id sale_time quantity
    2      HUAWEI P40    手机 手机通信     2                   2022-04-01 00:00:001
    1      iPhone 11     手机 手机通信     1                   2022-04-01 00:00:006
    4      OPPO Reno4    手机 手机通信     4                   2022-04-01 00:00:006
    13     TCLKFRd-26GW  冰箱 大家电       13                  2022-04-01 00:00:003
    5      vivo Y70s     手机 手机通信     5                   2022-04-01 00:00:007
```

② 非等值连接。

示例：使用非等值连接对 products 表和 sale 表连接，连接条件为 products.product_id > sale.product_id。

具体查询语句如下。

```
mysql>select * from products inner join sale on products.product_id > sale.product_id;
product_id product_name product_category product_subcategory product_id sale_time quantity
7 康佳 BCD-155C2GBU          冰箱 大家电       1                 2022-04-01 00:00:00      6
6 海尔 BCD-216STPT           冰箱 大家电       1                 2022-04-01 00:00:00      6
5 vivo Y70s                  手机 手机通信     1                 2022-04-01 00:00:00      6
4 OPPO Reno4                 手机 手机通信     1                 2022-04-01 00:00:00      6
3 小米 10                    手机 手机通信     1                 2022-04-01 00:00:00      6
```

3）外连接查询。

在左外连接和右外连接之间，需要新建三张表，并导入三份数据（class，score，student）。

创建表 class 及导入数据。

```
mysql>create table 'class' (
      >'id' varchar(255) default null,
      >'classname' varchar(255) default null,
      >'stuid' varchar(255) default null);

mysql>load data local infile '/.../class.csv'
      >into table class
      >fields terminated by ','
      >lines terminated by '\n'
      >ignore 1 rows;
```

创建表 score 及导入数据。

```
mysql>create table 'score' (
      >'id' int unsigned not null auto_increment,
      >'class' int default null,
      >'name' char(30) character set utf8mb4 collate utf8mb4_0900_ai_ci default null,
```

```
        >'chinese' int default null,
        >'math' int default null,
        >'english' int default null,
        >'date' datetime default null,
        >primary key ('id'));

mysql>load datalocalinfile '/.../score.csv'
        >into table score
        >fields terminated by ','
        >lines terminated by '\n'
        >ignore 1 rows;
```

创建表 student 及导入数据。

```
mysql>create table 'student' (
        >'stuid' varchar(255) default null,
        >'student' varchar(255) default null);

mysql>load data local infile '/.../student.csv'
        >into table student
        >fields terminated by ','
        >lines terminated by '\n'
        >ignore 1 rows;
```

① 左外连接。左外连接查询的结果中包含左表中的所有记录以及右表中与连接条件匹配的记录。

示例：对 student 表使用左外连接，连接 class 表查看每个学生的课程，连接条件为 student.stuid = class.stuid。

具体查询语句及前 5 行查询结果如下。

```
mysql>select * from student s left join class c on s.stuid = c.stuid;
stuid    student  id     classname    stuid
1        关羽     1      Python 编程   1
2        张飞     4      统计分析      2
3        赵云     3      Web 前端      3
4        刘备     2      SQL 分析      4
5        曹操     NULL   NULL         NULL
```

② 右外连接。右外连接查询的结果中包含右表中所有的记录（包括与连接条件不匹配的记录）以及左表中与连接条件匹配的记录。使用右外连接实现上述左外连接的功能。

示例：对 class 表使用左外连接，连接 student 表查看每个学生的课程，连接条件为 student.stuid = class.stuid。

具体查询语句如下。

```
mysql> select * from class c right join student s on s.stuid = c.stuid;
 id       classname     stuid      stuid     student
 1        Python 编程    1          1         关羽
 4        统计分析       2          2         张飞
```

```
3       WEB 前端    3       3       赵云
2       SQL 分析    4       4       刘备
NULL    NULL        NULL    5       曹操
```

4）子查询。

子查询（内层查询）语句一般存在于 where 子句和 from 子句中。表子查询指的是子查询（内层查询）返回的结果集是 n 行 n 列（n>=1），该结果集通常来自于对表中多条记录的查询。表子查询的结果集可以做一张临时表来处理，因此这种子查询通常用在 from 子句中。

示例：求 score 表中平均数学成绩最高，放入班级编号和平均数学成绩。

具体查询语句如下。

```
mysql>select class,avg(math) avg_math from score
      > group by class having avg_math like(
      > select max(avg_math) from(select class,avg(math) avg_math
      > from score group by class) t1);
class  avg_math
 3     81.6667
```

2.1.5　视图

1. 概述

MySQL 视图（View）是一种虚拟存在的表，同真实表一样，视图也由列和行构成，但视图并不实际存在于数据库中。行和列的数据来自于定义视图的查询中所使用的表，并且还是在使用视图时动态生成的。

2. 目标

掌握视图的创建与删除。

3. 准备

操作系统：CentOS 7.3。

软件版本：MySQL 8.0 及以上。

4. 考点 1：创建视图

（1）在单表上创建视图

创建视图的 SQL 语法格式如下。

```
create [or replace] [algorithm = undefined | merge | temptable}]view view_name[(column_
list)]as select statement[with [cascaded | local] check option];
```

示例：求 score 表中数学成绩大于 class 为 1 班的所有学生的数学成绩的人员信息，将结果存入视图 table1 中。

具体查询语句如下。

```
mysql>create view table1 as (select * from score where math >all(select math from score where
class = 1));
Query OK, 0 rows affected (0.01 sec)
```

（2）在多表上创建视图

视图可以由多张表进行构建，如下文示例所示。

示例 1：求 student 表中学生对应的学习课程，将结果存入 table2 中。

具体查询语句如下。

```
mysql>create view table2(stuid,student,id,classname) as (select s.stuid,s.student,c.id,
c.classname from student s left join class c on s.stuid = c.stuid);
Query OK, 0 rows affected (0.01 sec)
```

示例 2：对 sale 和 products 表进行分析，求不同时间段（sale_time），不同商品分类（product_category）的销量和。结果存为视图 table1（字段 sale_hour，product_category，quantity）。

具体查询语句如下。

```
mysql>create view table1_1 as (
    >select date_format(sale_time,'%y%m%d %h') sale_hour,product_category,sum(quantity) as
    >quantity from sale s join products p on (p.product_id = s.product_id)
    >group by date_format(sale_time,'%y%m%d %h'),product_category);
Query OK, 0 rows affected (0.02 sec)
```

5. 考点 2：删除视图

如果视图已经不需要了，就可以将其删除。删除视图使用的是“dropview”语句，该语句可以删除一个或多个视图，但首先需要具有“drop”权限。

示例：使用“dropview”语句删除视图 new_table1。

具体代码如下。

```
mysql>drop view new_table1;
Query OK, 0 rows affected (0.01 sec)
```

2.1.6 权限管理

1. 概述

MySQL 通过权限管理机制可以给不同的用户授予不同的权限，从而确保数据库中数据的安全性。

2. 目标

了解 MySQL 权限及对应含义。

3. 准备

操作系统：CentOS 7.3。

软件版本：MySQL 8.0 及以上。

4. 考点：MySQL 权限

MySQL 的权限机制如表 2-11 所示。

表 2-11 MySQL 权限机制

权 限 名	权 限 含 义	权限的作用范围
all [privileges]	指定权限等级的所有权限	除了 grantoption 和 proxy 以外的所有权限
alter	修改表	表
alterroutine	修改或删除存储过程	存储过程

（续）

权限名	权限含义	权限的作用范围
create	创建数据库、表、索引	数据库、表、索引
createroutine	创建存储过程	存储过程
createtablespace	创建、修改或删除表空间、日志文件组	服务器管理
createtemporarytables	创建临时表	表
createuser	创建、删除、重命名用户以及收回用户权限	服务器管理
createview	创建或修改视图	视图
delete	删除表中记录	表
drop	删除数据库、表、视图	数据库、表、视图
event	在事件调度里面创建、更改、删除、查看事件	数据库
execute	执行存储过程	存储过程
file	读取 mysql 服务器上的文件	服务器主机文件
grantoption	为其他用户授予或收回权限	数据库，表，存储过程
index	创建或删除索引	表
locktables	锁定表	数据库
process	显示执行的线程信息	服务器管理
proxy	某用户成为另一个用户的代理	服务器管理
references	创建外键	数据库、表
reload	允许使用“flush”语句	服务器管理
replicationclient	允许用户询问服务器的位置	服务器管理
replicationslave	允许 slave 服务器读取主服务器上的二进制文件	
select	查询表	表
showdatabase	查看数据库	服务器管理
showview	查看视图	视图
shutdown	关闭服务器	服务器管理
super	超级权限（允许执行管理操作）	服务器管理
trigger	操作触发器	表
update	更新表	表、字段
usage	没有任何权限	无

查看权限，使用这种方式时需要具有对 MySQL 数据库的“select”权限，其 SQL 语法如下。

```
show grants for 'username'@'hostname';
```

示例：查看 root 用户的权限。

具体代码如下。

```
show grants for 'root'@'localhost';
```

执行结果如图 2-10 所示。

Grants for root@localhost
GRANT SELECT, INSERT, UPDATE, DELETE, CREATE, DROP, RELOAD, SHUTDOWN, PROCESS, FILE, REFERENCES, INDEX, ALTER, SHOW DATABASES, SUPER, CREATE TEMPORARY TABLES, L
GRANT APPLICATION_PASSWORD_ADMIN,AUDIT_ABORT_EXEMPT,AUDIT_ADMIN,AUTHENTICATION_POLICY_ADMIN,BACKUP_ADMIN,BINLOG_ADMIN,BINLOG_ENCRYPTION_ADMIN,CLON
GRANT PROXY ON ``@`` TO `root`@`localhost` WITH GRANT OPTION

图 2-10　root 用户的权限查看

2.1.7　备份与还原

1. 概述

为了在数据丢失之后能够恢复数据，需要定期地备份数据。备份数据的策略要根据不同的应用场景进行定制，大致有以下三个方面。

- 能够容忍丢失多少数据。
- 恢复数据需要多长时间。
- 需要恢复哪一些数据。

2. 目标

了解 MySQL 数据备份知识。

3. 准备

操作系统：CentOS 7.3。

软件版本：MySQL 8.0 及以上。

4. 考点 1：备份数据

mysqldump 是 MySQL 系统自带的逻辑备份工具，主要用于转储数据库。它主要产生一系列的 SQL 语句并封装到文件，该文件包含重建数据库所需要的 SQL 命令，如 create database、create table、insert 等。

在安装 MySQL 时配置了环境变量，所以可以直接输入命令，否则需要进入 MySQL 安装目录的 bin 目录下。

示例：用“mysqldump”命令备份指定数据库。

代码格式如下。

```
mysqldump -u root -h 127.0.0.1 -p passport db-name>backdb.sql
```

具体执行代码如下。

```
[root@qingjiao~]#mysqldump -u root -h 127.0.0.1 -p test>/root/backdb.sql
Enter password:
```

代码中每部分的含义如表 2-12 所示。

表 2-12　备份命令含义解读

部　分	含　义
[root@ qingjiao~] #	终端位置，这里 user_name 为用户名，用户名各有不同
mysqldump -u root -h 127.0.0.1 -p	固定格式
/root/backdb.sql;	文件保存路径及文件名，这里 user_name 为用户名，用户名各有不同

5. 考点 2：恢复数据

当需要还原数据时，只需要执行 mysqldump 生成的文件，即可将对应的数据还原恢复。

示例：使用命令将数据恢复至指定数据库。

具体代码格式如下。

```
mysqldump -u root -h 127.0.0.1 -p db_name>backdb.sql
```

对数据库恢复前首先需要删除原有的数据库，删除原有数据库的具体代码如下。

第一步：删除原本数据库。

```
mysql> drop database test;
Query OK, 10 rows affected (0.06 sec)
```

第二步：新建数据库 test。

```
mysql> create database test;
Query OK, 1 row affected (0.01 sec)
```

第三步：使用数据库 test。

```
mysql> use test
Database changed
```

第四步：查看目前数据库中的表。

```
mysql> show tables;
Empty set (0.02 sec)
```

接下来恢复数据库，具体代码如下。

```
[root@qingjiao~]#mysql -u root -h 127.0.0.1 -p test >/root/backdb.sql
Enter password:
```

恢复结果如下。

```
mysql> show tables;
Tables_in_test
attendance
calendar
class
employee
products
sale
score
student
```

```
table1
table1_1
table2
table3
```

2.1.8 SQL 优化

1. 概述

在开发项目上线初期，由于业务数据量相对较少，一些 SQL 的执行效率对程序运行效率的影响不太明显。而随着时间的积累，业务数据量增多，SQL 的执行效率对程序的运行效率的影响逐渐增大，此时对 SQL 的优化就很有必要。

2. 目标

了解 SQL 优化知识，包括字段、索引、查询、引擎。

3. 准备

操作系统：CentOS 7.3。

软件版本：MySQL 8.0 及以上。

4. 考点 1：查询语句优化

很多性能问题都是由于代码不合理引起的，因此需要注意 SQL 结构的书写规范，例如，避免 for 循环次数过多、作了很多无谓的条件判断、相同逻辑重复多次等情况发生。一些常见的 SQL 优化方法如下。

- 通过自带的慢查询日志或者开源的慢查询系统来定位找出较慢的 SQL。
- 不做列运算：select id where age + 1 = 10。
- SQL 语句尽可能简单：一条 SQL 只能在一个 CPU 运算；大语句拆小语句，减少锁时间。
- 不用 select * 。
- or 改写成 in：or 的效率是 n 级别，in 的效率是 log（n）级别。
- 不用函数和触发器，在应用程序实现。
- 避免%xxx 式查询。
- 少用 join。
- 使用同类型进行比较，例如，用' 123 '和' 123 '比较，123 和 123 比较。
- 尽量避免在 where 子句中使用！=或<>操作符，否则可能会导致索引字段失效，从而进行全表扫描。

5. 考点 2：正确地建立索引

索引是一种帮助数据库获得高效查询效率的数据库对象，索引并不是越多越好，要根据查询有针对性地创建，应优先考虑在 WHERE 和 ORDER BY 关键字涉及的列建立索引。一些常见的索引使用方法如下。

- 可以通过 explain 命令查看 SQL 语句的执行计划，从而检查 SQL 语句是否使用索引或进行全表查询。
- 应尽量避免在 wherc 子句中对字段进行 NULL 值判断，否则将导致引擎放弃使用索引而进行全表扫描。

- 值分布很稀少的字段不适合建索引，例如，“性别”这种只有两三个值的字段。
- 字符字段只建前缀索引。
- 字符字段最好不要做主键。
- 不用外键，由程序保证约束。
- 尽量不用 UNIQUE，由程序保证约束。
- 使用多列索引时注意顺序和查询条件保持一致，同时删除不必要的单列索引。

示例：使用 explain 命令查询 SQL 语句的执行计划是否使用索引。

```
mysql>explain select * from sales.sale;
```

查询结果如图 2-11 所示。

id	select_type	table	partitions	type	possible_keys	key	key_len	ref	rows	filtered	Extra
1	SIMPLE	sale	(NULL)	ALL	(NULL)	(NULL)	(NULL)	(NULL)	9140	100.00	(NULL)

图 2-11　查看执行计划

对应字段解释如表 2-13 所示。

表 2-13　字段名称含义

字段名称	字段解释
id	select 识别符。这是 select 的查询序列号
select_type	查询中每个 select 子句的类型
table	输出结果集的表
partitions	匹配的分区
type	表示表的连接类型
possible_keys	表示查询时，可能使用的索引
key	表示实际使用的索引
key_len	索引字段的长度
ref	列与索引的比较
rows	扫描出的行数（估算的行数）
filtered	按表条件过滤的行百分比
extra	执行情况的描述和说明

结果中可以看到，对应 ref 为空值，此次查询没有用到索引。

6. 考点 3：修改数据字段

有时在 SQL 语句实在无法优化的情况下，可以考虑通过修改对象的结构来完成优化。字段对象对于 SQL 语句的执行效率也有很大的影响。影响因素主要体现在两个方面：字段存储顺序和字段类型。常见字段使用如下。

① 尽量使用 tinyint、smallint、medium_int 作为整数类型而非 int，如果非负则加上unsigned。

② varchar 的长度只分配真正需要的空间。
③ 使用枚举或整数代替字符串类型。
④ 尽量使用 timestamp 而非 datetime。
⑤ 单表不要有太多字段，建议在 20 以内。
⑥ 避免使用 NULL 字段，很难查询优化且占用额外索引空间。
⑦ 用整型来存 IP。

2.2 非关系型数据库 NoSQL

SQL 为结构化查询语言，NoSQL 是非关系型数据库，意思是不仅仅是 SQL。NoSQL 最早出现于 1998 年，是一种轻量、开源、不兼容 SQL 功能的关系型数据库，由 Carlo Storzzi 开发。

2.2.1 HBase 列式数据库

1. 概述

HBase 是一个分布式的、面向列的开源数据库，该技术来源于 Fay Chang 所撰写的 Google 论文“Bigtable：一个结构化数据的分布式存储系统”。就像 Bigtable 利用了 Google 文件系统（File System）所提供的分布式数据存储一样，HBase 在 Hadoop 之上提供了类似于 Bigtable 的能力。

2. 目标

了解 HBase 的基本概念。

3. 准备

操作系统：CentOS 7.3。

4. 考点：HBase 的基本概念

HBase（Hadoop Database）是一个高可靠性、高性能、面向列、可伸缩的分布式存储系统，利用 HBase 可在廉价 PC Server 上搭建起大规模结构化存储集群。

HBase 是 Google Bigtable 的开源实现，类似 Google Bigtable 利用 GFS 作为其文件存储系统，HBase 利用 Hadoop HDFS 作为其文件存储系统；Google 运行 MapReduce 来处理 Bigtable 中的海量数据，HBase 同样利用 Hadoop MapReduce 来处理 HBase 中的海量数据；Google Bigtable利用 Chubby 作为协同服务，HBase 利用 ZooKeeper 作为对应。

具体内容参考章节 3.3 HBase 数据库。

2.2.2 Redis 数据库

1. 概述

Redis 是一个 key-value 存储系统。与 memcached（分布式的高速缓存系统）类似，Redis 支持存储的 value 类型相对更多，包括 string（字符串）、list（链表）、set（集合）、zset（sorted set，有序集合）和 hash（散列类型）。这些数据类型都支持 push/pop、add/remove 及取交集并集和差集及更丰富的操作，而且这些操作都是原子性的。在此基础上，Redis 支持各种不同方式的排序。与 memcached 一样，为了保证效率，数据都是缓存在内存中。

2. 目标

了解 Redis 基本概念。

3. 准备

操作系统：CentOS 7.3。

4. 考点：Redis 的基本概念

Redis 会周期性地把更新的数据写入磁盘或者把修改操作写入追加的记录文件，并且在此基础上实现了 Master-Slave（主从）同步。Redis 是一个高性能的 key/value 数据库。Redis 的出现，很大程度补偿了 memcached 这类 key/value 存储的不足，在部分场合可以对关系数据库起到很好的补充作用。Redis 提供了 Java、C/C++、C#、PHP、JavaScript、Perl、Object-C、Python、Ruby、Erlang 等客户端，使用很方便。

2.2.3　MongoDB 文件数据库

1. 概述

MongoDB 是一个基于分布式文件存储的数据库。由 C++语言编写。旨在为 Web 应用提供可扩展的高性能数据存储解决方案。

2. 目标

了解 MongoDB 基本概念。

3. 准备

操作系统：CentOS 7.3。

4. 考点：MongoDB 的基本概念

MongoDB 是一个介于关系数据库和非关系数据库之间的产品，是非关系数据库当中功能最丰富，最像关系数据库的。它支持的数据结构非常松散，是类似 JSON 的 BSON 格式，因此可以存储比较复杂的数据类型。Mongo 最大的特点是它支持的查询语言非常强大，其语法有点类似于面向对象的查询语言，几乎可以实现类似关系数据库单表查询的绝大部分功能，而且还支持对数据建立索引。

所谓“面向集合”（Collection-Oriented）是数据被分组存储在数据集中，被称为一个集合（Collection）。每个集合在数据库中都有一个唯一的标识名，并且可以包含无限数目的文档。集合的概念类似关系型数据库（RDBMS）里的表（table），不同的是它不需要定义任何模式。

思考与练习

一、选择题

1. 数据库系统的核心是(　　)。

A. 数据模型　　B. 数据库管理系统　　C. 数据库　　D. 数据库管理员

2. 数据库（DB）、数据库系统（DBS）和数据库管理系统（DBMS）之间的关系是(　　)。

A. DBS 包括 DB 和 DBMS　　B. DBMS 包括 DB 和 DBS

C. DB 包括 DBS 和 DBMS　　D. DBS 包括 DB，也就是 DBMS

3. 在 SQL 语句中，子查询是(　　)。

A. 返回单表中数据子集的查询语句

B. 选取多表中字段子集的查询语句

C. 选取单表中字段子集的查询语句

D. 嵌入到另一个查询语句之中的查询语句

4. 修改数据库表结构用以下哪一项(　　)。

A. UPDATE　　B. CREATE　　C. UPDATED　　D. ALTER

5. 以下能够删除一列的是(　　)。

A. alter table emp remove addcolumn

B. alter table emp drop column addcolumn

C. alter table emp delete column addcolumn

D. alter table emp delete addcolumn

6. delete from employee 语句的作用(　　)。

A. 删除当前数据库中整个 employee 表，包括表结构

B. 删除当前数据库中 employee 表内的所有行

C. 由于没有 where 子句，因此不删除任何数据

D. 删除当前数据库中 employee 表内的当前行

7. student 表中查询年龄字段 age 为 20 或 21 的、性别字段 sex=M 的学生的语句是(　　)。

A. select * from student where age=20 and age=21 and sex="M";

B. select * from student where age=20 or age=21 and sex="M";

C. select * from student where(age=20 or age=21)and sex="M";

D. select * from student where(age=20 or age=21 and sex="M");

8. student 表中查询按照年龄 age 从大到小再学号 sid 从小到大排序(　　)。

A. order by sid desc, age asc　　B. order by age desc, sid

C. order by sid asc, age desc　　D. order by age asc, sid desc

9. 把 user 表中凡是名字为'jack'的记录删除的语句为(　　)。

A. delete * from user where name="jack";

B. drop from user where name="jack";

C. alter from user where name="jack";

D. delete user where name="jack";

10. 在查询中使用 group by 子句时，选择满足条件的组使用的短语是(　　)。

A. orderby　　B. distinct　　C. having　　D. where

11. 关于语句 limit 5, 5，说法正确的是(　　)。

A. 表示检索出第 5 行开始的 5 条记录

B. 表示检索出行 6 开始的 5 条记录

C. 表示检索出第 6 行开始的 5 条记录

D. 表示检索出行 5 开始的前 5 条记录

12. 在视图上不能完成的操作是(　　)。

A. 查询　　B. 在视图上定义新的视图

C. 更新视图　　D. 在视图上定义新的表

13. MySQL 中，备份数据库的命令是(　　)。

A. mysqldump B. mysql C. mysqladmin D. mysqlbackup

14. 创建视图的命令是(   )。

A. alter view B. alter table C. create table D. create view

15. 下列四项中，必须进行查询优化的是(   )。

A. 关系数据库 B. 网状数据库 C. 层次数据库 D. 非关系模型

二、简答题

1. 简述为什么需要备份数据。
2. 简述视图更新时的限制条件。
3. DML 是什么？它包括哪些操作？
4. 简述“where”子句与“having”子句的区别。
5. 简述子查询在使用过程中的注意事项。

第3章 大数据平台技术

本章要点：

- Hadoop 伪分布式、完全分布式集群环境的搭建
- HDFS 的 Shell 和 Java API 操作
- 以用户行为分析为例深入剖析 MapReduce 编程模型
- HDFS 的 HA 机制和 YARN 的 HA 机制
- Hive 的 DDL、DML 以及 DQL 操作
- Hive 通用的数据分层设计
- 使用 Spark 进行实时计算
- 大数据组件故障排查与常见优化策略
- 日志采集、数据传输等组件的综合使用

3.1 Hadoop 分布式大数据框架

3.1.1 搭建 Hadoop 伪分布式集群

1. 概述

Hadoop 是 Apache 基金会面向全球开源的产品之一，任何用户都可以从 Apache Hadoop 官网"http://archive.apache.org/dist/hadoop/common/"下载 Hadoop 使用。本书将以当下较为稳定的 Hadoop2.7.7 版本为例，详细讲解 Hadoop 集群的安装与部署。

2. 目标

搭建 Hadoop 伪分布式集群，让所有的守护进程都运行在一台主机节点上。

3. 准备

操作系统：CentOS 7.3。

软件版本：JDK 1.8、Hadoop 2.7.7。

4. 考点 1：Hadoop 安装包准备

下载 hadoop-2.7.7.tar.gz 安装包，将其存放在"/root/software"目录下并解压。

```
cd /root/software# 进入目录
tar -zxvf hadoop-2.7.7.tar.gz# 解压安装包
```

将其解压到当前目录下，即“/root/software”中。

5. 考点 2：配置 Hadoop 系统环境变量

配置 Hadoop 系统环境变量的具体步骤如下。

① 首先使用 vim 命令打开“/etc/profile”文件。

```
vim /etc/profile
```

② 在文件底部添加如下内容。

```
#配置 Hadoop 的安装目录
export HADOOP_HOME=/root/software/hadoop-2.7.7
#在原 PATH 的基础上加入 Hadoop 的 bin 和 sbin 目录
export PATH=$PATH:$HADOOP_HOME/bin:$HADOOP_HOME/sbin
```

注意：

- export 是把这两个变量导出为全局变量。
- 大小写必须严格区分。

添加完成，使用:wq 保存退出。

③ 让配置文件立即生效。

```
source /etc/profile
```

④ 检测 Hadoop 环境变量是否设置成功，使用如下命令查看 Hadoop 版本。

```
hadoop version
```

执行此命令后，若是出现如图 3-1 所示的 Hadoop 版本信息说明配置成功。

```
→ ~ source /etc/profile
→ ~ hadoop version
Hadoop 2.7.7
Subversion Unknown -r c1aad84bd27cd79c3d1a7dd58202a8c3ee1ed3ac
Compiled by stevel on 2018-07-18T22:47Z
Compiled with protoc 2.5.0
From source with checksum 792e15d20b12c74bd6f19a1fb886490
This command was run using /root/software/hadoop-2.7.7/share/hadoop/common/hadoop-common-2.7.
7.jar
```

图 3-1　Hadoop 版本信息

6. 考点 3：HDFS 伪分布式集群搭建

（1）HDFS 集群配置文件编写

1）配置环境变量 hadoop-env.sh。

因为 Hadoop 的各守护进程依赖于 JAVA_HOME 环境变量，使用如下命令打印 JDK 的安装目录。

```
echo $JAVA_HOME
```

语法解析：

- echo：输出命令。
- $：引用环境变量的值。
- JAVA_HOME：环境变量。

执行上述命令，结果如图 3-2 所示。

```
→ hadoop-2.7.7 echo $JAVA_HOME
/root/software/jdk1.8.0_221
```

图 3-2　打印 JDK 的安装目录

复制完成，使用如下命令打开“hadoop-env.sh”文件。

```
vim /root/software/hadoop-2.7.7/etc/hadoop/hadoop-env.sh
```

找到 JAVA_HOME 参数位置，修改为本机安装的 JDK 的实际位置，如图 3-3 所示。

```
# The java implementation to use.
export JAVA_HOME=/root/software/jdk1.8.0_221
```

图 3-3　配置环境变量 hadoop-env.sh

2）配置核心组件 core-site.xml。

该文件是 Hadoop 的核心配置文件，其目的是配置 HDFS 地址、端口号，以及临时文件目录。常用参数如表 3-1 所示。

表 3-1　core-site.xml 文件常用参数

配置参数	默认值	说明
fs.defaultFS	file:///	默认文件系统的名称。其方案和权限决定文件系统实现的 URI。URI 的方案确定命名文件系统实现类的配置属性。URI 的权限用于确定文件系统的主机、端口等
hadoop.tmp.dir	/tmp/hadoop-${user.name}	Hadoop 文件系统依赖的基本配置，很多配置路径都依赖他，是其他临时目录的基础

使用如下命令打开“core-site.xml”文件。

```
vim /root/software/hadoop-2.7.7/etc/hadoop/core-site.xml
```

将下面的配置内容添加到<configuration></configuration>中间。

```
<!-- HDFS 集群中 NameNode 的 URI(协议、主机名称、端口号),默认为 file:/// -->
<property>
<name>fs.defaultFS</name>
<value>hdfs://localhost:9000</value>
</property>
<!--Hadoop 运行时产生文件的临时存储目录 -->
<property>
<name>hadoop.tmp.dir</name>
<value>/root/hadoopData/temp</value>
</property>
```

添加完成，使用:wq 保存退出。

3）配置文件系统 hdfs-site.xml。

该文件主要用于配置 HDFS 相关的属性，常用参数如表 3-2 所示。

表 3-2　hdfs-site.xml 文件常用参数

配置参数	默认值	说明
dfs.namenode.name.dir	file://${hadoop.tmp.dir}/dfs/name	确定 DFS 名称节点应在本地文件系统上存储名称表（fsimage）的位置。如果这是一个以逗号分隔的目录列表，则名称表将复制到所有目录中，以实现冗余
dfs.datanode.data.dir	file://${hadoop.tmp.dir}/dfs/data	确定 DFS 数据节点应在本地文件系统上其存储块的位置。如果这是一个逗号分隔的目录列表，则数据存储在所有已命名的目录上
dfs.replication	3	复制默认块。可以在创建文件时指定实际的复制次数。如果在创建时未指定复制，则使用默认值
dfs.namenode.secondary.http-address	0.0.0.0:50090	SecondaryNameNode 的 HTTP 服务器地址和端口

使用如下命令打开“hdfs-site.xml”文件。

```
vim /root/software/hadoop-2.7.7/etc/hadoop/hdfs-site.xml
```

将下面的配置内容添加到<configuration></configuration>中间。

```
<!--NameNode 在本地文件系统中持久存储命名空间和事务日志的路径 -->
<property>
<name>dfs.namenode.name.dir</name>
<value>/root/hadoopData/name</value>
</property>
<!--DataNode 在本地文件系统中存放块的路径 -->
<property>
<name>dfs.datanode.data.dir</name>
<value>/root/hadoopData/data</value>
</property>
<!--数据块副本的数量,默认为 3 -->
<property>
<name>dfs.replication</name>
<value>1</value>
</property>
```

添加完成，使用:wq 命令保存退出。

4）配置 slaves 文件。

```
vim /root/software/hadoop-2.7.7/etc/hadoop/slaves
```

从图 3-4 可以看到，“slaves”文件的默认内容为 localhost，因为我们搭建的是伪分布式集群，就只有一台主机，所以从节点也需要放在此主机上，因此该配置文件无须修改。

```
→ hadoop-2.7.7 vim /root/software/hadoop-2.7.7/etc/hadoop/slaves
localhost
```

图 3-4　配置 slaves 文件

（2）HDFS 集群测试

1）启动和关闭 HDFS 集群。

方式一：单节点逐个启动和关闭。

① 在本机上使用以下命令启动 NameNode 进程。

```
hadoop-daemon.sh start namenode
```

启动完成之后，使用 jps 命令查看 NameNode 进程的启动情况。结果如图 3-5 所示。

```
→ ~ hadoop-daemon.sh start namenode
starting namenode, logging to /root/software/hadoop-2.7.7/logs/hadoop-root-namenode-131af9399
3a0.out
→ ~ jps
994 Jps
915 NameNode
```

图 3-5　启动 NameNode 进程

② 在本机上使用以下命令启动 DataNode 进程。

```
hadoop-daemon.sh start datanode
```

③ 在本机上使用以下命令启动 SecondaryNameNode 进程。

```
hadoop-daemon.sh start secondarynamenode
```

另外，当需要停止相关服务进程时，只需要将上述命令中的 start 更改为 stop 即可。

方式二：脚本一键启动和关闭。

在本机上使用以下命令一键启动脚本。

```
start-dfs.sh
```

执行上述命令，结果如图 3-6 所示。

```
→ ~ start-dfs.sh
Starting namenodes on [localhost]
localhost: starting namenode, logging to /root/software/hadoop-2.7.7/logs/hadoop-root-namenode-131af93993a0.out
localhost: starting datanode, logging to /root/software/hadoop-2.7.7/logs/hadoop-root-datanode-131af93993a0.out
Starting secondary namenodes [0.0.0.0]
0.0.0.0: starting secondarynamenode, logging to /root/software/hadoop-2.7.7/logs/hadoop-root-secondarynamenode-13
1af93993a0.out
```

图 3-6　一键启动 HDFS 集群

上述信息说明如下：

- 在本机上启动了 NameNode 守护进程。
- 在本机上启动了 DataNode 守护进程。
- 在配置的一个特定节点 0.0.0.0（本机）上启动 SecondaryNameNode 守护进程。
- 一键关闭 HDFS 集群，只需要将 start 改为 stop 即可，即 stop-dfs.sh。

2）查看进程启动情况。

在本机执行 jps 命令，在打印结果中会看到 4 个进程，分别是 NameNode、DataNode、SecondaryNameNode 和 Jps，如果出现了这 4 个进程表示进程启动成功，如图 3-7 所示。

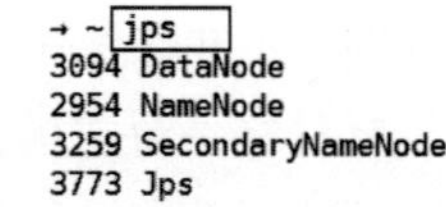

图 3-7　HDFS 集群服务进程

3）通过 UI 查看 HDFS 运行状态。

HDFS 集群正常启动后，默认开放了 50070 端口，用于监控 HDFS 集群。通过本机的浏览器访问“http://localhost：50070”或“http://本机 IP 地址：50070”查看 HDFS 集群状态，如图 3-8 所示。

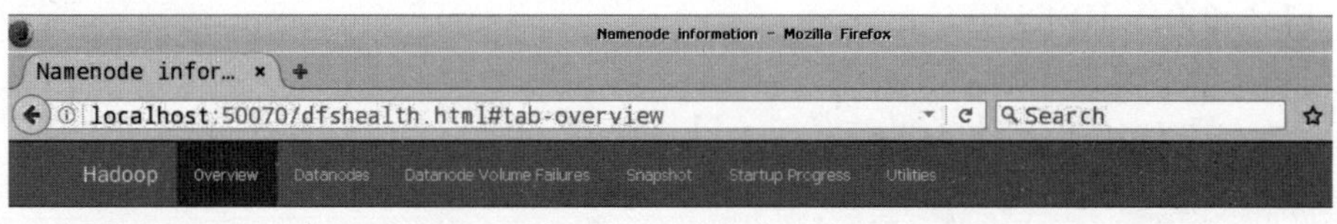

Overview 'localhost:9000' (active)

Started:	Mon Jan 18 12:01:24 CST 2021
Version:	2.7.7, rc1aad84bd27cd79c3d1a7dd58202a8c3ee1ed3ac
Compiled:	2018-07-18T22:47Z by stevel from branch-2.7.7
Cluster ID:	CID-ee72b349-ab79-4773-9c98-5297e40cdf36
Block Pool ID:	BP-2076620609-172.17.0.2-1610940605440

图 3-8　HDFS 的 UI 界面

从图 3-8 可以看出，通过 UI 可以正常访问 Hadoop 集群的 HDFS 界面，并且页面显示正常。通过 UI 可以更方便地进行 Hadoop 集群的状态管理和查看。

7. 考点 4：YARN 伪分布式集群搭建

（1）YARN 集群配置文件编写

1）配置环境变量 yarn-env.sh。

```
vim /root/software/hadoop-2.7.7/etc/hadoop/yarn-env.sh
```

找到 JAVA_HOME 参数位置，将前面的#去掉，将其值修改为本机安装的 JDK 的实际位置，如图 3-9 所示。

```
# some Java parameters
export JAVA_HOME=/root/software/jdk1.8.0_221
if [ "$JAVA_HOME" != "" ]; then
  #echo "run java in $JAVA_HOME"
  JAVA_HOME=$JAVA_HOME
:wq
```

图 3-9　配置环境变量 yarn-env.sh

修改完成，使用:wq 命令保存并退出。

2）配置计算框架 mapred-site.xml。

该文件是 MapReduce 的核心配置文件，用于指定 MapReduce 运行时框架。常用参数如表 3-3 所示。

表 3-3　mapred-site.xml 文件常用参数

配置参数	默认值	说明
mapreduce.framework.name	local	用于执行 MapReduce 作业的运行时框架。属性值可以是 local，classic 或 yarn

通过如下命令将文件复制并重命名为“mapred-site.xml”。

```
cp mapred-site.xml.templatemapred-site.xml
```

接着，打开“mapred-site.xml”文件进行修改。

```
vim /root/software/hadoop-2.7.7/etc/hadoop/mapred-site.xml
```

将下面的配置内容添加到<configuration></configuration>中间。

```
<!--指定使用 YARN 运行 MapReduce 程序,默认为 local -->
<property>
<name>mapreduce.framework.name</name>
<value>yarn</value>
</property>
```

添加完成，使用:wq 保存退出。

3）配置 YARN 系统 yarn-site.xml。

本文件是 YARN 框架的核心配置文件，用于配置 YARN 进程及 YARN 的相关属性，常用参数如表 3-4 所示。

表 3-4　yarn-site.xml 文件常用参数

配置参数	默认值	说明
yarn.resourcemanager.hostname	0.0.0.0	ResourceManager 运行主机
yarn.nodemanager.aux-services	mapreduce.shuffle	MapReduce 获取数据的方式，指定在进行 MapReduce 作业时，YARN 使用 mapreduce_shuffle 混洗技术。这个混洗技术是 Hadoop 的一个核心技术，非常重要

使用如下命令打开“yarn-site.xml”配置文件。

```
vim /root/software/hadoop-2.7.7/etc/hadoop/yarn-site.xml
```

将下面的配置内容添加到<configuration></configuration>中间。

```
<!--NodeManager 上运行的附属服务，也可以理解为 Reducer 获取数据的方式 -->
<property>
<name>yarn.nodemanager.aux-services</name>
<value>mapreduce_shuffle</value>
</property>
```

添加完成，使用:wq 保存退出。

（2）YARN 集群测试

1）启动和关闭 YARN 集群。

启动 YARN 集群之前，需要保证 HDFS 集群处于启动状态。若是 HDFS 集群没有启动，可以使用脚本一键启动命令 start-dfs.sh 启动 HDFS 集群，结果如图 3-10 所示。

```
→ ~ start-dfs.sh
Starting namenodes on [localhost]
localhost: starting namenode, logging to /root/software/hadoop-2.7.7/logs/hadoop-root-namenode-131af93993a0.out
localhost: starting datanode, logging to /root/software/hadoop-2.7.7/logs/hadoop-root-datanode-131af93993a0.out
Starting secondary namenodes [0.0.0.0]
0.0.0.0: starting secondarynamenode, logging to /root/software/hadoop-2.7.7/logs/hadoop-root-secondarynamenode-13
1af93993a0.out
```

图 3-10　一键启动 HDFS 集群

HDFS 集群服务启动完成之后，可以通过 jps 命令查看各个服务进程启动情况。结果如图 3-11 所示。

```
→ ~ jps
3094 DataNode
2954 NameNode
3259 SecondaryNameNode
3773 Jps
```

图 3-11　HDFS 集群服务进程

针对 YARN 集群的启动，启动方式同样有两种：单节点逐个启动，使用脚本一键启动。

方式一：单节点逐个启动和关闭。

① 在本机上使用以下命令启动 ResourceManager 进程。

```
yarn-daemon.sh start resourcemanager
```

② 在本机上使用以下命令启动 NodeManager 进程。

```
yarn-daemon.sh start nodemanager
```

当需要停止相关服务进程时，只需要将上述命令中的 start 更改为 stop 即可。

方式二：脚本一键启动和关闭。命令为：start-yarn.sh。执行该命令后的结果如图 3-12 所示。

```
→ hadoop start-yarn.sh
starting yarn daemons
starting resourcemanager, logging to /root/software/hadoop-2.7.7/logs/yarn-root-resourcemanager-131af93993a0.out
localhost: starting nodemanager, logging to /root/software/hadoop-2.7.7/logs/yarn-root-nodemanager-131af93993a0.o
ut
```

图 3-12　一键启动 YARN 集群

以上信息说明：

- 在本机上启动了 ResourceManager 守护进程。
- 在本机上启动了 NodeManager 守护进程。

可以一键启动 YARN 集群，同样也可以一键关闭 YARN 集群，只需要将 start 改为 stop 即可，即 stop-yarn.sh。

2）查看进程启动情况。

在本机执行 jps 命令，在打印结果中多了两个进程，分别是 ResourceManager 和 NodeManager，如果出现了这两个进程表示进程启动成功。如图 3-13 所示。

```
→ hadoop jps
4705 Jps
3094 DataNode
4391 NodeManager
2954 NameNode
3259 SecondaryNameNode
4284 ResourceManager
```

图 3-13　YARN 集群服务进程

3）通过 UI 查看 YARN 运行状态。

YARN 集群正常启动后，默认开放了 8088 端口，用于监控 YARN 集群。通过本机的浏览器访问“http://localhost:8088”或“http://本机 IP 地址:8088”查看 YARN 集群状态。效果如图 3-14 所示。

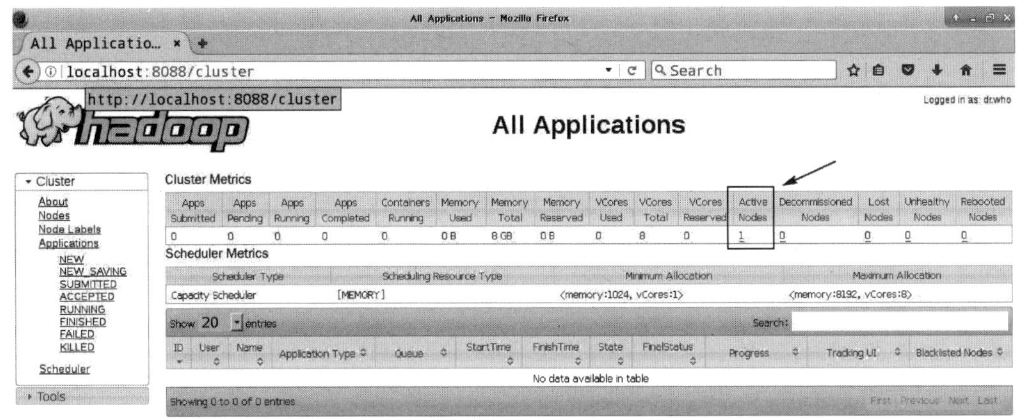

图 3-14　YARN 的 UI 界面

3.1.2　搭建 Hadoop 完全分布式集群

1. 概述

完全分布式模式下，Hadoop 的守护进程分别运行在由多台主机搭建的集群上，不同节点担任不同的角色。在实际工作应用开发中，通常使用该模式构建企业级 Hadoop 系统。

2. 目标

搭建 Hadoop 完全分布式集群。准备 3 台虚拟机，在 3 个节点上都安装 DataNode，设置副本数为 2，这是为了方便观察数据块分布情况。具体集群规划如表 3-5 所示。

表 3-5　集群规划

服　务	master	slave1	slave2
NameNode	√		
SecondaryNameNode		√	
DataNode	√	√	√
ResourceManager	√		
NodeManager	√	√	√

注意事项：

- NamdeNode 和 SecondaryNameNode 尽量不安装在同一个节点上。
- ResourceManager 比较耗内存，尽量不和 NameNode、SecondaryNameNode 配置在同一台机器。

3. 准备

操作系统：CentOS 7.3。

软件版本：JDK 1.8、Hadoop 2.7.7。

4. 考点 1：配置 Hadoop 集群主节点

参考伪分布式中文件配置，在此基础上进行分布式相关配置。

（1）HDFS 集群配置文件编写

1）配置核心组件 core-site.xml。

将下面的配置内容添加到<configuration></configuration>中间。

```
<! -- HDFS 集群中 NameNode 的 URI(协议、主机名称、端口号),默认为 file:/// -->
<property>
<name>fs.defaultFS</name>
<value>hdfs://master:9000</value>
</property>
<! --Hadoop 运行时产生文件的临时存储目录 -->
<property>
<name>hadoop.tmp.dir</name>
<value>/root/hadoopData/temp</value>
</property>
```

添加完成，使用:wq 保存退出。

2）配置文件系统 hdfs-site.xml。

将下面的配置内容添加到<configuration></configuration>中间。

```
<! --SecondaryNameNode 的 HTTP 服务器地址和端口 -->
<property>
<name>dfs.namenode.secondary.http-address</name>
<value>slave1:50090</value>
</property>
```

添加完成，使用:wq 保存退出。

3）配置 slaves 文件。

“slaves” 文件的默认内容为 localhost，将其删除，然后配置如下内容。

```
master
slave1
slave2
```

（2）YARN 集群配置文件编写

这一步主要配置 YARN 系统文件 yarn-site. xml，将下面的配置内容添加到<configuration></configuration>中间。

```
<! --指定 YARN 集群的管理者 ResourceManager 的地址 -->
<property>
```

```
<name>yarn.resourcemanager.hostname</name>
<value>master</value>
</property>
<!--NodeManager 上运行的附属服务,也可以理解为 Reducer 获取数据的方式 -->
<property>
<name>yarn.nodemanager.aux-services</name>
<value>mapreduce_shuffle</value>
</property>
```

添加完成，使用:wq 保存退出。

5. 考点 2：分发到从节点

完成 Hadoop 集群主节点 master 的配置后，还需要将系统环境配置文件、JDK 安装目录和 Hadoop 安装目录分发到从节点 slave1 和 slave2 上。具体指令如下。

```
scp /etc/profile slave1:/etc/profile
scp /etc/profile slave2:/etc/profile
scp -r /root/software/jdk1.8.0_221/ slave1:/root/software/
scp -r /root/software/jdk1.8.0_221/ slave2:/root/software/
scp -r /root/software/hadoop-2.7.7/ slave1:/root/software/
scp -r /root/software/hadoop-2.7.7/ slave2:/root/software/
```

执行完上述所有命令后，还需要在从节点 slave1 和 slave2 上分别执行 “source /etc/profile” 指令立即刷新配置文件。

至此，整个集群所有节点就都有了 Hadoop 运行所需的环境和文件，完全分布式 Hadoop 集群也就安装配置完成。

6. 考点 3：Hadoop 集群测试

（1）格式化文件系统

在初次启动 HDFS 集群时，必须对主节点进行格式化处理。具体命令如下。

```
hdfs namenode -format
```

格式化命令后，出现 “successfully formatted” 信息才表示格式化成功。如图 3-15 所示。

```
22/09/23 09:16:19 INFO util.GSet: Computing capacity for map NameNodeRetryCache
22/09/23 09:16:19 INFO util.GSet: VM type       = 64-bit
22/09/23 09:16:19 INFO util.GSet: 0.029999999329447746% max memory 889 MB = 273.1 KB
22/09/23 09:16:19 INFO util.GSet: capacity      = 2^15 = 32768 entries
22/09/23 09:16:19 INFO namenode.FSImage: Allocated new BlockPoolId: BP-146522452-172.18.39.15-1663924579091
22/09/23 09:16:19 INFO common.Storage: Storage directory /root/hadoopData/name has been successfully formatted.
22/09/23 09:16:19 INFO namenode.FSImageFormatProtobuf: Saving image file /root/hadoopData/name/current/fsimage.ckpt_
0000000000000000000 using no compression
22/09/23 09:16:19 INFO namenode.FSImageFormatProtobuf: Image file /root/hadoopData/name/current/fsimage.ckpt_0000000
000000000000 of size 321 bytes saved in 0 seconds.
22/09/23 09:16:19 INFO namenode.NNStorageRetentionManager: Going to retain 1 images with txid >= 0
22/09/23 09:16:19 INFO util.ExitUtil: Exiting with status 0
22/09/23 09:16:19 INFO namenode.NameNode: SHUTDOWN_MSG:
/************************************************************
SHUTDOWN_MSG: Shutting down NameNode at master/172.18.39.15
************************************************************/
[root@master ~]#
```

图 3-15　格式化文件系统

若是未出现 “successfully formatted” 信息，就需要查看命令是否正确，或者之前 HDFS 集群的安装和配置是否正确，若是正确，则需要删除所有主机的 “/root/hadoopData” 目录，重新执行格式化命令，对 HDFS 集群进行格式化。

另外需要特别注意的是，上述格式化命令只需要在 HDFS 集群初次启动前执行即可，后续重复启动就不再需要执行格式化了。

（2）启动和关闭 Hadoop 集群

针对 Hadoop 集群的启动，需要启动内部包含的 HDFS 集群和 YARN 集群两个集群框架。

启动集群最常使用的方式可以使用脚本一键启动，前提是需要配置 slaves 配置文件和 SSH 免密登录。可以选择在主节点 master 上参考如下方式进行启动。

① 在主节点 master 上一键启动 HDFS 集群。

```
start-dfs.sh
```

结果如图 3-16 所示。

```
[root@master ~]# start-dfs.sh
Starting namenodes on [master]
master: starting namenode, logging to /root/software/hadoop-2.7.7/logs/hadoop-root-namenode-master.out
slave1: starting datanode, logging to /root/software/hadoop-2.7.7/logs/hadoop-root-datanode-slave1.out
master: starting datanode, logging to /root/software/hadoop-2.7.7/logs/hadoop-root-datanode-master.out
slave2: starting datanode, logging to /root/software/hadoop-2.7.7/logs/hadoop-root-datanode-slave2.out
Starting secondary namenodes [slave1]
slave1: starting secondarynamenode, logging to /root/software/hadoop-2.7.7/logs/hadoop-root-secondarynamenode-slave1
.out
```

图 3-16　一键启动 HDFS 集群

上述信息说明：

- 在主节点 master 上启动了 NameNode 守护进程。
- 在所有节点上启动了 DataNode 守护进程。
- 在从节点 slave1 上启动 SecondaryNameNode 守护进程。

要一键关闭 HDFS 集群，只需要将 start 改为 stop 即可，即 stop-dfs.sh。

② 在主节点 master 上一键启动 YARN 集群。

```
start-yarn.sh
```

执行上述命令，效果如图 3-17 所示。

```
[root@master ~]# start-yarn.sh
starting yarn daemons
starting resourcemanager, logging to /root/software/hadoop-2.7.7/logs/yarn-root-resourcemanager-master.out
slave2: starting nodemanager, logging to /root/software/hadoop-2.7.7/logs/yarn-root-nodemanager-slave2.out
slave1: starting nodemanager, logging to /root/software/hadoop-2.7.7/logs/yarn-root-nodemanager-slave1.out
master: starting nodemanager, logging to /root/software/hadoop-2.7.7/logs/yarn-root-nodemanager-master.out
```

图 3-17　一键启动 YARN 集群

上述信息说明：

- 在主节点 master 上启动了 ResourceManager 守护进程。
- 在所有节点上启动了 NodeManager 守护进程。

要一键关闭 YARN 集群，只需要将 start 改为 stop 即可，即 stop-yarn.sh。

（3）查看进程启动情况

在整个 Hadoop 集群服务启动完成之后，可以在各个节点上通过 jps 命令查看各节点服务进程启动情况。结果分别如图 3-18、图 3-19 和图 3-20 所示。

从图 3-18、图 3-19 和图 3-20 可以看出，master 节点上启动了 NameNode、DataNode、ResourceManager 和 NodeManager 4 个 Hadoop 服务进程；slave1 节点上启动了 DataNode、NodeManager 和 SecondaryNameNode 3 个 Hadoop 服务进程；slave2 节点上启动了 DataNode 和

NodeManager2 个 Hadoop 服务进程。这与之前集群规划配置的各节点服务一致，说明 Hadoop 集群启动正常。

```
[root@master ~]# jps
4961 ResourceManager
4549 NameNode
5417 Jps
5069 NodeManager
4686 DataNode
```

图 3-18　master 集群服务进程

```
[root@slave1 ~]# jps
3856 DataNode
4067 NodeManager
3960 SecondaryNameNode
4271 Jps
```

图 3-19　slave1 集群服务进程

```
[root@slave2 ~]# jps
3880 Jps
3705 NodeManager
3579 DataNode
```

图 3-20　slave2 集群服务进程

（4）通过 UI 查看 Hadoop 运行状态

Hadoop 集群正常启动后，默认开放了 50070 和 8088 两个端口，分别用于监控 HDFS 集群和 YARN 集群。为了后续方便查看，可以在本地宿主机的 hosts 文件（Windows10 操作系统下路径为 C:\Windows\System32\drivers\etc）中添加集群服务的 IP 映射。通过本机的浏览器访问“http://master: 50070”或“http://NameNode 运行节点 IP 地址:50070”查看 HDFS 集群状态。效果如图 3-21 所示。

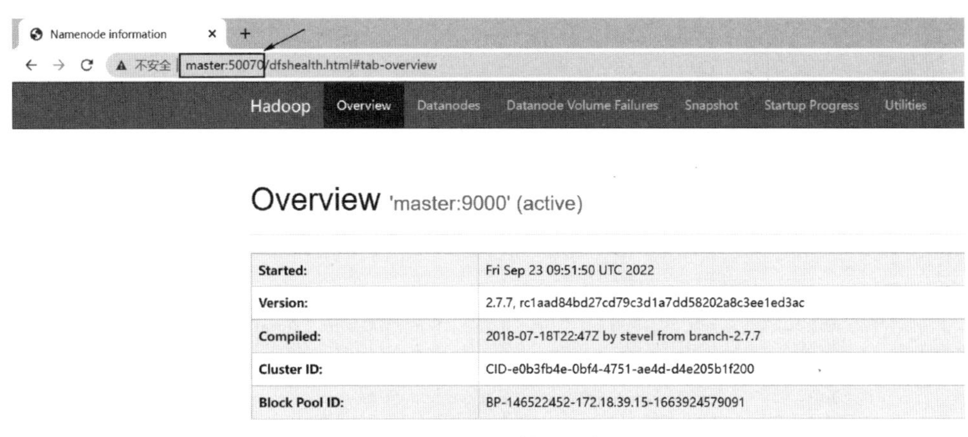

图 3-21　HDFS 的 UI 界面

通过本机的浏览器访问“http://master:8088”或“http://ResourceManager 运行节点 IP 地址:8088”查看 YARN 集群状态。效果如图 3-22 所示。

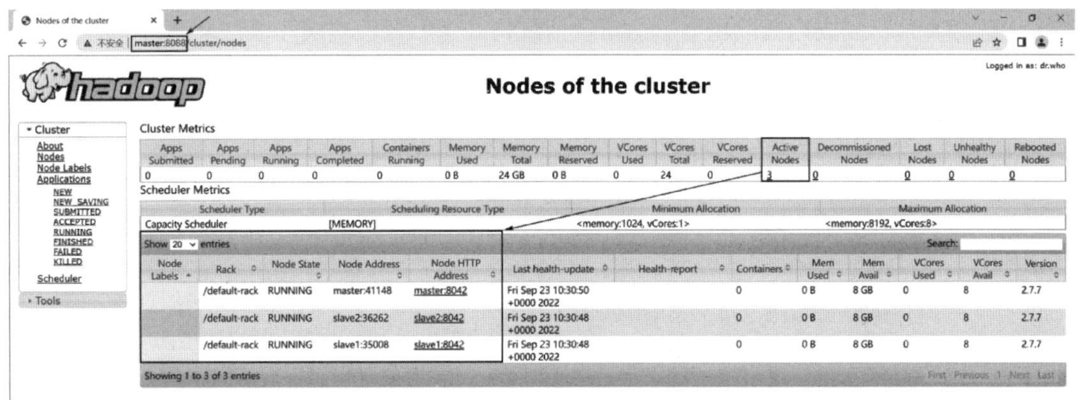

图 3-22　YARN 的 UI 界面

3.1.3 命令行方式管理 HDFS

1. 概述

HDFS 提供了许多数据访问的方式，其中，命令行的形式是最简单的，同时也是许多开发者最容易掌握的方式。

2. 目标

使用 HDFS Shell 对 HDFS 文件系统上的文件和目录实现增删改查操作。

3. 准备

操作系统：CentOS 7.3。

软件版本：JDK 1.8、Hadoop 2.7.7。

4. 考点 1：操作 HDFS 文件或目录命令

HDFS 支持的命令很多，若需要了解全部命令或使用过程中遇到问题都可以使用 hadoop fs -help 命令获取帮助文档。

(1) ls 命令

ls 命令用于查看指定路径的当前目录结构，类似于 Linux 系统中的 ls 命令。

示例：显示 HDFS 根目录下所有的文件和目录。

```
hadoop fs -ls hdfs://localhost:9000/
hadoop fs -ls /
```

上述两条命令是等价的，执行这两条命令。结果如图 3-23 所示。

```
→ ~ hadoop fs -ls hdfs://localhost:9000/
Found 2 items
drwx------   - root supergroup          0 2021-01-20 14:42 hdfs://localhost:9000/tmp
drwxr-xr-x   - root supergroup          0 2021-01-20 14:42 hdfs://localhost:9000/user
→ ~ hadoop fs -ls /
Found 2 items
drwx------   - root supergroup          0 2021-01-20 14:42 /tmp
drwxr-xr-x   - root supergroup          0 2021-01-20 14:42 /user
```

图 3-23 显示 HDFS 根目录下所有的文件和目录

示例：递归显示 HDFS 根目录下所有的文件和目录。

```
hadoop fs -ls -R -h /
```

上述命令执行完成后会以更易读的单位信息格式递归显示 HDFS 根目录下所有的文件和目录。结果如图 3-24 所示。

```
→ ~ hadoop fs -ls -R -h /
drwx------   - root supergroup          0 2021-01-20 14:42 /tmp
drwx------   - root supergroup          0 2021-01-20 14:42 /tmp/hadoop-yarn
drwx------   - root supergroup          0 2021-01-20 14:42 /tmp/hadoop-yarn/staging
drwxr-xr-x   - root supergroup          0 2021-01-20 14:42 /tmp/hadoop-yarn/staging/history
drwxrwxrwt   - root supergroup          0 2021-01-20 14:42 /tmp/hadoop-yarn/staging/history
/done_intermediate
drwxrwx---   - root supergroup          0 2021-01-20 14:42 /tmp/hadoop-yarn/staging/history
/done_intermediate/root
-rwxrwx---   1 root supergroup     32.6 K 2021-01-20 14:42 /tmp/hadoop-yarn/staging/history
/done_intermediate/root/job_1611124946346_0001-1611124948271-root-QuasiMonteCarlo-161112496
8010-1-1-SUCCEEDED-default-1611124956686.jhist
-rwxrwx---   1 root supergroup        352 2021-01-20 14:42 /tmp/hadoop-yarn/staging/history
/done_intermediate/root/job_1611124946346_0001.summary
-rwxrwx---   1 root supergroup    118.5 K 2021-01-20 14:42 /tmp/hadoop-yarn/staging/history
/done_intermediate/root/job_1611124946346_0001_conf.xml
drwx------   - root supergroup          0 2021-01-20 14:42 /tmp/hadoop-yarn/staging/root
drwx------   - root supergroup          0 2021-01-20 14:42 /tmp/hadoop-yarn/staging/root/.s
taging
drwxr-xr-x   - root supergroup          0 2021-01-20 14:42 /user
drwxr-xr-x   - root supergroup          0 2021-01-20 14:42 /user/root
```

图 3-24 递归显示 HDFS 根目录下所有的文件和目录

（2） mkdir 命令

mkdir 命令用于在指定路径下创建子目录，其中创建的路径可以采用 URL 格式进行指定，与 Linux 命令 mkdir 相同，可以创建多级目录。

示例：在 HDFS 的根目录下创建/hadoop2.7.7/data 层级目录。

```
hadoop fs -mkdir -p /hadoop2.7.7/data
```

上述示例代码是在 HDFS 的根目录下创建/hadoop2.7.7/data 层级目录，-p 参数表示递归创建路径中的各级目录。执行命令后结果如图 3-25 所示。

```
→ ~ hadoop fs -mkdir -p /hadoop2.7.7/data
→ ~ hadoop fs -ls /hadoop2.7.7
Found 1 items
drwxr-xr-x   - root supergroup          0 2021-01-20 14:45 /hadoop2.7.7/data
```

图 3-25　递归显示 HDFS 根目录下所有的文件和目录

（3） put 命令

put 命令等同于 copyFromLocal，用于将本地系统的文件或目录复制到 HDFS 上。

示例：将 Haodop 安装目录下的 README.txt 文件上传到 HDFS 的/hadoop2.7.7/data 目录中。

```
hadoop fs -put -f /root/software/hadoop-2.7.7/README.txt /hadoop2.7.7/data
```

命令执行成功后，查询 HDFS 中/hadoop2.7.7/data 目录。结果如图 3-26 所示。

```
→ ~ hadoop fs -put -f /root/software/hadoop-2.7.7/README.txt /hadoop2.7.7/data
→ ~ hadoop fs -ls /hadoop2.7.7/data
Found 1 items
-rw-r--r--   1 root supergroup       1366 2021-01-20 14:47 /hadoop2.7.7/data/README.txt
```

图 3-26　上传文件

（4） get 命令

get 命令等同于 copyToLocal，用于将 HDFS 的文件或目录复制到本地文件系统上。

示例：将 HDFS 上的/hadoop2.7.7/data/README.txt 文件下载到本地文件系统的当前目录，并为下载的文件生成一个校验文件。

```
hadoop fs -get -crc /hadoop2.7.7/data/README.txt .
```

上述命令执行成功后，查询本地文件系统相应目录。结果如图 3-27 所示。

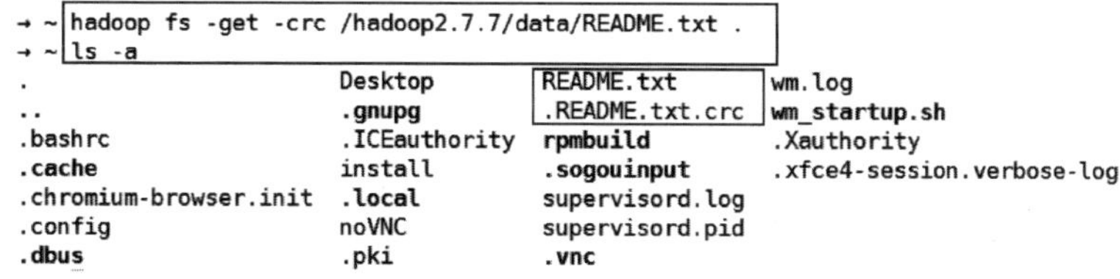

图 3-27　下载文件

（5） cp 命令

cp 命令用于将指定文件从 HDFS 的一个路径（源路径）复制到 HDFS 的另外一个路径（目标路径）。

这个命令允许有多个源路径，但是目标路径必须是一个目录。

示例：将 HDFS /hadoop 2.7.7/data 目录下的 README.txt 文件复制到 HDFS 的/hadoop2.7.7 目录下。

```
hadoop fs -cp /hadoop2.7.7/data/README.txt /hadoop2.7.7
```

命令执行成功后，查询 HDFS 中/hadoop2.7.7 目录。结果如图 3-28 所示。

```
→ ~ hadoop fs -cp /hadoop2.7.7/data/README.txt /hadoop2.7.7
→ ~ hadoop fs -ls /hadoop2.7.7
Found 2 items
-rw-r--r--   1 root supergroup       1366 2021-01-20 14:49 /hadoop2.7.7/README.txt
drwxr-xr-x   - root supergroup          0 2021-01-20 14:47 /hadoop2.7.7/data
```

图 3-28　复制文件

（6）mv 命令

mv 命令用于在 HDFS 目录中移动文件，不允许跨文件系统移动文件。

示例：将 HDFS /hadoop2.7.7 目录下的 README.txt 文件移动到了 HDFS 的根目录下。

```
hadoop fs -mv /hadoop2.7.7/README.txt /
```

命令执行成功后，查看 HDFS 根目录下所有文件进行验证。结果如图 3-29 所示。

```
→ ~ hadoop fs -mv /hadoop2.7.7/README.txt /
→ ~ hadoop fs -ls /
Found 4 items
-rw-r--r--   1 root supergroup       1366 2021-01-20 14:49 /README.txt
drwxr-xr-x   - root supergroup          0 2021-01-20 14:50 /hadoop2.7.7
drwx------   - root supergroup          0 2021-01-20 14:42 /tmp
drwxr-xr-x   - root supergroup          0 2021-01-20 14:42 /user
```

图 3-29　移动文件

（7）rm 命令

rm 命令用于在 HDFS 中删除指定文件或目录。默认情况下，HDFS 禁用了“回收站”功能，可以通过为参数“fs.trash.interval”（在 core-site.xml 中，单位为 min）设置大于零的值来启用“回收站”功能。

示例：删除 HDFS 根目录下的 README.txt 文件和 hadoop2.7.7 目录。

```
hadoop fs -rm /README.txt
hadoop fs -rm -r /hadoop2.7.7
```

执行上述命令，可以成功删除 HDFS 根目录下的 README.txt 文件和 hadoop2.7.7 目录。结果如图 3-30 所示。

```
→ ~ hadoop fs -rm /README.txt
21/01/20 17:33:03 INFO fs.TrashPolicyDefault: Namenode trash configuration: Deletion interv
al = 0 minutes, Emptier interval = 0 minutes.
Deleted /README.txt
→ ~ hadoop fs -rm -r /hadoop2.7.7
21/01/20 17:33:12 INFO fs.TrashPolicyDefault: Namenode trash configuration: Deletion interv
al = 0 minutes, Emptier interval = 0 minutes.
Deleted /hadoop2.7.7
```

图 3-30　删除文件和目录

（8）rmdir 命令

rmdir 命令用于删除 HDFS 上的空目录。

示例：删除 HDFS 根目录下的 test 目录（若没有可手动创建）。

```
hadoop fs -rmdir /test
```

上述命令只能删除空目录，若是删除非空目录，需要使用 rm -r 命令。结果如图 3-31 所示。

```
→ ~ hadoop fs -mkdir /test
→ ~ hadoop fs -ls /
Found 3 items
drwxr-xr-x   - root supergroup          0 2021-01-20 17:39 /test
drwx------   - root supergroup          0 2021-01-20 14:42 /tmp
drwxr-xr-x   - root supergroup          0 2021-01-20 14:42 /user
→ ~ hadoop fs -rmdir /tmp
rmdir: `/tmp': Directory is not empty
→ ~ hadoop fs -rmdir /test
→ ~ hadoop fs -ls /
Found 2 items
drwx------   - root supergroup          0 2021-01-20 14:42 /tmp
drwxr-xr-x   - root supergroup          0 2021-01-20 14:42 /user
```

图 3-31　删除空目录

5. 考点 2：查看文件内容命令

（1） cat 命令

cat 命令用于将路径指定文件的内容输出到 stdout 标准输出管道。

示例：将 HDFS 上/hadoop2.7.7/data/README.txt 文件的所有内容输出到控制台。

```
hadoop fs -cat /hadoop2.7.7/data/README.txt
```

上述命令执行成功后会在控制台上打印指定文件的全部内容。结果如图 3-32 所示。

```
→ ~ hadoop fs -mkdir -p /hadoop2.7.7/data
→ ~ hadoop fs -put /root/software/hadoop-2.7.7/README.txt /hadoop2.7.7/data
→ ~ hadoop fs -cat /hadoop2.7.7/data/README.txt
For the latest information about Hadoop, please visit our website at:

   http://hadoop.apache.org/core/

and our wiki, at:

   http://wiki.apache.org/hadoop/

This distribution includes cryptographic software.  The country in
which you currently reside may have restrictions on the import,
possession, use, and/or re-export to another country, of
encryption software.  BEFORE using any encryption software, please
check your country's laws, regulations and policies concerning the
import, possession, or use, and re-export of encryption software, to
see if this is permitted.  See <http://www.wassenaar.org/> for more
information.

The U.S. Government Department of Commerce, Bureau of Industry and
Security (BIS), has classified this software as Export Commodity
Control Number (ECCN) 5D002.C.1, which includes information security
software using or performing cryptographic functions with asymmetric
algorithms.  The form and manner of this Apache Software Foundation
distribution makes it eligible for export under the License Exception
ENC Technology Software Unrestricted (TSU) exception (see the BIS
Export Administration Regulations, Section 740.13) for both object
code and source code.

The following provides more details on the included cryptographic
software:
  Hadoop Core uses the SSL libraries from the Jetty project written
by mortbay.org.
```

图 3-32　查看文件内容

(2) tail 命令

tail 命令用于将指定文件最后 1KB 的内容输出到 stdout，一般用于查看日志。

示例：将 HDFS 上/hadoop2.7.7/data/README.txt 文件最后 1KB 的内容输出到控制台。

```
hadoop fs -tail /hadoop2.7.7/data/README.txt
```

上述命令执行成功后，会在控制台打印指定文件最后 1KB 的内容。结果如图 3-33 所示。

```
→ ~ hadoop fs -tail /hadoop2.7.7/data/README.txt
try, of
encryption software.  BEFORE using any encryption software, please
check your country's laws, regulations and policies concerning the
import, possession, or use, and re-export of encryption software, to
see if this is permitted.  See <http://www.wassenaar.org/> for more
information.

The U.S. Government Department of Commerce, Bureau of Industry and
Security (BIS), has classified this software as Export Commodity
Control Number (ECCN) 5D002.C.1, which includes information security
software using or performing cryptographic functions with asymmetric
algorithms.  The form and manner of this Apache Software Foundation
distribution makes it eligible for export under the License Exception
ENC Technology Software Unrestricted (TSU) exception (see the BIS
Export Administration Regulations, Section 740.13) for both object
code and source code.

The following provides more details on the included cryptographic
software:
  Hadoop Core uses the SSL libraries from the Jetty project written
by mortbay.org.
```

图 3-33　查看文件最后 1k 字节的内容

3.1.4　使用开发工具连接 Hadoop 集群

1. 概述

Hadoop Eclipse 是 Hadoop 开发环境的插件，在安装该插件之前需要首先配置 Hadoop 的相关信息。用户在创建 Hadoop 程序时，Eclipse 插件会自动导入 Hadoop 编程接口的 jar 文件，这样用户就可以在 Eclipse 插件的图形界面中进行编码、调试和运行 Hadoop 程序，也能通过 Eclipse 插件查看程序的实时状态、错误信息以及运行结果。除此之外，用户还可以通过 Eclipse 插件对 HDFS 进行管理和查看。

总而言之，Hadoop Eclipse 插件不仅功能强大，并且安装简单，使用起来也很方便。

2. 目标

Linux 系统下使用 Eclipse 开发工具连接 Hadoop 集群。

3. 准备

操作系统：CentOS 7.3。

软件版本：JDK 1.8、Hadoop 2.7.7。

开发工具：Eclipse。

插件版本：hadoop-eclipse-plugin-2.7.7.jar。

4. 考点 1：在 Eclipse 上安装 Hadoop 插件

① 首先启动 Hadoop 集群，命令如下。

```
start-dfs.sh# 启动 HDFS 集群
start-yarn.sh# 启动 YARN 集群
```

② 下载安装 Eclipse 开发工具，并配置桌面快捷方式（其图标如图 3-34 所示）。

③ 本书以 Hadoop 2.7.7 版本的插件为例进行介绍。下载 hadoop-eclipse-plugin-2.7.7.jar 包，将其放入Eclipse安装目录下的 plugins 目录下，即放在“/root/software/eclipse/plugins”目录下。

图 3-34　Eclipse 桌面快捷方式

④ 双击桌面的“Eclipse”图标启动 Eclipse，首次启动 Eclipse 时，会弹出如图 3-35 所示的“Eclipse IDE Launcher”的对话框，提示设置 Workspace 的路径，设定好路径后，倘若勾选了“Use this as the default and do not ask again”，以后再启动时就不会有提示，直接进入默认工作空间。

⑤ 进入 Eclipse 后，因为是首次打开，所以会看到一个“Welcome”欢迎页，将其关掉即可。

⑥ 添加 Hadoop Eclipse 插件视图按钮：单击“Window” -> “Perspective” -> “Open Perspective” -> “Other ...”，弹出“Open Perspective”对话框，选中“Map/Reduce”，然后单击“Open”按钮完成添加，如图 3-36 所示。

图 3-35　设置 Workspace 路径

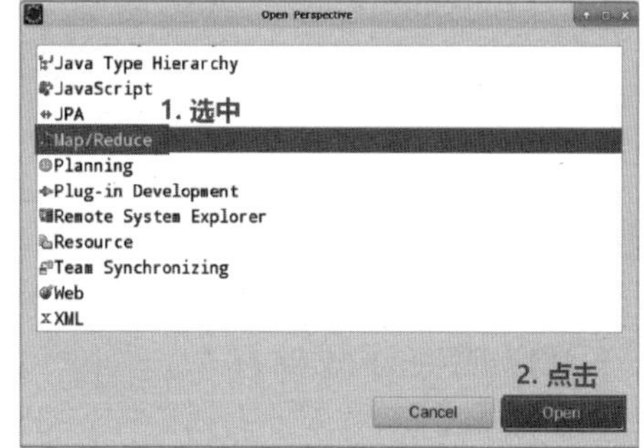

图 3-36　“Open Perspective”对话框

⑦ 添加完成后，在 Eclipse 底部会多出一个“Map/Reduce Locations”视图按钮，如图 3-37 所示。

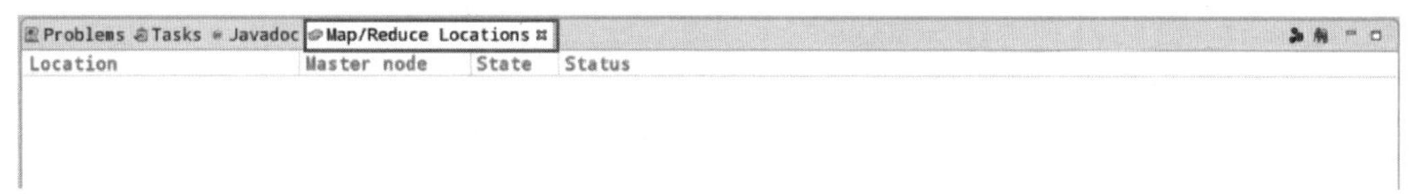

图 3-37　“Map/Reduce Locations”视图

5. 考点 2：Hadoop Eclipse 插件的基本配置

（1）设置 Hadoop 的安装目录

在 Eclipse 中选择“Window” -> “Preferences”，此时会弹出“Preferences”对话框。在对话框的左侧找到“Hadoop Map/Reduce”选项，hadoop-2.7.7 的安装路径配置在此选项中，然后依次单击“Apply” -> “Apply and Close”，如图 3-38 所示。

（2）设置 Hadoop 的集群信息

单击 Eclipse 底部的“Map/Reduce Locations”视图按钮，选择其右边的蓝色小象图标，如图 3-39 所示。

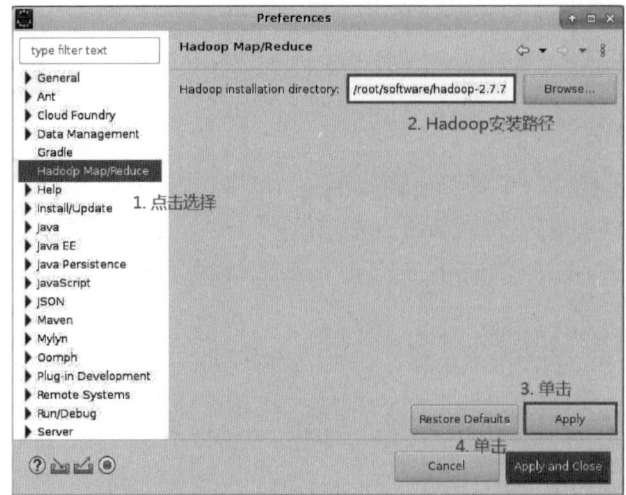

图 3-38　配置 Hadoop 安装路径

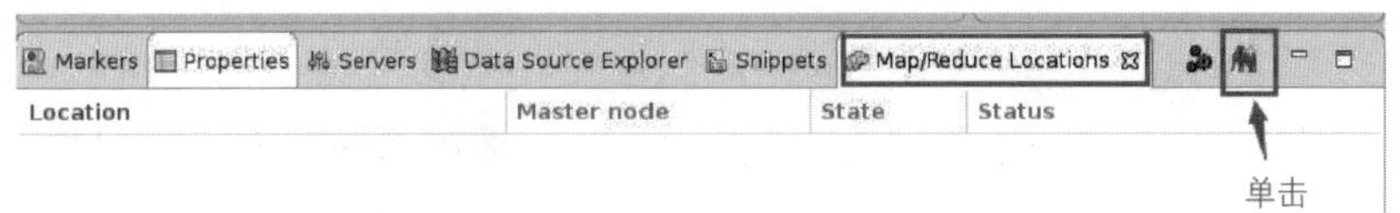

图 3-39　“Map/Reduce Locations” 视图

单击蓝色小象图标后，弹出“New Hadoop location...”对话框。其中，“Location name”可以随意命名，这里写成“myhadoop”；之后是“Map/Reduce (V2) Master”，将“Host”修改为 YARN 集群主节点的 IP 地址或主机名，这里填写“localhost”；之后再看“DFS Master”，将“Host”修改为 HDFS 集群主节点的 IP 地址或主机名，将“Port”修改为 9000，与在 core-site.xml 中设置 fs.defaultFS 选项的一致；最后是“User name”，此处的用户名为搭建 Hadoop 集群的用户，即 root。设置完成，单击“Finish”按钮即可，如图 3-40 所示。

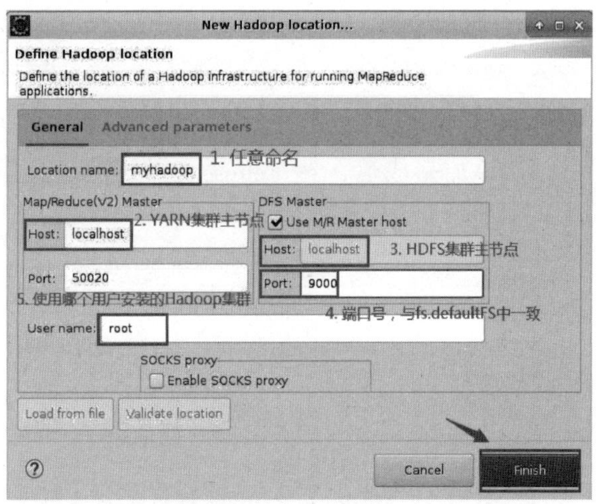

图 3-40　“New Hadoop location...” 对话框

配置完成后，此时在 Eclipse 底部“Map/Reduce Locations”视图中多出一个“myhadoop”的连接项，这就是刚刚建立的名为“myhadoop”的 Map/Reduce Location 连接，如图 3-41 所示。

(3) 查看 HDFS 目录结构

选择“File” -> “New” -> “Project” -> “Map/Reduce Project” -> “Next”，弹出“New MapReduce Project Wizard”对话框，为“Project name”起个名字，可以任意取名，如

图 3-42 所示。

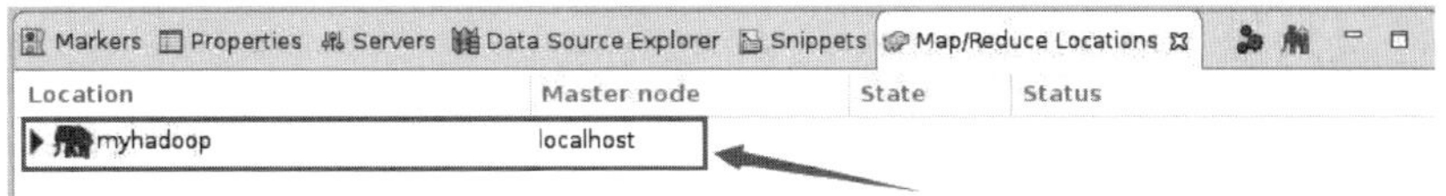

图 3-41　“Map/Reduce Locations”窗口

图 3-42　创建 MapReduce 项目

之后弹出“Open Associated Perspective”对话框，直接单击“No”按钮即可，如图 3-43 所示。

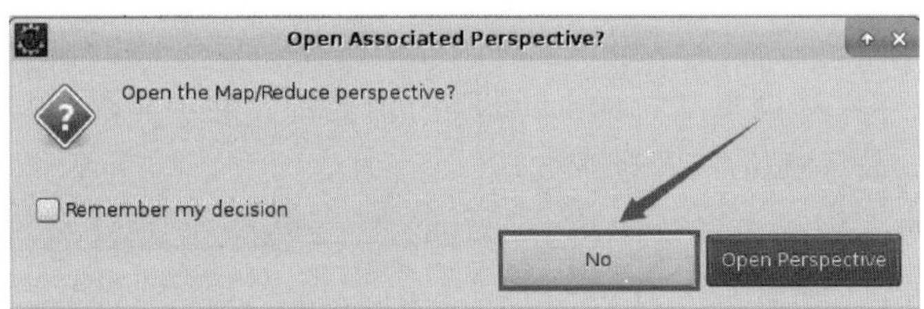

图 3-43　“Open Associated Perspective”对话框

此时在 Eclipse 的左侧“Project Explorer”下看到新创建的项目和“DFS Locations”列表栏，打开此列表栏，验证 Eclipse 是否连接成功 Hadoop，如果能正常展示 HDFS 的目录结构则说明配置成功，如图 3-44 所示。

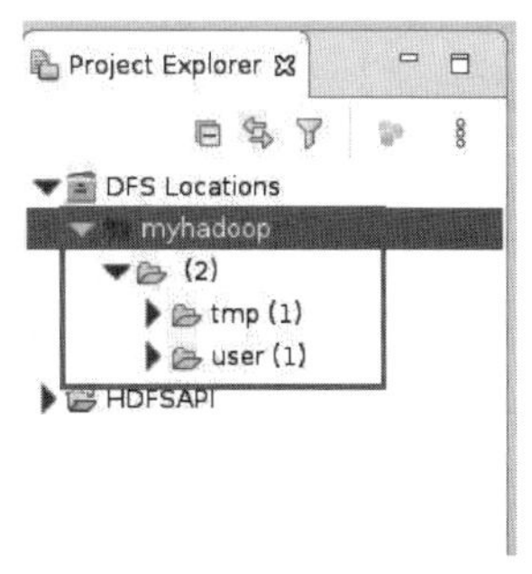

图 3-44　“DFS Locations”列表栏

其中，“myhadoop”是为“Location name”随意取的名字。“myhadoop”下无名目录为 HDFS 集群的根目录（/，完整路径为“hdfs://localhost:9000/”）。再往下一层的“tmp”和“user”为 HDFS 集群根目录下的文件夹，若是新搭建的集群，还未运行任何 HDFS Shell 操作或 MapReduce 程序，则根目录下是空的，即没有任何的文件或目录。

3.1.5 Java API 操作 HDFS

1. 概述

（1）Configuration 类简介

Configuration 作为 Hadoop 的一个基础功能承担着重要的责任，为 YARN、HDFS、MapReduce等提供参数的配置、配置文件的分布式传输（实现了 Writable 接口）等重要功能。

Configuration 是 Hadoop 的公用类，具体为 org.apache.hadoop.conf.Configruration。Configuration 类是作业的配置信息类，任何作用的配置信息必须通过 Configuration 传递，因为通过 Configuration 可以实现在多个 Mapper 和多个 Reducer 任务之间共享信息。

使用 Configuration 类的一般过程是：

① 使用 new 构造 Configuration 对象。

② 通过类的 addResource( )方法添加需要加载的资源。

③ 使用 get( )或 set( )方法访问或设置配置项，资源会在第一次使用的时候自动加载到对象中。

具体代码如下所示。

```
Configuration conf=new Configuration();
conf.addResource("core-default.xml");
conf.addResource("core-site.xml");
conf.set("fs.defaultFS", "hdfs://localhost:9000");
```

上述示例中，加载了两个配置资源，这两个配置资源包含了相同的配置项，此时，后面的配置将覆盖前面的配置，即“core-site.xml”中的配置将覆盖“core-default.xml”中的同名配置。

之后使用 set( )方法设置了“fs.defaultFS”配置项，此项将覆盖“core-site.xml”或“core-default.xml”配置项中的同名配置。

（2）FileSystem 实例

为了给不同的文件系统提供一个统一的接口，Hadoop 提供了一个抽象的文件系统，而 Hadoop 分布式文件系统（Hadoop Distributed File System，HDFS）只是这个抽象文件系统的一个具体实现。Hadoop 抽象文件系统接口主要由抽象类 org.apache.hadoop.fs.FileSystem 提供，其继承的层次结构如图 3-45 所示。

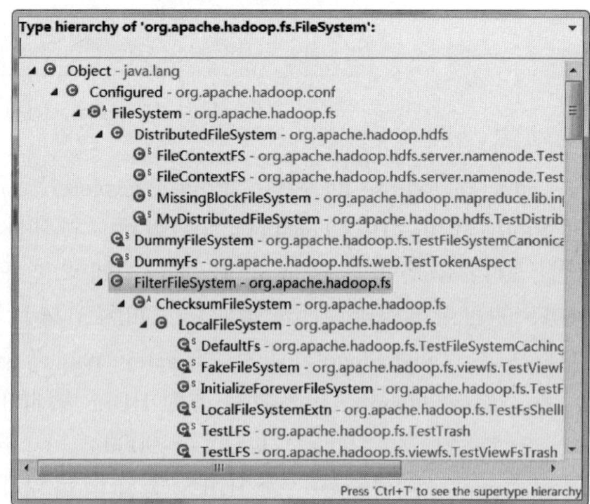

图 3-45　抽象类 FileSystem 继承的层次结构

从图 3-45 可以看出，Hadoop 发行包中包含了不同的 FileSystem 子类，以满足不同的数据访问需求。

其提供的主要方法可以分为两部分：

- 一部分用于处理文件和目录相关的事务。主要是指创建文件，创建目录，删除文件，删除目录等操作。
- 另一部分用于读写文件数据。主要是指读文件数据，写入文件数据等操作。

2. 目标

使用 Java API 对 HDFS 文件系统上的文件和目录实现增删改查操作。

3. 准备

操作系统：CentOS 7.3。

软件版本：JDK 1.8、Hadoop 2.7.7。

开发工具：Eclipse。

插件版本：hadoop-eclipse-plugin-2.7.7.jar。

4. 考点1：创建目录

通过 FileSystem.mkdirs(Path f)可在 HDFS 上创建目录，其中 f 为目录的完整路径，mkdirs()方法可以实现创建多级目录。

示例：在 HDFS 的根目录下级联创建“/123/1/2”目录。

```
package com.hongyaa.hdfs;

import java.io.IOException;
import java.net.URI;
import java.net.URISyntaxException;

import org.apache.hadoop.conf.Configuration;
import org.apache.hadoop.fs.FileSystem;
import org.apache.hadoop.fs.Path;
import org.junit.After;
import org.junit.Before;
import org.junit.Test;

public class HDFSDemo {
FileSystem fs = null;

//每次执行单元测试前都会执行该方法
@Before
public void setUp() throws IOException, InterruptedException, URISyntaxException {
//构造一个配置参数对象
Configuration conf = new Configuration();
// 不需要配置“fs.defaultFS”参数,直接传入 URI 和用户身份,最后一个参数是安装 Hadoop 集群的用户,此处
为“root”
fs = FileSystem.get(new URI("hdfs://localhost:9000"), conf, "root");
}

//单元方法:创建目录
@Test
public void mkdir() throws IllegalArgumentException, IOException {
```

```
//级联创建/123/1/2 目录
boolean mkdirs = fs.mkdirs(new Path("/123/1/2"));
System.out.println(mkdirs);
}

//每次执行单元测试后都会执行该方法关闭资源
@After
public void tearDown() {
if (null != fs) {
try {
fs.close();
} catch (IOException e) {
e.printStackTrace();
}
}
}
}
```

程序执行结果如图 3-46 所示。

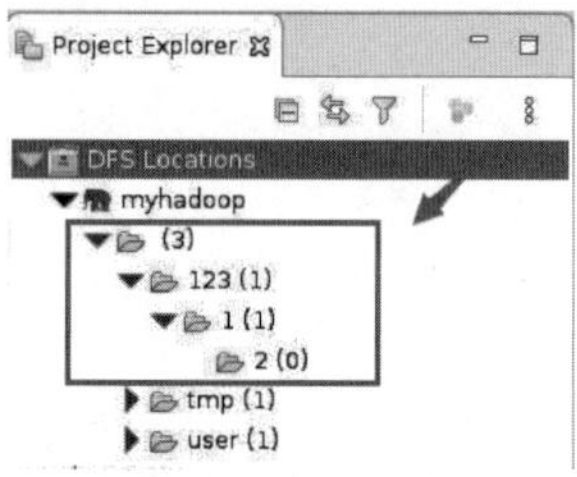

图 3-46 创建目录

5. 考点 2：上传文件

通过 FileSystem.copyFromLocalFile（Path src，Path dst）可将本地文件上传到 HDFS 的指定位置上，其中 src 和 dst 均为文件的完整路径。

示例：将本地的“/root/software/hadoop-2.7.7/README.txt”文件上传到 HDFS 的“/123”目录中。

```
//单元方法:上传文件
@Test
public void addFileToHdfs() throws IOException{
/*
 * src:要上传的文件所在的本地路径
 * dst:要上传到 HDFS 的目标路径
 */
Path src=new Path("/root/software/hadoop-2.7.7/README.txt");
Path dst=new Path("/123");
//默认不删除本地源文件,覆盖 HDFS 同名文件
fs.copyFromLocalFile(src, dst);
}
```

程序执行结果如图 3-47 所示。

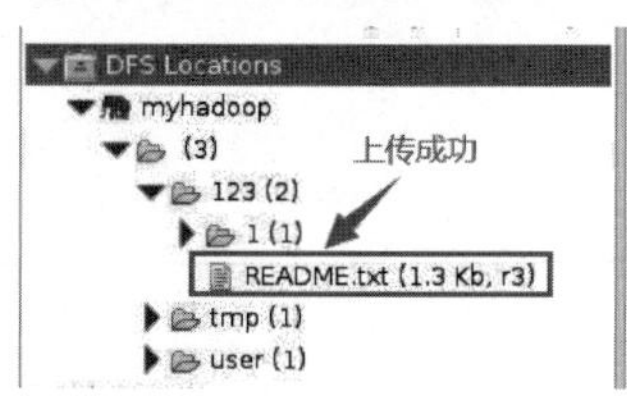

图 3-47 上传文件

6. 考点 3：下载文件

通过 FileSystem.copyToLocalFile（Path src，Patch dst）可将 HDFS 文件下载到本地的指定位置上，其中 src 和 dst 均为文件的完整路径。

示例：将 HDFS 上的“/123/README.txt”文件下载到本地

文件系统的“/root”目录。

```
//单元方法:下载文件
@Test
public void downLoadFileToLocal() throws IOException {
/*
 * src:要下载的文件所在的 HDFS 路径
 * dst:要下载到本地的目标路径
 */
Path src = new Path("/123/README.txt");
Path dst = new Path("/root");
//默认不删除 HDFS 源路径的文件,覆盖本地同名文件
fs.copyToLocalFile(src, dst);
}
```

查看本地文本系统“/root”目录，存在“README.txt”文件说明下载成功，如图 3-48 所示。

```
→ ~ cd /root/
→ root ll
total 8
-rw------- 1 root root 3415 10月  7  2018 anaconda-ks.cfg
drwxr-xr-x 4 root root   38 1月  28 15:38 eclipse-workspace
drwxr-xr-x 5 root root   42 1月  28 15:35 hadoopData
drwxr-xr-x 5 root root   46 11月  9 18:15 info
-rw-r--r-- 1 root root 1366 1月  28 15:40 README.txt
drwxr-xr-x 6 root root  274 11月  9 18:15 software
```

图 3-48　下载文件

7. 考点 4：重命名文件/目录

通过 FileSystem.rename（Path arg0，Path arg1）可对 HDFS 文件或目录进行重命名，其中 arg0 和 arg1 均为 HDFS 文件或目录的完整路径。

示例：将 HDFS 上的“/123/README.txt”文件重命名为“/123/read.txt”，“/123/1”目录重命名为“/123/data”。

```
//单元方法:重命名文件或目录
@Test
public void renameFileOrDir() throws IllegalArgumentException, IOException {
    //重命名文件
fs.rename(new Path("/123/README.txt"), new Path("/123/read.txt"));
    //重命名目录
fs.rename(new Path("/123/1"), new Path("/123/data"));
}
```

程序执行结果如图 3-49 所示。

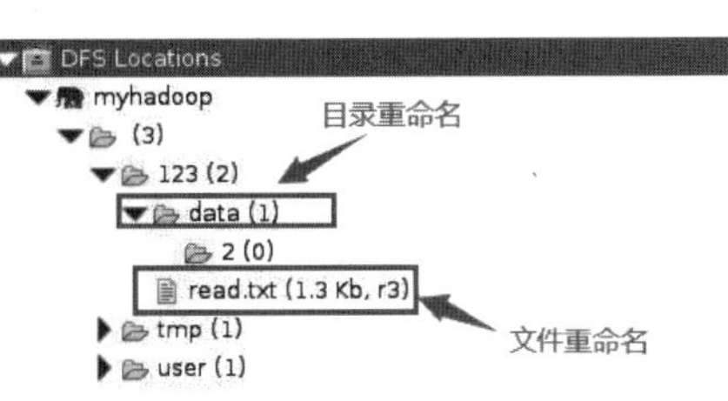

图 3-49　重命名文件或目录

8. 考点 5：查看文件/目录状态

通过 FileStatus.getPath( ) 可查看指定 HDFS 中某个目录下所有文件或目录。

示例：查看 HDFS 中“/123”目录下所有文件或目录的状态与名称。

```
import java.io.FileNotFoundException;
import org.apache.hadoop.fs.FileStatus;

    //单元方法:查看文件及目录信息
    @Test
    public void listStatus() throws FileNotFoundException, IllegalArgumentException, IOEx-
ception{
        //使用 listStatus()方法获得参数中指定目录下文件和目录的元数据信息(文件/目录名称、路径、长度
等),存放在一个数组中
    FileStatus[] listStatus = fs.listStatus(new Path("/123"));
        String flag="";
    for(FileStatusstatus:listStatus){
            //判断对象是否为目录
            if(status.isDirectory()){
                flag="Directory";
    }else {
                flag="File";
            }
            //打印文件或目录状态与名称
    System.out.println(flag+":"+status.getPath().getName());
        }
    }
```

程序执行结果如下所示。

```
Directory:data
File:read.txt
```

9. 考点 6：删除文件/目录

通过 FileSystem.delete（Path f，Boolean recursive）可删除指定的 HDFS 文件或目录，其中 f 为需要删除文件或目录的完整路径，recursive 用来确定是否进行递归删除，若是删除文件则为 false，若删除的是目录则为 true。

示例：删除 HDFS 中“/123”目录下的“read.txt”文件和“data”目录。

```
//单元方法:删除文件或者目录
@Test
public void deleteFileOrDir() throws IllegalArgumentException, IOException{
    //删除文件。第二参数:是否递归,若是文件或者空目录时可以为 false,若是非空目录则需要为 true
fs.delete(new Path("/123/read.txt"),false);
    //删除目录
fs.delete(new Path("/123/data"), true);
}
```

文件和目录删除前结果如图 3-50 所示。

文件和目录删除后，查看 HDFS 的“/123”目录，发现其下的“read.txt”文件和“data”目录都被成功删除。结果如图 3-51 所示。

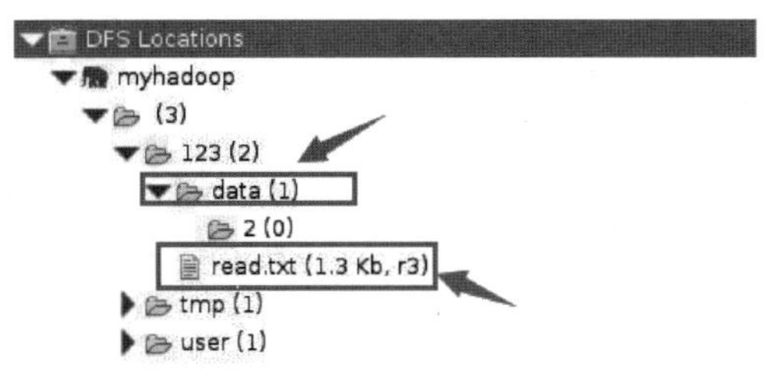

图 3-50　删除文件或目录前

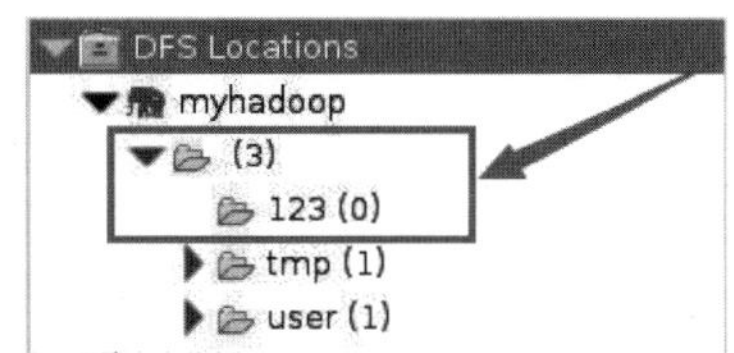

图 3-51　删除文件或目录后

3.1.6　分布式计算框架之 MapReduce

1. 概述

MapReduce 是一个分布式运算程序的编程框架，是用户开发基于 Hadoop 的数据分析应用的核心框架。MapReduce 的核心功能是将用户编写的业务逻辑代码和自带默认组件整合成一个完整的分布式运算程序，并发运行在一个 Hadoop 集群上。

Hadoop 的发布包中内置了一个“hadoop-mapreduce-examples-2.7.7.jar”，这个 jar 包中有各种 MapReduce 示例程序，其中非常有名的就是 PI 程序和 WordCount 程序。此 jar 包存放在“$HADOOP_HOME/share/hadoop/mapreduce/”目录里。

可以通过以下步骤运行：

① 启动 HDFS 和 YARN 集群。

② 在集群的任意一台节点上执行示例程序。

2. 目标

使用命令正确执行 Hadoop 自带的 PI 和 WordCount 示例程序。

3. 准备

操作系统：CentOS 7.3。

软件版本：JDK 1.8、Hadoop 2.7.7。

开发工具：Eclipse。

插件版本：hadoop-eclipse-plugin-2.7.7.jar。

4. 考点 1：使用 PI 程序计算 PI 值

进入“$HADOOP_HOME/share/hadoop/mapreduce/”目录下，执行如下命令计算 PI 值。

```
hadoop jar hadoop-mapreduce-examples-2.7.7.jar pi 10 10
```

在上述命令中：

- hadoop jar hadoop-mapreduce-examples-2.7.7.jar：表示执行一个 Hadoop 的 jar 包程序。
- pi：表示执行 jar 包程序中计算 PI 值的功能。
- 第 1 个 10：表示运行 10 次 Map 任务。
- 第 2 个 10：表示每个 Map 任务，投掷的次数。

执行上述命令，如图 3-52 所示。

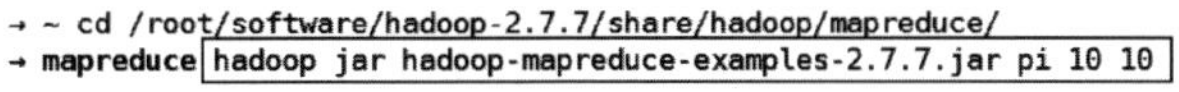

```
→ ~ cd /root/software/hadoop-2.7.7/share/hadoop/mapreduce/
→ mapreduce hadoop jar hadoop-mapreduce-examples-2.7.7.jar pi 10 10
```

图 3-52　执行 PI 程序

程序执行结果如图 3-53 所示。

```
        File Input Format Counters
                Bytes Read=1180
        File Output Format Counters
                Bytes Written=97
Job Finished in 24.794 seconds
Estimated value of Pi is 3.20000000000000000000
```

图 3-53　PI 程序执行结果

5. 考点 2：使用 WordCount 程序进行单词统计

将“$HADOOP_HOME/README.txt”文件上传到 HDFS 作为数据源。

```
hadoop fs -put README.txt /
```

执行上述命令，结果如图 3-54 所示。

```
→ ~ hadoop fs -put /root/software/hadoop-2.7.7/README.txt /
→ ~ hadoop fs -ls /
Found 3 items
-rw-r--r--   1 root supergroup       1366 2021-01-29 15:02 /README.txt
drwx------   - root supergroup          0 2021-01-29 14:59 /tmp
drwxr-xr-x   - root supergroup          0 2021-01-29 14:59 /user
```

图 3-54　上传文件

之后，使用如下命令执行 WordCount 程序：

```
hadoop jar hadoop-mapreduce-examples-2.7.7.jar wordcount /README.txt /wordcount
```

上述命令中：

- hadoop jar hadoop-mapreduce-examples-2.7.7.jar：表示执行一个 Hadoop 的 jar 包程序。
- wordcount：表示执行 jar 包程序中的单词统计功能。
- /README.txt：表示进行单词统计的 HDFS 文件路径。
- /wordcount：表示进行单词统计后的 HDFS 输出结果路径，不需要提前手动创建，程序执行过程中会自动创建该输出路径。

程序执行结果如图 3-55 所示。

```
→ ~ cd /root/software/hadoop-2.7.7/share/hadoop/mapreduce/
→ mapreduce hadoop jar hadoop-mapreduce-examples-2.7.7.jar wordcount /README.txt /wordcount
```

图 3-55　执行 WordCount 程序

程序执行完成，使用 cat 命令查看运行结果，如图 3-56 所示。

```
→ mapreduce hadoop fs -ls /wordcount
Found 2 items
-rw-r--r--   1 root supergroup          0 2021-01-29 15:04 /wordcount/_SUCCESS
-rw-r--r--   1 root supergroup       1306 2021-01-29 15:04 /wordcount/part-r-00000
→ mapreduce hadoop fs -cat /wordcount/part-r-00000
(BIS),  1
(ECCN)  1
(TSU)   1
(see    1
5D002.C.1,      1
740.13) 1
<http://www.wassenaar.org/>     1
Administration  1
Apache  1
BEFORE  1
BIS     1
```

图 3-56　查看 WordCount 程序执行结果

3.1.7 编写 MapReduce 方法

1. 概述

（1）项目背景

本项目以当代用户的移动上网设备及相关用户信息为基础，进行移动设备行为数据分析研究，采用大数据技术 Hadoop 实现用户行为分析，其中包括用户、年龄、性别等分析维度，要求按照业务需求使用 MapReduce 实现不同维度间数据统计分析，进而帮助客户更好地了解通信大数据相关技术。

（2）数据说明

本地的“/root/data/3_1_8/gender_age_train.csv”文件中，存放着移动上网设备用户行为数据。本数据集包含用户手机设备 ID（device_id）、性别（gender）、年龄（age）和年龄段（group）四个字段数据。示例数据如下。

```
device_id,gender,age,group
-8076087639492063270,M,35,M32-38
-2897161552818060146,M,35,M32-38
-8260683887967679142,M,35,M32-38
-4938849341048082022,M,30,M29-31
245133531816851882,M,30,M29-31
```

2. 目标

针对“gender_age_train.csv”数据集的用户年龄进行分析，统计不同年龄的用户分布情况。

3. 准备

操作系统：CentOS 7.3。

软件版本：JDK 1.8、Hadoop 2.7.7。

开发工具：Eclipse。

插件版本：hadoop-eclipse-plugin-2.7.7.jar。

4. 考点：用户群体分析

（1）业务逻辑

MapTask 阶段处理每个数据分块的用户年龄，思路是从每行文本中提取出用户年龄，每遇到一个用户年龄则把其转换成一个 key-value 对，比如“35”，就转换成<35,1>发送给 ReduceTask 去汇总。

ReduceTask 阶段将接收 MapTask 的结果，按照 key（用户年龄）对 value 做汇总计数。

（2）代码实现

首先选择“File”->“New”->“Project”->“Map/Reduce Project”创建名为“model”的项目名，在此项目下创建名为“com.mr.mobile”的包名，在此包下创建名为“UserAgeAnalysis.java”的类。

```
package com.mr.mobile;
import org.apache.hadoop.conf.Configuration;
import org.apache.hadoop.fs.FileSystem;
```

```
    import org.apache.hadoop.fs.Path;
    import org.apache.hadoop.io.IntWritable;
    import org.apache.hadoop.io.LongWritable;
    import org.apache.hadoop.io.Text;
    import org.apache.hadoop.mapreduce.Job;
    import org.apache.hadoop.mapreduce.Mapper;
    import org.apache.hadoop.mapreduce.Reducer;
    import org.apache.hadoop.mapreduce.lib.input.FileInputFormat;
    import org.apache.hadoop.mapreduce.lib.output.FileOutputFormat;
    import java.io.IOException;
    public class UserAgeAnalysis {
    public static class AgeMapper extends Mapper<LongWritable, Text, IntWritable, IntWritable> {
    /*
     * Map 阶段的业务逻辑需写在自定义的 map()方法中
     * MapTask 会对每一行输入数据调用一次我们自定义的 map()方法
     */
    @Override
    protected void map(LongWritable key, Text value, Context context) throws IOException,
InterruptedException {
    //(1)获取每行文本,将文本转化为字符串
    String line = value.toString();
    //(2)删除第一行字段数据
    if (key.toString().equals("0")) {
    return;
    } else {
    //(3)根据分隔符逗号切分文本
    String[] user = line.split(",");
    //(4)提取用户年龄数据
    int age = Integer.valueOf(user[2]);
    //(5)将用户年龄作为 key,将次数 1 作为 value
    context.write(new IntWritable(age), new IntWritable(1));
    }
    }
    }
    public static class AgeReducer extends Reducer<IntWritable, IntWritable, IntWritable, In-
tWritable> {
    /*
     * 框架在 Map 处理完成之后,将所有 key-value 对缓存起来,进行分组,
     * 然后传递一个组<key,values{}>,调用一次 reduce()方法
     *
     * <35,{1,1,1,1,1,1.....}>,入参 key,是一组相同单词 kv 对的 key
     *
     */
    @Override
    protected void reduce(IntWritable key, Iterable<IntWritable> values, Context context)
    throws IOException, InterruptedException {
```

```
    // (1)定义计数器,用作每个案件副类别的结果汇总
    int sum = 0;
    // (2)遍历一组迭代器,按照年龄分组聚合,求取用户数
    for (IntWritablevalue : values) {
    sum += value.get();// 累积求和
    }
    // (3)将用户年龄作为 key,用户数作为 value
    context.write(key, new IntWritable(sum));
    }
    }
    public static void main(String[] args) throws IOException, ClassNotFoundException, Inter-
ruptedException {
    // (1)创建配置文件对象 conf
    Configuration conf = new Configuration();
    conf.set("fs.defaultFS", "hdfs://localhost:9000");// HDFS 集群中 NameNode 的 URI,获取 Dis-
tributedFileSystem 实例
    // (2)新建一个 Job 任务
    Job job = Job.getInstance(conf);
    // (3)将 Job 所用到的那些类(class)文件,打成 jar 包
    job.setJarByClass(UserAgeAnalysis.class);
    // (4)指定 Mapper 和 Reducer 实现类
    job.setMapperClass(AgeMapper.class);
    job.setReducerClass(AgeReducer.class);
    // (5)指定 MapTask 的输出 key-value 类型(可以省略)
    job.setMapOutputKeyClass(IntWritable.class);
    job.setMapOutputValueClass(IntWritable.class);
    // (6)指定 ReduceTask 的输出 key-value 类型
    job.setOutputKeyClass(IntWritable.class);
    job.setOutputValueClass(IntWritable.class);
    // (7)指定该 MapReduce 程序数据的输入和输出路径
    Path inPath = new Path("/phonemodel/gender_age_train.csv");
    Path outpath = new Path("/phonemodel/userage");
    FileSystem fs = FileSystem.get(conf);
    if (fs.exists(outpath)) {
    fs.delete(outpath, true);
    }
    FileInputFormat.setInputPaths(job, inPath);
    FileOutputFormat.setOutputPath(job, outpath);
    // (8)将 Job 提交给 YARN 来运行,等待集群运行完成返回反馈信息,客户端退出
    boolean waitForCompletion = job.waitForCompletion(true);
    System.exit(waitForCompletion ? 0 : 1);
    }
    }
```

(3) 运行结果

使用 HDFS Shell 操作查看运行结果，运行结果储存在 HDFS 的“/phonemodel/userage”

目录下。具体命令如下。

```
hadoop fs -cat /phonemodel/userage/part-r-00000
```

部分运行结果如下。

```
11
64
105
114
1214
1315
1435
1565
......
```

3.1.8 配置 Hadoop 集群高可用（HA）

1. 概述

HA 是 High Availability 的首字母缩写，一般称之为高可用。为了整个系统的可靠性，通常会在系统中部署两台或多台主节点，多台主节点形成主备的关系，但是某一时刻只有一个主节点能够对外提供服务，当某一时刻检测到对外提供服务的主节点“挂”掉之后，备用主节点能够立刻接替已挂掉的主节点对外提供服务，而用户感觉不到明显的系统中断。这样对用户来说整个系统就更加的可靠和高效。

实现高可用最关键的策略是消除单点故障。HA 严格来说应该分成各个组件的 HA 机制：HDFS 的 HA 和 YARN 的 HA。

2. 目标

理解 HDFS 和 YARN 的新特性 HA。

3. 准备

操作系统：CentOS 7.3。

软件版本：JDK 1.8、Hadoop 2.7.7。

4. 考点 1：HDFS 的 HA 机制

（1）HDFS 的 HA 方案

影响 HDFS 集群不可用主要包括以下两种情况：一是 NameNode 节点发生意外，如宕机，将导致集群无法使用，直到管理员重启；二是 NameNode 节点需要升级，包括软件、硬件升级，导致集群在短时间内不可用。

在 Hadoop1.0 的时代，HDFS 集群中 NameNode 存在单点故障（SPOF）时，由于 NameNode 保存了整个 HDFS 的元数据信息，对于只有一个 NameNode 的集群，如果 NameNode 所在的机器出现意外情况，将导致整个 HDFS 系统无法使用。同时 Hadoop 生态系统中依赖于 HDFS 的各个组件，包括 MapReduce、Hive 以及 HBase 等也都无法正常工作，直到 NameNode 重新启动，并且重新启动 NameNode 和其进行数据恢复的过程也会比较耗时。这些问题在给 Hadoop 的使用者带来困扰的同时，也极大地限制了 Hadoop 的使用场景，使得 Hadoop 在很长的时间内仅能用作离线存储和离线计算，无法应用到对可用性和数据一致性要求很高的在线应用场景中。

为了解决上述问题，在Hadoop2.0中给出了HDFS的高可用（HA）解决方案。

HDFS的HA通常由两个NameNode组成，一个处于Active状态，另一个处于Standby状态。Active状态的NameNode对外提供服务，比如处理来自客户端的RPC请求；而Standby状态的NameNode则不对外提供服务，仅同步Active NameNode的状态。如果Active NameNode出现故障，如机器崩溃或机器需要升级维护，这时可将NameNode很快的切换到另外一台主机上。

（2）HDFS的HA架构

NameNode的高可用架构如图3-57所示。

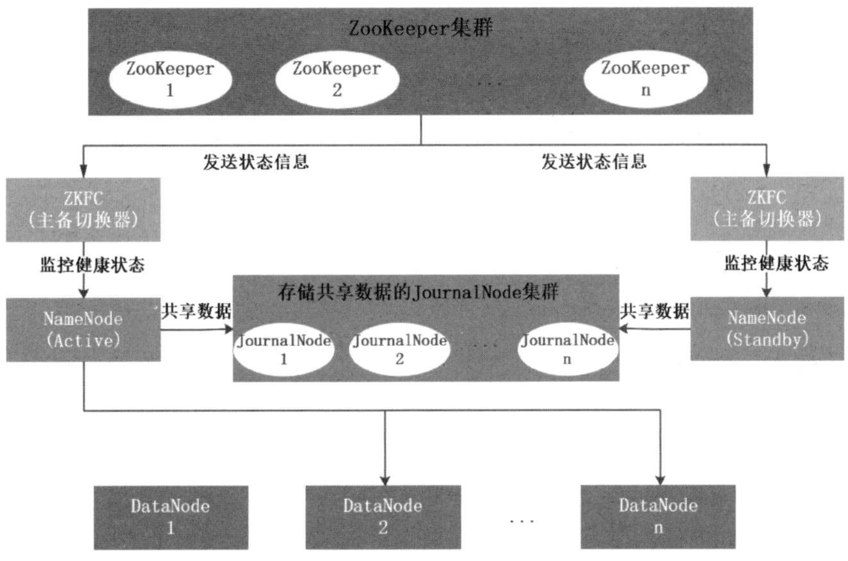

图3-57　HDFS HA架构原理图

从上面的架构图可以看出，使用Active NameNode，Standby NameNode两个节点可以解决单点问题，两个节点通过JournalNode共享状态，通过ZKFC选举Active，监控状态，自动备份。NameNode的高可用架构主要分为下面几个部分。

1）Active NameNode（活跃的名称节点）和Standby NameNode（备用的名称节点）。

两个NameNode形成互备，一个处于Active状态，为主NameNode，另外一个处于Standby状态，为备用NameNode，只有主NameNode才能对外提供读写服务。

Active NameNode接受Client的RPC请求并处理，同时写自己的EditLog和共享存储上的EditLog，接收DataNode的Block report，block location updates和heartbeat。

Standby NameNode同样会接到来自DataNode的block report，block location updates和heartbeat，同时会从共享存储的EditLog上读取并执行这些log操作，保持自己NameNode中的元数据（Namespcae information + Block locations map）和Active NameNode中的元数据是同步的。所以说Standby模式的NameNode是一个热备（Hot Standby NameNode），一旦切换成Active模式，马上就可以提供NameNode服务。

2）ZKFC（主备切换控制器）。ZKFC作为独立的进程运行，对NameNode的主备切换进行总体控制。ZKFC 能及时检测到 NameNode 的健康状况，在主 NameNode 故障时借助 ZooKeeper 实现自动的主备选举和切换。当然 NameNode 目前也支持不依赖于 ZooKeeper 的手动主备切换。

3）ZooKeeper 集群。为 ZKFC 提供主备选举支持。

4）共享存储系统。共享存储系统即为图中的存储数据的 JounalNode 集群，是实现 NameNode 的高可用最为关键的部分，它保存了 NameNode 在运行过程中所产生的 HDFS 的元数据。ActiveNameNode 和 Standby NameNode 通过共享存储系统实现元数据同步。在进行主备切换的时候，新的 Active NameNode 在确认元数据完全同步之后才能继续对外提供服务。

5）DataNode（数据节点）。除了通过共享存储系统共享 HDFS 的元数据信息之外，Active NameNode 和 Standby NameNode 还需要共享 HDFS 的数据块和 DataNode 之间的映射关系。DataNode 会同时向 Active NameNode 和 Standby NameNode 上报数据块的位置信息。

5. 考点 2：YARN 的 HA 机制

YARN 的 HA 主要指 ResourceManager 的 HA，因为 ResourceManager 作为主节点存在单点故障，所以要通过 HA 的方式解决 ResourceManager 单点故障的问题。

那么怎么实现 HA 呢？需要考虑哪些问题呢？或者说关键的技术难点是什么呢？

实际上最主要的有两点，既然是高可用，就是一个主节点失效了，另外一个主节点能够马上接替工作对外提供服务，那么这就涉及故障自动转移的实现。实际上在做故障转移的时候还需要考虑的就是当切换到另外一个主节点时，不应该导致正在连接的客户端失败，主要包括客户端，从节点（NodeManager）和主节点（ResourceManager）的连接。这就是第一个问题：如何实现主备节点的故障转移？

还有一个需要考虑的问题就是，新的主节点要接替旧的主节点对外提供服务，那么如何保证新旧主节点的状态信息（元数据）一致呢？这就涉及第二个问题：共享存储的实现。

实际上，实现 YARN 的 HA 主要就是解决这两个问题。接下来看一下 YARN HA 的架构原理图，如图 3-58 所示。

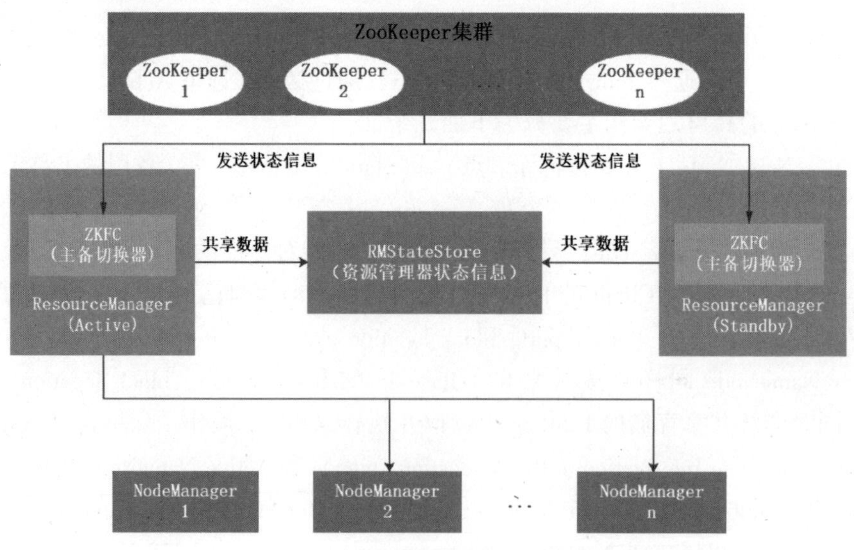

图 3-58　YARN HA 架构原理图

结合图 3-57 和图 3-58，对 HDFS HA 和 YARN HA 做一个比较。

- 实现主备节点间故障转移的对比。YARN HA 和 HDFS HA 的不同在于，YARN HA 是让 ZKFC 作为 ResourceManager 中的一部分，而不是像 HDFS HA 那样把 ZKFC 作为一个单独的服务运行。这样 YARN HA 中的 ZKFC 就可以更直接地切换 ResourceManager 的状态。
- 实现主备节点间数据共享的对比。YARN 中的 ResourceManager 负责整个系统的资源管理和调度，内部维护了各个应用程序的 ApplictionMaster 信息，NodeManager 信息，资源使用信息等。考虑到这些信息绝大多数可以动态重构，因此解决 YARN 单点故障要比解决 HDFS 单点故障容易很多。

与 HDFS 类似，YARN 的单点故障仍采用主备切换的方式完成，不同的是，正常情况下 YARN 的 Standby ResourceManager 不会同步 Active ResourceManager 的信息，而是在主备切换之后，才从共享存储系统读取所需信息。之所有这样，是因为 ResourceManager 内部保存的信息非常少，而且这些信息是动态变化的，大部分可以重构，原有信息很快会变旧，所以没有同步的必要。因此 YARN 的共享存储并没有通过其他机制来实现，而是直接借助 ZooKeeper 的存储功能完成主备节点的信息共享。

3.2　Hive 数据仓库

3.2.1　本地模式安装 Hive 数据仓库

1. 概述

Hive 是基于 Hadoop 的一个数据仓库工具，可以将结构化的数据文件映射为一张数据库表，并提供简单的 SQL 查询功能，可以将 SQL 语句转换为 MapReduce 任务进行运行。

Hive 的安装模式分为 3 种，分别是内嵌模式、本地模式和远程模式。

本地模式采用外部数据库（一般是 MySQL）存储元数据，该模式是一个多用户的模式，运行多个客户端连接到一个数据库中，一般作为公司内部同时使用 Hive 的场景。本地模式不需要单独开启 Metastore 服务，因为 Hive 和 Metastore 服务运行在同一个进程中，MySQL 是单独的进程，可以与 Hive 在同一台机器上，也可以在远程机器上。Hive 本地模式架构图如图 3-59 所示。

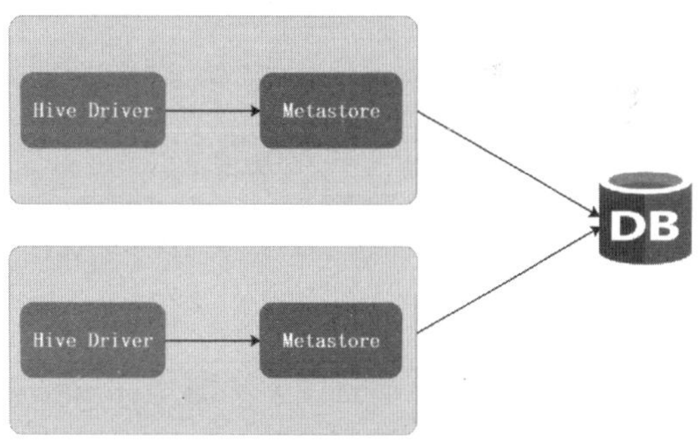

图 3-59　Hive 本地模式架构图

2. 目标

① 掌握使用 RPM 离线安装 MySQL 组件的方法。

② 掌握 Hive 本地模式的安装。

3. 准备

操作系统：CentOS 7.3。

软件版本：JDK 1.8、Hadoop 2.7.7、MySQL 5.7.25、Hive 2.3.4。

驱动版本：mysql-connector-java-5.1.47-bin.jar。

4. 考点 1：配置 MySQL 服务

环境中准备 MySQL5.X 及以上版本（安装步骤参考章节 2 数据库安装），如果账号不允许从远程登录，这个时候只要在 MySQL 服务器上，更改“mysql”数据库里的“user”表里的“host”项，从“localhost”改成“%”即可实现用户远程登录。

（1）查看 user 表信息

使用如下命令查看“mysql”数据库下的“user”表信息。

```
mysql> use mysql;--切换成 mysql 数据库
mysql> select user,host from user;--查询用户信息
```

结果如图 3-60 所示。

可以看到，在“user”表中已创建 root 用户。“host”字段表示登录的主机，其值可以用 IP 地址，也可用主机名。

（2）实现远程连接（授权法）

将“host”字段的值改为“%”就表示在任何客户端机器上能以 root 用户登录到 MySQL 服务器，建议在开发时设为“%”，命令如下。

```
mysql> update user set host='%' where host='localhost';--设置远程登录权限
mysql> flush privileges;--刷新配置信息
```

结果如图 3-61 所示。

图 3-60　查询 user 表信息

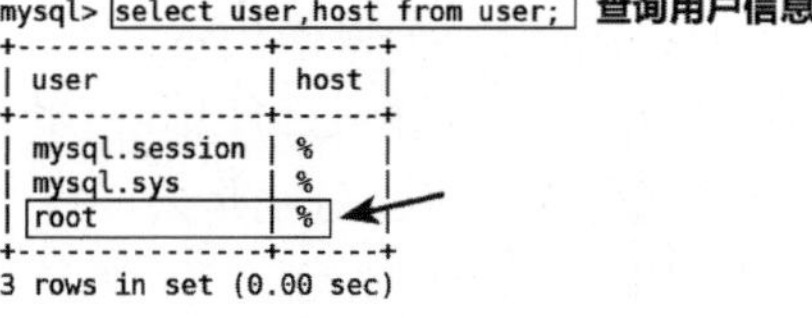

图 3-61　修改远程登录权限

5. 考点 2：Hive 安装部署

（1）解压安装包

Hive 2.3.4 的安装包存放在“/root/software”目录下。对其进行解压即可使用：

```
tar -zxvf apache-hive-2.3.4-bin.tar.gz
```

将其解压到当前目录下，即“/root/software”中。

（2）配置环境变量

① 首先使用 vim 命令打开“/etc/profile”文件，命令如下。

```
vim /etc/profile
```

② 在文件底部添加如下内容：

```
#配置 Hive 的安装目录
export HIVE_HOME=/root/software/apache-hive-2.3.4-bin
#在原 PATH 的基础上加入 Hive 的 bin 目录
export PATH=$PATH:$HIVE_HOME/bin
```

添加完成，使用:wq 保存退出。

③ 使用如下命令让配置文件立即生效。

```
source /etc/profile
```

④ 检测 Hive 环境变量是否设置成功，使用如下命令查看 Hive 版本。

```
hive --version
```

执行此命令后，若是出现如图 3-62 所示的 Hive 版本信息说明配置成功。

```
→ software hive --version
Hive 2.3.4
Git git://daijymacpro-2.local/Users/daijy/commit/hive -r 56acdd2120b9ce6790185c679223b8b5e884aaf2
Compiled by daijy on Wed Oct 31 14:20:50 PDT 2018
From source with checksum 9f2d17b212f3a05297ac7dd40b65bab0
→ software
```

图 3-62　Hive 版本信息

（3）修改配置文件 hive-env.sh

首先，切换到“${HIVE_HOME}/conf”目录下，将“hive-env.sh.template”文件复制一份并重命名为“hive-env.sh”，命令如下。

```
cp hive-env.sh.template hive-env.sh
```

然后，使用 vi 编辑器进行编辑。

```
vim hive-env.sh
```

在文件中配置“HADOOP_HOME”“HIVE_CONF_DIR”及“HIVE_AUX_JARS_PATH”参数的值，将原有值删除并将前面的注释符“#”去掉。

```
#配置 Hadoop 安装路径
HADOOP_HOME=/root/software/hadoop-2.7.7
#配置 Hive 配置文件存放路径
export HIVE_CONF_DIR=/root/software/apache-hive-2.3.4-bin/conf
#配置 Hive 运行资源库路径
export HIVE_AUX_JARS_PATH=/root/software/apache-hive-2.3.4-bin/lib
```

配置完成，输入:wq 保存退出。

6. 考点 3：Hive 元数据配置到 MySQL

（1）复制驱动包复制

将“/root/software”目录下的 MySQL 驱动包“mysql-connector-java-5.1.47-bin.jar”复制到“$HIVE_HOME/lib”目录下，命令如下。

```
cd /root/software/# 进入目录
cp mysql-connector-java-5.1.47-bin.jar apache-hive-2.3.4-bin/lib/# 复制 MySQL 驱动包
```

（2）配置 Metastore 到 MySQL

首先，在“$HIVE_HOME/conf”目录下创建一个名为“hive-site.xml”的文件，并使用 vi 编辑器进行编辑。

```
touch hive-site.xml  #创建文件
vim hive-site.xml# 使用 vi 编辑器进行编辑
<configuration>
```

```
<!--连接元数据库的链接信息 -->
<property>
<name>javax.jdo.option.ConnectionURL</name>
<value>jdbc:mysql://localhost:3306/hivedb?createDatabaseIfNotExist=true&amp;useSSL=false&amp;useUnicode=true&amp;characterEncoding=UTF-8</value>
<description>JDBC connect string for a JDBC metastore</description>
</property>
<property>
<!--连接数据库驱动 -->
<name>javax.jdo.option.ConnectionDriverName</name>
<value>com.mysql.jdbc.Driver</value>
<description>Driver class name for a JDBC metastore</description>
</property>
<!--连接数据库用户名称 -->
<property>
<name>javax.jdo.option.ConnectionUserName</name>
<value>root</value>
<description>username to use against metastore database</description>
</property>
<!--连接数据库用户密码 -->
<property>
<name>javax.jdo.option.ConnectionPassword</name>
<value>123456</value>
<description>password to use against metastore database</description>
</property>
</configuration>
```

(3) 初始化元数据库

如果使用的是 2.X 版本的 Hive，那么就必须手动初始化元数据库。使用 schematool -dbType<databaseType> -initSchema 命令进行初始化，元数据库类型为“mysql”。

```
schematool -dbType mysql -initSchema
```

若是出现“schemaTool completed”则初始化成功。

(4) Hive 连接

在任意目录下使用 Hive 的三种连接方式之一：CLI 启动 Hive。由于已经在环境变量中配置了“HIVE_HOME”，所以这里直接在命令行执行如下命令即可。

```
hive
#或者
hive --service cli
```

结果如图 3-63 所示。

可以使用如下命令退出 Hive 客户端。

```
hive> exit;
#或者
hive> quit;
```

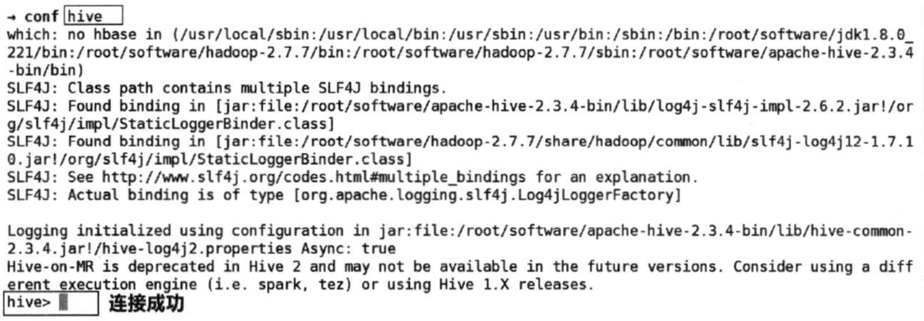

```
→ conf hive
which: no hbase in (/usr/local/sbin:/usr/local/bin:/usr/sbin:/usr/bin:/sbin:/bin:/root/software/jdk1.8.0_
221/bin:/root/software/hadoop-2.7.7/bin:/root/software/hadoop-2.7.7/sbin:/root/software/apache-hive-2.3.4
-bin/bin)
SLF4J: Class path contains multiple SLF4J bindings.
SLF4J: Found binding in [jar:file:/root/software/apache-hive-2.3.4-bin/lib/log4j-slf4j-impl-2.6.2.jar!/or
g/slf4j/impl/StaticLoggerBinder.class]
SLF4J: Found binding in [jar:file:/root/software/hadoop-2.7.7/share/hadoop/common/lib/slf4j-log4j12-1.7.1
0.jar!/org/slf4j/impl/StaticLoggerBinder.class]
SLF4J: See http://www.slf4j.org/codes.html#multiple_bindings for an explanation.
SLF4J: Actual binding is of type [org.apache.logging.slf4j.Log4jLoggerFactory]

Logging initialized using configuration in jar:file:/root/software/apache-hive-2.3.4-bin/lib/hive-common-
2.3.4.jar!/hive-log4j2.properties Async: true
Hive-on-MR is deprecated in Hive 2 and may not be available in the future versions. Consider using a diff
erent execution engine (i.e. spark, tez) or using Hive 1.X releases.
hive>  连接成功
```

图 3-63　Hive 连接

（5）Hive 测试

使用如下命令在 Hive 中创建一个名为“student”的数据库。

```
hive> create database student;
```

执行结果如图 3-64 所示。

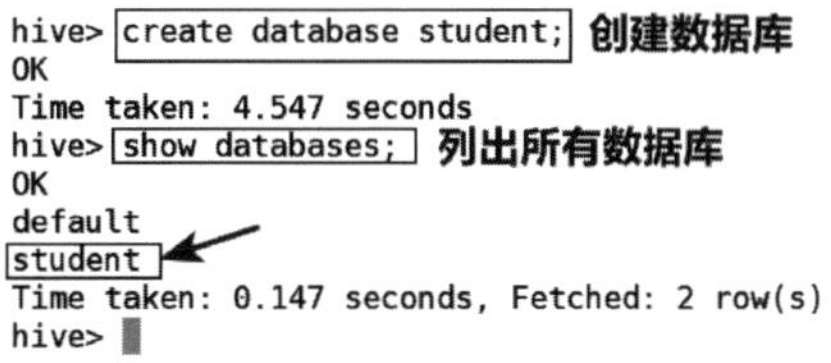

```
hive> create database student;  创建数据库
OK
Time taken: 4.547 seconds
hive> show databases;  列出所有数据库
OK
default
student
Time taken: 0.147 seconds, Fetched: 2 row(s)
hive>
```

图 3-64　创建数据库

若是数据库创建成功，则代表 Hive 配置成功。

3.2.2　Hive 数据仓库的常见属性

1. 概述

在 Hive 安装中，Hive 主要的配置文件为“$HIVE_HOME/conf”目录下的“hive-site.xml”，在 Hive 本地模式安装时在此配置文件中配置了 4 项内容，本小节将在此配置文件中再配置 3 项，以此实现 Hive 数据仓库位置的配置以及查询后相关信息（数据库，表头信息）的显示问题。

另外，日志记录了程序运行的过程，可用于查找问题出在哪儿。本小节将讲解 Hive 日志的存储。

2. 目标

① 掌握配置 Hive 数据仓库位置的相关配置信息。

② 掌握在客户端显示当前数据库以及表头信息的方法。

③ 能够通过修改配置文件更改 Hive 运行日志的存放位置。

3. 准备

操作系统：CentOS 7.3。

软件版本：JDK 1.8、Hadoop 2.7.7、MySQL 5.7.25、Hive 2.3.4。

4. 考点 1：Hive 数据仓库位置配置

Hive 中“default”（默认）数据仓库的最原始位置是在 HDFS 上的“/user/hive/warehouse”路径下。

在仓库目录下，没有对默认的数据库“default”创建目录。如果某张表属于“default”数据库，直接在数据仓库“/user/hive/warehouse”目录下创建一个目录。

修改“default”数据仓库原始位置的方式是将“hive-default.xml.template”如下配置信息复制到“hive-site.xml”文件中，并将 value 值修改为自己想要的 HDFS 路径。

```
<!--Hive 默认数据库的位置 -->
<property>
<name>hive.metastore.warehouse.dir</name>
<value>/user/hive/warehouse</value>
<description>location of default database for the warehouse</description>
</property>
```

5. 考点 2：查询后信息显示配置

Hive 中默认是不显示当前使用的数据库和查询表的头信息的，可以在“hive-default.xml.template”配置文件中查询涉及这两项内容的默认配置。

```
<!--客户端显示当前数据库名称信息 -->
<property>
<name>hive.cli.print.current.db</name>
<value>false</value>
<description>Whether to include the current database in the Hive prompt.</description>
</property>
<!--客户端显示当前查询表的头信息 -->
<property>
<name>hive.cli.print.header</name>
<value>false</value>
<description>Whether to print the names of the columns in query output.</description>
</property>
```

为了让 Hive 使用起来更便捷，可以在“hive-site.xml”文件中添加如下配置信息，这样就可以实现显示当前数据库，以及查询表的头信息配置了。

```
<!--客户端显示当前数据库名称信息,默认为 false -->
<property>
<name>hive.cli.print.current.db</name>
<value>true</value>
<description>Whether to include the current database in the Hive prompt.</description>
</property>
<!--客户端显示当前查询表的头信息,默认为 false -->
<property>
<name>hive.cli.print.header</name>
<value>true</value>
<description>Whether to print the names of the columns in query output.</description>
</property>
```

在任意目录下使用 Hive 的三种连接方式之一：CLI 启动 Hive，对比配置前后差异。

```
hive
#或者
hive --service cli
```

配置前，查询结果信息展示如图 3-65 所示。

配置后，查询结果信息展示如图 3-66 所示，其页面增加了 student.id、student.stuname 行头信息、hive（default）当前数据库信息。

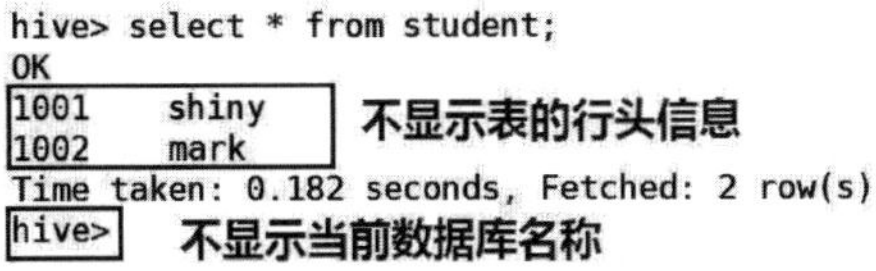

```
hive> select * from student;
OK
1001    shiny
1002    mark
Time taken: 0.182 seconds, Fetched: 2 row(s)
hive>
```

不显示表的行头信息

不显示当前数据库名称

图 3-65　配置前不显示行头信息

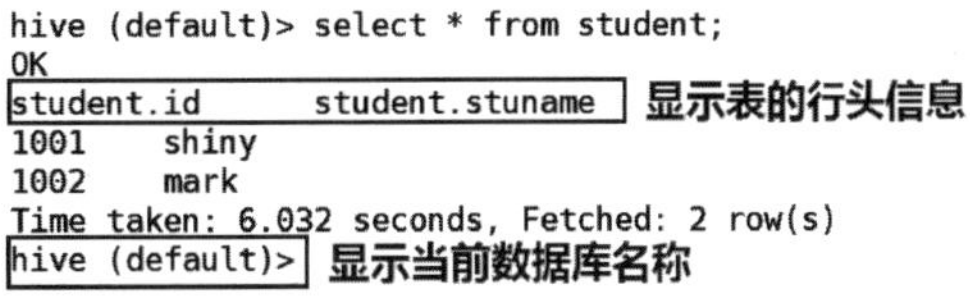

```
hive (default)> select * from student;
OK
student.id      student.stuname
1001    shiny
1002    mark
Time taken: 6.032 seconds, Fetched: 2 row(s)
hive (default)>
```

显示表的行头信息

显示当前数据库名称

图 3-66　配置后显示行头信息

6. 考点 3：Hive 运行日志信息配置

在很多程序中，都可以通过输出日志的形式来得到程序运行情况，通过这些输出日志来调试程序，Hive 也不例外。在 Hive 中，使用的是 Log4j 来输出日志，默认情况下，CLI 是不能将日志信息输出到控制台的。在 Hive0.13.0 之前的版本，默认的日志级别是 WARN，在 Hive0.13.0 开始，默认的日志级别是 INFO。默认的日志存放在“ ${sys:java.io.tmpdir}/${sys:user.name}”目录的“hive.log”文件中，全路径就是“/tmp/root/hive.log”。

在“ $HIVE_HOME/conf/hive-log4j2.properties.template”文件中记录了 Hive 日志的存储情况，默认的存储情况如下所示。

```
property.hive.log.dir = ${sys:java.io.tmpdir}/${sys:user.name}  #默认的存储位置
property.hive.log.file = hive.log  #默认的文件名
```

可以通过修改以上两个参数的值来重新设置 Hive log 日志的存放地址。

首先，将“ $HIVE_HOME/conf”目录下的“hive-log4j2.properties.template”文件复制一份并重命名为“hive-log4j2.properties”，具体命令如下所示。

```
cd $HIVE_HOME/conf  #进入此目录
cp hive-log4j2.properties.template hive-log4j2.properties  #复制并重命名文件
```

之后使用 vi 编辑器进行编辑，将 Hive 日志配置到“/root/hivelog/hive.log”文件中。具体配置如下所示。

```
property.hive.log.dir = /root/hivelog
property.hive.log.file = hive.log
```

在命令行执行 hive 命令重新启动 Hive，验证新的日志文件是否自动创建，如图 3-67 所示。

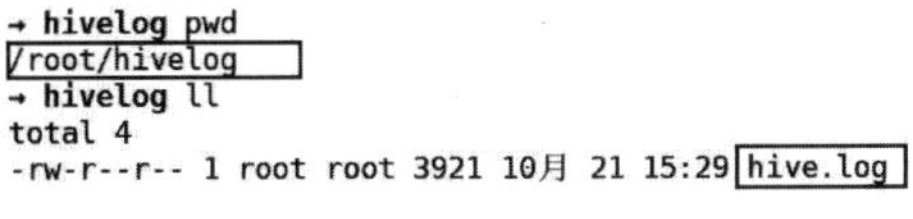

```
→ hivelog pwd
/root/hivelog
→ hivelog ll
total 4
-rw-r--r-- 1 root root 3921 10月 21 15:29 hive.log
```

图 3-67　验证新的日志文件

从图 3-67 可以看出，我们成功将 Hive 日志存放路径修改为“/root/hivelog/hive.log”。

3.2.3 Hive DDL 操作

1. 概述

DDL（Data Definition Language，数据定义语言）是 Hive SQL 语句的一个子集，他通过 creating、deleting、or altering 模式对象（数据库、表、分区、视图、Buckets）来描述 Hive 的数据结构。

大部分的 DDL 关键词为 CREATE、DROP 或者 ALTER，Hive DDL 的语法类似于 SQL，所以对有数据库基础的人员看起来会异常亲切。

2. 目标

① 学会使用 HQL 语句对 Hive 数据库进行增删改查。

② 学会使用直接建表法、LIKE 建表法和查询建表法创建管理表和外部表。

③ 学会使用 ALTER TABLE 语句对表进行重命名，对列进行增删改查操作。

④ 掌握创建单分区表和多分区表的语法结构。

⑤ 学会使用 ALTER TABLE 语句增加、修改和删除分区。

⑥ 掌握创建分桶表的语法结构。

3. 准备

操作系统：CentOS 7.3。

软件版本：JDK 1.8、Hadoop 2.7.7、MySQL 5.7.25、Hive 2.3.4。

4. 考点 1：Hive 数据库操作

（1）创建数据库

示例 1：创建普通数据库。

创建一个名为“test”的数据库，语句如下。

```
hive (default)> create database test;
```

示例 2：创建库时检查是否存在。

为了避免要创建的数据库发生已经存在的错误，增加了 IF NOT EXISTS 判断。仅当名为“test”的数据库不存在时才创建，语句如下。

```
hive (default)> create database if not exists test;
```

结果如图 3-68 所示。

```
hive (default)> create database test;
FAILED: Execution Error, return code 1 from org.apache.hadoop.hive.ql.exec.DDLTask.
 Database test already exists  提示数据库已经存在
hive (default)> create database if not exists test;
OK
Time taken: 0.014 seconds
```

图 3-68 创建库时检查是否存在

示例 3：创建带注释的数据库。

创建一个名为“test2”的数据库，如果存在则不创建，创建时使用 COMMENT 子句添加“learning hive”描述信息，语句如下。

```
hive (default)> create database if not exists test2 comment 'learning hive';
```

通过 DESCRIBE DATABASE 语句可以查看到数据库的描述信息。

```
hive (default)> describe database test2;
```

结果如图 3-69 所示。

```
hive (default)> create database if not exists test2 comment 'learning hive';
OK                                                    为test2指定描述信息
Time taken: 0.012 seconds
hive (default)> describe database test2;  查看数据库的详细信息
OK
db_name comment location        owner_name      owner_type      parameters
test2   learning hive   hdfs://localhost:9000/user/hive/warehouse/test2.db      root    USER
Time taken: 0.018 seconds, Fetched: 1 row(s)
```

图 3-69　创建带注释的数据库

示例 4：指定数据库位置。

创建一个名为“test3”的数据库，如果存在则不创建，使用 LOCATION 子句指定数据库在 HDFS 上的存放位置为“/mydb/test3.db”，语句如下。

```
hive (default)> create database if not exists test3 location '/mydb/test3.db';
```

创建完成，使用 DESCRIBE DATABASE 语句查看“test3”数据库的存放位置信息。结果如图 3-70 所示。

```
hive (default)> create database if not exists test3 location '/mydb/test3.db';
OK
Time taken: 0.074 seconds           指定test3数据库在HDFS上的存储位置
hive (default)> describe database test3;
OK
db_name comment location        owner_name      owner_type      parameters
test3           hdfs://localhost:9000/mydb/test3.db     root    USER
Time taken: 0.016 seconds, Fetched: 1 row(s)
```

图 3-70　创建数据库时指定 HDFS 存放位置

示例 5：创建带属性的数据库。

创建一个名为“test4”的数据库，如果存在则不创建，创建时使用 WITH DBPROPERTIES 子句指定属性信息为“'creator'='root', 'date'='2022-10-21'”，语句如下。

```
hive (default)> create database if not exists test4
              > with dbproperties('creator'='root','date'='2020-10-21');
```

创建完成，使用 DESCRIBE DATABASE EXTENDED 语句查看“test4”数据库的详细属性信息。结果如图 3-71 所示。

```
hive (default)> create database if not exists test4
              > with dbproperties('creator'='root','date'='2020-10-21');
OK
Time taken: 0.012 seconds                   为test4数据库指定属性信息
hive (default)> describe database extended test4;
OK
db_name comment location        owner_name      owner_type      parameters
test4           hdfs://localhost:9000/user/hive/warehouse/test4.db      root    U
SER     {date=2020-10-21, creator=root}
Time taken: 0.016 seconds, Fetched: 1 row(s)
```

图 3-71　创建数据库时指定属性信息

（2）查询数据库

示例 1：显示数据库。

查看已经创建的所有数据库列表，语句如下。

```
hive (default)> show databases;
```

结果如图 3-72 所示。

示例 2：过滤显示查询的数据库。

查询以“d”开头或者以“t”结尾的数据库列表，语句如下。

```
hive (default)> show databases like 'd*|*t';
```

结果如图 3-73 所示。

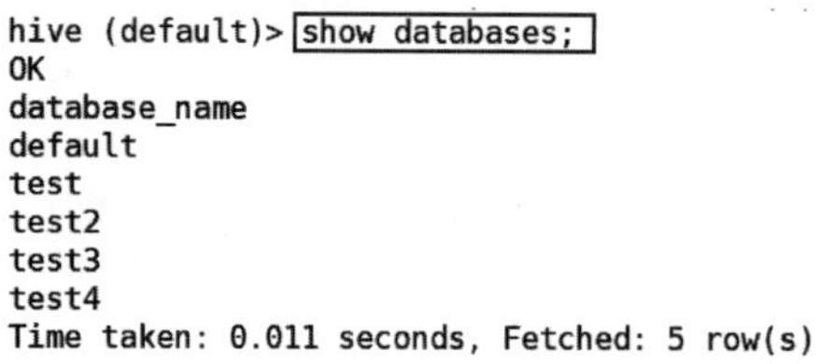

```
hive (default)> show databases;
OK
database_name
default
test
test2
test3
test4
Time taken: 0.011 seconds, Fetched: 5 row(s)
```

图 3-72　显示数据库

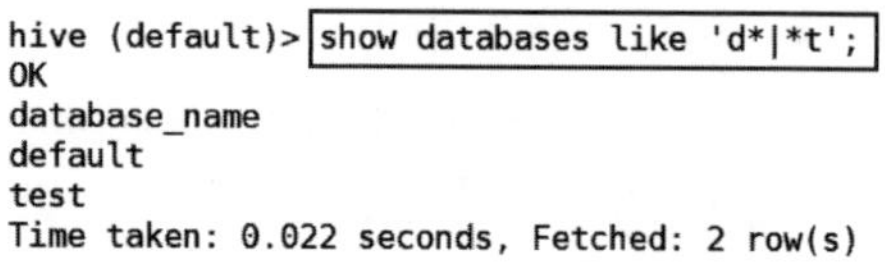

```
hive (default)> show databases like 'd*|*t';
OK
database_name
default
test
Time taken: 0.022 seconds, Fetched: 2 row(s)
```

图 3-73　过滤显示查询的数据库

(3) 修改数据库

示例 1：为库增添属性。

为“test”数据库增添“'createtime'='2022-10-21'”的键值对属性，语句如下。

```
hive (default)> alter database test set dbproperties('createtime'='2022-10-21');
```

增添完成，使用 DESCRIBE DATABASE EXTENDED 语句查看“test”数据库的详细属性信息。结果如图 3-74 所示。

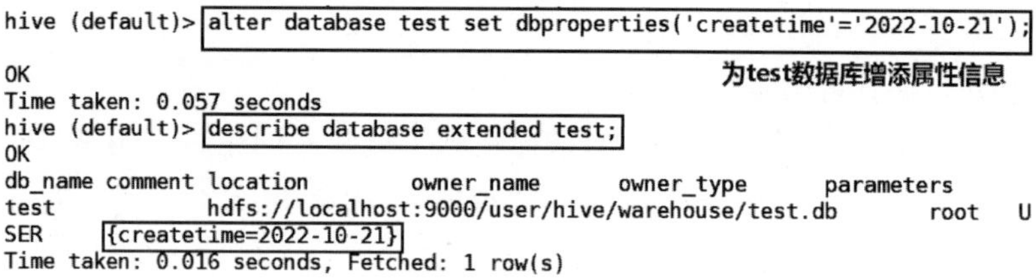

```
hive (default)> alter database test set dbproperties('createtime'='2022-10-21');
                                                        为test数据库增添属性信息
OK
Time taken: 0.057 seconds
hive (default)> describe database extended test;
OK
db_name comment location        owner_name      owner_type      parameters
test            hdfs://localhost:9000/user/hive/warehouse/test.db       root    U
SER     {createtime=2022-10-21}
Time taken: 0.016 seconds, Fetched: 1 row(s)
```

图 3-74　为 test 数据库增添属性信息

示例 2：为库修改属性。

将“test”数据库的“createtime”属性的值修改为“2022-11-02”，语句如下。

```
hive (default)> alter database test set dbproperties('createtime'='2022-11-02');
```

修改完成，使用 DESCRIBE DATABASE EXTENDED 语句查看“test”数据库的详细属性信息。结果如图 3-75 所示。

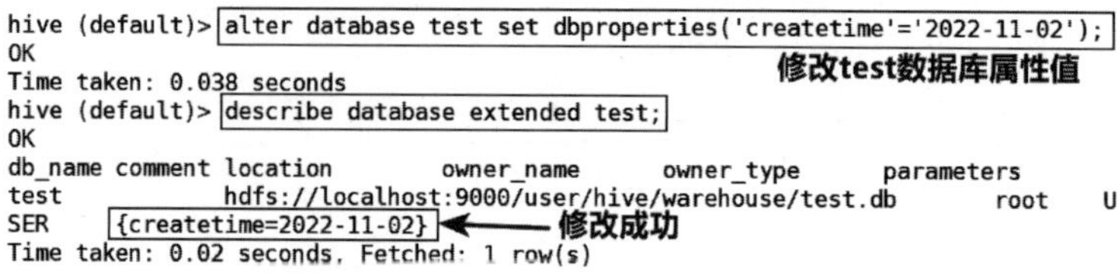

```
hive (default)> alter database test set dbproperties('createtime'='2022-11-02');
OK
Time taken: 0.038 seconds                               修改test数据库属性值
hive (default)> describe database extended test;
OK
db_name comment location        owner_name      owner_type      parameters
test            hdfs://localhost:9000/user/hive/warehouse/test.db       root    U
SER     {createtime=2022-11-02} <—— 修改成功
Time taken: 0.02 seconds, Fetched: 1 row(s)
```

图 3-75　修改 test 数据库属性信息

（4）切换数据库

默认使用的是“default”数据库，可以使用 USE 语句切换到任意已经存在的数据库中。现要求切换到“test”数据库下，语句如下。

```
hive (default)> use test;
```

从图 3-76 可以看出，成功切换到“test”数据库下。

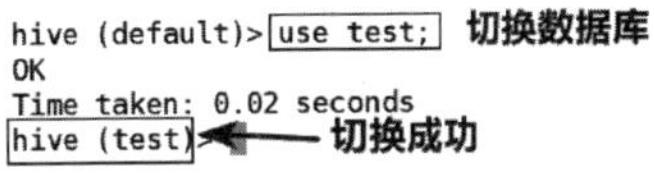

```
hive (default)>use test;  切换数据库
OK
Time taken: 0.02 seconds
hive (test)> ← 切换成功
```

图 3-76　切换数据库

（5）删除数据库

示例 1：删除空数据库。

删除空数据库“test”的语句如下。

```
hive (default)> drop database test;
```

删除完成，使用 SHOW DATABASES；语句查看已经创建的所有数据库列表。从图 3-77 可以看出，成功删除了“test”数据库。

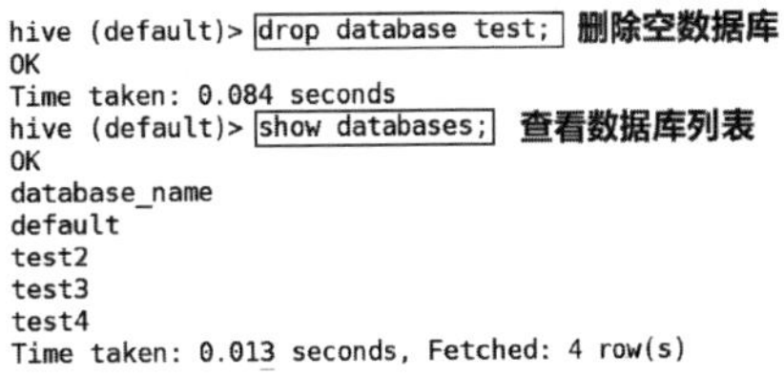

```
hive (default)> drop database test;  删除空数据库
OK
Time taken: 0.084 seconds
hive (default)> show databases;  查看数据库列表
OK
database_name
default
test2
test3
test4
Time taken: 0.013 seconds, Fetched: 4 row(s)
```

图 3-77　删除空数据库

示例 2：删除数据库时检查数据库是否存在。

为了避免删除数据库时发生数据库不存在的错误，可以增加 IF EXISTS 判断。仅当名为“test”的空数据库存在时才删除，语句如下。

```
hive (default)> drop database if exists test;
```

执行结果如图 3-78 所示。

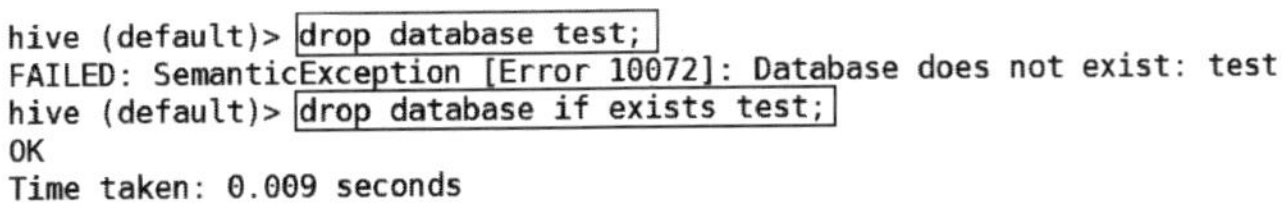

```
hive (default)> drop database test;
FAILED: SemanticException [Error 10072]: Database does not exist: test
hive (default)> drop database if exists test;
OK
Time taken: 0.009 seconds
```

图 3-78　删除数据库时检查是否存在

示例 3：删除非空数据库。

现要求在“test2”数据库下创建一个名为“student”的数据表，然后强制删除“test2”数据库，语句如下。

```
hive (default)> create table test2.student(id int,name string);
hive (default)> drop database if exists test2 cascade;
```

执行结果如图 3-79 所示。

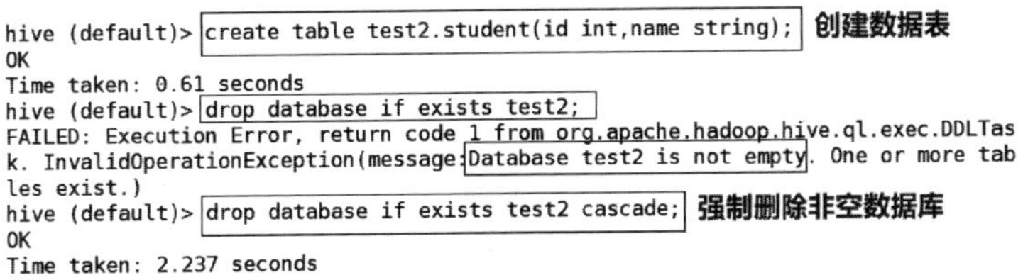

```
hive (default)> create table test2.student(id int,name string);  创建数据表
OK
Time taken: 0.61 seconds
hive (default)> drop database if exists test2;
FAILED: Execution Error, return code 1 from org.apache.hadoop.hive.ql.exec.DDLTas
k. InvalidOperationException(message:Database test2 is not empty. One or more tab
les exist.)
hive (default)> drop database if exists test2 cascade;  强制删除非空数据库
OK
Time taken: 2.237 seconds
```

图 3-79　删除非空数据库

从图 3-79 可以看出，在删除数据库“test2”时，有“Database test2 is not empty”的提示，此时只需要加上 CASCADE 关键字即可将非空数据库成功删除。

5. 考点 2：Hive 数据表操作

常见的数据表的类型有内部表、外部表、分区表和分桶表。

(1) 管理表操作

1) 创建管理表。

首先创建一个名为“hive”的数据库，如果存在则不创建，语句如下。

```
hive (default)> create database if not exists hive;
```

切换到“hive”数据库下，使用 CREATE TABLE 语句在“hive”数据库下创建一个名为“student”的管理表，字段有 id、name 和 age，字段类型分别为 int、string 和 int，语句如下。

```
hive (default)> use hive;
hive (hive)> create table if not exists student(
            > id int,
            > name string,
            > age int)
            > row format delimited fields terminated by '\t'
            > stored as textfile;
```

“student”表默认存储在 HDFS 上的“/user/hive/warehouse/hive.db”目录下，我们可以使用 HDFS Shell 命令进行验证。

```
hadoop fs -ls /user/hive/warehouse/hive.db
```

结果如图 3-80 所示。

```
→ ~ hadoop fs -ls /user/hive/warehouse/hive.db
Found 1 items
drwxr-xr-x   - root supergroup          0 2022-11-02 18:21 /user/hive/warehouse/hive.db/student
→ ~ █
```

图 3-80　查看 student 在 HDFS 上的存储位置

2) 修改表。

① 重命名表。

示例：将“hive”数据库下的“student”表重命名为“student_1001”。语句如下。

```
hive (hive)> alter table student rename to student_1001;
```

修改完成，使用 SHOW TABLES；语句列出当前数据库下所有表，验证表名是否修改成功。结果如图 3-81 所示。

```
hive (hive)> alter table student rename to student_1001;   修改表名
OK
Time taken: 0.132 seconds
hive (hive)> show tables;   列出该数据库下所有表
OK
tab_name
student_1001   修改成功
Time taken: 0.093 seconds, Fetched: 1 row(s)
```

图 3-81　修改表名

“student_1001”表默认存储在 HDFS 上的“/user/hive/warehouse/hive.db”目录下，可以使用 HDFS Shell 命令验证存储位置是否发生改变，具体命令如下。

```
hadoop fs -ls /user/hive/warehouse/hive.db
```

结果如图 3-82 所示。

```
→ ~ hadoop fs -ls /user/hive/warehouse/hive.db
Found 1 items
drwxr-xr-x   - root supergroup          0 2022-11-04 15:23 /user/hive/warehouse/hive.db/student_1001
```

图 3-82　查看表在 HDFS 上的存储位置

从图 3-82 可以看出，表重命名后移动了其在 HDFS 的位置。

② 增加列。

示例：往“student_1001”表中添加 address 一列，语句如下。

```
hive (hive)> alter table student_1001
           > add columns(address string comment 'add new column');
```

添加完成，使用 DESC 语句查看管理表的结构信息，验证是否成功添加 address 列，结果如图 3-83 所示。

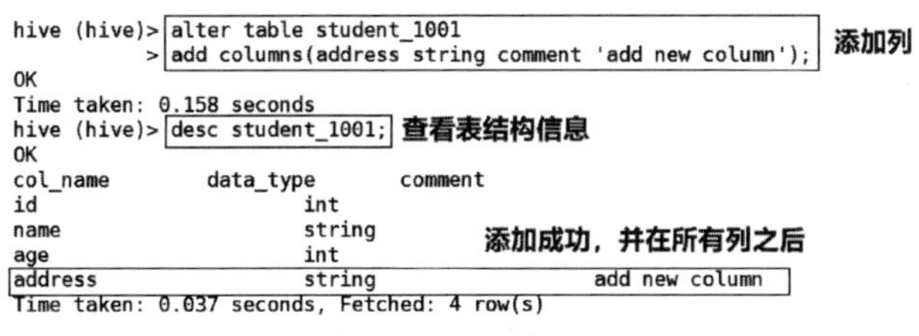

hive (hive)> alter table student_1001
> add columns(address string comment 'add new column');
添加列
OK
Time taken: 0.158 seconds
hive (hive)> desc student_1001;
查看表结构信息
OK
col_name data_type comment
id int
name string
age int
address string add new column
添加成功，并在所有列之后
Time taken: 0.037 seconds, Fetched: 4 row(s)

图 3-83　增加列

③ 修改列。

示例：将“student_1001”表中的 age 列重命名为 sex，数据类型修改为 string，并将其移动到 id 列的后面，语句如下。

```
hive (hive)> alter table student_1001
           > change column age sex string after id;
```

修改完成，使用 DESC 语句查看管理表的结构信息，验证是否修改成功。结果如图 3-84 所示。

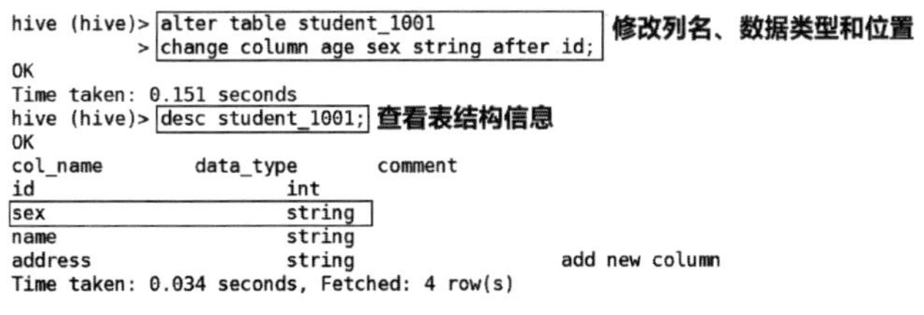

hive (hive)> alter table student_1001
> change column age sex string after id;
修改列名、数据类型和位置
OK
Time taken: 0.151 seconds
hive (hive)> desc student_1001;
查看表结构信息
OK
col_name data_type comment
id int
sex string
name string
address string add new column
Time taken: 0.034 seconds, Fetched: 4 row(s)

图 3-84　修改列

④ 替换/删除列。

示例：将“student_1001”表中的列修改为 id、name 和 address，删除 age 列，语句如下。

```
hive (hive)> alter table student_1001
           > replace columns(id int,name string,address string);
```

修改完成，使用 DESC 语句查看管理表的结构信息，验证是否修改成功。结果如图 3-85 所示。

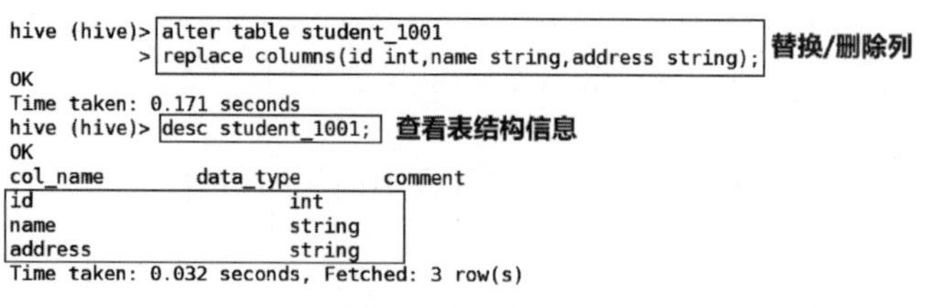

图 3-85　替换/删除列

3）删除表。

示例：删除“hive”数据库下的“student_1001”数据表，语句如下。

```
hive (hive)> drop table student_1001;
```

删除完成，使用 SHOW TABLES；语句列出当前数据库下所有表，验证表是否删除成功。结果如图 3-86 所示。

```
hive (hive)> drop table student_1001;   删除管理表
OK
Time taken: 0.244 seconds
hive (hive)> show tables;   列出该数据库下所有表
OK
tab_name
Time taken: 0.018 seconds
```

图 3-86　删除表

（2）外部表操作

1）直接建表法。

首先，使用 CREATE TABLE 语句在“hive”数据库下创建一个名为“student”的管理表，字段有 id、name 和 age，字段类型分别为 int、string 和 int，语句如下。

```
hive (hive)> create table if not exists student(
           > id int,
           > name string,
           > age int)
           > row format delimited fields terminated by '\t';
```

然后，使用 CREATE EXTERNAL TABLE 语句在“hive”数据库下创建一个名为“student_ext”的外部表，字段有 id、name 和 age，字段类型分别为 int、string 和 int。并使用 LOCATION 子句指明数据存放在 HDFS 的“/student”目录下，语句如下。

```
hive (hive)> create external table if not exists student_ext(
           > name string,
           > age int)
           > row format delimited fields terminated by '\t'
           > location '/student';
```

此时，“student_ext”表不再存储在 HDFS 上的“/user/hive/warehouse/hive.db”目录下，而是存储在我们指定“/student”目录下。我们可以使用 HDFS Shell 命令进行验证。

```
hadoop fs -ls /user/hive/warehouse/hive.db
```

结果如图 3-87 所示。

2）LIKE 建表法。

① 复制表。

现要求使用 LIKE 语句分别复制一个与“student”和“student_ext”表结构一样的“student_

copy”管理表和“student_ext_copy”外部表，语句如下。

```
→ ~ hadoop fs -ls /
Found 4 items
drwxr-xr-x   - root supergroup          0 2022-11-02 17:08 /mydb
drwxr-xr-x   - root supergroup          0 2022-11-03 17:06 /student
drwx-wx-wx   - root supergroup          0 2022-11-03 11:31 /tmp
drwxr-xr-x   - root supergroup          0 2022-11-01 17:28 /user
→ ~ hadoop fs -ls /user/hive/warehouse/hive.db
Found 1 items
drwxr-xr-x   - root supergroup          0 2022-11-02 18:21 /user/hive/warehouse/hive.db/student
```

图 3-87　查看 student_ext 在 HDFS 上的存储位置

```
hive (hive)> create table if not exists student_copy like student;-- 复制管理表
hive (hive)> create external table if not exists student_ext_copy like student_ext;-- 复制外部表
```

注意：

- 如果在 table 的前面没有加 EXTERNAL 关键字，那么复制出来的新表是管理表。
- 如果在 table 的前面有加 EXTERNAL 关键字，那么复制出来的新表是外部表。

② 查看表。

复制完成，可以使用如下命令查看当前使用的数据库中有哪些表。

```
hive (hive)> show tables;
```

结果如图 3-88 所示。

```
hive (hive)> show tables;
OK
tab_name
student
student_copy
student_ext
student_ext_copy
Time taken: 0.103 seconds, Fetched: 4 row(s)
```

图 3-88　查看所有表

③ 查看表的详细信息。

可以使用 DESC FORMATTED 语句查询表的类型，以此查看该表是管理表还是外部表，语句如下。

```
hive (hive)>desc formatted student_copy;
hive (hive)> desc formatted student_ext_copy;
```

从图 3-89 可以看出，“student_copy”为管理表。

```
hive (hive)> desc formatted student_copy;
OK
col_name        data_type       comment
# col_name              data_type               comment

id                      int
name                    string
age                     int

# Detailed Table Information
Database:               hive
Owner:                  root
CreateTime:             Thu Nov 03 17:21:49 CST 2022
LastAccessTime:         UNKNOWN
Retention:              0
Location:               hdfs://localhost:9000/user/hive/warehouse/hive.db/student_copy
Table Type:             MANAGED_TABLE   管理表
```

图 3-89　查看 student_copy 表类型

从图 3-90 可以看出，“student_ext_copy”为外部表。

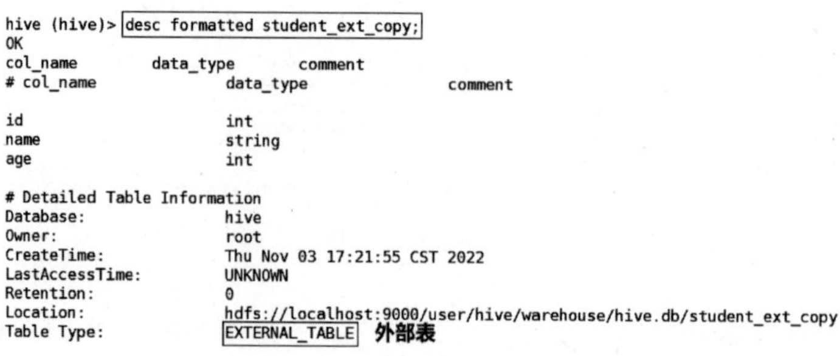

```
hive (hive)> desc formatted student_ext_copy;
OK
col_name        data_type       comment
# col_name              data_type               comment

id                      int
name                    string
age                     int

# Detailed Table Information
Database:               hive
Owner:                  root
CreateTime:             Thu Nov 03 17:21:55 CST 2022
LastAccessTime:         UNKNOWN
Retention:              0
Location:               hdfs://localhost:9000/user/hive/warehouse/hive.db/student_ext_copy
Table Type:             EXTERNAL_TABLE  外部表
```

图 3-90　查看 student_ext_copy 表类型

3）查询建表法。

示例：使用 CTAS 将“student”表中的“学生 ID”和“姓名”添加到新管理表“student_ctas”中，语句如下。

```
hive (hive)> create table if not exists student_ctas
           > as select id,name from student;
```

（3）分区表操作

1）创建单分区。

使用 CREATE TABLE ... PARTITIONED BY ... 语句在“hive”数据库下创建一个名为“student_par”的分区表，字段有 id、name 和 age，字段类型分别为 int、string 和 int，要求按照 sex 进行分区，语句如下。

```
hive (hive)> create table student_par(
           > id int,
           > name string,
           > age int)
           > partitioned by(sex string)
           > row format delimited fields terminated by '\t';
```

从创建分区表的语句上来看，除了多了 PARTITIONED BY 子句外，其他和建立普通表并没有什么区别。但是这里要注意，PARTITIONED BY 中定义的分区字段不能和定义表的字段重复，否则会出现"Column repeated in partitioning columns"的错误。

2）创建多分区。

创建多分区表“student_multi_par”，字段有 id、name 和 age，字段类型分别为 int、string 和 int，要求按照班级 class 和性别 sex 进行分区，class 在前，sex 在后（注意，多个分区字段间是有先后顺序的），语句如下。

```
hive (hive)> create table student_multi_par(
           > id int,
           > name string,
           > age int)
           > partitioned by(class string,sex string)
           > row format delimited fields terminated by '\t';
```

3）加载数据。

① 查看数据样例。

查看 female.txt 数据前五行。

```
head -n 5 /root/data/3_2_3/female.txt
1001      shiny      23
1002      cendy      22
1003      angel      23
1009      ella       21
1012      eva        24
```

查看 male.txt 数据前五行。

```
head -n 5 /root/data/3_2_3/male.txt
1005      bob      24
1006      mark     23
1007      leo      22
1010      jack     23
1014      james    24
```

② 为单分区加载数据。

使用 LOAD DATA LOCAL INPATH ... INTO TABLE ... 语句加载本地数据到单分区表“student_par”，其中，“/root/data/3_2_3/female.txt”数据加载到“sex='female'”分区，“/root/data/3_2_3/male.txt”数据加载到“sex='male'”分区，语句如下。

```
hive (hive)> load data local inpath '/root/data/3_2_3/female.txt'
           > into table student_par partition(sex='female');
hive (hive)> load data local inpath '/root/data/3_2_3/male.txt'
           > into table student_par partition(sex='male');
```

③ 为多分区加载数据。

使用 LOAD DATA LOCAL INPATH ... INTO TABLE ... 语句加载本地数据到多分区表“student_multi_par”。其中，“/root/data/3_2_3/female.txt”数据加载到“class='1001', sex='female'”分区，“/root/data/3_2_3/male.txt”数据加载到“class='1001', sex='male'”分区，语句如下。

```
hive (hive)> load data local inpath '/root/data/3_2_3/female.txt'
           > into table student_multi_par partition(class='1001',sex='female');
hive (hive)> load data local inpath '/root/data/3_2_3/male.txt'
           > into table student_multi_par partition(class='1001',sex='male');
```

4）查询数据。

① 查询表数据。

使用 SELECT 语句查询分区表“student_par”的所有数据。

```
hive (hive)> select * from student_par;
```

结果如图 3-91 所示。

② 指定分区查询。

通过 WHERE 子句中的表达式选择查询所需的指定分区。

```
hive (hive)> select * from student_par;  查询分区表所有数据
OK
student_par.id  student_par.name        student_par.age student_par.sex
1001    shiny   23      female
1002    cendy   22      female
1003    angel   23      female
1009    ella    21      female
1012    eva     24      female
1005    bob     24      male
1006    mark    23      male
1007    leo     22      male
1010    jack    23      male
1014    james   24      male
Time taken: 0.186 seconds, Fetched: 10 row(s)
```

图 3-91　查询分区表所有数据

例如，查询分区表“student_multi_par”中 1001 班女生的所有数据，语句如下。

```
hive (hive)> select * from student_multi_par
          > where class='1001' and sex='female';
```

结果如图 3-92 所示。

```
hive (hive)> select * from student_multi_par        指定分区查询
           > where class='1001' and sex='female';
OK
student_multi_par.id    student_multi_par.name  student_multi_par.age   student_multi_par.class stude
nt_multi_par.sex
1001    shiny   23      1001    female
1002    cendy   22      1001    female
1003    angel   23      1001    female
1009    ella    21      1001    female
1012    eva     24      1001    female
Time taken: 0.784 seconds, Fetched: 5 row(s)
```

图 3-92　指定分区查询

③ 查询表结构。

分区是以字段的形式在表结构中存在，通过 DESC table_name；语句可以查看到字段存在。

```
hive (hive)>desc student_par;--单分区表
hive (hive)>desc student_multi_par;--多分区表
```

结果如图 3-93 所示。

图 3-93　查询分区信息

④ 查询表分区。

通过 SHOW PARTITIONS table_name；语句展示指定表格下所有的分区信息。

```
hive (hive)> show partitions student_par;-- 单分区表
hive (hive)> show partitions student_multi_par;-- 多分区表
```

结果如图 3-94 所示。

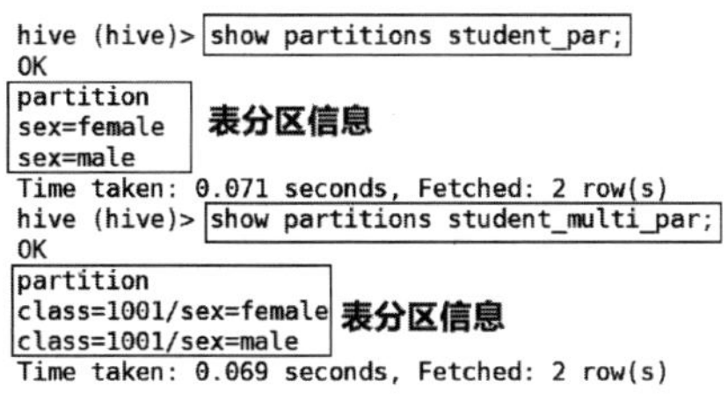

```
hive (hive)> show partitions student_par;
OK
partition
sex=female
sex=male
Time taken: 0.071 seconds, Fetched: 2 row(s)
hive (hive)> show partitions student_multi_par;
OK
partition
class=1001/sex=female
class=1001/sex=male
Time taken: 0.069 seconds, Fetched: 2 row(s)
```


图 3-94　查询表分区

⑤ 查询表分区存储位置。

每个表可以拥有一个或者多个分区，每个分区以目录的形式单独存在表目录下，我们可以使用 HDFS Shell 命令进行验证。

```
hadoop fs -ls -R /user/hive/warehouse/hive.db/student_par-- 单分区表
hadoop fs -ls -R /user/hive/warehouse/hive.db/student_multi_par-- 多分区表
```

结果如图 3-95 所示。

```
→ ~ hadoop fs -ls -R /user/hive/warehouse/hive.db/student_par
drwxr-xr-x   - root supergroup          0 2022-11-03 18:02 /user/hive/warehouse/hive.db/student_par/s
ex=female
-rwxr-xr-x   1 root supergroup         67 2022-11-03 18:02 /user/hive/warehouse/hive.db/student_par/s
ex=female/female.txt
drwxr-xr-x   - root supergroup          0 2022-11-03 18:02 /user/hive/warehouse/hive.db/student_par/s
ex=male
-rwxr-xr-x   1 root supergroup         64 2022-11-03 18:02 /user/hive/warehouse/hive.db/student_par/s
ex=male/male.txt
→ ~ hadoop fs -ls -R /user/hive/warehouse/hive.db/student_multi_par
drwxr-xr-x   - root supergroup          0 2022-11-03 18:11 /user/hive/warehouse/hive.db/student_multi
_par/class=1001
drwxr-xr-x   - root supergroup          0 2022-11-03 18:11 /user/hive/warehouse/hive.db/student_multi
_par/class=1001/sex=female
-rwxr-xr-x   1 root supergroup         67 2022-11-03 18:11 /user/hive/warehouse/hive.db/student_multi
_par/class=1001/sex=female/female.txt
drwxr-xr-x   - root supergroup          0 2022-11-03 18:11 /user/hive/warehouse/hive.db/student_multi
_par/class=1001/sex=male
-rwxr-xr-x   1 root supergroup         64 2022-11-03 18:11 /user/hive/warehouse/hive.db/student_multi
_par/class=1001/sex=male/male.txt
```

图 3-95　查询表分区存储位置

通过图 3-95 观察 HDFS 上的目录，可发现多个分区具有顺序性，可以理解为 Windows 的树状目录结构。

5）修改表分区。

① 增加分区。

示例：为分区表 “student_multi_par” 添加 “class='1002'，sex='female'” 和 “class='1002'，sex='male'” 分区，语句如下。

```
hive (hive)> alter table student_multi_par add
           > partition(class='1002',sex='female')
           > partition(class='1002',sex='male');
```

添加完成，通过 SHOW PARTITIONS student_multi_par；语句查看该表的所有分区信息。结果如图 3-96 所示。

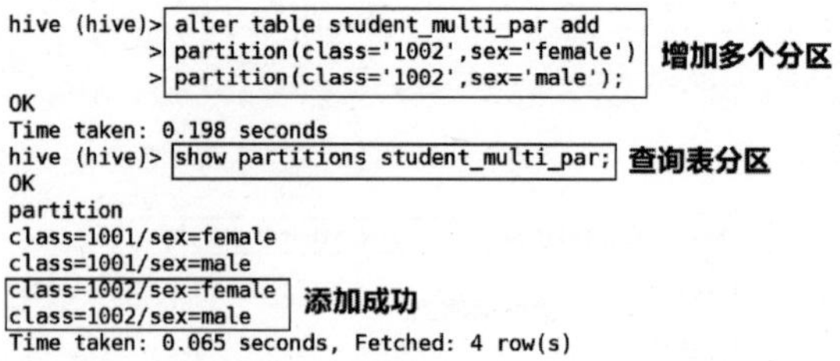

```
hive (hive)> alter table student_multi_par add
           > partition(class='1002',sex='female')
           > partition(class='1002',sex='male');
OK
Time taken: 0.198 seconds
hive (hive)> show partitions student_multi_par;
OK
partition
class=1001/sex=female
class=1001/sex=male
class=1002/sex=female
class=1002/sex=male
Time taken: 0.065 seconds, Fetched: 4 row(s)
```

增加多个分区　查询表分区　添加成功

图 3-96　增加分区

② 修改分区。

示例 1：重命名分区。

将分区表"student_multi_par"的"class='1002', sex='female'"分区修改为"class='1003', sex='female'"分区，语句如下。

```
hive (hive)> alter table student_multi_par partition(class='1002',sex='female')
           > rename to partition(class='1003',sex='female');
```

重命名完成，通过 SHOW PARTITIONS student_multi_par；语句查看该表的所有分区信息。结果如图 3-97 所示。

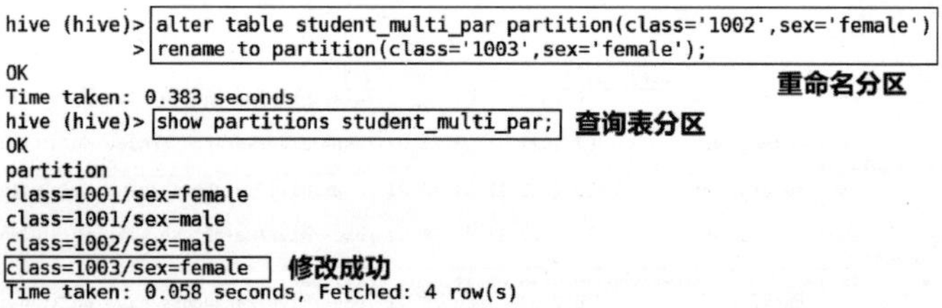

```
hive (hive)> alter table student_multi_par partition(class='1002',sex='female')
           > rename to partition(class='1003',sex='female');
OK
Time taken: 0.383 seconds
hive (hive)> show partitions student_multi_par;
OK
partition
class=1001/sex=female
class=1001/sex=male
class=1002/sex=male
class=1003/sex=female
Time taken: 0.058 seconds, Fetched: 4 row(s)
```

重命名分区　查询表分区　修改成功

图 3-97　重命名分区

示例 2：修改分区位置。

将分区表"student_multi_par"的"class='1001', sex='male'"分区存储目录修改为"/user/hive/warehouse/hive.db/student_multi_par/1001_male"，语句如下。

```
hive (hive)> alter table student_multi_par partition(class='1001',sex='male')
           > set location '/user/hive/warehouse/hive.db/student_multi_par/1001_male';
```

注意：此时分区原先的存储目录仍存在，但是往分区添加数据时，只会添加到新的存储目录。使用 LOAD DATA LOCAL INPATH ... INTO TABLE ... 语句加载本地数据"/root/data/3_2_3/male.txt"到多分区表"student_multi_par"的"class='1001', sex='male'"分区，语句如下。

```
hive (hive)> load data local inpath '/root/data/3_2_3/male.txt'
           > into table student_multi_par partition(class='1001',sex='male');
```

数据添加完成，使用 HDFS Shell 命令查看该数据在 HDFS 的存储目录。

```
hadoop fs -ls -R /user/hive/warehouse/hive.db/student_multi_par
```

结果如图 3-98 所示。

```
→ ~ hadoop fs -ls -R /user/hive/warehouse/hive.db/student_multi_par
drwxr-xr-x   - root supergroup          0 2022-11-04 17:57 /user/hive/warehouse/hive.db/student_multi
_par/1001_male
-rwxr-xr-x   1 root supergroup         64 2022-11-04 17:57 /user/hive/warehouse/hive.db/student_multi
_par/1001_male/male.txt
drwxr-xr-x   - root supergroup          0 2022-11-04 17:33 /user/hive/warehouse/hive.db/student_multi
_par/class=1001
drwxr-xr-x   - root supergroup          0 2022-11-04 17:32 /user/hive/warehouse/hive.db/student_multi
_par/class=1001/sex=female
-rwxr-xr-x   1 root supergroup         67 2022-11-04 17:32 /user/hive/warehouse/hive.db/student_multi
_par/class=1001/sex=female/female.txt
drwxr-xr-x   - root supergroup          0 2022-11-04 17:33 /user/hive/warehouse/hive.db/student_multi
_par/class=1001/sex=male
-rwxr-xr-x   1 root supergroup         64 2022-11-04 17:33 /user/hive/warehouse/hive.db/student_multi
_par/class=1001/sex=male/male.txt
drwxr-xr-x   - root supergroup          0 2022-11-04 17:49 /user/hive/warehouse/hive.db/student_multi
_par/class=1002
drwxr-xr-x   - root supergroup          0 2022-11-04 17:33 /user/hive/warehouse/hive.db/student_multi
_par/class=1002/sex=male
drwxr-xr-x   - root supergroup          0 2022-11-04 17:49 /user/hive/warehouse/hive.db/student_multi
_par/class=1003
drwxr-xr-x   - root supergroup          0 2022-11-04 17:33 /user/hive/warehouse/hive.db/student_multi
_par/class=1003/sex=female
```

图 3-98　查看数据在 HDFS 的存储目录

通过图 3-98 可以看出，往分区添加数据时，添加到了新的数据存储目录中，且旧的存储目录不会删除。

③ 删除分区。

示例：将分区表“student_multi_par”的“class='1002', sex='male'”和“class='1003', sex='female'”分区删除。语句如下。

```
hive (hive)> alter table student_multi_par drop
           > partition(class='1002',sex='male'),
           > partition(class='1003',sex='female');
```

删除完成，通过 SHOW PARTITIONS student_multi_par；语句查看该表的所有分区信息。结果如图 3-99 所示。

```
hive (hive)> alter table student_multi_par drop
           > partition(class='1002',sex='male'),
           > partition(class='1003',sex='female');     删除分区
Dropped the partition class=1002/sex=male
Dropped the partition class=1003/sex=female
OK
Time taken: 0.464 seconds
hive (hive)> show partitions student_multi_par;     查询表分区
OK
partition
class=1001/sex=female     删除成功
class=1001/sex=male
Time taken: 0.055 seconds, Fetched: 2 row(s)
```

图 3-99　删除分区

通过图 3-99 可以看出，成功删除了“class='1002', sex='male'”和“class='1003', sex='female'”分区。

（4）分桶表操作

1）创建分桶表。

现有学生数据“/root/data/3_2_3/student.txt”，查看前 10 行，语句如下。

```
head -n 10 /root/data/3_2_3/student.txt
1001      shiny      23
```

```
1002        cendy       22
1003        angel       23
1009        ella        21
1012        eva         24
1005        bob         24
1006        mark        23
1007        leo         22
1010        jack        23
1014        james       24
```

使用 CREATE TABLE ... CLUSTERED BY ... INTO ... BUCKETS 语句在“hive”数据库下创建一个名为“student_buck”的分桶表，字段有 id、name 和 age，字段类型分别为 int、string 和 int，要求按照“id”分成 3 个桶，每个桶内按照“id”升序排序，语句如下。

```
hive (hive)>create table if not exists student_buck(
           > id int,
           > name string,
           > age int)
           > clustered by(id) sorted by (id asc) into 3 buckets
           > row format delimited fields terminated by '\t';
```

2）插入数据。

由于分桶表加载数据时，不能使用 LOAD DATA 方式导入数据（原因在于该 LOAD DATA 本质上是对数据文件进行复制或移动到 Hive 表所对应的地址中），因此在分桶表导入数据时需要创建临时的“stu_temp”表，该表需要与“student_buck”表的字段一致，语句如下。

```
hive (hive)>create table if not exists stu_temp(
           > id int,
           > name string,
           > age int)
           > row format delimited fields terminated by '\t';
```

接着，将“/root/data/3_2_3/student.txt”数据加载至“stu_temp”表，语句如下。

```
hive (hive)> load data local inpath '/root/data/3_2_3/student.txt'
           > into table stu_temp;
```

最后，使用 insert into 语句将数据插入“student_buck”分桶表，语句如下。

```
hive (hive)> insert into table student_buck
           > select * from stu_temp;
```

3）查询数据。

① 查询表数据。

使用 SELECT 语句查询分桶表“student_buck”的所有数据。

```
hive (hive)> select * from student_buck;
```

结果如图 3-100 所示。

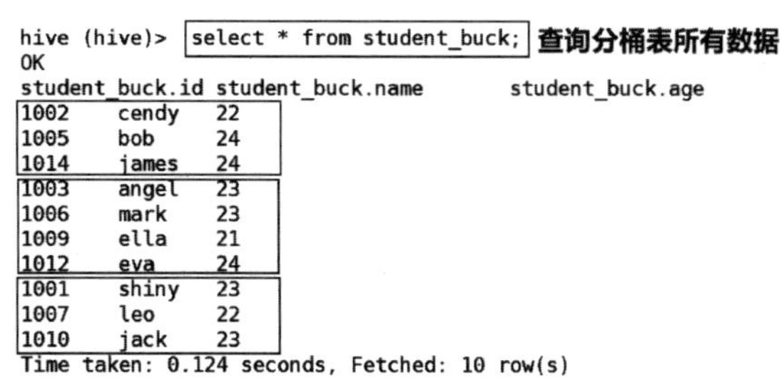

```
hive (hive)> select * from student_buck; 查询分桶表所有数据
OK
student_buck.id student_buck.name       student_buck.age
1002    cendy   22
1005    bob     24
1014    james   24
1003    angel   23
1006    mark    23
1009    ella    21
1012    eva     24
1001    shiny   23
1007    leo     22
1010    jack    23
Time taken: 0.124 seconds, Fetched: 10 row(s)
```

图 3-100　查询分桶表所有数据

从图 3-100 可以看出，数据已经按照“学生 id”分为 3 个桶，并且每个桶内按照“学生 id”升序排序。可以通过 HDFS 的 Web UI 页面查看，结果如图 3-101 所示。

Browse Directory

/user/hive/warehouse/hive.db/student_buck　Go!

Permission	Owner	Group	Size	Last Modified	Replication	Block Size	Name
-rwxr-xr-x	root	supergroup	40 B	11/4/2022, 11:42:07 AM	1	128 MB	000000_0
-rwxr-xr-x	root	supergroup	52 B	11/4/2022, 11:42:08 AM	1	128 MB	000001_0
-rwxr-xr-x	root	supergroup	39 B	11/4/2022, 11:42:09 AM	1	128 MB	000002_0

3个文件

Hadoop, 2018.

图 3-101　分桶文件结构

通过图 3-101 可以看出，数据被划分为 3 个文件存放在表路径下，每个文件代表 1 个桶。针对每个桶的数据可以使用 HDFS Shell 命令进行查看。具体命令如下。

```
hadoop fs -cat /user/hive/warehouse/hive.db/student_buck/000000_0
```

执行上述命令，结果如图 3-102 所示。

```
→ ~ hadoop fs -cat /user/hive/warehouse/hive.db/student_buck/000000_0
1002      cendy   22
1005      bob     24
1014      james   24
```

图 3-102　000000_0 文件数据

② 查询表结构。

通过 DESC FORMATTED table_name；语句以表格格式显示表的元数据，查看分桶情况。

```
hive (hive)>desc formatted student_buck;
```

结果如图 3-103 所示。

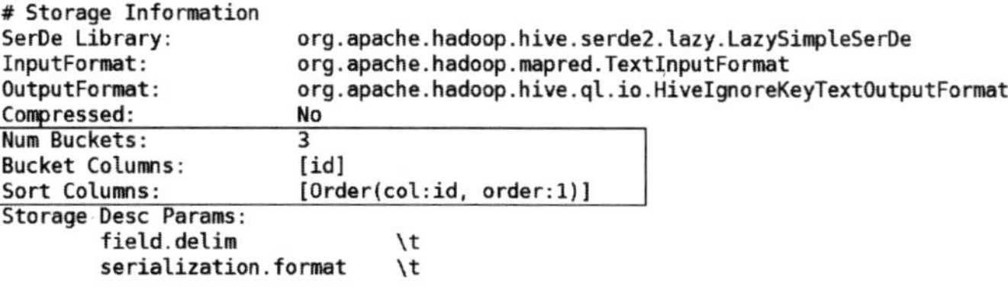

```
# Storage Information
SerDe Library:          org.apache.hadoop.hive.serde2.lazy.LazySimpleSerDe
InputFormat:            org.apache.hadoop.mapred.TextInputFormat
OutputFormat:           org.apache.hadoop.hive.ql.io.HiveIgnoreKeyTextOutputFormat
Compressed:             No
Num Buckets:            3
Bucket Columns:         [id]
Sort Columns:           [Order(col:id, order:1)]
Storage Desc Params:
        field.delim             \t
        serialization.format    \t
```

图 3-103　查看分桶情况

3.2.4 Hive DML 操作

1. 概述

DML（Data Manipulation Language），即数据操作语言，是用来对 Hive 数据库里的数据进行操作的语言。数据操作主要是如何向表中装载数据和如何将表中的数据导出，主要操作命令有 LOAD 和 INSERT 等。

2. 目标

① 学会使用 LOAD 语句加载本地或 HDFS 文件到管理表和分区表。

② 掌握 INSERT 语句的单模式和多模式插入。

3. 准备

操作系统：CentOS 7.3。

软件版本：JDK 1.8、Hadoop 2.7.7、MySQL 5.7.25、Hive 2.3.4。

4. 考点 1：LOAD 装载数据

（1）加载本地数据

示例 1：加载本地数据到管理表。

使用 LOAD DATA LOCAL INPATH ... INTO TABLE ... 语句加载本地数据“/root/data/3_2_3/female.txt”到管理表“student”，语句如下。

```
hive (hive)> load data local inpath '/root/data/3_2_3/female.txt'
           > into table student;
```

加载完成，使用 SELECT 语句查看表中所有数据。结果如图 3-104 所示。

```
hive (hive)> load data local inpath '/root/data/3_2_3/female.txt'
           > into table student;
Loading data to table hive.student                加载本地数据到管理表
OK
Time taken: 0.573 seconds
hive (hive)> select * from student;
OK
student.id      student.name    student.age
1001    shiny   23
1002    cendy   22
1003    angel   23
1009    ella    21
1012    eva     24
Time taken: 0.142 seconds, Fetched: 5 row(s)
```

图 3-104　加载本地数据到管理表

通过图 3-104 可以看出，成功将本地数据文件加载到管理表“student”中。

该数据文件默认存储在 HDFS 上的“/user/hive/warehouse/hive.db/student”目录下。我们可以使用 HDFS Shell 命令进行查看。

```
hadoop fs -ls -R/user/hive/warehouse/hive.db/student
```

结果如图 3-105 所示。

```
→ ~ hadoop fs -ls -R /user/hive/warehouse/hive.db/student
-rwxr-xr-x   1 root supergroup         67 2022-11-05 10:36 /user/hive/warehouse/hive.db/student/female.txt
```

图 3-105　查看数据文件在 HDFS 上的存储位置

查看本地文件系统中“/root/data/3_2_3/female.txt”文件是否依然存在，如图 3-106

所示。

经过查看，“female.txt”文件在本地文件系统依然存在，所以LOAD操作本地文件系统是复制数据文件到Hive表所在的位置。

```
→ ~ cd /root/data/3_2_3/
→ 3_2_3 ll
total 12
-rw-r--r-- 1 root root  67 11月  3 17:59 female.txt
-rw-r--r-- 1 root root  64 11月  3 17:59 male.txt
-rw-r--r-- 1 root root 131 11月  4 11:39 student.txt
```

图3-106 查看源本地文件系统路径

示例2：加载本地数据到分区表。

首先，使用如下语句清空“student_par”分区表中数据。

```
hive (hive)> truncate table student_par;
```

然后，使用LOAD DATA LOCAL INPATH ... INTO TABLE ... 语句加载本地数据到分区表“student_par”，其中，“/root/data/3_2_3/female.txt”数据加载到“sex='female'”分区，“/root/data/3_2_3/male.txt”数据加载到“sex='male'”分区，语句如下。

```
hive (hive)> load data local inpath '/root/data/3_2_3/female.txt'
           > into table student_par partition(sex='female');
hive (hive)> load data local inpath '/root/data/3_2_3/male.txt'
           > into table student_par partition(sex='male');
```

此处需注意，如果表是分区表则必须指定PARTITION从句，否则会报错。加载完成，使用SELECT语句查看表中所有数据。结果如图3-107所示。

```
hive (hive)> load data local inpath '/root/data/3_2_3/female.txt'
           > into table student_par partition(sex='female');
Loading data to table hive.student_par partition (sex=female)
OK
Time taken: 0.464 seconds                          加载数据到分区表
hive (hive)> load data local inpath '/root/data/3_2_3/male.txt'
           > into table student_par partition(sex='male');
Loading data to table hive.student_par partition (sex=male)
OK
Time taken: 0.459 seconds
hive (hive)> select * from student_par;
OK
student_par.id  student_par.name        student_par.age student_par.sex
1001    shiny   23      female
1002    cendy   22      female
1003    angel   23      female
1009    ella    21      female
1012    eva     24      female
1005    bob     24      male
1006    mark    23      male
1007    leo     22      male
1010    jack    23      male
1014    james   24      male
Time taken: 0.136 seconds, Fetched: 10 row(s)
```

图3-107 加载本地数据到分区表

通过图3-107可以看出，本地数据文件成功加载到分区表“student_par”中。

（2）加载HDFS数据

首先，使用HDFS Shell的put命令将“/root/data/3_2_3/male.txt”文件上传到HDFS的根目录下。

```
hadoop fs -put /root/data/3_2_3/male.txt /
```

然后，使用LOAD DATA INPATH ... INTO TABLE ... 语句将HDFS数据“/male.txt”加载到管理表“student”，语句如下。

```
hive (hive)> load data inpath '/male.txt' into table student;
```

加载完成，使用 SELECT 语句查看表中所有数据。结果如图 3-108 所示。

```
hive (hive)> load data inpath '/male.txt' into table student;
Loading data to table hive.student
OK
Time taken: 0.362 seconds
hive (hive)> select * from student;
OK
student.id      student.name    student.age
1001    shiny   23
1002    cendy   22
1003    angel   23
1009    ella    21
1012    eva     24
1005    bob     24
1006    mark    23
1007    leo     22
1010    jack    23
1014    james   24
Time taken: 0.135 seconds, Fetched: 10 row(s)
```

加载HDFS数据到管理表

图 3-108　加载 HDFS 数据到管理表

通过图 3-108 可以看出，HDFS 数据文件成功加载到管理表“student”中。

该数据文件默认存储在 HDFS 上的“/user/hive/warehouse/hive.db/student”目录下，我们可以使用 HDFS Shell 命令进行查看。

```
hadoop fs -ls /user/hive/warehouse/hive.db/student
```

结果如图 3-109 所示。

```
→ ~ hadoop fs -ls /user/hive/warehouse/hive.db/student
Found 2 items
-rwxr-xr-x   1 root supergroup         67 2022-11-05 10:36 /user/hive/warehouse/hive.db/student/female.txt
-rwxr-xr-x   1 root supergroup         64 2022-11-05 11:10 /user/hive/warehouse/hive.db/student/male.txt
```

图 3-109　查看数据文件在 HDFS 上的存储位置

最后，查看源 HDFS 路径中该文件是否存在，如图 3-110 所示。

```
→ ~ hadoop fs -ls /
Found 4 items
drwxr-xr-x   - root supergroup          0 2022-11-02 17:08 /mydb
drwxr-xr-x   - root supergroup          0 2022-11-03 17:06 /student
drwx-wx-wx   - root supergroup          0 2022-11-03 11:31 /tmp
drwxr-xr-x   - root supergroup          0 2022-11-01 17:28 /user
```

图 3-110　查看源 HDFS 路径

经过查看，发现源 HDFS 路径中的“/male.txt”文件已不存在，所以 LOAD 操作 HDFS 是移动数据文件到 Hive 表所在的位置。

（3）OVERWRITE 关键字

现要求加载本地数据“/root/data/3_2_3/student.txt”到管理表“student”，覆盖表之前数据，语句如下。

```
hive (hive)> load data local inpath '/root/data/3_2_3/student.txt'
           > overwrite into table student;
```

加载完成，使用 SELECT 语句查看表中所有数据。结果如图 3-111 所示。

通过图 3-111 可以看出，本地数据文件“student.txt”成功加载到管理表“student”中，并覆盖了表中已有数据。

该数据文件默认存储在 HDFS 上的“/user/hive/warehouse/hive.db/student”目录下。我

们可以使用 HDFS Shell 命令进行查看。

```
hive (hive)> load data local inpath '/root/data/3_2_3/student.txt'
           > overwrite into table student;
Loading data to table hive.student
OK
Time taken: 0.402 seconds
hive (hive)> select * from student;
OK
student.id      student.name    student.age
1001    shiny   23
1002    cendy   22
1003    angel   23
1009    ella    21
1012    eva     24
1005    bob     24
1006    mark    23
1007    leo     22
1010    jack    23
1014    james   24
Time taken: 0.122 seconds, Fetched: 10 row(s)
```

覆盖表中原有数据

图 3-111　覆盖表中原有数据

```
hadoop fs -ls /user/hive/warehouse/hive.db/student
```

结果如图 3-112 所示。

```
→ ~ hadoop fs -ls /user/hive/warehouse/hive.db/student
Found 1 items
-rwxr-xr-x   1 root supergroup        131 2022-11-05 11:41 /user/hive/warehouse/hive.db/student/student.txt
```

图 3-112　查看数据文件在 HDFS 上的存储位置

从图 3-112 可以看出，原有的数据文件“female.txt”和“male.txt”被删除，成功加载新的数据文件“student.txt”到“student”表中。

5. 考点 2：INSERT 插入数据

(1) 基本插入数据

示例 1：往管理表中插入单条数据。

使用 INSERT INTO... VALUES 语句向管理表“student”中插入一行数据，必须为表中的每一列提供具体值，语句如下。

```
hive (hive)> insert into table student values(2001,'first',24);
```

插入完成，使用 SELECT 语句查看表中所有数据。结果如图 3-113 所示。

```
hive (hive)> select * from student;
OK
student.id      student.name    student.age
2001    first   24
1001    shiny   23
1002    cendy   22
1003    angel   23
1009    ella    21
1012    eva     24
1005    bob     24
1006    mark    23
1007    leo     22
1010    jack    23
1014    james   24
Time taken: 0.121 seconds, Fetched: 11 row(s)
```

图 3-113　查看 student 表中所有数据

从图 3-113 可以看出，我们成功将一条数据插入到管理表“student”中。

示例 2：往分区表中插入多条数据。

使用 INSERT INTO... VALUES 语句向分区表“student_par”中插入多行数据，必须为表中的每一列提供具体值，可以为用户不希望为其赋值的列提供 NULL 值，语句如下。

```
hive (hive)> insert into table student_par partition(sex='unknown')
           > values(2001,'first',24),(2002,'leo',null);
```

插入完成，使用 SELECT 语句查看表中所有数据。结果如图 3-114 所示。

```
hive (hive)> select * from student_par;
OK
student_par.id  student_par.name        student_par.age student_par.sex
1001    shiny   23      female
1002    cendy   22      female
1003    angel   23      female
1009    ella    21      female
1012    eva     24      female
1005    bob     24      male
1006    mark    23      male
1007    leo     22      male
1010    jack    23      male
1014    james   24      male
2001    first   24      unknown
2002    leo     NULL    unknown
Time taken: 0.139 seconds, Fetched: 12 row(s)
```

图 3-114　查看 student_par 表中所有数据

通过图 3-114 可以看出，多条数据成功插入到了分区表“student_par”中。

(2) 将查询结果插入 Hive 表

① 单模式插入。

示例：将分区表“student_par”中性别为“unknown”和“female”的学生信息覆盖插入管理表“student”中，语句如下。

```
hive (hive)> insert overwrite table student
           > select id,name,age from student_par where sex='unknown' or sex='female';
```

插入完成，使用 SELECT 语句查看表中所有数据。结果如图 3-115 所示。

通过图 3-115 可以看出，查询结果覆盖插入到了管理表“student”中。

② 多模式插入。

示例：将管理表“student”中年龄大于 22 的学生信息插入“student_copy”管理表，并将年龄小于 23 的学生信息覆盖插入分区表“student_par”的“female”分区，语句如下。

```
hive (hive)> from student
           > insert into table student_copy select * where age>22
           > insert overwrite table student_par partition(sex='female') select * where age<23;
```

插入完成，使用 SELECT 语句分别查看“student_copy”表和“student_par”表中所有数据。结果如图 3-116 所示。

```
hive (hive)> select * from student;
OK
student.id      student.name    student.age
1001    shiny   23
1002    cendy   22
1003    angel   23
1009    ella    21
1012    eva     24
2001    first   24
2002    leo     NULL
Time taken: 0.114 seconds, Fetched: 7 row(s)
```

图 3-115　查看 student 表中所有数据

```
hive (hive)> select * from student_copy;
OK
student_copy.id student_copy.name       student_copy.age
1001    shiny   23
1003    angel   23
1012    eva     24
2001    first   24
Time taken: 0.138 seconds, Fetched: 4 row(s)
hive (hive)> select * from student_par;
OK
student_par.id  student_par.name        student_par.age student_par.sex
1002    cendy   22      female
1009    ella    21      female
1005    bob     24      male
1006    mark    23      male
1007    leo     22      male
1010    jack    23      male
1014    james   24      male
2001    first   24      unknown
2002    leo     NULL    unknown
Time taken: 0.144 seconds, Fetched: 9 row(s)
```

图 3-116　查看 student 表中所有数据

③ 将查询结果写入文件系统。

示例 1：导出到本地文件系统。

将管理表“student”的所有数据导出到本地文件系统的“/root/hive/student/”目录，语句如下。

```
hive (hive)> insert overwrite local directory '/root/hive/student'
           > select * from student;
```

导出完成，进入“/root/hive/student/”目录查看导出结果。结果如图 3-117 所示。

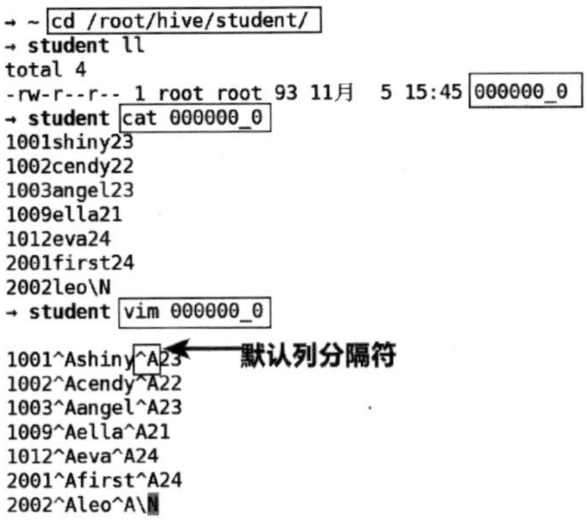

```
→ ~ cd /root/hive/student/
→ student ll
total 4
-rw-r--r-- 1 root root 93 11月  5 15:45 000000_0
→ student cat 000000_0
1001shiny23
1002cendy22
1003angel23
1009ella21
1012eva24
2001first24
2002leo\N
→ student vim 000000_0

1001^Ashiny^A23  ←默认列分隔符
1002^Acendy^A22
1003^Aangel^A23
1009^Aella^A21
1012^Aeva^A24
2001^Afirst^A24
2002^Aleo^A\N
```

图 3-117　导出结果

示例 2：导出到 HDFS。

将管理表“student”的所有数据导出到 HDFS 的“/hive/student”目录，并指定列的分隔符为“,”，语句如下。

```
hive (hive)> insert overwrite directory '/hive/student'
           > row format delimited fields terminated by ','
           > select * from student;
```

导出完成，查看 HDFS 中的导出结果。结果如图 3-118 所示。

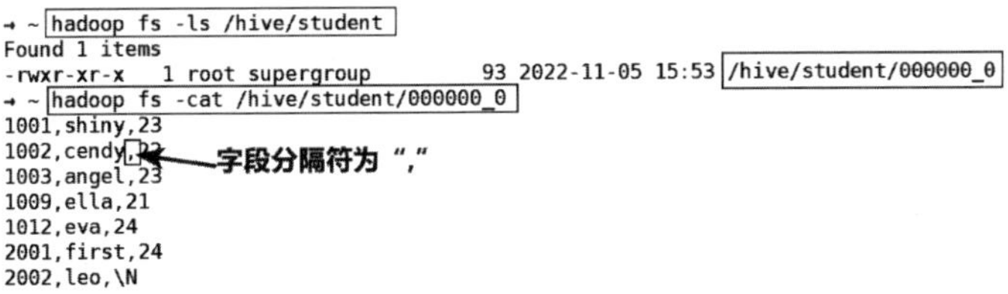

```
→ ~ hadoop fs -ls /hive/student
Found 1 items
-rwxr-xr-x   1 root supergroup         93 2022-11-05 15:53 /hive/student/000000_0
→ ~ hadoop fs -cat /hive/student/000000_0
1001,shiny,23
1002,cendy,22  ←字段分隔符为“,”
1003,angel,23
1009,ella,21
1012,eva,24
2001,first,24
2002,leo,\N
```

图 3-118　导出结果

通过图 3-118 可以看出，数据导出到了 HDFS 上，而且将列的分隔符指定为“,”。

3.2.5　Hive 中的数据查询

1. 概述

DQL（Data Query Language），即数据查询语言，可以实现数据的简单查询。在所有数据库系统中，查询语句是使用最频繁的，也是最复杂的，Hive 中的 SELECT ... FROM 语句与 MySQL 语法基本一致。主要操作命令有 WHERE、GROUP BY、SORT BY、ORDER BY、JOIN 等。

2. 目标

① 熟练使用 SELECT... FROM 语句查询数据表数据。

② 熟练使用 WHERE 语句对查询条件进行限制。

③ 学会使用 GROUP BY 按照字段进行分组，并掌握 HAVING 语句的使用。

④ 学会使用 ORDER BY 对数据完成全局排序，使用 SORT BY 对数据实现局部排序。

⑤ 学会使用 DISTRIBUTE BY 根据指定字段进行分区，使用 CLUSTER BY 根据指定字段进行分区和排序。

⑥ 使用不同的 JOIN 实现多表连接。

⑦ 学会使用条件判断函数对值不符合预期的列进行处理。

⑧ 利用相关函数实现“行转列”和“列转行”。

3. 准备

操作系统：CentOS 7.3。

软件版本：JDK 1.8、Hadoop 2.7.7、MySQL 5.7.25、Hive 2.3.4。

4. 考点 1：基本查询

（1）全表和特定字段查询

示例 1：全表查询。

查询“student”表的所有行，语句如下。

```
hive (hive)> select * from student;
hive (hive)> select all * from student;
```

以上两条语句等价。查询结果如图 3-119 所示。

示例 2：选择特定字段查询。

查询“student”表的 age 字段数据，并去除重复行，语句如下。

```
hive (hive)> select distinct age from student;
```

查询结果如图 3-120 所示。

```
hive (hive)> select * from student;
OK
student.id      student.name    student.age
1001    shiny   23
1002    cendy   22
1003    angel   23
1009    ella    21
1012    eva     24
2001    first   24
2002    leo     NULL
Time taken: 0.173 seconds, Fetched: 7 row(s)
hive (hive)> select all * from student;
OK
student.id      student.name    student.age
1001    shiny   23
1002    cendy   22
1003    angel   23
1009    ella    21
1012    eva     24
2001    first   24
2002    leo     NULL
Time taken: 0.111 seconds, Fetched: 7 row(s)
```

图 3-119　全表查询

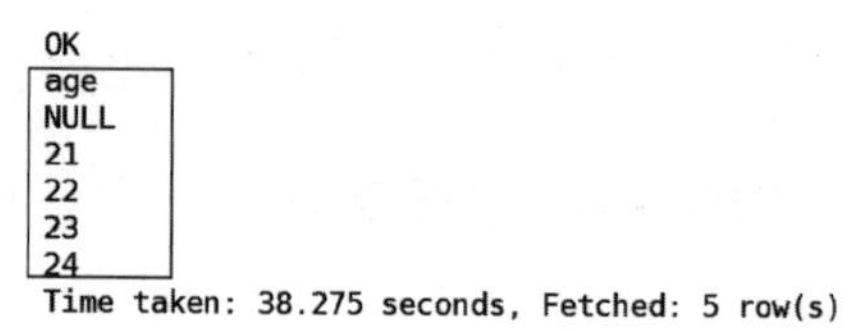

```
OK
age
NULL
21
22
23
24
Time taken: 38.275 seconds, Fetched: 5 row(s)
```

图 3-120　选择特定字段查询

（2）基础聚合函数

示例1：查询“student”表的总行数。

```
hive (hive)> select count(*) from student;
```

查询结果如图3-121所示。

示例2：查询“student”表中最大和最小年龄，别名分别为max_age和min_age。

```
hive (hive)> select max(age) as max_age,min(age) as min_age from student;
```

查询结果如图3-122所示。

```
hive (hive)> select count(*) from student;
OK
_c0
7
Time taken: 0.321 seconds, Fetched: 1 row(s)
```

图3-121　查询总行数

```
OK
max_age min_age
24      21
Time taken: 39.495 seconds, Fetched: 1 row(s)
```

图3-122　查询最大和最小年龄

示例3：查询“student”表中学生的平均年龄，别名为avg_age。

```
hive (hive)> select avg(age) avg_age from student;
```

查询结果如图3-123所示。

```
OK
avg_age
22.833333333333332
Time taken: 38.243 seconds, Fetched: 1 row(s)
```

图3-123　查询学生平均年龄

（3）LIMIT语句

示例1：单个参数。

返回“student”表中前3个学生的所有信息，语句如下。

```
hive (hive)> select * from student limit 3;
```

查询结果如图3-124所示。

示例2：两个参数。

返回“student”表中第4到7名的学生信息，语句如下。

```
hive (hive)> select * from student limit 3,4;
```

偏移量默认从0开始，所以第4行的偏移量应该是3。查询结果如图3-125所示。

```
hive (hive)> select * from student limit 3;
OK
student.id      student.name    student.age
1001    shiny   23
1002    cendy   22
1003    angel   23
Time taken: 0.117 seconds, Fetched: 3 row(s)
```

图3-124　单个参数

```
hive (hive)> select * from student limit 3,4;
OK
student.id      student.name    student.age
1009    ella    21
1012    eva     24
2001    first   24
2002    leo     NULL
Time taken: 0.114 seconds, Fetched: 4 row(s)
```

图3-125　两个参数

5. 考点2：WHERE条件查询

示例1：比较运算符的使用

查询“student”表中年龄在22到24之间（包括22和24）的学生信息，语句如下。

```
hive (hive)> select * from student where age between 22 and 24;
```

查询结果如图3-126所示。

示例2：LIKE的使用（1）。

```
hive (hive)> select * from student where age between 22 and 24;
OK
student.id      student.name    student.age
1001    shiny   23
1002    cendy   22
1003    angel   23
1012    eva     24
2001    first   24
Time taken: 0.141 seconds, Fetched: 5 row(s)
```

图 3-126　比较运算符的使用

我们可以使用 LIKE 运算选择类似的值，选择条件可以包含字符或数字。

现要求查询“student”表中学生姓名以“e”开头的学生信息，语句如下。

```
hive (hive)> select * from student where name like 'e%';
```

其中,%代表匹配 0 个或多个字符。查询结果如图 3-127 所示。

```
hive (hive)> select * from student where name like 'e%';
OK
student.id      student.name    student.age
1009    ella    21
1012    eva     24
Time taken: 0.124 seconds, Fetched: 2 row(s)
```

图 3-127　LIKE 的使用

示例 3：LIKE 的使用（2）。

从“student”表中查询第二个字母为“h”的学生姓名，语句如下。

```
hive (hive)> select name from student where name like '_h%';
```

其中，_代表匹配一个字符,%代表匹配 0 个或多个字符。查询结果如图 3-128 所示。

```
hive (hive)> select name from student where name like '_h%';
OK
name
shiny
Time taken: 0.107 seconds, Fetched: 1 row(s)
```

图 3-128　LIKE 的使用

示例 4：RLIKE 的使用。

RLIKE 子句是 Hive 中这个功能的一个扩展，其可以通过 Java 的正则表达式这个更强大的语言来指定匹配条件。

现要求从“student”表中查询学生姓名中含有“n”的学生信息，语句如下。

```
hive (hive)> select * from student where name rlike '[n]';
```

查询结果如图 3-129 所示。

```
hive (hive)> select * from student where name rlike '[n]';
OK
student.id      student.name    student.age
1001    shiny   23
1002    cendy   22
1003    angel   23
Time taken: 0.113 seconds, Fetched: 3 row(s)
```

图 3-129　RLIKE 的使用

示例 5：逻辑运算符 AND。

运算符是逻辑表达式。返回值为 TRUE 或 FALSE。常用的逻辑运算符有：AND（逻辑并）、OR（逻辑或）和 NOT（逻辑否）。

现要求从“student”表中查询 1 班（id 以 1 开头的）年龄小于 23 岁的学生信息，语句如下。

```
hive (hive)> select * from student
            > where id like '1%' and age<23;
```

查询结果如图 3-130 所示。

示例 6：逻辑运算符 NOT

从“student”表中查询除了“shiny”和“first”的学生信息，语句如下。

```
hive (hive)> select * from student
            > where name not in('shiny','first');
```

查询结果如图 3-131 所示。

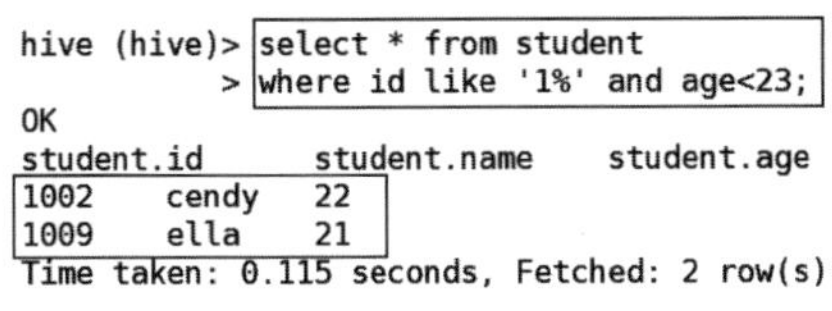

```
hive (hive)> select * from student
            > where id like '1%' and age<23;
OK
student.id	student.name	student.age
1002	cendy	22
1009	ella	21
Time taken: 0.115 seconds, Fetched: 2 row(s)
```

图 3-130　AND 逻辑运算符的使用

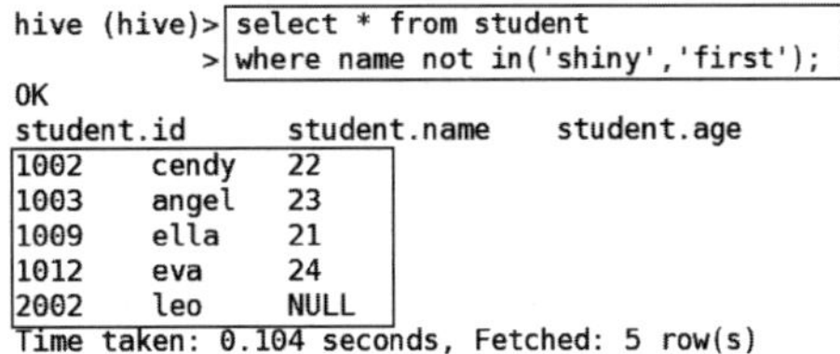

```
hive (hive)> select * from student
            > where name not in('shiny','first');
OK
student.id	student.name	student.age
1002	cendy	22
1003	angel	23
1009	ella	21
1012	eva	24
2002	leo	NULL
Time taken: 0.104 seconds, Fetched: 5 row(s)
```

图 3-131　NOT 逻辑运算符的使用

6. 考点 3：GROUP BY 分组查询

（1）数据表准备

1）数据准备。

有这样一份数据“/root/data/3_2_5/score.txt”，共 6 个字段，分别为：class_name、stu_id、stu_name、sex、math、english，字段分隔符为“\t”，数据内容如下。

```
1001	01	shiny	female	98	100
1001	02	mark	male	95	69
1001	03	judy	female	78	98
1001	04	cendy	female	56	34
1002	01	angel	female	75	56
1002	02	mino	male	33	45
1002	03	david	male	100	96
1003	01	dana	female	93	88
1003	02	gary	male	81	80
1003	03	gene	male	67	78
1003	04	jeff	male	77	54
```

2）创建表。

在“hive”数据库下创建一个名为“score”的管理表，语句如下。

```
hive (hive)> create table if not exists score(
            > class_name string,
            > stu_id int,
            > stu_name string,
            > sex string,
```

```
            > math float,
            > english float)
            > row format delimited fields terminated by '\t';
```

3）加载数据。

使用 LOAD DATA LOCAL INPATH ... INTO TABLE ... 语句加载本地数据“/root/data/3_2_5/score.txt”到管理表“score”，语句如下。

```
hive (hive)> load data local inpath '/root/data/3_2_5/score.txt'
           > into table score;
```

（2）具体示例

示例 1：统计每个班级的总人数（按照 stu_id 去重）。

```
hive (hive)> select class_name, count(distinct stu_id) stu_cnt from score
           > group by class_name;
```

统计结果如图 3-132 所示。

示例 2：统计每个班级数学成绩的平均分。

```
hive (hive)> select s.class_name,avg(s.math) avg_math from
           > (select distinct * from score) s
           > group by s.class_name;
```

统计结果如图 3-133 所示。

```
OK
class_name      stu_cnt
1001    4
1002    3
1003    4
Time taken: 37.403 seconds, Fetched: 3 row(s)
```

图 3-132　每个班级总人数

```
OK
class_name      avg_math
1001    81.75
1002    69.33333333333333
1003    79.5
Time taken: 35.996 seconds, Fetched: 3 row(s)
```

图 3-133　每个班级数学平均分

示例 3：获取英语成绩平均分大于 70 的班级信息。

```
hive (hive)> select s.class_name,avg(s.english) avg_eng from
           > (select distinct * from score) s
           > group by s.class_name having avg_eng>70;
```

统计结果如图 3-134 所示。

```
OK
class_name      avg_eng
1001    75.25
1003    75.0
Time taken: 39.089 seconds, Fetched: 2 row(s)
```

图 3-134　英语成绩平均分大于 70 的班级信息

7. 考点 4：排序

ORDER BY 语句的主要作用是对数据做全局排序（即对所有数据进行排序），SORT BY 语句的主要作用是对数据做局部排序（即对所有数据分成多个部分，然后分别对部分数据进行排序）。

（1）ORDER BY

示例 1：获取全年级数学成绩前 3 名的学生信息。

```
hive (hive)> select * from score order by math desc limit 3;
```

统计结果如图 3-135 所示。

示例 2：获取全年级总成绩前 3 名的学生信息。

```
OK
score.class_name        score.stu_id    score.stu_name  score.sex       score.math      score.english
1002    3       david   male    100.0   96.0
1001    1       shiny   female  98.0    100.0
1001    2       mark    male    95.0    69.0
Time taken: 36.689 seconds, Fetched: 3 row(s)
```

图 3-135　全年级数学成绩前 3 名的学生信息

```
hive (hive)> select class_name,stu_id,stu_name,(math+english) sum_score from score
           > order by sum_score desc
           > limit 3;
```

统计结果如图 3-136 所示。

示例 3：获取数学平均分最高的班级信息。

```
hive (hive)> select s.class_name,avg(s.math) avg_math from
           > (select distinct * from score) s
           > group by s.class_name
           > order by avg_math desc
           > limit 1;
```

统计结果如图 3-137 所示。

```
OK
class_name      stu_id  stu_name        sum_score
1001    1       shiny   198.0
1002    3       david   196.0
1003    1       dana    181.0
Time taken: 35.077 seconds, Fetched: 3 row(s)
```

图 3-136　数学平均分最高的班级信息

```
OK
s.class_name    avg_math
1001    81.75
Time taken: 72.866 seconds, Fetched: 1 row(s)
```

图 3-137　数学平均分最高的班级信息

示例 4：获取每个班级的英语成绩单。要求按照班级升序排序，英语成绩降序排序。

```
hive (hive)> select s.class_name,s.english from
           > (select distinct * from score) s
           > order by s.class_name,s.english desc;
```

统计结果如图 3-138 所示。

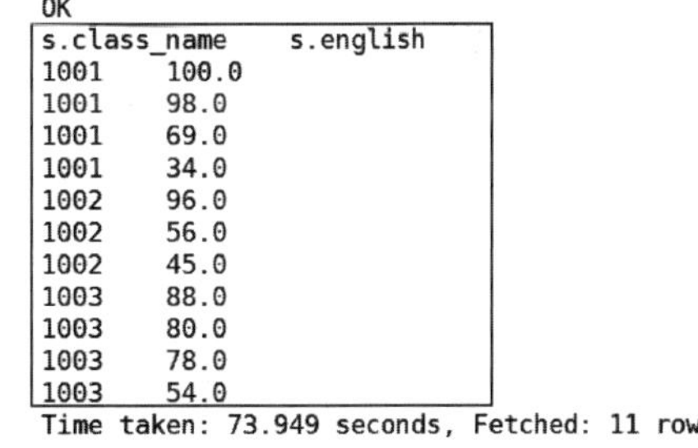

```
OK
s.class_name    s.english
1001    100.0
1001    98.0
1001    69.0
1001    34.0
1002    96.0
1002    56.0
1002    45.0
1003    88.0
1003    80.0
1003    78.0
1003    54.0
Time taken: 73.949 seconds, Fetched: 11 row(s)
```

图 3-138　每个班级的英语成绩单

从图 3-138 可以看出，我们首先按照 class_name 进行升序排序，在 class_name 相同的情况下，再按照 english 降序排序。

（2）SORT BY

示例：根据学生学号升序查看学生考试信息。要求使用 CTAS（CREATE TABLE... AS SELECT...）将查询结果保存到“hive”数据库下的“stu_id_sort”管理表中。

```
hive (hive)> set mapreduce.job.reduces=3;-- 设置 Reduce 个数
hive (hive)> set mapreduce.job.reduces;-- 查看设置的 Reduce 个数
hive (hive)> select * from score sort by stu_id;-- 根据学生学号升序查看学生考试信息
hive (hive)> create table stu_id_sort
           > as select * from score sort by stu_id;-- 将查询结果插入新表
```

需注意的是，使用 CTAS 只能创建管理表，不能创建外部表。插入完成，使用 SELECT 语句查看表中所有数据。结果如图 3-139 所示。

```
hive (hive)> select * from stu_id_sort;
OK
stu_id_sort.class_name  stu_id_sort.stu_id      stu_id_sort.stu_name    stu_id_sort.sex stu_id_sort.math        s
tu_id_sort.english
1003    1       dana    female  93.0    88.0
1002    1       angel   female  75.0    56.0
1003    2       gary    male    81.0    80.0
1002    2       mino    male    33.0    45.0
1002    3       david   male    100.0   96.0
1001    4       cendy   female  56.0    34.0
1001    2       mark    male    95.0    69.0
1003    3       gene    male    67.0    78.0
1001    3       judy    female  78.0    98.0
1003    4       jeff    male    77.0    54.0
1001    4       cendy   female  56.0    34.0
1001    1       shiny   female  98.0    100.0
Time taken: 0.13 seconds, Fetched: 12 row(s)
```

图 3-139　查看 stu_id_sort 表中所有数据

创建的管理表“stu_id_sort”默认存储在 HDFS 的“/user/hive/warehouse/hive.db/stu_id_sort”目录中。输出文件的个数对应 Reduce 的个数，输出结果如图 3-140 所示。

```
→ ~ hadoop fs -ls /user/hive/warehouse/hive.db/stu_id_sort
Found 3 items
-rwxr-xr-x   1 root supergroup        172 2022-11-08 11:21 /user/hive/warehouse/hive.db/stu_id_sort/000000_0
-rwxr-xr-x   1 root supergroup        140 2022-11-08 11:21 /user/hive/warehouse/hive.db/stu_id_sort/000001_0
-rwxr-xr-x   1 root supergroup         31 2022-11-08 11:21 /user/hive/warehouse/hive.db/stu_id_sort/000002_0
→ ~ hadoop fs -cat /user/hive/warehouse/hive.db/stu_id_sort/000000_0
10031danafemale93.088.0
10021angelfemale75.056.0
10032garymale81.080.0
10022minomale33.045.0
10023davidmale100.096.0
10014cendyfemale56.034.0
→ ~ hadoop fs -cat /user/hive/warehouse/hive.db/stu_id_sort/000001_0
10012markmale95.069.0
10033genemale67.078.0
10013judyfemale78.098.0
10034jeffmale77.054.0
10014cendyfemale56.034.0
→ ~ hadoop fs -cat /user/hive/warehouse/hive.db/stu_id_sort/000002_0
10011shinyfemale98.0100.0
```

图 3-140　stu_id_sort 表在 HDFS 上的存储位置

（3）DISTRIBUTE BY

示例：按照班级分成 3 个区，每个区内按照总成绩降序排序。要求使用 CTAS（CREATE TABLE… AS SELECT…）将查询结果保存到“hive”数据库下的“sum_score_sort”管理表中，并指定列分隔符为“,”。

```
--设置 Reduce 个数
hive (hive)> set mapreduce.job.reduces=3;
--按照班级分成 3 个区,每个区内按照总成绩降序排序
hive (hive)> select class_name,stu_id,stu_name,(math+english) sum_score from score
           > distribute by class_name sort by sum_score desc;
--将查询结果插入新表
hive (hive)> create table sum_score_sort
           > row format delimited fields terminated by ','
           > as select class_name,stu_id,stu_name,(math+english) sum_score from score
           > distribute by class_name sort by sum_score desc;
```

插入完成，使用 SELECT 语句查看表中所有数据。结果如图 3-141 所示。

```
hive (hive)> select * from sum_score_sort;
OK
sum_score_sort.class_name       sum_score_sort.stu_id   sum_score_sort.stu_name sum_score_sort.sum_score
1002    3       david   196.0
1002    1       angel   131.0
1002    2       mino    78.0
1003    1       dana    181.0
1003    2       gary    161.0
1003    3       gene    145.0
1003    4       jeff    131.0
1001    1       shiny   198.0
1001    3       judy    176.0
1001    2       mark    164.0
1001    4       cendy   90.0
1001    4       cendy   90.0
Time taken: 0.114 seconds, Fetched: 12 row(s)
```

图 3-141　查看 sum_score_sort 表中所有数据

创建的管理表“sum_score_sort”默认存储在 HDFS 的“/user/hive/warehouse/hive.db/sum_score_sort”目录中。输出文件的个数对应 Reduce 的个数，输出结果如图 3-142 所示。

```
→ ~ hadoop fs -ls /user/hive/warehouse/hive.db/sum_score_sort
Found 3 items
-rwxr-xr-x   1 root supergroup         55 2022-11-08 14:01 /user/hive/warehouse/hive.db/sum_score_sort/000000_0
-rwxr-xr-x   1 root supergroup         72 2022-11-08 14:01 /user/hive/warehouse/hive.db/sum_score_sort/000001_0
-rwxr-xr-x   1 root supergroup         91 2022-11-08 14:01 /user/hive/warehouse/hive.db/sum_score_sort/000002_0
→ ~ hadoop fs -cat /user/hive/warehouse/hive.db/sum_score_sort/000000_0
1002,3,david,196.0
1002,1,angel,131.0
1002,2,mino,78.0
→ ~ hadoop fs -cat /user/hive/warehouse/hive.db/sum_score_sort/000001_0
1003,1,dana,181.0
1003,2,gary,161.0
1003,3,gene,145.0
1003,4,jeff,131.0
→ ~ hadoop fs -cat /user/hive/warehouse/hive.db/sum_score_sort/000002_0
1001,1,shiny,198.0
1001,3,judy,176.0
1001,2,mark,164.0
1001,4,cendy,90.0
1001,4,cendy,90.0
```

图 3-142　sum_score_sort 表在 HDFS 上的存储位置

从图 3-142 可以看出，相同班级的数据分到了一个分区，同分区内按照总成绩降序排序。

（4）CLUSTER BY

示例：按照班级分成 2 个区，每个区内按照班级升序排序。要求使用 CTAS（CREATE TABLE … AS SELECT …）将查询结果保存到“hive”数据库下的“class_name_sort”管理表中，并指定列分隔符为“\t”。

```
--设置 Reduce 个数
hive (hive)> set mapreduce.job.reduces=2;
--按照班级分成 2 个区,每个区内按照班级升序排序
hive (hive)> select * from score
           > cluster by class_name;
--将查询结果插入新表
hive (hive)> create table class_name_sort
           > row format delimited fields terminated by '\t'
           > as select * from score
           > cluster by class_name;
```

插入完成，使用 SELECT 语句查看表中所有数据。结果如图 3-143 所示。

创建的管理表“class_name_sort”默认存储在 HDFS 的“/user/hive/warehouse/hive.db/class_name_sort”目录中。输出文件的个数对应 Reduce 的个数，输出结果如图 3-144 所示。

```
hive (hive)> select * from class_name_sort;
OK
class_name_sort.class_name      class_name_sort.stu_id  class_name_sort.stu_name        class_name_sort.sex     cl
ass_name_sort.math      class_name_sort.english
1001    4       cendy   female  56.0    34.0
1001    4       cendy   female  56.0    34.0
1001    3       judy    female  78.0    98.0
1001    2       mark    male    95.0    69.0
1001    1       shiny   female  98.0    100.0
1003    4       jeff    male    77.0    54.0
1003    3       gene    male    67.0    78.0
1003    2       gary    male    81.0    80.0
1003    1       dana    female  93.0    88.0
1002    3       david   male    100.0   96.0
1002    2       mino    male    33.0    45.0
1002    1       angel   female  75.0    56.0
Time taken: 0.163 seconds, Fetched: 12 row(s)
```

图 3-143　查看 class_name_sort 表中所有数据

```
→ ~ hadoop fs -ls /user/hive/warehouse/hive.db/class_name_sort
Found 2 items
-rwxr-xr-x   1 root supergroup        257 2022-11-08 14:46 /user/hive/warehouse/hive.db/class_name_sort/000000_0
-rwxr-xr-x   1 root supergroup         86 2022-11-08 14:46 /user/hive/warehouse/hive.db/class_name_sort/000001_0
→ ~ hadoop fs -cat /user/hive/warehouse/hive.db/class_name_sort/000000_0
1001    4       cendy   female  56.0    34.0
1001    4       cendy   female  56.0    34.0
1001    3       judy    female  78.0    98.0
1001    2       mark    male    95.0    69.0
1001    1       shiny   female  98.0    100.0
1003    4       jeff    male    77.0    54.0
1003    3       gene    male    67.0    78.0
1003    2       gary    male    81.0    80.0
1003    1       dana    female  93.0    88.0
→ ~ hadoop fs -cat /user/hive/warehouse/hive.db/class_name_sort/000001_0
1002    3       david   male    100.0   96.0
1002    2       mino    male    33.0    45.0
1002    1       angel   female  75.0    56.0
```

图 3-144　class_name_sort 表在 HDFS 上的存储位置

8. 考点 5：JOIN 查询

（1）数据表准备

1）数据准备。

“/root/data/3_2_5/student.txt”数据，共 3 个字段，分别为：id、name 和 age，字段分隔符为“\t”，数据内容如下。

```
10001   shiny   23
10002   mark    22
10003   angel   24
10005   ella    21
10009   jack    25
10014   eva     25
10018   judy    20
10020   cendy   19
```

“/root/data/3_2_5/math.txt”数据，共 2 个字段，分别为：mid_exam（期中考试成绩）和 final_exam（期末考试成绩），字段分隔符为“\t”，数据内容如下。

```
10001   98      90
10004   78      92
10007   24      61
10008   100     95
10009   75      83
10012   67      56
```

```
10015      49      49
10018      84      98
10020      66      88
```

2）创建表。

在“hive”数据库下创建两张管理表，分别为“students”和“math_score”，语句如下。

```
hive (hive)> create table students(
           > id int,
           > name string,
           > age int)
           > row format delimited fields terminated by '\t';
hive (hive)> create table math_score(
           > id int,
           > mid_exam float,
           > final_exam float)
           > row format delimited fields terminated by '\t';
```

3）加载数据。

使用 LOAD DATA LOCAL INPATH ... INTO TABLE ... 语句加载本地数据“/root/data/3_2_5/student.txt”到管理表“students”，加载本地数据“/root/data/3_2_5/math.txt”到管理表“math_score”，语句如下。

```
hive (hive)> load data local inpath '/root/data/3_2_5/student.txt'
           > into table students;
           > load data local inpath '/root/data/3_2_5/math.txt'
           > into table math_score;
```

4）查询表中数据。

加载完成，使用 SELECT 语句查看表中所有数据：

```
hive (hive)> select * from students;
hive (hive)> select * from math_score;
```

结果如图 3-145 所示。

```
hive (hive)> select * from students;
OK
students.id     students.name   students.age
10001   shiny   23
10002   mark    22
10003   angel   24
10005   ella    21
10009   jack    25
10014   eva     25
10018   judy    20
10020   cendy   19
Time taken: 0.097 seconds, Fetched: 8 row(s)
hive (hive)> select * from math_score;
OK
math_score.id   math_score.mid_exam     math_score.final_exam
10001   98.0    90.0
10004   78.0    92.0
10007   24.0    61.0
10008   100.0   95.0
10009   75.0    83.0
10012   67.0    56.0
10015   49.0    49.0
10018   84.0    98.0
10020   66.0    88.0
Time taken: 0.111 seconds, Fetched: 9 row(s)
```

图 3-145　查看表中所有数据

（2）内连接（［INNER］JOIN）

内连接作用是，只有进行连接的两个表中，都存在与连接条件相匹配的数据才会被保留下来，如图 3-146 所示。

示例 1：使用学生表和数学成绩表中的学生 id 相关联，查询学生 id、姓名和期中期末数学考试成绩。

```
hive (hive)> select s.id,s.name,m.mid_exam,m.final_exam from students s
           > join math_score m
           > on s.id=m.id;
```

查询结果如图 3-147 所示。

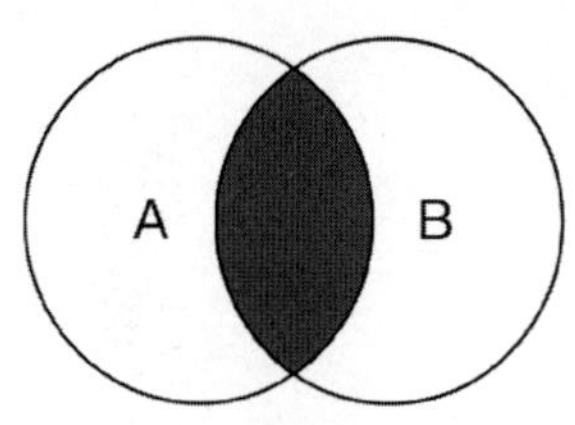

SELECT <select_list>
FROM TableA A
INNER JOIN TableB B
ON A.Key=B.Key

图 3-146　JOIN

```
OK
s.id    s.name  m.mid_exam      m.final_exam
10001   shiny   98.0    90.0
10009   jack    75.0    83.0
10018   judy    84.0    98.0
10020   cendy   66.0    88.0
Time taken: 42.785 seconds, Fetched: 4 row(s)
```

图 3-147　查询学生 id、姓名和期中期末数学考试成绩

示例 2：查询两次考试平均分大于等于 80 分的学生信息。

```
hive (hive)> select stu.* from
           > (select s.*,(m.mid_exam+m.final_exam)/2 avg_score from students s
           > join math_score m
           > on s.id=m.id) stu
           > where stu.avg_score>=80;
```

查询结果如图 3-148 所示。

（3）左外连接（LEFT［OUTER］JOIN）

LEFT JOIN 是左外连接，等同于 LEFT OUTER JOIN，其中 OUTER 可以省略。从图 3-149 可以看出，LEFT JOIN 的作用如下。

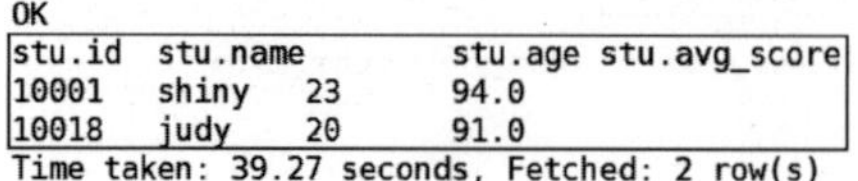

```
OK
stu.id  stu.name        stu.age stu.avg_score
10001   shiny   23      94.0
10018   judy    20      91.0
Time taken: 39.27 seconds, Fetched: 2 row(s)
```

图 3-148　查询两次考试平均分大于等于 80 分的学生信息

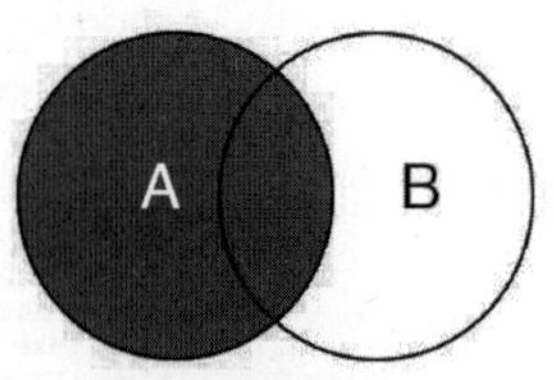

SELECT <select_list>
FROM TableA A
LEFT JOIN TableB B
ON A.Key=B.Key

图 3-149　LEFT JOIN

- 以左表数据为匹配标准，左大右小。
- 右表匹配不上的用 NULL 表示。

- 返回的数据条数与左表相同。

示例：查询有哪些学生没有参加数学考试。

```
hive (hive)> select s.* from students s
           > left join math_score m
           > on s.id=m.id
           > where m.mid_exam is null and m.final_exam is null;
```

查询结果如图 3-150 所示。

(4) 右外连接（RIGHT [OUTER] JOIN）

RIGHT JOIN 是右外连接，等同于 RIGHT OUTER JOIN，其中 OUTER 可以省略。意思和 LEFT JOIN 相反。从图 3-151 可以看出，RIGHT JOIN 的作用如下。

```
OK
s.id    s.name  s.age
10002   mark    22
10003   angel   24
10005   ella    21
10014   eva     25
Time taken: 40.278 seconds, Fetched: 4 row(s)
```

图 3-150　没参加数学考试的学生信息

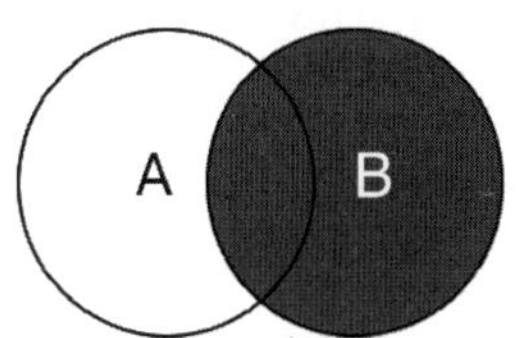
A
B
SELECT <select_list>
FROM TableA A
RIGHT JOIN TableB B
ON A.Key=B.Key

图 3-151　RIGHT JOIN

- 以右表数据为匹配标准，左小右大。
- 左表匹配不上的用 NULL 表示。
- 返回的数据条数与右表相同。

示例：查询有哪些学生参加了数学考试，但学生表中没有统计基本信息。

```
hive (hive)> select m.* from students s
           > right join math_score m
           > on s.id=m.id
           > where s.id is null;
```

查询结果如图 3-152 所示。

(5) 全外连接（FULL [OUTER] JOIN）

FULL JOIN 是全外连接，等同于 FULL OUTER JOIN，其中 OUTER 可以省略。从图 3-153 可以看出，FULL JOIN 的作用如下。

```
OK
m.id    m.mid_exam      m.final_exam
10004   78.0    92.0
10007   24.0    61.0
10008   100.0   95.0
10012   67.0    56.0
10015   49.0    49.0
Time taken: 42.029 seconds, Fetched: 5 row(s)
```

图 3-152　参加了数学考试但没有学生信息的数据

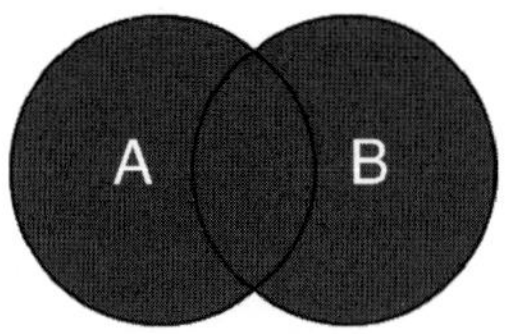
A
B
SELECT <select_list>
FROM TableA A
FULL OUTER JOIN TableB B
ON A.Key=B.Key

图 3-153　FULL JOIN

- 以两个表的数据为匹配标准。
- 左右两表匹配不上的用 NULL 表示。
- 返回的数据条数等于两表数据去重之和。

示例：查询信息不全的学生 id。

```
hive (hive)> select s.id,m.id from students s
           > full join math_score m
           > on s.id=m.id
           > where s.id is null or m.id is null;
```

查询结果如图 3-154 所示。

```
OK
s.id    m.id
10002   NULL
10003   NULL
NULL    10004
10005   NULL
NULL    10007
NULL    10008
NULL    10012
10014   NULL
NULL    10015
Time taken: 36.177 seconds, Fetched: 9 row(s)
```

图 3-154　信息不全的学生 id

（6）左半连接（LEFT SEMI JOIN）

LEFT SEMI JOIN 是左半连接，会显示左半边表中记录，前提是其记录对于右半边表满足于 ON 语句中判定条件。它是 IN/EXISTS 子查询的一种更高效的实现。另外需要注意的是，Hive 不支持右半连接。

LEFT SEMI JOIN 的作用如下。

- 把符合两边连接条件的左表的数据显示出来。
- 右表只能在 ON 子句中设置过滤条件，在 WHERE 子句、SELECT 子句或其他地方过滤都不行。因为如果连接语句中有 WHERE 子句，会先执行 JOIN 子句，再执行 WHERE 子句。

示例：查询有哪些学生准时参加了数学考试。

```
hive (hive)> select * from students s
           > left semi join math_score m
           > on s.id=m.id;
```

查询结果如图 3-155 所示。

```
OK
s.id    s.name  s.age
10001   shiny   23
10009   jack    25
10018   judy    20
10020   cendy   19
Time taken: 39.941 seconds, Fetched: 4 row(s)
```

图 3-155　准时参加了数学考试的学生信息

（7）交叉连接（CROSS JOIN）

CROSS JOIN 称为交叉连接，又被称为笛卡尔积。作用是，返回两个表的笛卡尔积结果，数目为左表乘右表，不需要使用 ON 指定关联键。

当 Hive 设定为严格模式（hive.strict.checks.cartesian.product = true）时，不允许在 HQL 语句中出现笛卡尔积，这实际说明了 Hive 对笛卡尔积的支持较弱，尽量避免笛卡尔积。由于 JOIN 的时候不加 ON 条件，或者无效的 ON 条件，因为找不到 JOIN key，Hive 只能使用 1 个 Reduce 来完成笛卡尔积。

示例：让学生表和数学成绩表进行交叉连接，输出两表的所有列。

```
hive (hive)> set hive.strict.checks.cartesian.product = false;-- 设定为非严格模式
hive (hive)> set hive.strict.checks.cartesian.product;-- 查看当前的模式
hive (hive)> select * from students cross join math_score;-- 交叉连接
```

查询结果如图 3-156 所示。

左表 students 总共 8 条数据，右表 math_score 总共 9 条数据，笛卡尔积的结果数目为左表乘右表，即72条数据。

```
10014   eva     25      10001   98.0    90.0
10014   eva     25      10004   78.0    92.0
10014   eva     25      10007   24.0    61.0
10014   eva     25      10008   100.0   95.0
10014   eva     25      10009   75.0    83.0
10014   eva     25      10012   67.0    56.0
10014   eva     25      10015   49.0    49.0
10014   eva     25      10018   84.0    98.0
10014   eva     25      10020   66.0    88.0
10018   judy    20      10001   98.0    90.0
10018   judy    20      10004   78.0    92.0
10018   judy    20      10007   24.0    61.0
10018   judy    20      10008   100.0   95.0
10018   judy    20      10009   75.0    83.0
10018   judy    20      10012   67.0    56.0
10018   judy    20      10015   49.0    49.0
10018   judy    20      10018   84.0    98.0
10018   judy    20      10020   66.0    88.0
10020   cendy   19      10001   98.0    90.0
10020   cendy   19      10004   78.0    92.0
10020   cendy   19      10007   24.0    61.0
10020   cendy   19      10008   100.0   95.0
10020   cendy   19      10009   75.0    83.0
10020   cendy   19      10012   67.0    56.0
10020   cendy   19      10015   49.0    49.0
10020   cendy   19      10018   84.0    98.0
10020   cendy   19      10020   66.0    88.0
Time taken: 39.958 seconds, Fetched: 72 row(s)
```

图3-156　学生表和数学成绩表交叉连接

9. 考点6：行列转换

（1）行转列

示例：把“report”表中班级和性别一样的学生归类到一起。

1）第一步：使用concat_ws函数将班级和性别连接起来。

```
hive (hive)> select concat_ws(',',class_name,sex) stu_info,stu_name from report;
```

结果如图3-157所示。

```
hive (hive)> select concat_ws(',',class_name,sex) stu_info,stu_name from report;
OK
stu_info        stu_name
1001,female     shiny
1001,male       mark
1001,female     judy
1001,female     cendy
1001,female     cendy
1002,female     angel
1002,male       mino
1002,   ella
1002,male       david
1002,   robbe
1003,female     dana
1003,male       gary
1003,male       gene
1003,male       jeff
1003,   even
Time taken: 1.993 seconds, Fetched: 15 row(s)
```

图3-157　连接班级和性别

2）第二步：按照stu_info分组，对每组中的stu_name进行去重（需要用到子查询）。

```
hive (hive)> select r.stu_info, collect_set(r.stu_name) stu_name
           > from
           > (select concat_ws(',',class_name,sex) stu_info,stu_name from report) r
           > group by r.stu_info;
```

结果如图3-158所示。

3）第三步：使用 concat_ws 函数将 array 数组里的学生姓名使用“ | ”划分开。

```
hive (hive)> select r.stu_info, concat_ws('|',collect_set(r.stu_name)) stu_name
           >from
           >(select concat_ws(',',class_name,sex) stu_info,stu_name from report) r
           >group by r.stu_info;
```

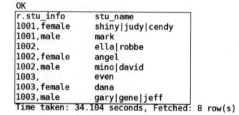

结果如图 3-159 所示。

```
OK
r.stu_info        stu_name
1001,female       ["shiny","judy","cendy"]
1001,male         ["mark"]
1002,             ["ella","robbe"]
1002,female       ["angel"]
1002,male         ["mino","david"]
1003,             ["even"]
1003,female       ["dana"]
1003,male         ["gary","gene","jeff"]
Time taken: 34.907 seconds, Fetched: 8 row(s)
```

图 3-158　按照 stu_info 分组，对每组中的 stu_name 进行去重

```
OK
r.stu_info        stu_name
1001,female       shiny|judy|cendy
1001,male         mark
1002,             ella|robbe
1002,female       angel
1002,male         mino|david
1003,             even
1003,female       dana
1003,male         gary|gene|jeff
Time taken: 34.104 seconds, Fetched: 8 row(s)
```

图 3-159　把班级和性别一样的学生归类到一起

（2）列转行

1）数据准备。

有这样一份数据“/root/data/3_2_5/movie. txt”，共 2 个字段，分别为：movie 和 category，字段分隔符为“\t”，数据内容如下。

```
《我和我的祖国》  剧情
《春潮》          剧情,家庭
《我不是药神》    剧情,喜剧
《阿甘正传》      剧情,爱情
《盗梦空间》      剧情,科幻,悬疑,冒险
```

2）创建表。

在“hive”数据库下创建一个名为“movie”的管理表，语句如下。

```
hive (hive)> create table if not exists movie(
           > movie string,
           > category array<string>)
           > row format delimited
           > fields terminated by '\t'
           > collection items terminated by ',';
```

3）加载数据。

使用 LOAD DATA LOCAL INPATH ... INTO TABLE ... 语句加载本地数据“/root/data/3_2_5/movie.txt”到管理表“movie”，语句如下。

```
hive (hive)> load data local inpath '/root/data/3_2_5/movie.txt'
           > into table movie;
```

4）查询表中数据。

加载完成，使用 SELECT 语句查看表中所有数据。

```
hive (hive)> select * from movie;
```

结果如图 3-160 所示。

```
hive (hive)> select * from movie;
OK
movie.movie             movie.category
《我和我的祖国》          ["剧情"]
《春潮》                 ["剧情","家庭"]
《我不是药神》            ["剧情","喜剧"]
《阿甘正传》              ["剧情","爱情"]
《盗梦空间》              ["剧情","科幻","悬疑","冒险"]
Time taken: 2.538 seconds, Fetched: 5 row(s)
```

图 3-160　查看表中所有数据

示例：将 category 列转换成多行的同时，显示对应的电影名。

```
hive (hive)> select movie,movie_category from movie
           > lateral view explode(category) table_tmp as movie_category;
```

结果如图 3-161 所示。

```
hive (hive)> select movie,movie_category from movie
           > lateral view explode(category) table_tmp as movie_category;
OK
movie                   movie_category
《我和我的祖国》          剧情
《春潮》                 剧情
《春潮》                 家庭
《我不是药神》            剧情
《我不是药神》            喜剧
《阿甘正传》              剧情
《阿甘正传》              爱情
《盗梦空间》              剧情
《盗梦空间》              科幻
《盗梦空间》              悬疑
《盗梦空间》              冒险
Time taken: 0.155 seconds, Fetched: 11 row(s)
```

图 3-161　将 category 列转换成多行的同时，显示对应的电影名

从图 3-161 可以看出，使用 LATERAL VIEW 后，我们成功将拆分的 category 字段数据与原始表的 movie 字段相关联。

3.2.6　Hive 中的窗口函数

1. 概述

开窗函数（也称为窗口函数）一般就是说 OVER 函数，其窗口是由一个 OVER 子句定义的多行记录，其作用如同它的名字，就是限定出一个窗口。

OVER 函数在 Hive 中运用广泛，通常搭配 COUNT、SUM、MIN、MAX 和 AVG 这些标准的聚合函数来使用。

OVER 函数是对全局进行操作，出现在 SELECT 子句的表达式列表中。语法结构如下。

2. 目标

掌握常用聚合开窗函数和排序开窗函数的使用。

3. 准备

操作系统：CentOS 7.3。

软件版本：JDK 1.8、Hadoop 2.7.7、MySQL 5.7.25、Hive 2.3.4。

4. 考点 1：聚合开窗函数

（1）数据表准备

1）数据准备。

有这样一份数据“/root/data/3_2_6/business.txt”，共 3 个字段，分别为：customer（顾客姓名）、orderdate（订单日期）、cost（价格），字段分隔符为“,”，数据内容如下。

```
shiny,2022-01-01,10
shiny,2022-01-01,106
cendy,2022-01-02,15.5
shiny,2022-02-03,23
cendy,2022-01-04,29.9
shiny,2022-01-05,46
shiny,2022-04-06,42
shiny,2022-04-06,106
cendy,2022-01-07,50.5
shiny,2022-01-08,55
even,2022-04-08,322
even,2022-04-09,68.9
mark,2022-05-10,12
cendy,2022-01-07,29.9
cendy,2022-01-07,29.9
even,2022-04-11,75
mark,2022-06-12,80
even,2022-04-13,294
```

2）创建表。

在“hive”数据库下创建一个名为“business”的管理表，语句如下。

```
hive (hive)> create table if not exists business(
           > customer string,
           > orderdate string,
           > cost float)
           > row format delimited fields terminated by ',';
```

3）加载数据。

使用 LOAD DATA LOCAL INPATH ... INTO TABLE ... 语句加载本地数据“/root/data/3_2_6/business.txt”到管理表“business”，语句如下。

```
hive (hive)> load data local inpath '/root/data/3_2_6/business.txt'
           > into table business;
```

4）查询表中数据。

加载完成，使用 SELECT 语句查看表中所有数据。

```
hive (hive)> select * from business;
```

结果如图 3-162 所示。

5）需求。

- 需求一：查询在 2022 年 4 月份消费过的顾客及总人数。
- 需求二：查询顾客的消费明细及月消费总额。
- 需求三：在查询出顾客购买明细及月购买总额的基础上，将 cost 按照月份进行累加。
- 需求四：查询顾客上次的消费时间，以及下次消费时间。

- 需求五：查询前 25% 消费的订单信息。
- 需求六：获取每位顾客的最近一次消费记录。

（2）COUNT 开窗函数

需求一：查询在 2022 年 4 月份消费过的顾客及总人数。

1）聚合函数 COUNT。

首先想到使用聚合函数 COUNT，求出 2022-04 这月一共有多少条消费记录，语句如下。

```
hive (hive)> select * from business;
OK
business.customer        business.orderdate        business.cost
shiny                    2022-01-01                10.0
shiny                    2022-01-01                106.0
cendy                    2022-01-02                15.5
shiny                    2022-02-03                23.0
cendy                    2022-01-04                29.9
shiny                    2022-01-05                46.0
shiny                    2022-04-06                42.0
shiny                    2022-04-06                106.0
cendy                    2022-01-07                50.5
shiny                    2022-01-08                55.0
even                     2022-04-08                322.0
even                     2022-04-09                68.9
mark                     2022-05-10                12.0
cendy                    2022-01-07                29.9
cendy                    2022-01-07                29.9
even                     2022-04-11                75.0
mark                     2022-06-12                80.0
even                     2022-04-13                294.0
Time taken: 1.252 seconds, Fetched: 18 row(s)
```

图 3-162　查看表中所有数据

```
hive (hive)> select count(*)num from business where substr(orderdate,1,7)='2022-04';
```

其中，substr（string A，int start，int len）函数用来返回字符串 A 从 start 位置开始，长度为 len 的字符串。执行结果如图 3-163 所示。

2）分组。

在上步的基础上，按照顾客进行分组，语句如下。

```
hive (hive)> select customer,count(*) num from business
           > where substr(orderdate,1,7)='2022-04'
           > group by customer;
```

执行结果如图 3-164 所示。

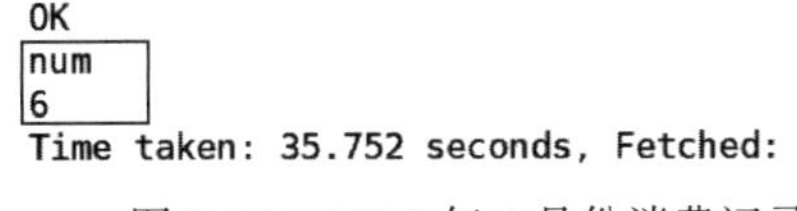

```
OK
num
6
Time taken: 35.752 seconds, Fetched: 1 row(s)
```

图 3-163　2022 年 4 月份消费记录数

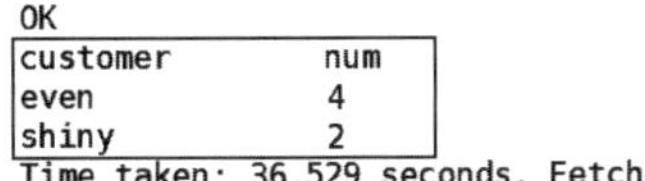

```
OK
customer        num
even            4
shiny           2
Time taken: 36.529 seconds, Fetched: 2 row(s)
```

图 3-164　按照顾客进行分组

3）OVER 函数。

此示例中，OVER 函数只对聚合函数 COUNT 起作用，COUNT 函数分别对“shiny”和“even”组进行统计计数，OVER 用来统计一共有多少个组，语句如下。

```
hive (hive)> select customer,count(*) over() num_people from business
           > where substr(orderdate,1,7)='2022-04'
           > group by customer;
```

执行结果如图 3-165 所示。

从图 3-165 可以看出，在 2022 年 4 月份消费过的顾客有 2 位，分别为“shiny”和“even”。

```
OK
customer        num_people
shiny           2
even            2
Time taken: 71.443 seconds, Fetched: 2 row(s)
```

图 3-165　2022 年 4 月份消费过的顾客及总人数

（3）SUM 开窗函数

需求二：查询顾客的消费明细及月消费总额。

1）所有消费明细信息。

首先得到顾客的所有消费明细信息，语句如下。

```
hive (hive)> select * from business;
```

执行结果如图 3-166 所示。

```
hive (hive)> select * from business;
OK
business.customer    business.orderdate    business.cost
shiny                2022-01-01            10.0
shiny                2022-01-01            106.0
cendy                2022-01-02            15.5
shiny                2022-02-03            23.0
cendy                2022-01-04            29.9
shiny                2022-01-05            46.0
shiny                2022-04-06            42.0
shiny                2022-04-06            106.0
cendy                2022-01-07            50.5
shiny                2022-01-08            55.0
even                 2022-04-08            322.0
even                 2022-04-09            68.9
mark                 2022-05-10            12.0
cendy                2022-01-07            29.9
cendy                2022-01-07            29.9
even                 2022-04-11            75.0
mark                 2022-06-12            80.0
even                 2022-04-13            294.0
Time taken: 1.252 seconds, Fetched: 18 row(s)
```

图 3-166　所有消费明细信息

2）所有明细总额。

使用 SUM 开窗函数统计所有明细金额，语句如下。

```
hive (hive)> select *,round(sum(cost) over(),1) sum_cost from business;
```

没有使用 GROUP BY 进行分组，所以求的是数据的总和。此时 OVER 函数针对的是 business 表中的每一条数据。执行结果如图 3-167 所示。

```
OK
business.customer    business.orderdate    business.cost    sum_cost
even                 2022-04-13            294.0            1395.6
mark                 2022-06-12            80.0             1395.6
even                 2022-04-11            75.0             1395.6
cendy                2022-01-07            29.9             1395.6
cendy                2022-01-07            29.9             1395.6
mark                 2022-05-10            12.0             1395.6
even                 2022-04-09            68.9             1395.6
even                 2022-04-08            322.0            1395.6
shiny                2022-01-08            55.0             1395.6
cendy                2022-01-07            50.5             1395.6
shiny                2022-04-06            106.0            1395.6
shiny                2022-04-06            42.0             1395.6
shiny                2022-01-05            46.0             1395.6
cendy                2022-01-04            29.9             1395.6
shiny                2022-02-03            23.0             1395.6
cendy                2022-01-02            15.5             1395.6
shiny                2022-01-01            106.0            1395.6
shiny                2022-01-01            10.0             1395.6
Time taken: 15.525 seconds, Fetched: 18 row(s)
```

图 3-167　所有明细总额

3）消费明细及月消费总额。

思路：分区或者分组。若是分组使用 GROUP BY orderdate 时，只能查询 orderdate，因为 SELECT 后面的非聚合列，必须出现在 GROUP BY 中。

解决：使用窗口函数，并对窗口函数按照月份进行分区。

我们可以使用 PARTITION BY 进行分区。PARTITION BY 子句也可以称为查询分区子句，非常类似于 GROUP BY。都是将数据按照边界值分组，而 OVER 之前的函数在每一个分组之内进行，如果超出了分组，则函数会重新计算。

OVER（PARTITION BY colname...）：是将数据集按照 colname 值（可以有多列）的不同切分成若干组，分别对每个组整组（从头至尾）进行操作。也可以使用 OVER（DISTRIBUTE BY colname...）。

统计每月的消费总额，语句如下。

```
hive (hive)> select *,round(sum(cost) over(partition by month(orderdate)),1) sum_cost
           > from business;
```

执行结果如图 3-168 所示。

```
OK
business.customer    business.orderdate    business.cost    sum_cost
shiny                2022-01-01            10.0             372.7
cendy                2022-01-07            29.9             372.7
cendy                2022-01-07            29.9             372.7
shiny                2022-01-08            55.0             372.7    1月
cendy                2022-01-07            50.5             372.7
shiny                2022-01-05            46.0             372.7
cendy                2022-01-04            29.9             372.7
cendy                2022-01-02            15.5             372.7
shiny                2022-01-01            106.0            372.7
shiny                2022-02-03            23.0             23.0     2月
even                 2022-04-13            294.0            907.9
even                 2022-04-11            75.0             907.9
shiny                2022-04-06            106.0            907.9
shiny                2022-04-06            42.0             907.9    4月
even                 2022-04-09            68.9             907.9
even                 2022-04-08            322.0            907.9
mark                 2022-05-10            12.0             12.0     5月
mark                 2022-06-12            80.0             80.0     6月
Time taken: 8.912 seconds, Fetched: 18 row(s)
```

图 3-168　顾客的消费明细及月消费总额

（4）WINDOW 子句

需求三：在查询出顾客购买明细及月购买总额的基础上，将 cost 按照月份进行累加。

使用 OVER（PARTITION BY month（orderdate）ORDER BY orderdate）按照月份分区，区内按照 orderdate 升序排序。ORDER BY 子句会让输入的数据强制排序，默认情况下计算分区内从起始行到当前行（ROWS BETWEEN unbounded preceding AND current row）的总花费，语句如下。

```
hive (hive)> select *,round(sum(cost) over(partition by month(orderdate) order by orderdate
           > rows between unbounded preceding and current row),1) sum_cost
           > from business;
```

执行结果如图 3-169 所示。

```
OK
business.customer    business.orderdate    business.cost    sum_cost
shiny                2022-01-01            10.0             10.0
shiny                2022-01-01            106.0            116.0
cendy                2022-01-02            15.5             131.5
cendy                2022-01-04            29.9             161.4    1月
shiny                2022-01-05            46.0             207.4
cendy                2022-01-07            50.5             257.9
cendy                2022-01-07            29.9             287.8
cendy                2022-01-07            29.9             317.7
shiny                2022-01-08            55.0             372.7
shiny                2022-02-03            23.0             23.0     2月
shiny                2022-04-06            106.0            106.0
shiny                2022-04-06            42.0             148.0
even                 2022-04-08            322.0            470.0    4月
even                 2022-04-09            68.9             538.9
even                 2022-04-11            75.0             613.9
even                 2022-04-13            294.0            907.9
mark                 2022-05-10            12.0             12.0     5月
mark                 2022-06-12            80.0             80.0     6月
Time taken: 9.394 seconds, Fetched: 18 row(s)
```

图 3-169　将价格按照月份进行累加

(5) LAG 和 LEAD 开窗函数

需求四：查询顾客上次的消费时间，以及下次消费时间。

使用 OVER（PARTITION BY customer ORDER BY orderdate）按照 customer 分区，区内按照 orderdate 升序排序。lag（orderdate，1）用来返回当前 orderdate 行的上一条记录，lead（orderdate，1）用来返回当前 orderdate 行的下一条记录。语句如下。

```
hive (hive)> select *,
           > lag(orderdate,1) over(partition by customer order by orderdate),
           > lead(orderdate,1) over(partition by customer order by orderdate)
           > from business;
```

执行结果如图 3-170 所示。

```
OK
business.customer    business.orderdate    business.cost    lag_window_0    lead_window_1
cendy                2022-01-02            15.5             NULL            2022-01-04
cendy                2022-01-04            29.9             2022-01-02      2022-01-07
cendy                2022-01-07            50.5             2022-01-04      2022-01-07
cendy                2022-01-07            29.9             2022-01-07      2022-01-07
cendy                2022-01-07            29.9             2022-01-07      NULL
even                 2022-04-08            322.0            NULL            2022-04-09
even                 2022-04-09            68.9             2022-04-08      2022-04-11
even                 2022-04-11            75.0             2022-04-09      2022-04-13
even                 2022-04-13            294.0            2022-04-11      NULL
mark                 2022-05-10            12.0             NULL            2022-06-12
mark                 2022-06-12            80.0             2022-05-10      NULL
shiny                2022-01-01            106.0            NULL            2022-01-01
shiny                2022-01-01            10.0             2022-01-01      2022-01-05
shiny                2022-01-05            46.0             2022-01-01      2022-01-08
shiny                2022-01-08            55.0             2022-01-05      2022-02-03
shiny                2022-02-03            23.0             2022-01-08      2022-04-06
shiny                2022-04-06            106.0            2022-02-03      2022-04-06
shiny                2022-04-06            42.0             2022-04-06      NULL
Time taken: 8.679 seconds, Fetched: 18 row(s)
```

图 3-170　顾客上次及下次消费时间

记录为 NULL 时，我们可以指定默认值。语句如下。

```
hive (hive)> select *,
           > lag(orderdate,1,"no record") over(partition by customer order by orderdate),
           > lead(orderdate,1,"no record") over(partition by customer order by orderdate)
           > from business;
```

执行结果如图 3-171 所示。

```
OK
business.customer    business.orderdate    business.cost    lag_window_0    lead_window_1
cendy                2022-01-02            15.5             no record       2022-01-04
cendy                2022-01-04            29.9             2022-01-02      2022-01-07
cendy                2022-01-07            50.5             2022-01-04      2022-01-07
cendy                2022-01-07            29.9             2022-01-07      2022-01-07
cendy                2022-01-07            29.9             2022-01-07      no record
even                 2022-04-08            322.0            no record       2022-04-09
even                 2022-04-09            68.9             2022-04-08      2022-04-11
even                 2022-04-11            75.0             2022-04-09      2022-04-13
even                 2022-04-13            294.0            2022-04-11      no record
mark                 2022-05-10            12.0             no record       2022-06-12
mark                 2022-06-12            80.0             2022-05-10      no record
shiny                2022-01-01            106.0            no record       2022-01-01
shiny                2022-01-01            10.0             2022-01-01      2022-01-05
shiny                2022-01-05            46.0             2022-01-01      2022-01-08
shiny                2022-01-08            55.0             2022-01-05      2022-02-03
shiny                2022-02-03            23.0             2022-01-08      2022-04-06
shiny                2022-04-06            106.0            2022-02-03      2022-04-06
shiny                2022-04-06            42.0             2022-04-06      no record
Time taken: 7.608 seconds, Fetched: 18 row(s)
```

图 3-171　顾客上次及下次消费时间

从图 3-171 可以看出，记录为 NULL 时，使用指定的默认值“no record”代替。

3.2.7 案例：国内主要城市房屋出租情况统计分析

1. 概述

（1）项目背景

随着外出务工人数增加，城市房屋租赁人口数量也逐年增加。一线城市中，哪个城市的租房更加友好？各城市不同地区、不同商圈的租金有何差异？出租方式、房子大小、房子户型、离地铁口远近、采光等，租房时应该优先考虑哪些因素？

本案例获取到某中介网站北上广深四个城市某段时间的租房数据，通过对房源户型、小区、周围设施、交通配套、房租、亮点等信息探索分析，进而了解地区性房租的相关情况。

（2）数据说明

本地的“/root/data/3_2_7”目录下有 4 个文本文件，分别是：“北京.txt”，“上海.txt”，“广州.txt”和“深圳.txt”，文件中存放着国内主要城市房屋出租相关数据。以“北京.txt”文件为例，文件部分内容如图 3-172 所示。

<table>
<tr><th></th><th>A</th><th>B</th><th>C</th><th>D</th><th>E</th><th>F</th><th>G</th><th>H</th><th>I</th><th>J</th></tr>
<tr><td>1</td><td>北京</td><td>安立路 国家体育馆 水立方 附近精装卧室出租</td><td>合租单间|3户合租|16㎡|朝南</td><td>朝阳-亚运村-慧忠里小区</td><td>距15号线安立路站约850米。</td><td>安立路站</td><td>1600元/月</td><td>全装全配</td><td>采光好</td><td>交通便利</td></tr>
<tr><td>2</td><td>北京</td><td>出租人民大学地铁附近同仁堂药店旁友谊社区温</td><td>合租单间|3户合租|13㎡|朝南</td><td>海淀-双榆树-友谊社区</td><td>距4号线人民大学站约714米。</td><td>人民大学站</td><td>1200元/月</td><td>交通便利</td><td>全装全配</td><td>南北通透</td></tr>
<tr><td>3</td><td>北京</td><td>六里桥 莲香园精装两居 因工作原因 出租 采光</td><td>整租|2室2厅|99㎡|朝西南</td><td>丰台-六里桥-莲香园</td><td>距9号线六里桥站约887米。</td><td>六里桥站</td><td>7200元/月</td><td>首次出租</td><td>交通便利</td><td>周边配套齐</td></tr>
<tr><td>4</td><td>北京</td><td>楼层位置好+家具齐全+采光观景好+近地铁</td><td>整租|2室1厅|99㎡|朝南北</td><td>丰台-成寿寺-中海城风情</td><td>距10号线成寿寺站约375米。</td><td>成寿寺站</td><td>8500元/月</td><td></td><td></td><td></td></tr>
<tr><td>5</td><td>北京</td><td>西南3居室，高层观，简洁大方，方便看房，随时起租</td><td>整租|2室2厅|171㎡|朝西南</td><td>朝阳-CBD-首创禧瑞都</td><td>距10号线金台夕照站约443米。</td><td>金台夕照站</td><td>35000元/月</td><td></td><td></td><td></td></tr>
</table>

图 3-172　北京.txt 文件部分内容

字段含义如表 3-6 所示。

表 3-6　字段说明

<table>
<tr><th>数　据</th><th>字 段 名</th><th>中 文 释 义</th></tr>
<tr><td>北京</td><td>city</td><td>城市</td></tr>
<tr><td>出租人民大学地铁附近同仁堂药店旁友谊社区温馨单间</td><td>house_title</td><td>房源标题</td></tr>
<tr><td>合租单间 | 3 户合租 | 13㎡ | 朝南</td><td>layout</td><td>房源信息（出租方式 | 户型 | 建筑面积 | 朝向）</td></tr>
<tr><td>海淀-双榆树-友谊社区</td><td>neighbourhood</td><td>小区（地区-商圈-楼盘）</td></tr>
<tr><td>距 4 号线人民大学站约 714 米</td><td>traffic</td><td>交通</td></tr>
<tr><td>人民大学站</td><td>station</td><td>地铁站</td></tr>
<tr><td>1200 元/月</td><td>rent</td><td>房租</td></tr>
<tr><td>交通便利</td><td>highlight1</td><td>亮点 1</td></tr>
<tr><td>全装全配</td><td>highlight2</td><td>亮点 2</td></tr>
<tr><td>南北通透</td><td>highlight3</td><td>亮点 3</td></tr>
</table>

（3）分析原理

本项目从三个方向分析北上广深房屋出租数据，一是“房源信息分析”，二是“房源位置及周边分析”，三是“房源亮点分析”。分析原理如下。

- “房源信息分析”：从出租方式、户型、建筑面积以及朝向等维度进行分析。
- “房源位置及周边分析”：分析不同城市、地区、商圈、楼盘、交通以及地铁站对房租的影响。

- "房源亮点分析"：统计各城市最喜欢用哪三个亮点吸引租客。

2. 目标

通过对房源户型、小区、周围设施、交通配套、房租、亮点等信息探索分析，进而了解地区性房租的相关情况。

3. 准备

操作系统：CentOS 7.3。

软件版本：JDK 1.8、Hadoop 2.7.7、MySQL 5.7.25、Hive 2.3.4。

4. 考点 1：创建数据表

ODS 层称为数据运营层，也称为数据原始层，只需将原始数据拉过来即可。ODS 层可以采用外部表（EXTERNAL 修饰）保证数据安全性。

（1）数据表准备

根据国内主要城市房屋出租数据创建 Hive 管理表，为每个字段选择合适的数据类型，并往表中加载数据，步骤如下。

1）创建数据库。

首先创建一个名为"house"的数据库，如果存在则不创建，语句如下。

```
hive (default)> create database if not exists house;
hive (default)> use house;
```

2）创建房屋出租数据表。

在"house"数据库下创建一个名为"rent"的管理表，语句如下。

```
hive (house)> create table if not exists house.rent(
            > city string comment '城市',
            > house_title string comment '房源标题',
            > layout string comment '房源信息',
            > neighbourhood array<string> comment '小区',
            > traffic string comment '交通',
            > station string comment '地铁站',
            > rent string comment '房租',
            > highlight1 string comment '亮点 1',
            > highlight2 string comment '亮点 2',
            > highlight3 string comment '亮点 3')
            > comment '国内主要城市房屋出租情况数据源数据表'
            > row format delimited
            > fields terminated by '\t'
            > collection items terminated by '-'
            > stored as textfile;
```

3）加载数据。

使用 LOAD DATA LOCAL INPATH ... INTO TABLE ... 语句将"/root/data/3_2_7"目录下的所有数据文件加载到管理表"rent"，语句如下。

```
hive (house)> load data local inpath '/root/data/3_2_7/*'
            > into table house.rent;
```

4）查询表中数据。

加载完成，使用 SELECT 语句查看表的前 3 条数据，语句如下。

```
hive (house)> select * from house.rent limit 3;
```

执行结果如图 3-173 所示。

```
hive (house)> select * from house.rent limit 3;
OK
rent.city       rent.house_title        rent.layout     rent.neighbourhood      rent.traffic    rent.station    rent.rent       rent.hig
hlight1 rent.highlight2 rent.highlight3
上海    豪装大三房!初次出租!保养好!步行协和双语!欧式风格!送车位 整租|3室2厅|172m²|朝南北      ["闵行","古美","万源城朗郡"]    距12号线
东兰路站约619米。       东兰路站        15000元/月      全装全配        首次出租        家电齐全
上海    老房东的房子!豪装大三房!空调带地暖!温馨舒适!地下车位    整租|3室2厅|158m²|朝南北      ["闵行","古美","万源城三期"]    距12号线
东兰路站约619米。       东兰路站        15000元/月      拎包入住        首次出租        全装全配
上海    "新挂牌初次出租精致复式,大金空调带地暖,有车位,邻近12号线"      整租|5室3厅|205m²|朝南北        ["闵行","古美","新时代富嘉花园"]
距12号线顾戴路站约800米。       顾戴路站        15000元/月      全装全配        紧邻地铁        采光好
Time taken: 0.231 seconds, Fetched: 3 row(s)
```

图 3-173　查看表的前 3 条数据

5）查询表数据总行数。

使用 SELECT COUNT（*）语句统计管理表“rent”数据总行数。

```
hive (house)> select count(*) from house.rent;
```

执行结果如图 3-174 所示。

```
OK
 c0
10753
Time taken: 7.273 seconds, Fetched: 1 row(s)
```

图 3-174　rent 表数据总行数

（2）Hive 中文分区设置

Hive 默认分区列内容不能为中文，在 MySQL 中修改 Hive 元数据库的编码方式修改为“utf8”后可以支持中文分区。

1）登录 MySQL。

在 Linux 命令行执行以下命令进入 MySQL。

```
mysql -uroot -p123456
```

2）修改编码方式。

使用如下 SQL 语句在 MySQL 中将 Hive 元数据库的编码方式修改为“utf8”，这样 Hive 就可以支持中文分区了。

```
--查看是否都是 utf8 编码
mysql>show variables like '%char%';
--切换到 hivedb 数据库下
mysql>use hivedb;
--修改 hivedb 数据库编码
mysql>alter database hivedb default character set utf8;
--修改存储表分区元数据信息的表的编码
mysql>alter table PARTITIONS default character set utf8;
mysql>alter table PARTITION_KEY_VALS default character set utf8;
mysql>alter table SDS default character set utf8;
--修改字段编码
mysql>alter table PARTITIONS modify column PART_name varchar(190) character set utf8;
mysql>alter table PARTITION_KEY_VALS modify column PART_KEY_VAL varchar(256) character
set utf8;
mysql>alter table SDS modify column LOCATION varchar(4000) character set utf8;
```

(3) 数据分区存放

根据国内主要城市房屋出租数据创建 Hive 分区表，为每个字段选择合适的数据类型，并往表中加载数据，步骤如下。

1) 创建分区表。

在“house”数据库下创建一个名为“rent_par_orc”的分区表，语句如下。

```
hive (house)> create table if not exists house.rent_par_orc(
             > house_title string comment '房源标题',
             > layout string comment '房源信息',
             > neighbourhood array<string> comment '小区',
             > traffic string comment '交通',
             > station string comment '地铁站',
             > rent string comment '房租',
             > highlight1 string comment '亮点 1',
             > highlight2 string comment '亮点 2',
             > highlight3 string comment '亮点 3')
             > comment '国内主要城市房屋出租情况数据源分区表'
             > partitioned by(city string)
             > row format delimited
             > fields terminated by '\t'
             > collection items terminated by '-'
             > stored as orc;
```

2) 启动动态分区功能。

使用如下语句启动动态分区功能，并将 Hive 设置为非严格模式。

```
hive (house)> set hive.exec.dynamic.partition=true;-- 开启动态分区功能
             > set hive.exec.dynamic.partition.mode=nonstrict;-- 设置为非严格模式
```

3) 插入数据。

使用 INSERT OVERWRITE ...SELECT ... 子句将“rent”表中数据复制到分区表“rent_par_orc”中，并实现根据“city”进行动态分区，语句如下。

```
hive (house)> insert into table house.rent_par_orc partition(city)
             > select house_title,
             > layout,
             > neighbourhood,
             > traffic,
             > station,
             > rent,
             > highlight1,
             > highlight2,
             > highlight3,
             > city
             > from house.rent;
```

4) 查询表分区。

插入完成，使用如下语句查看分区表“rent_par_orc”的所有现有分区。

```
hive (house)> show partitions house.rent_par_orc;
```

执行结果如图 3-175 所示。

5. 考点 2：通过 Hive 分析房源信息

（1）户型分析

需求：统计北京房源最多的 5 种户型？

解析：

```
hive (house)> select split(layout,'\\|')[1] house_type,count(*) num
            > from house.rent_par_orc
            > where city='北京'
            > group by split(layout,'\\|')[1]
            > order by num desc
            > limit 5;
```

执行结果如图 3-176 所示。

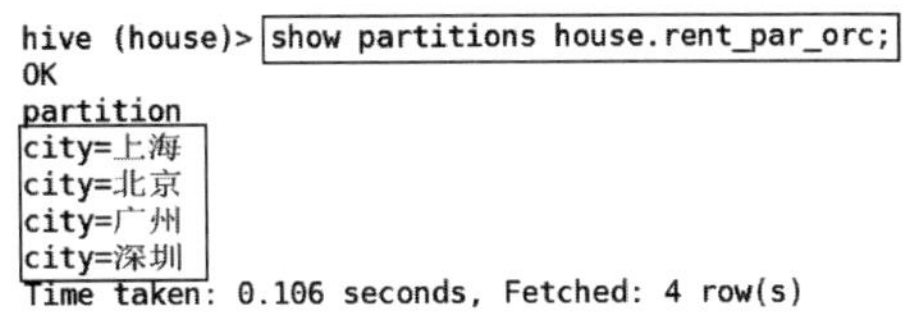

```
hive (house)> show partitions house.rent_par_orc;
OK
partition
city=上海
city=北京
city=广州
city=深圳
Time taken: 0.106 seconds, Fetched: 4 row(s)
```

图 3-175　rent_par_orc 表的所有现有分区

```
OK
house_type      num
2室1厅          565
1室1厅          396
3室2厅          295
2室2厅          249
3室1厅          140
Time taken: 12.347 seconds, Fetched: 5 row(s)
```

图 3-176　北京房源最多的 5 种户型

（2）朝向分析

需求："shiny"最近刚来上海，想要合租一间 3 户合租的朝南主卧，请问有哪些房源可供选择（要求给出房源标题和房租）？

解析：

```
hive (house)> select house_title,rent from house.rent_par_orc
            > where city='上海' and split(layout,'\\|')[0]='合租主卧'
            > and split(layout,'\\|')[1]='3 户合租' and split(layout,'\\|')[3]='朝南';
```

执行结果如图 3-177 所示。

```
OK
house_title                                                   rent
"莘庄1,5号线 房间朝南,主卧带阳台,户型方正,采光超好"          1930元/月
辰丰苑 松江老城 拎包入住 精装全配 低价出租 看房方便           1130元/月
"特价南欧城隔壁私房别墅单间合租直租,厨房精装全配"             800元/月
真实图片 生活便利 交通便捷                                    900元/月
地铁9号线泗泾 在魔都 给自己一个家 精装修 拎包即住 价格美丽    1400元/月
和欣国际花园 近地铁一号线 精装电梯三房 随时看房 拎包入住      2260元/月
新桥雅鹿新苑 精装修 主卧朝南 采光好 无中介 价格美丽           1100元/月
精装电梯房 真北路地铁口 民用水电煤 房东直租                   1980元/月
万业紫辰苑 地铁 精装修 品牌家具家电 朝南 采光好               1590元/月
"8号线成山路,浦东商场旁,押一付一,精装石墙,上钢四村"          1403元/月
精装电梯房 年末价 近海湾应技大 押一付一民用电 来电可谈        450元/月
"和家欣苑区3居室-02卧 精装修,全配套 真实图片,拎包入住"        1330元/月
宣桥枫庭 近16号线野生动物园站 拎包入住 家电齐全 首月减800     650元/月
16号线惠南 丽水雅苑北苑 近浦东医院 精装全配 押一付一 可短租   650元/月
11号线秀沿路 汤巷雅苑 精装白领 可短租 包水网 可做饭           1250元/月
近地铁+精装拎包入住+小区+价格优惠+配套齐全+付一押一          1500元/月
16号线野生动物园 艺泰安邦花园 精装白领 可短租 包水网          750元/月
荣域飘鹰锦和花园 近地铁1号线 精装修 主卧 圆形落地窗 朝南      1790元/月
"个人三号线长江南路附近,美岸栖庭朝南主卧带阳台,拎包入住"      2200元/月
精装主卧 家电齐全 拎包入住                                    1650元/月
16号线野生动物园 艺泰一品花园 精装白领 可短租 非中介          800元/月
蓬莱公园 维修+保洁 8/9号线陆家浜路 看房方便 拎包入住          3240元/月
九新公路漕河泾 雅鹿新苑明中广场精装飘窗主卧出租押一付一可短  1050元/月
押一付一 近人民路、南中路+ 精装全配+可做饭                    680元/月
洞泾中心村润景苑精装独卫房间押一付一免租20天急转随时看房      1180元/月
Time taken: 0.253 seconds, Fetched: 25 row(s)
```

图 3-177　上海 3 户合租的朝南主卧房源信息

（3）建筑面积分析

需求：统计北上广深四大一线城市小于50㎡的一居室（1室1厅）房源各有多少？需将统计结果导出到本地文件系统的“/root/data/3_2_7”目录下，并指定列的分隔符为逗号。

解析：

```
hive (house)> insert overwrite local directory '/root/data/3_2_7'
            > row format delimited fields terminated by ','
            > select city,count(*) num from house.rent_par_orc
            > where split(layout,'\\|')[1]='1室1厅'
            > and cast(split(split(layout,'\\|')[2],'㎡')[0] as int)<50
            > group by city;
```

语句执行成功，进入“/root/data/3_2_7”目录，查看导出结果。如图3-178所示。

```
→ ~ cd /root/data/3_2_7/
→ 3_2_7 ll
total 4
-rw-r--r-- 1 root root 44 1月  13 11:35 000000_0
→ 3_2_7 cat 000000_0
上海,395
北京,121
广州,286
深圳,397
```

图3-178　北上广深小于50㎡的一居室房源数

（4）出租方式分析

需求：要想在北上广深四大一线城市整租一套2室1厅的房子，最少月供多少钱？

解析：

在“house”数据库下创建一个名为“city_ rent”的分区表，语句如下。

```
hive (house)> create table if not exists house.city_rent(
            > rent int comment '房租')
            > comment '2室1厅月租情况分区表'
            > partitioned by(city string);
```

使用FROM ... INSERT INTO TABLE ... PARTITION（...）... 多模式插入语句将“rent_par_orc”表中“城市”和“月租”动态插入“city_rent”分区表（确保开启动态分区功能），语句如下。

```
hive (house)> from house.rent_par_orc
            > insert into table house.city_rent partition(city)
            > select cast(split(rent,'元')[0] as int) rent,city
            > where split(layout,'\\|')[0]='整租' and split(layout,'\\|')[1]='2室1厅';
```

读取“city_rent”分区表数据，统计在各城市整租一套2室1厅的房子，最少月供多少钱？需将统计结果导出到HDFS文件系统的“/house/min_rent”目录下，并指定列的分隔符为逗号，语句如下。

```
hive (house)> insert overwrite directory '/house/min_rent'
            > row format delimited fields terminated by ','
            > select h.city,h.rent from
            > (select *,row_number() over(partition by city order by rent) row_num_rent
            > from house.city_rent) h
            > where h.row_num_rent=1;
```

语句执行成功，查看HDFS中的导出结果。如图3-179所示。

```
→ ~ hadoop fs -ls /house/min_rent
Found 1 items
-rwxr-xr-x   1 root supergroup          47 2023-01-13 11:54 /house/min_rent/000000_0
→ ~ hadoop fs -cat /house/min_rent/000000_0
上海,1300
北京,1300
广州,750
深圳,1580
→ ~
```

图 3-179　北上广深整租一套 2 室 1 厅最少月供情况

6. 考点 3：通过 Hive 分析房源位置及周边

（1）地区分析

需求一：北京哪两个地区房源最多？

解析：

```
hive (house)> select neighbourhood[0] region,count(*) num
            > from house.rent_par_orc
            > where city='北京'
            > group by neighbourhood[0]
            > order by num desc
            > limit 2;
```

执行结果如图 3-180 所示。

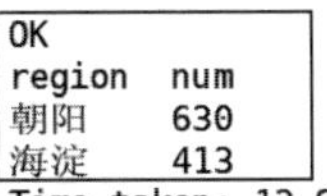

```
OK
region  num
朝阳    630
海淀    413
Time taken: 13.683 seconds, Fetched: 2 row(s)
```

图 3-180　北京房源最多的两个地区

需求二："shiny"的公司在北京海淀区，她想要在公司附近整租一间 1 室 1 厅的房子，请问有哪些房源可供选择（要求给出房源标题和房租）？要求将统计结果导出到 HDFS 文件系统的"/house/haidian"目录下，并指定列的分隔符为逗号。

解析：

```
hive (house)> insert overwrite directory '/house/haidian'
            > row format delimited fields terminated by ','
            > select house_title,rent from house.rent_par_orc
            > where city='北京' and layout like '整租|1 室 1 厅%' and neighbourhood[0]='海淀';
```

语句执行成功，查看 HDFS 中的导出结果。如图 3-181 所示。

```
→ ~ hadoop fs -ls /house/haidian
Found 1 items
-rwxr-xr-x   1 root supergroup        6927 2023-01-13 14:16 /house/haidian/000000_0
→ ~ hadoop fs -tail /house/haidian/000000_0
国图宿舍,中关村南大街 气象局小区精装一居看房随时",6800元/月
可短租 中关村 苏州街 微软 纽约客 艾瑟顿精装一居室环境优美,5600元/月
苏州街10 艾瑟顿国际 正规一居室 航天精密,5800元/月
"清枫华景园,明厨明卫,南向一居,随时入住",6200元/月
西土城地铁口 塔院小区 北医大宿舍 精装修一居室可长租拎包住,5700元/月
看房方便+烟树园高层一居室+客厅朝南+户型方正通透+家具齐全,7000元/月
硅谷亮城 辉煌国际 上地佳园精装一居室 工作环境舒适,9500元/月
慈寿寺10 五福玲珑居 水云居 西荣阁 琨御府裕泽园一居,4000元/月
中关村 大河庄苑 中湾国际 苏州街10 银科大厦,4800元/月
蜂鸟家园一居精装 舒适 临昆玉河长春公园 环境优美出行便利,6500元/月
世纪金源购物南 世纪城远大园六区朝南一居 长春桥南侧,5500元/月
蓟门桥 财经大学 交大东路 学院派 智慧大厦精装一居出租,8000元/月
```

图 3-181　北京海淀区 1 室 1 厅的房源信息

（2）楼盘分析

需求：统计上海房屋出租量排名前五的楼盘?

解析：

```
hive (house)> select neighbourhood[2] estate,count(*) num
            > from house.rent_par_orc
            > where city='上海'
            > group by neighbourhood[2]
            > order by num desc
            > limit 5;
```

执行结果如图 3-182 所示。

（3）地铁分析

需求一："shiny" 想要在北京地铁 4 号线周边租房子，试问哪站周边的房子最便宜（从平均月租来看）?

解析：

```
hive (house)> select station,avg(cast(split(rent,'元')[0] as int)) avg_rent
            > from house.rent_par_orc
            > where city='北京' and traffic like '距 4 号线%'
            > group by station
            > order by avg_rent
            > limit 1;
```

执行结果如图 3-183 所示。

```
OK
estate          num
仁恒滨江园        11
世茂滨江花园      11
中远两湾城        10
翠湖天地御苑      10
汤臣一品          10
Time taken: 14.78 seconds, Fetched: 5 row(s)
```

图 3-182　上海房屋出租量排名前五的楼盘信息

```
OK
station         avg_rent
人民大学站        2820.0
Time taken: 14.568 seconds, Fetched: 1 row(s)
```

图 3-183　北京地铁 4 号线租金最低的地铁站信息

需求二："shiny" 想要在北京立水桥站周边租房子，预算在 2000-3000 元/月，请问有哪些房源可供选择（要求给出房源标题、房源信息、交通和房租）。要求将统计结果导出到 HDFS 文件系统的 "/house/lishuiqiao" 目录下，并指定列的分隔符为逗号。

解析：

```
hive (house)> insert overwrite directory '/house/lishuiqiao'
            > row format delimited fields terminated by ','
            > select house_title,layout,traffic,rent
            > from house.rent_par_orc
            > where city='北京' and station='立水桥站'
            > and cast(split(rent,'元')[0] as int) between 2000 and 3000;
```

执行结果如图 3-184 所示。

（4）商圈分析

需求：统计北上广深四大一线城市不同地区不同商圈整租一套 3 室 2 厅的房子的平均月

供（保留 2 位小数）。

```
→ ~ hadoop fs -ls /house/lishuiqiao
Found 1 items
-rwxr-xr-x   1 root supergroup        760 2023-01-13 14:31 /house/lishuiqiao/000000_0
→ ~ hadoop fs -cat /house/lishuiqiao/000000_0
立水桥地铁站 合立方小区 随时可看 拎包入住 温馨舒适,合租主卧|2户合租|90m²|朝南,距5号线立水桥站约530米。,2500元/月
立水桥 价格 照片 无须多问 随时看房,合租主卧|2户合租|25m²|朝南,距5号线立水桥站约530米。,2400元/月
"立水桥单间,在外打拼,找个舒适环境,构造一个温馨家 地铁",合租次卧|2户合租|25m²|朝西南,距5号线立水桥站约688米。,2300元/月
立水桥近城铁 精装大主卧带阳台 住家全齐 室友好相处,合租主卧|2户合租|25m²|朝南,距5号线立水桥站约591米。,2100元/月
立水桥地铁站 北京北小区 年底特价 随时可看,合租次卧|2户合租|20m²|朝南,距5号线立水桥站约591米。,2400元/月
```

图 3-184　北京立水桥站周边月租在 2000-3000 之间的房源信息

解析：

在“house”数据库下创建一个名为“area_avg_rent”的分区表，语句如下。

```
hive (house)> create table if not exists house.area_avg_rent(
            > area string comment '商圈',
            > avg_rent float comment '平均月供')
            > comment '不同地区商圈整租 3 室 2 厅平均月供情况分区表'
            > partitioned by(city string,region string);
```

使用 FROM ... INSERT INTO TABLE ... PARTITION（...）... 多模式插入语句将统计结果插入“area_avg_rent”分区表，要求分区内按照平均月供降序排序，语句如下。

```
hive (house)> from house.rent_par_orc
            > insert into table house.area_avg_rent partition(city='北京',region)
            > select neighbourhood[1] area,
            > round(avg(cast(split(rent,'元')[0] as float)),2) avg_rent,
            > neighbourhood[0] region
            > where city='北京' and layout like '整租|3 室 2 厅%'
            > group by neighbourhood[0],neighbourhood[1] order by avg_rent desc
            > insert into table house.area_avg_rent partition(city='上海',region)
            > select neighbourhood[1] area,
            > round(avg(cast(split(rent,'元')[0] as float)),2) avg_rent,
            > neighbourhood[0] region
            > where city='上海' and layout like '整租|3 室 2 厅%'
            > group by neighbourhood[0],neighbourhood[1] order by avg_rent desc
            > insert into table house.area_avg_rent partition(city='广州',region)
            > select neighbourhood[1] area,
            > round(avg(cast(split(rent,'元')[0] as float)),2) avg_rent,
            > neighbourhood[0] region
            > where city='广州' and layout like '整租|3 室 2 厅%'
            > group by neighbourhood[0],neighbourhood[1] order by avg_rent desc
            > insert into table house.area_avg_rent partition(city='深圳',region)
            > select neighbourhood[1] area,
            > round(avg(cast(split(rent,'元')[0] as float)),2) avg_rent,
            > neighbourhood[0] region
            > where city='深圳' and layout like '整租|3 室 2 厅%'
            > group by neighbourhood[0],neighbourhood[1] order by avg_rent desc;
```

从“area_avg_rent”分区表中查询北京朝阳区各商圈的平均月供。语句如下。

```
hive (house)> select city,region,area,avg_rent
            > from house.area_avg_rent
            > where city='北京' and region='朝阳';
```

执行结果如图 3-185 所示。

```
OK
city    region  area            avg_rent
北京    朝阳    健翔桥          130000.0
北京    朝阳    百子湾          45000.0
北京    朝阳    东八里庄        40000.0
北京    朝阳    国贸            36500.0
北京    朝阳    双井            36000.0
北京    朝阳    朝阳公园        35260.87
北京    朝阳    朝阳门          33000.0
北京    朝阳    三里屯          31750.0
北京    朝阳    CBD             28000.0
北京    朝阳    工体            27333.33
北京    朝阳    酒仙桥          25800.0
北京    朝阳    建国门          25000.0
北京    朝阳    奥林匹克公园    24000.0
北京    朝阳    望京            23636.67
北京    朝阳    太阳宫          22800.0
北京    朝阳    大望路          22250.0
北京    朝阳    东大桥          22000.0
北京    朝阳    朝青            19785.71
北京    朝阳    亚运村          16625.0
北京    朝阳    甜水园          16000.0
北京    朝阳    北沙滩          15000.0
北京    朝阳    华威            15000.0
北京    朝阳    欢乐谷          14000.0
北京    朝阳    四惠            12833.33
北京    朝阳    北苑            12750.0
北京    朝阳    定福庄          11000.0
Time taken: 0.215 seconds, Fetched: 26 row(s)
```

图 3-185　北京朝阳区各商圈的平均月供情况

7. 考点 4：通过 Hive 分析房源亮点

需求：根据各城市房源数据，统计各城市最喜欢用哪三个亮点吸引租客。

解析：

在“house”数据库下创建一个名为“city_highlight”的分区表，语句如下。

```
hive (house)> create table if not exists house.city_highlight(
            > highlight string comment '亮点')
            > comment '房源亮点分析分区表'
            > partitioned by(city string);
```

使用 FROM ... INSERT INTO TABLE ... PARTITION（...）... 多模式插入语句将“rent_par_orc”表中“亮点 1”，“亮点 2”和“亮点 3”动态插入“city_highlight”分区表（确保开启动态分区功能），要求剔除亮点中的空字符串，语句如下。

```
hive (house)> from house.rent_par_orc
            > insert into house.city_highlight partition(city)
            > select highlight1,city where highlight1! =''
            > insert into house.city_highlight partition(city)
            > select highlight2,city where highlight2! =''
            > insert into house.city_highlight partition(city)
            > select highlight3,city where highlight3! ='';
```

读取“city_highlight”分区表数据，统计各城市最喜欢用哪三个亮点吸引租客，语句如下。

```
hive (house)> select * from
            > (select *,rank() over(partition by h1.city order by h1.num desc) rank_num
            > from
            > (select city,highlight,count(*) num from house.city_highlight
            > group by city,highlight)h1)h2
            > where h2.rank_num<=3;
```

执行结果如图 3-186 所示。

```
OK
h2.city h2.highlight      h2.num   h2.rank_num
上海     全装全配            651      1
上海     拎包入住            647      2
上海     紧邻地铁            586      3
北京     交通便利            579      1
北京     周边配套齐          577      2
北京     采光好              469      3
广州     拎包入住            929      1
广州     家电齐全            773      2
广州     随时看房            772      3
深圳     随时入住            805      1
深圳     地铁沿线            643      2
深圳     带家电              593      3
Time taken: 89.163 seconds, Fetched: 12 row(s)
```

图 3-186　各城市吸引顾客的三个亮点

3.3　HBase 数据库

3.3.1　搭建 HBase 伪分布式集群

1. 概述

HBase 与 Hadoop 的关系非常紧密，Hadoop 的 HDFS 提供了高可靠性的底层存储支持，Hadoop MapReduce 为 HBase 提供了高性能的计算能力，ZooKeeper 为 HBase 提供了稳定性及 failover 机制的保障。

HBase 强依赖于 ZooKeeper 完成 HMaster 和 RegionServer 之间协调、通信以及共享状态。所以搭建 HBase 集群前，必须搭建安装 ZooKeeper（参考 3.6 节）。

2. 目标

搭建 HBase 伪分布式集群，让所有的守护进程都运行在一台主机节点上。

3. 准备

操作系统：CentOS 7.3。

软件版本：JDK 1.8、Hadoop 2.7.7、HBase 1.6.0。

4. 考点 1：安装包准备

从 "http://archive.apache.org/dist/hbase/1.6.0/hbase-1.6.0-bin.tar.gz" 地址下载 hbase-1.6.0-bin.tar.gz 安装包，将其存放在 "/root/software" 目录下。使用 cd 命令进入此目录，使用如下命令进行解压即可使用。

```
cd /root/software/# 进入目录
tar -zxvf hbase-1.6.0-bin.tar.gz
```

将其解压到当前目录下，即“/root/software”中。

5. 考点 2：HBase 伪分布式集群搭建

（1）HBase 集群配置文件编写

1）配置环境变量 hbase-env.sh。

因 HBase 的各守护进程依赖于 JAVA_HOME 环境变量，所以需修改安装目录下“hbase-env.sh”环境变量文件中的 JAVA_HOME 的值。

```
vim /root/software/hbase-1.6.0/conf/hbase-env.sh
```

找到 JAVA_HOME 参数位置，并将前面的“#”去掉，修改为本机安装的 JDK 的实际位置。

```
export JAVA_HOME=/root/software/jdk1.8.0_221
```

2）配置移除内部 ZK（ZooKeeper）hbase-env.sh。

接下来，将 HBASE_MANAGES_ZK 参数的值修改为 false，并将前面的“#”去掉，表示不引用 HBase 自带的 ZooKeeper，使用已搭建的外部公共 ZooKeeper。

```
export HBASE_MANAGES_ZK=false
```

3）配置核心参数 hbase-site.xml。

该文件是 HBase 的核心配置文件，其目的是配置 Region Server 的共享目录，HBase 的运行模式以及 ZooKeeper 存储数据库快照的位置等参数。常用参数如表 3-7 所示。

表 3-7　hbase-site.xml 文件常用参数

配置参数	默认值	说明
hbase.rootdir	/tmp	HBase 在 HDFS 上存储的路径，这个目录是 Region Server 的共享目录，用来持久化 HBase
hbase.cluster.distributed	false	HBase 的运行模式：false 是单机模式，true 是（伪）分布式模式
hbase.zookeeper.property.dataDir	${hbase.tmp.dir}/zookeeper	ZooKeeper 存储数据库快照的位置

使用如下命令打开“hbase-site.xml”文件。

```
vim /root/software/hbase-1.6.0/conf/hbase-site.xml
```

将下面的配置内容添加到<configuration></configuration>中间。

```
<property>
<!--指定 HBase 在 HDFS 上存储的路径,这个目录是 Region Server 的共享目录,用来持久化 HBase。(不用事先创建) -->
<name>hbase.rootdir</name>
<value>hdfs://localhost:9000/hbase</value>
</property>
<property>
<!--指定 HBase 的运行模式:false 是单机模式,true 是(伪)分布式模式。-->
<name>hbase.cluster.distributed</name>
<value>true</value>
```

```
</property>
<property>
<! --这个是 ZooKeeper 配置文件 zoo.cfg 中的 dataDir。ZooKeeper 存储数据库快照的位置。-->
<name>hbase.zookeeper.property.dataDir</name>
<value>/root/software/apache-zookeeper-3.6.3-bin/data</value>
</property>
```

（2）配置 HBase 系统环境变量

配置 HBase 系统环境变量的具体步骤如下。

首先使用如下命令打开“/etc/profile”文件。

```
vim /etc/profile
```

在文件底部添加如下内容。

```
#配置 HBase 的安装目录
export HBASE_HOME=/root/software/hbase-1.6.0
#在原 PATH 的基础上加入 HBASE_HOME 的 bin 目录
export PATH= $PATH: $HBASE_HOME/bin
```

添加完成，使用:wq 保存退出。

让配置文件立即生效，具体命令如下。

```
source /etc/profile
```

检测 HBase 环境变量是否设置成功，使用如下命令查看 HBase 版本。

```
hbase version
```

执行此命令后，若是出现如图 3-187 所示的 HBase 版本信息说明配置成功。

```
→ hbase-1.6.0 hbase version
HBase 1.6.0
Source code repository git://apurtell-ltm.internal.salesforce.com/Users/apurtell/src/hbase revision=5ec5a5b115ee36fb28903667c008218abd21b3f5
Compiled by apurtell on Fri Feb 14 12:00:03 PST 2020
From source with checksum 09d63c428823b5595e6f717a21e61326
```

图 3-187　HBase 版本信息

（3）HBase 集群测试

启动 HBase 集群，前提需要保证 ZooKeeper 和 Hadoop 已经正常启动。ZooKeeper 和 Hadoop 的守护进程如图 3-188 所示。

ZooKeeper 和 Hadoop 集群都已正常启动后，再使用“start-hbase.sh”一键启动脚本启动 HBase。

接着执行 jps 命令，在打印结果中多了 2 个进程，分别是 HMaster 和 HRegionServer。如果出现了这 2 个进程表示 HBase 启动成功，如图 3-189 所示。

```
→ hbase-1.6.0 jps
1044 SecondaryNameNode
837 DataNode
1205 ResourceManager
458 QuorumPeerMain
1756 Jps
668 NameNode
1325 NodeManager
```

图 3-188　ZooKeeper 和 Hadoop 守护进程

```
→ hbase-1.6.0 jps
1044 SecondaryNameNode
837 DataNode
1205 ResourceManager
1927 HMaster
2440 Jps
458 QuorumPeerMain
668 NameNode
1325 NodeManager
2046 HRegionServer
```

图 3-189　HBase 守护进程

通过本机的浏览器访问“http://localhost:16010”或“http://本机 IP 地址:16010”查看 HBase 主节点的 Web UI 界面。结果如图 3-190 所示。

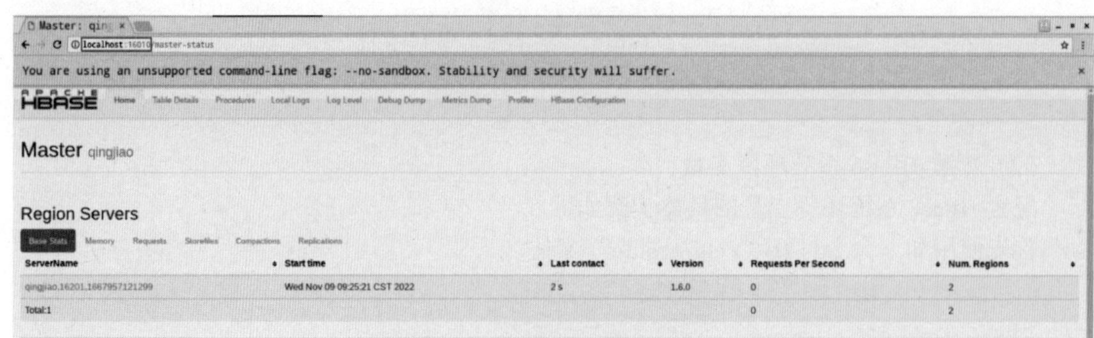

图 3-190 HBase Web UI 页面

3.3.2 HBase 的 Shell 操作

1. 概述

HBase 的 Shell 工具（HBase 提供了一个 Shell 的终端给用户，用户通过终端输入命令可以对 HBase 数据库进行增删改查等各种操作）是很常用的工具，该工具是由 Ruby 语言编写的，并且使用了 JRuby 解释器。该 Shell 工具具有两种常用的模式：交互式模式和命令批处理模式。交互式模式用于实时随机访问，而命令批处理模式通过使用 Shell 编程来批量、流程化处理访问命令，常用于 HBase 集群运维和监控中的定时执行任务。HBase 的基础常用 Shell 命令如表 3-8 所示。

表 3-8 HBase 基础 Shell 命令

命　令	解　释
bin/hbase shell	进入 HBase Shell 交互式终端命令
exit | quit	在 HBase Shell 终端内执行 exit 或者 quit 退出交互式终端
help	用来查看 HBase 提供的 Shell 命令信息详情，帮助文档。（在 HBase Shell 终端内执行）
help ‘command’	用来查看指定命令的帮助信息。（在 HBase Shell 终端内执行）
version	查看 HBase 的版本号。（在 HBase Shell 终端内执行）
status	查看 HBase 服务器存活状态。（在 HBase Shell 终端内执行）

2. 目标

HBase 基础命令以及 DDL 和 DML 命令的操作练习。

3. 准备

操作系统：CentOS 7.3。

软件版本：JDK 1.8、Hadoop 2.7.7、HBase 1.6.0。

4. 考点 1：应用 DDL（Data Definition Language）数据库定义语言

（1）创建表

1）进入 HBase Shell 交互模式，在该模式下，获取“ddl”命令的帮助信息。

```
##进入 HBase Shell 交互模式
hbase shell
##获取“ddl”命令的帮助信息
help 'ddl'
```

2）创建名为“douban”的命名空间，创建成功后，列出所有的命令空间进行验证。

```
##创建命名空间
create_namespace 'douban'
##列出所有的命名空间
list_namespace
```

3）在“douban”命名空间中创建名为“movie”的 HBase 表，该表有一个名为“movie_info”的列簇。

```
create 'douban:movie','movie_info'
```

4）在“douban”命名空间中创建名为“movie2”的 HBase 表，该表有三个列簇，分别为：“movie_info”“staff”和“evaluation”，版本号分别为 1，1，3。

```
create 'douban:movie2','movie_info','staff',{NAME =>'evaluation',VERSIONS =>3}
```

（2）查看表

1）查看所有表。

```
list
```

执行上述命令，结果如图 3-191 所示。

```
hbase(main):011:0> list
TABLE
douban:movie
douban:movie2
2 row(s) in 0.0320 seconds

=> ["douban:movie", "douban:movie2"]
```

图 3-191　查看所有表

2）分别查看“movie”和“movie2”表结构。

```
desc 'douban:movie'
desc 'douban:movie2'
```

执行上述命令，结果如图 3-192 所示。

```
hbase(main):012:0> desc 'douban:movie'
Table douban:movie is ENABLED
douban:movie
COLUMN FAMILIES DESCRIPTION
{NAME => 'movie_info', BLOOMFILTER => 'ROW', VERSIONS => '1', IN_MEMORY => 'false', KEEP_DELETED_CELLS => 'FALSE', DATA_BLOCK_ENCODING => 'NONE',
TTL => 'FOREVER', COMPRESSION => 'NONE', MIN_VERSIONS => '0', BLOCKCACHE => 'true', BLOCKSIZE => '65536', REPLICATION_SCOPE => '0'}
1 row(s) in 0.0610 seconds

hbase(main):013:0> desc 'douban:movie2'
Table douban:movie2 is ENABLED
douban:movie2
COLUMN FAMILIES DESCRIPTION
{NAME => 'evaluation', BLOOMFILTER => 'ROW', VERSIONS => '3', IN_MEMORY => 'false', KEEP_DELETED_CELLS => 'FALSE', DATA_BLOCK_ENCODING => 'NONE',
TTL => 'FOREVER', COMPRESSION => 'NONE', MIN_VERSIONS => '0', BLOCKCACHE => 'true', BLOCKSIZE => '65536', REPLICATION_SCOPE => '0'}
{NAME => 'movie_info', BLOOMFILTER => 'ROW', VERSIONS => '1', IN_MEMORY => 'false', KEEP_DELETED_CELLS => 'FALSE', DATA_BLOCK_ENCODING => 'NONE',
TTL => 'FOREVER', COMPRESSION => 'NONE', MIN_VERSIONS => '0', BLOCKCACHE => 'true', BLOCKSIZE => '65536', REPLICATION_SCOPE => '0'}
{NAME => 'staff', BLOOMFILTER => 'ROW', VERSIONS => '1', IN_MEMORY => 'false', KEEP_DELETED_CELLS => 'FALSE', DATA_BLOCK_ENCODING => 'NONE', TTL =
> 'FOREVER', COMPRESSION => 'NONE', MIN_VERSIONS => '0', BLOCKCACHE => 'true', BLOCKSIZE => '65536', REPLICATION_SCOPE => '0'}
3 row(s) in 0.0580 seconds
```

图 3-192　查看“movie”和“movie2”表结构

(3) 修改表结构

1) 为“movie”表添加两个列簇，分别为：版本号为2的“release_time”列簇和版本号为3的“evaluation”列簇。

```
alter 'douban:movie',{NAME=>'release_time',VERSIONS=>2},{NAME=>'evaluation',VERSIONS=>3}
```

2) 将“movie2”表的“movie_info”列簇的版本号修改为2，“staff”列簇的版本号修改为3。

```
alter 'douban:movie2',{NAME=>'movie_info',VERSIONS=>2},{NAME=>'staff',VERSIONS=>3}
```

3) 分别查看“movie”和“movie2”表结构，验证版本号是否修改成功。

```
desc 'douban:movie'
desc 'douban:movie2'
```

(4) 删除列簇和表

1) 删除“movie”表的“release_time”列簇。

```
alter 'douban:movie',{'NAME'=>'release_time',METHOD=>'delete'}
```

2) 删除“movie2”表的“staff”和“evaluation”列簇。

```
alter 'douban:movie2',{'NAME'=>'staff',METHOD=>'delete'},{'NAME'=>'evaluation',METHOD=
>'delete'}
```

3) 分别查看“movie”和“movie2”表结构，验证列簇是否删除成功。

```
desc 'douban:movie'
desc 'douban:movie2'
```

4) 查看表“movie”是否被禁用。

```
is_disabled 'douban:movie'
```

执行上述命令，结果如图3-193所示。

5) 将表“movie”删除。

HBase为了避免修改或者删除表时影响这张表正在对外提供读写服务，所以在修改或删除某张表时需要先将此表禁用，之后再执行修改或删除操作。使用“disable”命令禁用“movie”表，然后使用“drop”命令删除“movie”表。

```
disable 'douban:movie'
drop 'douban:movie'
```

执行上述命令，结果如图3-194所示。

```
hbase(main):006:0> is_disabled 'douban:movie'
false
0 row(s) in 0.0150 seconds
```

图3-193　查看movie表是否被禁用

```
hbase(main):007:0> disable 'douban:movie'
0 row(s) in 2.2430 seconds

hbase(main):008:0> drop 'douban:movie'
0 row(s) in 1.2430 seconds
```

图3-194　禁用并删除movie表

5. 考点2：应用DML（Data Manipulation Language）**数据操纵语言**

(1) 添加数据

1) 进入HBase Shell交互模式，在该模式下，获取“dml”命令的帮助信息。

```
##进入 HBase Shell 交互模式
hbase shell
##获取"dml"命令的帮助信息
help  'dml'
```

执行上述命令，结果如图 3-195 所示。

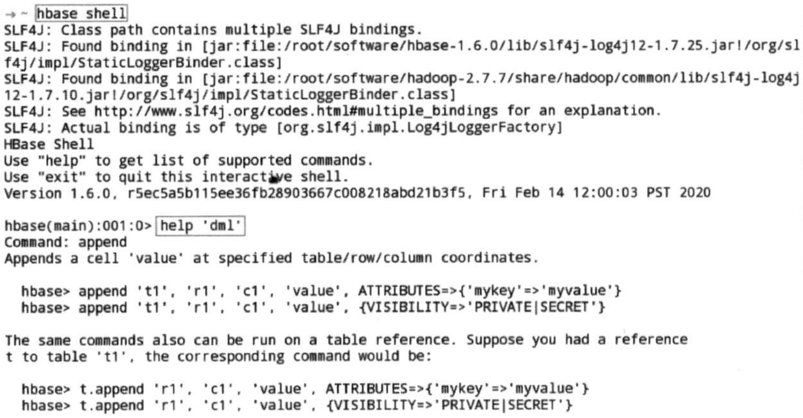

```
→ ~ hbase shell
SLF4J: Class path contains multiple SLF4J bindings.
SLF4J: Found binding in [jar:file:/root/software/hbase-1.6.0/lib/slf4j-log4j12-1.7.25.jar!/org/sl
f4j/impl/StaticLoggerBinder.class]
SLF4J: Found binding in [jar:file:/root/software/hadoop-2.7.7/share/hadoop/common/lib/slf4j-log4j
12-1.7.10.jar!/org/slf4j/impl/StaticLoggerBinder.class]
SLF4J: See http://www.slf4j.org/codes.html#multiple_bindings for an explanation.
SLF4J: Actual binding is of type [org.slf4j.impl.Log4jLoggerFactory]
HBase Shell
Use "help" to get list of supported commands.
Use "exit" to quit this interactive shell.
Version 1.6.0, r5ec5a5b115ee36fb28903667c008218abd21b3f5, Fri Feb 14 12:00:03 PST 2020

hbase(main):001:0> help 'dml'
Command: append
Appends a cell 'value' at specified table/row/column coordinates.

  hbase> append 't1', 'r1', 'c1', 'value', ATTRIBUTES=>{'mykey'=>'myvalue'}
  hbase> append 't1', 'r1', 'c1', 'value', {VISIBILITY=>'PRIVATE|SECRET'}

The same commands also can be run on a table reference. Suppose you had a reference
t to table 't1', the corresponding command would be:

  hbase> t.append 'r1', 'c1', 'value', ATTRIBUTES=>{'mykey'=>'myvalue'}
  hbase> t.append 'r1', 'c1', 'value', {VISIBILITY=>'PRIVATE|SECRET'}
```

图 3-195　进入 HBase Shell 并查看 DML 帮助信息

2）创建名为"douban"的命名空间，创建成功后，列出所有的命令空间进行验证。

```
##创建命名空间
create_namespace'douban'
##列出所有的命名空间
list_namespace
```

执行上述命令，结果如图 3-196 所示。

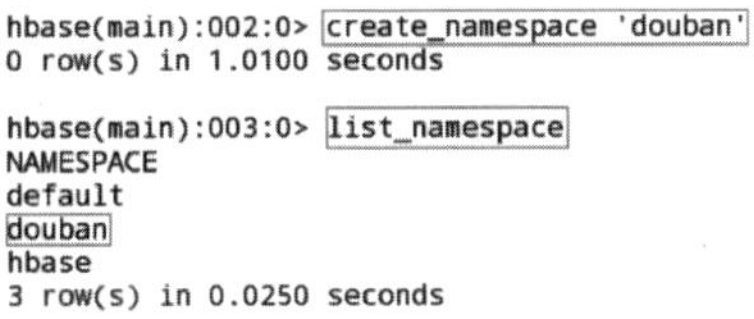

```
hbase(main):002:0> create_namespace 'douban'
0 row(s) in 1.0100 seconds

hbase(main):003:0> list_namespace
NAMESPACE
default
douban
hbase
3 row(s) in 0.0250 seconds
```

图 3-196　查看 douban 命名空间是否创建成功

3）在"douban"命名空间中创建名为"movie"的 HBase 表，该表有 1 个列簇为："movie_info"，将该列簇的版本号设置为 2。

```
create'douban:movie',{NAME=>'movie_info',VERSIONS=>2}
```

4）向"movie"表中添加如表 3-9 的 3 条数据。

表 3-9　HBase 基础 Shell 命令

rowkey	movie_info	movie_info	movie_info
	name	release_time	score
tt13462900	长津湖	2021-09-30	7.4

（续）

rowkey	movie_info	movie_info	movie_info
	name	release_time	score
tt13364790	你好，李焕英	2021-02-12	7.8
tt15465312	我和我的父辈	2021-09-30	6.9

```
put 'douban:movie','tt13462900','movie_info:name','长津湖'
put 'douban:movie','tt13462900','movie_info:release_time','2021-09-30'
put 'douban:movie','tt13462900','movie_info:score','7.4'

put 'douban:movie','tt13364790','movie_info:name','你好,李焕英'
put 'douban:movie','tt13364790','movie_info:release_time','2021-02-12'
put 'douban:movie','tt13364790','movie_info:score','7.8'

put 'douban:movie','tt15465312','movie_info:name','我和我的父辈'
put 'douban:movie','tt15465312','movie_info:release_time','2021-09-30'
put 'douban:movie','tt15465312','movie_info:score','6.9'
```

（2）查询数据

1）查询“movie”表中数据总行数。

```
count 'douban:movie'
```

执行上述命令，结果如图 3-197 所示。

```
hbase(main):022:0> count 'douban:movie'
3 row(s) in 0.0220 seconds

=> 3
```

图 3-197　查询表中数据总行数

2）扫描“movie”表中的所有数据。

```
scan 'douban:movie'
```

执行上述命令，结果如图 3-198 所示。

```
hbase(main):016:0> scan 'douban:movie'
ROW                        COLUMN+CELL
 tt13364790                column=movie_info:name, timestamp=1668648525056, value=\xE4\xBD\xA0\xE5
                           \xA5\xBD\xEF\xBC\x8C\xE6\x9D\x8E\xE7\x84\x95\xE8\x8B\xB1
 tt13364790                column=movie_info:release_time, timestamp=1668648525071, value=2021-02-
                           12
 tt13364790                column=movie_info:score, timestamp=1668648525086, value=7.8
 tt13462900                column=movie_info:name, timestamp=1668648524969, value=\xE9\x95\xBF\xE6
                           \xB4\xA5\xE6\xB9\x96
 tt13462900                column=movie_info:release_time, timestamp=1668648525006, value=2021-09-
                           30
 tt13462900                column=movie_info:score, timestamp=1668648525030, value=7.4
 tt15465312                column=movie_info:name, timestamp=1668648525106, value=\xE6\x88\x91\xE5
                           \x92\x8C\xE6\x88\x91\xE7\x9A\x84\xE7\x88\xB6\xE8\xBE\x88
 tt15465312                column=movie_info:release_time, timestamp=1668648525122, value=2021-09-
                           30
 tt15465312                column=movie_info:score, timestamp=1668648526753, value=6.9
3 row(s) in 0.0170 seconds
```

图 3-198　扫描表中所有数据

3）扫描“movie”表的前两条数据。

```
scan 'douban:movie',{LIMIT=>2}
```

4）扫描“movie”表中列簇（column_family）为“movie_info”的所有数据。

```
scan 'douban:movie',{COLUMNS=>'movie_info'}
```

5）扫描“movie”表中列簇（column_family）为“movie_info”，column 为“name”的数据，要求显示中文本身，而不是十六进制。

```
scan "douban:movie",{COLUMNS=>["movie_info:name:toString"]}
```

6）查询“movie”表中 rowkey 为“tt13462900”的所有数据。

```
get 'douban:movie','tt13462900'
```

7）查询“movie”表中 rowkey 为“tt13364790”，column_family 为“movie_info”的所有数据。

```
get "douban:movie", 'tt13364790','movie_info'
```

8）查询“movie”表中 rowkey 为“tt13364790”，column_family 为“movie_info”，column 为“name”和“score”的数据，要求电影名称显示中文本身，而不是十六进制。

```
get 'douban:movie','tt13364790','movie_info:name:toString','movie_info:score'
```

执行上述命令，结果如图 3-199 所示。

```
hbase(main):004:0> get 'douban:movie','tt13364790','movie_info:name:toString','movie_info:score'
COLUMN                     CELL
 movie_info:name           timestamp=1668649700842, value=你好，李焕英
 movie_info:score          timestamp=1668649700873, value=7.8
1 row(s) in 0.0100 seconds
```

图 3-199　查询指定数据并以中文显示

（3）修改数据

1）将“movie”表中 rowkey 为“tt13462900”，column_family 为“movie_info”，column 为“score”的值修改为“7.5”。

```
put 'douban:movie','tt13462900','movie_info:score','7.5'
```

2）通过 VERSIONS 获取“movie”表中 rowkey 为“tt13462900”，column_family 为“movie_info”，column 为“score”的 2 个版本数据。

```
get 'douban:movie','tt13462900',{COLUMN=>'movie_info:score',VERSIONS=>2}
```

（4）删除数据

1）删除“movie”表中 rowkey 为“tt13462900”，column_family 为“movie_info”，column 为“score”的值。

```
delete 'douban:movie','tt13462900','movie_info:score'
```

2）删除“movie”表中 rowkey 为“tt13462900”的所有数据。

```
deleteall 'douban:movie','tt13462900'
```

3）清空“movie”表。

```
truncate 'douban:movie'
```

执行上述命令，结果如图 3-200 所示。

```
hbase(main):036:0> truncate 'douban:movie'
Truncating 'douban:movie' table (it may take a while):
 - Disabling table...
 - Truncating table...
0 row(s) in 3.3940 seconds
```

图 3-200 清空 movie 表

3.3.3 HBase 的 Java API 操作

1. 概述

HBase 官方代码包里面包含了原生访问客户端，由 Java 语言实现，同时它也是最主要、最高效的客户端。通过 Java 客户端编程接口，可以很容易操作 HBase 数据库，它相关的类都在 org.apache.hadoop.hbase 包和 org.apache.hadoop.hbase.client 包中，涵盖增、删、改、查等所有 API。表（Data Definition Language）操作主要的类包含 HBaseConfiguration、Admin、HTableDescriptorHColumnDescriptor 等。表数据（Data Manipulation Language）操作主要的类包含 Put、Get、ResultScanner 和 Delete 等。通常使用 HBase 的 Java API 来访问以及操作 HBase 分布式数据库。

2. 目标

使用 HBase 提供的 Java API 完成对表和数据的增删改查。

3. 准备

操作系统：CentOS 7.3。

软件版本：JDK 1.8、Hadoop 2.7.7、HBase 1.6.0、Eclipse 4.14。

4. 考点 1：使用 HBase API 对表进行增删改查

（1）建立和关闭连接

在使用 HBase 数据库前，必须首先建立连接，通过连接可以获取 Admin 子类，完成对数据库模型的操作。建立连接的步骤如下。

① 获取 Configuration HBase 配置类，设置 hbase.zookeeper.quorum 和 hbase.zookeeper.property.clientPort 分别表示 ZooKeeper 队列名称和 ZooKeeper 端口；

② 创建 Connection 类，用于连接 HBase；

③ 获取 Admin 表管理类，用来管理 HBase 数据库的表信息。

对 HBase 数据库操作结束之后，需要关闭数据库的连接。关闭连接的步骤如下。

① 关闭 Admin 对象的所有资源；

② 释放 HBase 数据库连接。

实现代码如下。

```
import java.io.IOException;
import org.apache.hadoop.conf.Configuration;
import org.apache.hadoop.hbase.HBaseConfiguration;
import org.apache.hadoop.hbase.client.Admin;
import org.apache.hadoop.hbase.client.Connection;
import org.apache.hadoop.hbase.client.ConnectionFactory;
import org.apache.hadoop.hbase.HColumnDescriptor;
import org.apache.hadoop.hbase.HTableDescriptor;
```

```
import org.apache.hadoop.hbase.TableName;
import org.apache.hadoop.hbase.util.Bytes;
import org.junit.Before;
import org.junit.After;
import org.junit.Test;

public class HBaseAPI {
//声明静态配置
static Configuration config = null;
Connection connect = null;
Admin admin = null;

//每次执行单元测试前都会执行该方法
@Before
public void init() throws IOException {
// (1)创建 HBase 配置对象(继承自 Hadoop 的 Configuration,这里使用父类的引用指向子类的对象的设计)
config = HBaseConfiguration.create();
// 通过 config.set()方法进行手动设置。设置 ZooKeeper 队列名称和端口
config.set("hbase.zookeeper.quorum", "localhost");
config.set("hbase.zookeeper.property.clientPort", "2181");
// (2)使用连接工厂根据配置器创建与 HBase 之间的连接对象
connect = ConnectionFactory.createConnection(config);
// (3)获取表管理类 Admin 的实例,用来管理 HBase 数据库的表信息
admin = connect.getAdmin();
}

//每次执行单元测试后都会执行该方法,关闭资源
@After
public void close() {
if (admin != null) {
try {
admin.close();// 关闭 Admin 对象的所有资源
} catch (IOException e) {
e.printStackTrace();
}
}
if (null != connect) {
try {
connect.close();// 释放 HBase 数据库连接
} catch (IOException e) {
e.printStackTrace();
}
}
}
}
```

（2）创建表

现要求通过 createHBaseTable( )方法创建一个名为“movie”的 HBase 表，该表拥有 1 个名为：“movie_info”的列簇，将该列簇的版本号设置为 3。创建表的步骤如下。

① 创建表描述类 HTableDescriptor 对象，定义表的名称；

② 创建列簇描述类 HColumnDescriptor 对象，定义表的列簇，并为列簇设置版本；

③ 通过表描述对象往表中添加列簇；

④ 使用 HBase 表管理类 Admin 提供的 createTable( )方法创建表。

实现代码如下。

```
private static final String TABLE_NAME = "movie"; //表名
private static final String CF_MOVIE = "movie_info"; //列簇 1

/**
 *创建 HBase 表(Admin 操作)
 *
 * @throws IOException
 */
@Test
public void createHBaseTable() throws IOException {
TableName tableName = TableName.valueOf(TABLE_NAME); //表名称
//如果表不存在则创建,若是存在则退出
if (! admin.tableExists(tableName)) {
// (1)创建表描述类对象,定义表的名称
HTableDescriptor desc = new HTableDescriptor(tableName);
// (2)创建列簇描述类对象,定义表的列簇
HColumnDescriptor columnFamily = new HColumnDescriptor(CF_MOVIE);
// 为列簇设置版本
columnFamily.setMaxVersions(3);
// (3)通过表描述对象往表中添加列簇
desc.addFamily(columnFamily);
// (4)使用 HBase 表管理对象创建表
admin.createTable(desc);
System.out.println("Create table success!");
} else {
System.out.println(tableName + " already exists!");
System.exit(0);// 退出
}
}
```

（3）查看表

我们可以使用原生 Java 客户端的方式列出所有的 HBase 表。查看表的步骤如下。

① 使用 HBase 表管理类 Admin 提供的 listTableNames( )方法查看 HBase 所有表；

② 使用 for 循环遍历输出表名，使用 getNameAsString( )方法将表名格式转换成 String 类型。

实现代码如下。

```
/ **
 * 查看表(Admin 操作)
 *
 * @throws IOException
 */
@Test
public void listTable() throws IOException {
//(1)列出所有的 HBase 表
TableName[] tables = admin.listTableNames();
//(2)使用 for 循环遍历输出表名
for (TableNametname : tables) {
// 将格式转换成 String 类型
System.out.println(tname.getNameAsString());
}
}
```

（4） 修改表

现要求为 movie 表新增一个名“evaluation”的列簇，版本号设置为 3，将“movie_info”列簇的版本数修改为 1，删除已存在的“movie_info”列簇。修改表的步骤如下。

① 创建表描述类 HTableDescriptor 对象，定义表的名称；

② 创建列簇描述类 HColumnDescriptor 对象，传入新增的列簇名，并将该列簇的版本数设置为 3；

③ 通过表描述对象往表中添加列簇；

④ 通过表描述对象提供的 getFamily( ) 方法获取“movie_info”列簇，将该列簇版本数修改为 1；

⑤ 使用表描述对象提供的 removeFamily( ) 方法删除“movie_info”列簇；

⑥ 使用 HBase 表管理类 Admin 提供的 modifyTable( ) 方法修改表。

实现代码如下。

```
/ **
 * 修改 HBase 表:新增、修改、删除列簇(Admin 操作)
 *
 * @throws IOException
 */
@Test
public void modifyHBaseTable() throws IOException {
TableName tableName = TableName.valueOf(TABLE_NAME); //表名称
//如果表存在则修改,若不存在则退出
if (admin.tableExists(tableName)) {
// (1)获取表描述类对象,定义表的名称
HTableDescriptor desc = admin.getTableDescriptor(tableName);
// (2)创建列簇的描述类对象,传入新增的列簇名
HColumnDescriptor new_cf = new HColumnDescriptor("evaluation");
// 为列簇设置版本
new_cf.setMaxVersions(3);
```

```
// (3)添加列簇
desc.addFamily(new_cf);
// (4)获取指定列簇对象
HColumnDescriptor movie_cf = desc.getFamily(Bytes.toBytes(CF_MOVIE));
// 修改列簇版本数
movie_cf.setMaxVersions(1);
// (5)删除列簇
desc.removeFamily(Bytes.toBytes(CF_MOVIE));
// (6)修改表(将修改后的描述对象应用到目标表中)
admin.modifyTable(tableName, desc);
System.out.println("Modify table success!");
} else {
System.out.println(tableName + " does not exist!");
System.exit(0);// 退出
}
}
```

（5）删除表

使用原生 Java 客户端删除表与创建表的操作不同，删除一张表需要分两步进行：第一步禁用表，第二步删除表。

现要求将 movie 表删除。删除表的步骤如下。

① 使用表描述对象提供的 disableTable( )方法禁用“movie”表；

② 使用表描述对象提供的 deleteTable( )方法删除“movie”表。

实现代码如下。

```
/**
 * 删除 HBase 表(Admin 操作)
 *
 * @throws IOException
 */
@Test
public void deleteHBaseTable() throws IOException {
TableName tableName = TableName.valueOf(TABLE_NAME); // 表名称
//判断表是否存在,若是存在则删除,不存在则退出
if (admin.tableExists(tableName)) {
// (1)禁用表
admin.disableTable(tableName);
// (2)删除表
admin.deleteTable(tableName);
System.out.println(TABLE_NAME + " is deleted!");
} else {
System.out.println(TABLE_NAME + " does not exist!");
System.exit(0);// 退出
}
}
```

5. 考点 2：使用 HBase API 对表数据进行增删改查

（1）添加数据

1）准备工作。

沿用 DDL 操作的 HBaseAPI 单元测试类，删除之前导入的包，之后导入 DML 相关的 API 包。需要导入的包如下。

```
//导入 DML 操作相关包
import java.io.IOException;
import org.apache.hadoop.conf.Configuration;
import org.apache.hadoop.hbase.HBaseConfiguration;
import org.apache.hadoop.hbase.client.Admin;
import org.apache.hadoop.hbase.client.Connection;
import org.apache.hadoop.hbase.client.ConnectionFactory;
import org.apache.hadoop.hbase.client.Put;
import org.apache.hadoop.hbase.util.Bytes;
import org.apache.hadoop.hbase.client.Table;
import org.apache.hadoop.hbase.TableName;
import org.apache.hadoop.hbase.Cell;
import org.apache.hadoop.hbase.CellUtil;
import org.apache.hadoop.hbase.client.Get;
import org.apache.hadoop.hbase.client.Result;
import org.apache.hadoop.hbase.client.ResultScanner;
import org.apache.hadoop.hbase.client.Scan;
import org.apache.hadoop.hbase.client.Delete;
import org.junit.Before;
import org.junit.After;
import org.junit.Test;
import java.util.List;
```

仅保留建立和关闭连接的 init( ) 和 close( ) 两个方法，其他方法均删除。

进入 HBase Shell 交互模式，在该模式下，创建名为“movie”的 HBase 表，该表有 1 个列簇：“movie_info”，将该列簇的版本号设置为 3。使用如下命令创建表和列簇。

```
hbase shell
create 'movie',{NAME=>'movie_info',VERSIONS=>3}
```

执行上述命令，结果如图 3-201 所示。

```
hbase(main):001:0> create 'movie',{NAME=>'movie_info',VERSIONS=>3}
0 row(s) in 1.4520 seconds

=> Hbase::Table - movie
```

图 3-201　创建 movie 表

为 HBase 数据库表添加数据，需要指定行键、列簇、列限定符以及时间戳，其中，时间戳可以在添加数据时由系统自动生成。因此，向表里添加数据时，需要提供行键、列簇和列限定符及数据值信息。

2）数据说明。

前面的操作已经创建了“movie”表，接下来通过 put( )方法将以下三行数据插入该表：

```
tt13462900,长津湖,2021-09-30,7.4
tt13364790,你好,李焕英,2021-02-12,7.8
tt15465312,我和我的父辈,2021-09-30,6.9
```

3）字段含义。

- tt13462900：IMDb，IMDb 编码
- 长津湖：name，电影名称
- 2021-09-30：release_time，上映时间
- 7.4：score，评分

其中，“IMDb”为行键。“movie_info”列簇中包含“name”“release_time”和“score”列。

4）添加数据步骤。

① 导入 DML 相关 API 包；

② 创建表访问类 Table 对象，用于与 HBase 表进行通信；

③ 创建添加数据类 Put 对象，使用 Put 对象封装需要添加的信息，一个 Put 代表一行，构造函数传入 RowKey；

④ 往 Put 对象上添加列簇、列以及值信息；

⑤ 使用 HBase 表访问类 Table 提供的 put( )方法往 HBase 表中添加数据；

⑥ 最后，关闭 Table 对象的所有资源。

实现代码如下。

```
private static final String TABLE_NAME = "movie"; //表名
private static final String CF_MOVIE = "movie_info"; //列簇 1
private static final String ROWKEY1 = "tt13462900"; //行键 1
private static final String ROWKEY2 = "tt13364790"; //行键 2
private static final String ROWKEY3 = "tt15465312"; //行键 3

/**
 * 向 HBase 表中添加数据(Table 操作)
 *
 * @throws IOException
 */
@Test
public void insertData() throws IOException {
TableName tableName = TableName.valueOf(TABLE_NAME); // 表名称
// 如果表存在则插入数据,否则提示表不存在并退出
if (admin.tableExists(tableName)) {
// (1)创建 Table 对象,与 HBase 表进行通信
Table table = connect.getTable(tableName);
// (2)创建 Put 对象。使用 Put 对象封装需要添加的信息,一个 Put 代表一行,构造函数传入的是 RowKey
Put put1 = new Put(Bytes.toBytes(ROWKEY1));
// (3)往 Put 对象上添加信息(列簇,列,值)
put1.addColumn(Bytes.toBytes(CF_MOVIE), Bytes.toBytes("name"), Bytes.toBytes("长津湖"));
put1.addColumn(Bytes.toBytes (CF_MOVIE), Bytes.toBytes ("release_time"), Bytes.toBytes
("2021-09-30"));
```

```
    put1.addColumn(Bytes.toBytes(CF_MOVIE), Bytes.toBytes("score"), Bytes.toBytes("7.4"));
    // 再增加一行
    Put put2 = new Put(Bytes.toBytes(ROWKEY2));
    put2.addColumn(Bytes.toBytes(CF_MOVIE), Bytes.toBytes("name"), Bytes.toBytes("你好,李焕英"));
    put2.addColumn(Bytes.toBytes(CF_MOVIE), Bytes.toBytes("release_time"), Bytes.toBytes
("2021-02-12"));
    put2.addColumn(Bytes.toBytes(CF_MOVIE), Bytes.toBytes("score"), Bytes.toBytes("7.8"));
    // 再增加一行
    Put put3 = new Put(Bytes.toBytes(ROWKEY3));
    put3.addColumn(Bytes.toBytes(CF_MOVIE), Bytes.toBytes("name"), Bytes.toBytes("我和我的父辈"));
    put3.addColumn(Bytes.toBytes(CF_MOVIE), Bytes.toBytes("release_time"), Bytes.toBytes
("2021-09-30"));
    put3.addColumn(Bytes.toBytes(CF_MOVIE), Bytes.toBytes("score"), Bytes.toBytes("6.9"));
    // (4)往表中添加数据
    table.put(put1);
    table.put(put2);
    table.put(put3);
    System.out.println("Add data success!");
    // (5)关闭 Table 对象的所有资源
    table.close();
    } else {
    System.out.println(TABLE_NAME + " does not exist!");
    System.exit(0);// 退出
    }
    }
```

（2）查询数据

1）单行查询。

通过 get( )方法从“movie”表中查询 RowKey 为“tt13462900”的单行数据。单行查询数据的步骤如下。

① 创建获取数据类 Get 对象，使用 Get 对象封装需要获取的信息，构造函数传入 RowKey；

② 创建表访问类 Table 对象，用于与 HBase 表进行通信；

③ 使用 HBase 表访问类 Table 提供的 get( )方法获取 Get 查询的单行结果，返回一个 Result 结果集；

④ 通过 Result 结果集得到一个 Cell 集合，分别打印行键、列簇、列以及对应值；

⑤ 最后，关闭 Table 对象的所有资源。

实现代码如下。

```
/**
 * 获取单行数据:根据 rowkey 查询(Table 操作)
 *
 * @throws IOException
 */
@Test
```

```
public void getResult() throws IOException {
//(1)创建 Get 对象,获取 ROWKEY1 行对应的数据
Get getdata = new Get(Bytes.toBytes(ROWKEY1));
//(2)创建 Table 对象,与 HBase 表进行通信
Table table = connect.getTable(TableName.valueOf(TABLE_NAME));
//(3)返回一个 result 结果集(Result 类用来获取 Get 或扫描查询的单行结果)
Result result = table.get(getdata);
//(4)通过 result 得到一个 Cell 集合
List<Cell>listCells = result.listCells();
for (Cell cell :listCells) {
// 分别对每个 cell 打印,获取行键、列簇、列以及对应值
System.out.println(new String(CellUtil.cloneRow(cell)) + "\t" + new String(CellUtil.
cloneFamily(cell))
+ "\t" + new String(CellUtil.cloneQualifier(cell)) + "\t" + new String(CellUtil.cloneValue
(cell)));
}
//(5)关闭 Table 对象的所有资源
table.close();
}
```

运行上述程序，结果如图 3-202 所示。

```
tt13462900      movie_info      name    长津湖
tt13462900      movie_info      release_time    2021-09-30
tt13462900      movie_info      score   7.4
2022-11-16 17:57:29,287 INFO [org.apache.hadoop.hbase.client.ConnectionManager$HConnectionImplementation] - Closing zookeeper sessionid=0x1000000386e000f
2022-11-16 17:57:29,288 INFO [org.apache.zookeeper.ZooKeeper] - Session: 0x1000000386e000f closed
2022-11-16 17:57:29,292 INFO [org.apache.zookeeper.ClientCnxn] - EventThread shut down for session: 0x1000000386e000f
```

图 3-202　查询行键为 tt13462900 的数据

2）全表查询。

通过 scan 查询“movie”表所有数据。全表查询数据的步骤如下。

① 创建表访问类 Table 对象，用于与 HBase 表进行通信；

② 使用 HBase 表访问类 Table 提供的 getScanner( ) 方法获取表扫描类 ResultScanner 对象，用于获取所有行的数据；

③ 遍历包含 n 个 Result 的 ResultScanner 结果集，通过 Result 结果集得到一个 Cell 集合，分别打印行键、列簇、列以及对应值；

④ 使用完 ResultScanner 之后调用它的 close( ) 方法将其关闭；

⑤ 最后，关闭 Table 对象的所有资源。

实现代码如下。

```
/ **
 * 获取所有数据:全表扫描(Table 操作)
 *
 * @throws IOException
 */
@Test
public void getResultScan() throws IOException {
//(1)创建 Table 对象,与 HBase 表进行通信
```

```
    Table table = connect.getTable(TableName.valueOf(TABLE_NAME));
    //(2)创建 ResultScanner 对象,用于获取所有行的数据
    Scan scan = new Scan();//获取一个 scan 实例
    ResultScannerrs = null;
    try {
    // 返回一个 scanner 结果集,里面包含 n 个 result,一个 result 代表着一行数据
    rs = table.getScanner(scan);
    // (3)遍历包含 n 个 result 的 scanner 结果集
    for (Result result :rs) {
    // 通过 result 得到一个 Cell 集合
    List<Cell>listCells = result.listCells();
    for (Cell cell :listCells) {
    // 分别对每个 cell 打印,获取行键、列簇、列以及对应值
    System.out.println(new String(CellUtil.cloneRow(cell)) + "\t"
    + new String (CellUtil. cloneFamily (cell)) + " \t" + new String (CellUtil. cloneQualifier
(cell))
    + "\t" + new String(CellUtil.cloneValue(cell)));
    }
    }
    } finally {
    // (4)使用完 ResultScanner 之后调用它的 close()方法,放到 finally 中保证其在迭代获取数据过程中出现
异常和错误时,仍然能执行 close()
    rs.close();
    // (5)关闭 Table 对象的所有资源
    table.close();
    }
    }
```

运行上述程序，结果如图 3-203 所示。

```
tt13364790      movie_info      name     你好，李焕英
tt13364790      movie_info      release_time     2021-02-12
tt13364790      movie_info      score    7.8
tt13462900      movie_info      name     长津湖
tt13462900      movie_info      release_time     2021-09-30
tt13462900      movie_info      score    7.4
tt15465312      movie_info      name     我和我的父辈
tt15465312      movie_info      release_time     2021-09-30
tt15465312      movie_info      score    6.9
2022-11-16 18:00:03,774 INFO [org.apache.hadoop.hbase.client.ConnectionManager$HConnectionImplementation] - Closing zookeeper sessionid=0x1000000386e0010
2022-11-16 18:00:03,775 INFO [org.apache.zookeeper.ZooKeeper] - Session: 0x1000000386e0010 closed
2022-11-16 18:00:03,776 INFO [org.apache.zookeeper.ClientCnxn] - EventThread shut down for session: 0x1000000386e0010
```

图 3-203　扫描 movie 表中全部数据

（3） 修改数据

通过 put( )方法将“长津湖”的评分修改为“7.5”。修改数据的步骤如下。

① 创建表访问类 Table 对象，用于与 HBase 表进行通信；

② 创建添加数据类 Put 对象，使用 Put 对象封装需要添加的信息，一个 Put 代表一行，构造函数传入 RowKey；

③ 往 Put 对象上添加列簇、列以及值信息；

④ 使用 HBase 表访问类 Table 提供的 put( ) 方法修改 HBase 表中数据；

⑤ 最后，关闭 Table 对象的所有资源。

实现代码如下。

```
/ **
 * 修改列数据:和添加数据一样,直接覆盖(Table 操作)
 *
 * @throws IOException
 */
@Test
public void updateData() throws IOException {
//(1)创建 Table 对象,与 HBase 表进行通信
Table table = connect.getTable(TableName.valueOf(TABLE_NAME));
//(2)创建 Put 对象。使用 Put 对象封装需要添加的信息,一个 Put 代表一行,构造函数传入的是 RowKey
Put put = new Put(Bytes.toBytes(ROWKEY1));
//(3)往 Put 对象上添加信息(列簇,列,值)
put.addColumn(Bytes.toBytes(CF_MOVIE),Bytes.toBytes("score"),Bytes.toBytes("7.5"));
//(4)往表中添加数据(此处为修改数据)
table.put(put);
System.out.println("Update data success!");
//(5)关闭 Table 对象的所有资源
table.close();
}
```

运行上述程序后，重新执行 getResult( )方法验证数据是否修改成功，结果如图 3-204 所示。

```
tt13462900      movie_info      name    长津湖
tt13462900      movie_info      release_time    2021-09-30
tt13462900      movie_info      score   7.5
2022-11-16 18:02:17,941 INFO [org.apache.hadoop.hbase.client.ConnectionManager$HConnectionImplementation] - Closing zookeeper sessionid=0x1000000386e0012
2022-11-16 18:02:17,943 INFO [org.apache.zookeeper.ZooKeeper] - Session: 0x1000000386e0012 closed
2022-11-16 18:02:17,945 INFO [org.apache.zookeeper.ClientCnxn] - EventThread shut down for session: 0x1000000386e0012
```

图 3-204　验证数据是否修改成功

(4) 删除数据

通过 delete( )方法删除 movie 表中 RowKey 为“tt13462900”的数据记录。删除数据的步骤如下。

① 创建表访问类 Table 对象，用于与 HBase 表进行通信；

② 创建删除数据类 Delete 对象，使用 Delete 对象封装要删除的整行数据；

③ 使用 HBase 表访问类 Table 提供的 delete( )方法删除整行数据；

④ 最后，关闭 Table 对象的所有资源。

实现代码如下。

```
/ **
 * 删除指定行数据(Table 操作)
 *
 * @throws IOException
 */
@Test
public void deleteData() throws IOException {
//(1)创建 Table 对象,与 HBase 表进行通信
```

```
Table table = connect.getTable(TableName.valueOf(TABLE_NAME));
//(2)创建 Delete 对象,封装整行数据
Delete del = new Delete(Bytes.toBytes(ROWKEY1));
//(3)删除整行数据
table.delete(del);
System.out.println("Data is deleted!");
//(4)关闭 Table 对象的所有资源
table.close();
}
```

运行上述程序后，进入 HBase 的 Shell 中使用 scan 命令扫描 movie 表检查行键为“tt13462900”的记录是否已被删除。结果如图 3-205 所示。

```
hbase(main):003:0> scan 'movie'
ROW                  COLUMN+CELL
tt13364790           column=movie_info:name, timestamp=1668591834246, value=\xE4\xBD\xA0\xE5\xA5\xBD\xEF\xBC\x8C\xE6\x9D\x8E\xE7\
                     x84\x95\xE8\x8B\xB1
tt13364790           column=movie_info:release_time, timestamp=1668591834246, value=2021-02-12
tt13364790           column=movie_info:score, timestamp=1668591834246, value=7.8
tt15465312           column=movie_info:name, timestamp=1668591834249, value=\xE6\x88\x91\xE5\x92\x8C\xE6\x88\x91\xE7\x9A\x84\xE7\
                     x88\xB6\xE8\xBE\x88
tt15465312           column=movie_info:release_time, timestamp=1668591834249, value=2021-09-30
tt15465312           column=movie_info:score, timestamp=1668591834249, value=6.9
2 row(s) in 0.0110 seconds
```

图 3-205　验证行键为 tt13462900 的数据是否已被删除

3.3.4　使用 HBase 的过滤器

1. 概述

HBase 不仅提供了这些简单的查询，而且提供了种类丰富的过滤器（Filter）来提高数据处理的效率，用户可以通过内置或自定义的过滤器来对数据进行过滤，所有的过滤器都在服务端生效。这样可以保证过滤掉的数据不会被传送到客户端，从而减轻网络传输和客户端处理的压力。

过滤器可以根据行键、列簇、列、版本等条件来对数据进行过滤。HBase 过滤器的类型很多，但是可以分为两大类——比较过滤器和专用过滤器。

常用比较过滤器共有四个（HBase 1.X 版本和 2.X 版本相同），分别是：RowFilter（行键过滤器）、FamilyFilter（列簇过滤器）、QualifierFilter（列过滤器）和 ValueFilter（值过滤器）。

另外，比较过滤器需要两个参数：比较运算符和比较器。通过比较器可以实现多样化目标匹配效果，常用的比较器类型有：BinaryComparator（二进制比较器）、BinaryPrefixComparator（前缀二进制比较器）、RegexStringComparator（正则比较器）和 SubstringComparator（子串匹配比较器）。

2. 目标

使用 HBase 的比较过滤器完成数据过滤。

3. 准备

操作系统：CentOS 7.3。

软件版本：JDK 1.8、Hadoop 2.7.7、HBase 1.6.0、Eclipse4.14。

4. 考点 1：比较过滤器的应用

（1）建立和关闭连接

使用 HBase API 建立连接的步骤如下。

① 获取 Configuration HBase 配置类，设置 hbase.zookeeper.quorum 和 hbase.zookeeper.property.cslientPort 分别表示 ZooKeeper 队列名称和 ZooKeeper 端口，以及导入相关包；

② 创建 Connection 类，用于连接 HBase；

③ 获取 Admin 表管理类，用来管理 HBase 数据库的表信息。

对 HBase 数据库操作结束之后，需要关闭数据库的连接。关闭连接的步骤如下。

① 关闭 Admin 对象的所有资源；

② 释放 HBase 数据库连接。

实现代码如下。

```
import java.io.IOException;
import org.apache.hadoop.conf.Configuration;
import org.apache.hadoop.hbase.HBaseConfiguration;
import org.apache.hadoop.hbase.client.Admin;
import org.apache.hadoop.hbase.client.Connection;
import org.apache.hadoop.hbase.client.ConnectionFactory;
import org.apache.hadoop.hbase.Cell;
import org.apache.hadoop.hbase.CellUtil;
import org.apache.hadoop.hbase.client.Result;
import org.apache.hadoop.hbase.client.ResultScanner;
import org.apache.hadoop.hbase.client.Scan;
import org.apache.hadoop.hbase.client.Table;
import org.apache.hadoop.hbase.TableName;
import org.apache.hadoop.hbase.filter.BinaryComparator;
import org.apache.hadoop.hbase.filter.CompareFilter;
import org.apache.hadoop.hbase.filter.Filter;
import org.apache.hadoop.hbase.filter.RowFilter;
import org.apache.hadoop.hbase.util.Bytes;
import org.apache.hadoop.hbase.filter.BinaryPrefixComparator;
import org.apache.hadoop.hbase.filter.FamilyFilter;
import org.apache.hadoop.hbase.filter.RegexStringComparator;
import org.apache.hadoop.hbase.filter.QualifierFilter;
import org.apache.hadoop.hbase.filter.SubstringComparator;
import org.apache.hadoop.hbase.filter.FilterList;
import org.apache.hadoop.hbase.filter.ValueFilter;
import org.junit.Before;
import org.junit.After;
import org.junit.Test;
import java.util.List;

public class HBaseAPI {
//声明静态配置
static Configuration config = null;
Connection connect = null;
Admin admin = null;
```

```
//每次执行单元测试前都会执行该方法
@Before
public void init() throws IOException {
// (1)创建 HBase 配置对象(继承自 Hadoop 的 Configuration,这里使用父类的引用指向子类的对象的设计)
config = HBaseConfiguration.create();
// 通过 config.set()方法进行手动设置。设置 ZooKeeper 队列名称和端口
config.set("hbase.zookeeper.quorum", "localhost");
config.set("hbase.zookeeper.property.clientPort", "2181");
// (2)使用连接工厂根据配置器创建与 HBase 之间的连接对象
connect = ConnectionFactory.createConnection(config);
// (3)获取表管理类 Admin 的实例,用来管理 HBase 数据库的表信息
admin = connect.getAdmin();
}

//每次执行单元测试后都会执行该方法,关闭资源
@After
public void close() {
if (admin ! = null) {
try {
admin.close();// 关闭 Admin 对象的所有资源
} catch (IOException e) {
e.printStackTrace();
}
}
if (null ! = connect) {
try {
connect.close();// 释放 HBase 数据库连接
} catch (IOException e) {
e.printStackTrace();
}
}
}
}
```

（2）创建 HBase 表并添加数据

1）新建 HBase 表。

进入 HBase Shell 交互模式，在该模式下，创建名为“movie”的 HBase 表，该表拥有 1 个名为：“movie_info”的列簇，将该列簇的版本号设置为 3。

```
//进入 HBase 的 shell 终端
hbase shell
//创建 movie 表以及列簇和列
create 'movie',{NAME=>'movie_info',VERSIONS=>3}
```

2）添加数据。

使用 HBase Shell 命令向“movie”表中添加以下五行数据。

```
tt13462900,长津湖,2021-09-30,7.4
tt13364790,你好,李焕英,2021-02-12,7.8
tt15465312,我和我的父辈,2021-09-30,6.9
tt14810692,摩加迪沙,2021-07-28,8.1
tt13696296,中国医生,2021-07-09,6.9
```

执行以下命令，向 movie 表中添加数据。

```
put 'movie','tt13462900','movie_info:name','长津湖'
put 'movie','tt13462900','movie_info:release_time','2021-09-30'
put 'movie','tt13462900','movie_info:score','7.4'
put 'movie','tt13364790','movie_info:name','你好,李焕英'
put 'movie','tt13364790','movie_info:release_time','2021-02-12'
put 'movie','tt13364790','movie_info:score','7.8'
put 'movie','tt15465312','movie_info:name','我和我的父辈'
put 'movie','tt15465312','movie_info:release_time','2021-09-30'
put 'movie','tt15465312','movie_info:score','6.9'
put 'movie','tt14810692','movie_info:name','摩加迪沙'
put 'movie','tt14810692','movie_info:release_time','2021-07-28'
put 'movie','tt14810692','movie_info:score','8.1'
put 'movie','tt13696296','movie_info:name','中国医生'
put 'movie','tt13696296','movie_info:release_time','2021-07-09'
put 'movie','tt13696296','movie_info:score','6.9'
```

执行上述命令后，使用 scan 扫描 movie 表验证数据是否添加成功。

(3) 行键过滤器

使用 HBase Shell 和 HBase Java API 两种方式完成以下需求。

① 通过行键过滤器 RowFilter，从 movie 表中查询行键为“tt13462900”的数据记录（要求使用 BinaryComparator 二进制比较器）。

```
scan 'movie',{FILTER =>"RowFilter(=,'binary:tt13462900')"}
```

实现代码如下。

```
private static final String TABLE_NAME = "movie"; //表名

/**
 * 比较过滤器:行键过滤器、列簇过滤器、列过滤器、值过滤器
 *
 */
@Test
public void CompareFilterTest() throws IOException {
//创建 Table 对象,与 HBase 表进行通信
Table table = connect.getTable(TableName.valueOf(TABLE_NAME));
//获取一个 scan 实例,进行全表扫描
Scan scan = new Scan();

    //(1)从 movie 表中查询行键为“tt13462900”的数据记录
```

```
    Filter rf = new RowFilter(CompareFilter.CompareOp.EQUAL, new BinaryComparator(Bytes.to-
Bytes("tt13462900")));
    //使用 setFilter()方法将过滤器添加到 scan 实例中
    scan.setFilter(rf);

    //返回一个 scanner 结果集,里面包含 n 个 result
    ResultScanner rscanner = table.getScanner(scan);
    for (Result result :rscanner) {
    // 通过 result 得到一个 Cell 的集合
    List<Cell>listCells = result.listCells();
    for (Cell cell :listCells) {
    // 分别对每个 cell 打印,获取行键、列簇、列以及对应值
    System.out.print(new String(CellUtil.cloneRow(cell)) + "\t");
    System.out.print(new String(CellUtil.cloneFamily(cell)) + "\t");
    System.out.print(new String(CellUtil.cloneQualifier(cell)) + "\t");
    System.out.println(new String(CellUtil.cloneValue(cell)));
    }
    }
    //使用完 ResultScanner 之后调用它的 close()方法
    rscanner.close();
    //关闭 Table 对象的所有资源
    table.close();
    }
```

运行上述程序，结果如图 3-206 所示。

```
tt13462900      movie_info      name    长津湖
tt13462900      movie_info      release_time    2021-09-30
tt13462900      movie_info      score   7.4
```

图 3-206　过滤指定行键

② 通过行键过滤器 RowFilter，从 movie 表中匹配以“tt13”开头的行键。修改原有的 CompareFilterTest( )单元测试方法（要求使用 BinaryComparator 二进制比较器）。

```
    scan 'movie',{FILTER =>"RowFilter(=,'binaryprefix:tt13')"}
```

实现代码如下。

```
    //(2)从 movie 表中匹配以“tt13”开头的行键
    Filter rf2 = new RowFilter (CompareFilter. CompareOp. EQUAL, new BinaryPrefixComparator
(Bytes.toBytes("tt13")));
    //使用 setFilter()方法将过滤器添加到 scan 实例中
    scan.setFilter(rf2);
```

运行上述程序，结果如图 3-207 所示。

```
tt13364790      movie_info      name    你好，李焕英
tt13364790      movie_info      release_time    2021-02-12
tt13364790      movie_info      score   7.8
tt13462900      movie_info      name    长津湖
tt13462900      movie_info      release_time    2021-09-30
tt13462900      movie_info      score   7.4
tt13696296      movie_info      name    中国医生
tt13696296      movie_info      release_time    2021-07-09
tt13696296      movie_info      score   6.9
```

图 3-207　模糊匹配行键过滤

(4) 列簇过滤器

使用 HBase Shell 和 HBase Java API 两种方式完成以下需求。

① 通过列簇过滤器 FamilyFilter，从 movie 表中查询列簇为“movie_info”的数据记录。修改原有的 CompareFilterTest( )单元测试方法（要求使用 BinaryComparator 二进制比较器）。

```
scan 'movie',{FILTER =>"FamilyFilter(=,'binary:movie_info')"}
```

实现代码如下。

```
//(2)列簇过滤器
//从 movie 表中查询列簇为“movie_info”的数据记录
Filter ff = new FamilyFilter(CompareFilter.CompareOp.EQUAL, new BinaryComparator(Bytes.
toBytes("movie_info")));
//使用 setFilter()方法将过滤器添加到 scan 实例中
scan.setFilter(ff);
```

运行上述程序，结果如图 3-208 所示。

```
tt13364790    movie_info    name    你好，李焕英
tt13364790    movie_info    release_time    2021-02-12
tt13364790    movie_info    score    7.8
tt13462900    movie_info    name    长津湖
tt13462900    movie_info    release_time    2021-09-30
tt13462900    movie_info    score    7.4
tt13696296    movie_info    name    中国医生
tt13696296    movie_info    release_time    2021-07-09
tt13696296    movie_info    score    6.9
tt14810692    movie_info    name    摩加迪沙
tt14810692    movie_info    release_time    2021-07-28
tt14810692    movie_info    score    8.1
tt15465312    movie_info    name    我和我的父辈
tt15465312    movie_info    release_time    2021-09-30
tt15465312    movie_info    score    6.9
```

图 3-208　过滤列簇为 movie_info 的数据

② 通过列簇过滤器 FamilyFilter，从 movie 表中匹配以“info”结尾的列簇。修改原有的 CompareFilterTest( )单元测试方法（要求使用 RegexStringComparator 正则比较器，需导入相应类）。

```
import org.apache.hadoop.hbase.filter.CompareFilter
import org.apache.hadoop.hbase.filter.RegexStringComparator
import org.apache.hadoop.hbase.filter.FamilyFilter
scan 'movie',{FILTER =>FamilyFilter.new(CompareFilter::CompareOp.valueOf('EQUAL'), Re-
gexStringComparator.new('info $'))}
```

实现代码如下。

```
//从 movie 表中匹配以“info”结尾的列簇
Filter ff2 = new FamilyFilter(CompareFilter.CompareOp.EQUAL, new RegexStringComparator("
info $"));
//使用 setFilter()方法将过滤器添加到 scan 实例中
scan.setFilter(ff2);
```

运行上述程序，结果如图 3-209 所示。

(5) 列过滤器

使用 HBase Shell 和 HBase Java API 两种方式完成以下需求。

```
tt13364790      movie_info      name    你好，李焕英
tt13364790      movie_info      release_time    2021-02-12
tt13364790      movie_info      score   7.8
tt13462900      movie_info      name    长津湖
tt13462900      movie_info      release_time    2021-09-30
tt13462900      movie_info      score   7.4
tt13696296      movie_info      name    中国医生
tt13696296      movie_info      release_time    2021-07-09
tt13696296      movie_info      score   6.9
tt14810692      movie_info      name    摩加迪沙
tt14810692      movie_info      release_time    2021-07-28
tt14810692      movie_info      score   8.1
tt15465312      movie_info      name    我和我的父辈
tt15465312      movie_info      release_time    2021-09-30
tt15465312      movie_info      score   6.9
```

图 3-209　过滤以 info 结尾的列簇数据

① 通过列过滤器 QualifierFilter，从 movie 表中查询列名中包含“ea”的数据记录。修改原有的 CompareFilterTest( )单元测试方法（要求使用 SubstringComparator 子串匹配比较器）。

```
scan 'movie',{FILTER =>"QualifierFilter(=,'substring:ea')"}
```

实现代码如下。

```
//(3)列过滤器
//从 movie 表中查询列名中包含“ea”的数据记录
Filter qf = new QualifierFilter(CompareFilter.CompareOp.EQUAL, new SubstringComparator("ea"));
//使用 setFilter()方法将过滤器添加到 scan 实例中
scan.setFilter(qf);
```

运行上述程序，结果如图 3-210 所示。

```
tt13364790      movie_info      release_time    2021-02-12
tt13462900      movie_info      release_time    2021-09-30
tt13696296      movie_info      release_time    2021-07-09
tt14810692      movie_info      release_time    2021-07-28
tt15465312      movie_info      release_time    2021-09-30
```

图 3-210　过滤列名中带 ea 的列

② 通过列过滤器 QualifierFilter，从 movie 表中匹配不是全英文命名的列名。修改原有的 CompareFilterTest( )单元测试方法（要求使用 RegexStringComparator 正则比较器）。

```
import org.apache.hadoop.hbase.filter.CompareFilter
import org.apache.hadoop.hbase.filter.RegexStringComparator
import org.apache.hadoop.hbase.filter.QualifierFilter
scan 'movie',{FILTER =>QualifierFilter.new(CompareFilter::CompareOp.valueOf('EQUAL'),
RegexStringComparator.new('[^a-z]'))}
```

实现代码如下。

```
//从 movie 表中匹配不是全英文命名的列名
Filter qf2 = new QualifierFilter(CompareFilter.CompareOp.EQUAL, new RegexStringComparator
("[^a-z]"));
//使用 setFilter()方法将过滤器添加到 scan 实例中
scan.setFilter(qf2);
```

运行上述程序，结果如图 3-211 所示。

```
tt13364790      movie_info      release_time    2021-02-12
tt13462900      movie_info      release_time    2021-09-30
tt13696296      movie_info      release_time    2021-07-09
tt14810692      movie_info      release_time    2021-07-28
tt15465312      movie_info      release_time    2021-09-30
```

图 3-211　匹配不是全英文命名的列名

(6) 值过滤器

使用 HBase Shell 和 HBase Java API 两种方式完成以下需求：

① 通过值过滤器 ValueFilter，从 movie 表中查询电影评分大于等于“7.0”的数据记录。修改原有的 CompareFilterTest( ) 单元测试方法（要求使用 BinaryComparator 二进制比较器和过滤器列表）。

```
scan'movie',{FILTER =>"(QualifierFilter(=,'binary:score')) AND (ValueFilter(>=,'binary:7.0'))"}
```

实现代码如下。

```
//(4)值过滤器
//定义过滤器列表,多个过滤器之间的关系有:与关系(MUST_PASS_ALL)和或关系(MUST_PASS_ONE)
FilterList filterList = new FilterList(FilterList.Operator.MUST_PASS_ALL);
//从 movie 表中查询电影评分大于等于"7.0"的数据记录
Filter filter1 = new QualifierFilter(CompareFilter.CompareOp.EQUAL,newBinaryComparator(Bytes.toBytes("score")));
Filter filter2 = new ValueFilter(CompareFilter.CompareOp.GREATER_OR_EQUAL, new BinaryComparator(Bytes.toBytes("7.0")));
//将多个过滤器分别添加到过滤器列表中
filterList.addFilter(filter1);
filterList.addFilter(filter2);
//使用 setFilter()方法将过滤器列表添加到 scan 实例中
scan.setFilter(filterList);
```

运行上述程序，结果如图 3-212 所示。

```
tt13364790      movie_info      score   7.8
tt13462900      movie_info      score   7.4
tt14810692      movie_info      score   8.1
```

图 3-212　过滤电影评分大于等于 7.0 的数据

② 通过列过滤器 QualifierFilter，从 movie 表中查询 2021 年 9 月上映的电影 IMDb 编码。修改原有的 CompareFilterTest( ) 单元测试方法（要求使用 SubstringComparator 子串匹配比较器）。

```
scan'movie',{FILTER =>"(ValueFilter(=,'substring:2021-09'))"}
```

实现代码如下。

```
//从 movie 表中查询 2021 年 9 月上映的电影 IMDb 编码
Filter vf = new ValueFilter(CompareFilter.CompareOp.EQUAL, new SubstringComparator("2021-09"));
//使用 setFilter()方法将过滤器添加到 scan 实例中
scan.setFilter(vf);
```

运行上述程序，结果如图 3-213 所示。

```
tt13462900      movie_info      release_time      2021-09-30
tt15465312      movie_info      release_time      2021-09-30
```

图3-213 过滤2021年9月上映的电影

3.3.5 HBase与MapReduce的集成

1. 概述

HBase对MapReduce计算框架提供了完善的一套API接口，在编写MapReduce程序时，只需要继承TableMapper和TableReducer即可完成对HBase数据表的增删改查逻辑实现。使用TableMapReduceUtil工具类来指定构建对HBase表进行操作的Mapper和Reducer类以及Driver驱动类。

2. 目标

使用HBase提供的MapReduce API完成WordCount实例。

3. 准备

操作系统：CentOS 7.3。

软件版本：JDK 1.8、Hadoop 2.7.7、HBase 1.6.0、Eclipse4.14。

4. 考点1：准备数据

（1）创建HBase表

进入HBase Shell交互模式，在该模式下，创建名为“words”的HBase表，该表有一个名为“content”的列簇。

```
hbase shell
create 'words','content'
```

（2）导入数据

使用HDFS Shell的mkdir命令在HDFS的根目录（/）下创建/words目录。

```
hadoop fs -mkdir /words
```

使用HDFS Shell的put命令将/root/data/3_3_1/words.txt文件上传到HDFS的/words目录下。

```
hadoop fs -put /root/data/3_3_1/words.txt /words
```

执行importtsv命令将HDFS中/words/movie.txt TSV格式数据导入HBase的“words”表。其中，第一列为HBASE_ROW_KEY（行键），“text”属于“content”列簇。

```
export HADOOP_CLASSPATH=$HBASE_HOME/lib/*:classpath#向Hadoop中添加对HBase的依赖包
hadoop jar $HBASE_HOME/lib/hbase-server-1.6.0.jar importtsv Dimporttsv.columns=HBASE_ROW_KEY,content:text words /words/words.txt
```

执行上述命令，结果如图3-214所示。

5. 考点2：HBase的WordCount实现

（1）创建项目

1）新建MapReduce项目。

打开Eclipse，使用默认的工作空间，创建名为“word”的Map/Reduce Project，在

“word”项目下创建名为 com.examples.wordcount 的 package 包。在 com.examples.wordcount 包下创建一个名为 WordCount 的 class 文件。

```
→ ~ export HADOOP_CLASSPATH=$HBASE_HOME/lib/*:classpath
→ ~ hadoop jar $HBASE_HOME/lib/hbase-server-1.6.0.jar importtsv \
> -Dimporttsv.columns=HBASE_ROW_KEY,content:text \
> words /words/words.txt
SLF4J: Class path contains multiple SLF4J bindings.
SLF4J: Found binding in [jar:file:/root/software/hadoop-2.7.7/share/hadoop/common/lib/slf4j-log4j12-1.7.10.jar!/org/slf4j/impl/StaticLoggerBinder.
class]
SLF4J: Found binding in [jar:file:/root/software/hbase-1.6.0/lib/slf4j-log4j12-1.7.25.jar!/org/slf4j/impl/StaticLoggerBinder.class]
SLF4J: See http://www.slf4j.org/codes.html#multiple_bindings for an explanation.
SLF4J: Actual binding is of type [org.slf4j.impl.Log4jLoggerFactory]
22/11/14 17:38:13 INFO zookeeper.RecoverableZooKeeper: Process identifier=hconnection-0x475b7792 connecting to ZooKeeper ensemble=localhost:2181
22/11/14 17:38:13 INFO zookeeper.ZooKeeper: Client environment:zookeeper.version=3.4.6-1569965, built on 02/20/2014 09:09 GMT
22/11/14 17:38:13 INFO zookeeper.ZooKeeper: Client environment:host.name=qingjiao
22/11/14 17:38:13 INFO zookeeper.ZooKeeper: Client environment:java.version=1.8.0_221
22/11/14 17:38:13 INFO zookeeper.ZooKeeper: Client environment:java.vendor=Oracle Corporation
22/11/14 17:38:13 INFO zookeeper.ZooKeeper: Client environment:java.home=/root/software/jdk1.8.0_221/jre
22/11/14 17:38:13 INFO zookeeper.ZooKeeper: Client environment:java.class.path=/root/software/hadoop-2.7.7/etc/hadoop:/root/software/hadoop-2.7.7/
share/hadoop/common/lib/commons-math3-3.1.1.jar:/root/software/hadoop-2.7.7/share/hadoop/common/lib/jsp-api-2.1.jar:/root/software/hadoop-2.7.7/sh
are/hadoop/common/lib/avro-1.7.4.jar:/root/software/hadoop-2.7.7/share/hadoop/common/lib/commons-digester-1.8.jar:/root/software/hadoop-2.7.7/shar
e/hadoop/common/lib/jaxb-impl-2.2.3-1.jar:/root/software/hadoop-2.7.7/share/hadoop/common/lib/zookeeper-3.4.6.jar:/root/software/hadoop-2.7.7/shar
e/hadoop/common/lib/hadoop-annotations-2.7.7.jar:/root/software/hadoop-2.7.7/share/hadoop/common/lib/commons-beanutils-core-1.8.0.jar:/root/softwa
re/hadoop-2.7.7/share/hadoop/common/lib/httpcore-4.2.5.jar:/root/software/hadoop-2.7.7/share/hadoop/common/lib/jackson-core-asl-1.9.13.jar:/root/s
oftware/hadoop-2.7.7/share/hadoop/common/lib/curator-client-2.7.1.jar:/root/software/hadoop-2.7.7/share/hadoop/common/lib/mockito-all-1.8.5.jar:/r
oot/software/hadoop-2.7.7/share/hadoop/common/lib/commons-net-3.1.jar:/root/software/hadoop-2.7.7/share/hadoop/common/lib/asm-3.2.jar:/root/softwa
re/hadoop-2.7.7/share/hadoop/common/lib/commons-codec-1.4.jar:/root/software/hadoop-2.7.7/share/hadoop/common/lib/guava-11.0.2.jar:/root/software/
hadoop-2.7.7/share/hadoop/common/lib/jetty-util-6.1.26.jar:/root/software/hadoop-2.7.7/share/hadoop/common/lib/jersey-server-1.9.jar:/root/softwar
e/hadoop-2.7.7/share/hadoop/common/lib/xz-1.0.jar:/root/software/hadoop-2.7.7/share/hadoop/common/lib/jsch-0.1.54.jar:/root/software/hadoop-2.7.7/
share/hadoop/common/lib/log4j-1.2.17.jar:/root/software/hadoop-2.7.7/share/hadoop/common/lib/gson-2.2.4.jar:/root/software/hadoop-2.7.7/share/hado
op/common/lib/jsr305-3.0.0.jar:/root/software/hadoop-2.7.7/share/hadoop/common/lib/jackson-xc-1.9.13.jar:/root/software/hadoop-2.7.7/share/hadoop/
common/lib/commons-beanutils-1.7.0.jar:/root/software/hadoop-2.7.7/share/hadoop/common/lib/jersey-core-1.9.jar:/root/software/hadoop-2.7.7/share/h
adoop/common/lib/java-xmlbuilder-0.4.jar:/root/software/hadoop-2.7.7/share/hadoop/common/lib/jets3t-0.9.0.jar:/root/software/hadoop-2.7.7/share/ha
doop/common/lib/jaxb-api-2.2.2.jar:/root/software/hadoop-2.7.7/share/hadoop/common/lib/apacheds-i18n-2.0.0-M15.jar:/root/software/hadoop-2.7.7/sha
re/hadoop/common/lib/commons-httpclient-3.1.jar:/root/software/hadoop-2.7.7/share/hadoop/common/lib/commons-collections-3.2.2.jar:/root/software/h
adoop-2.7.7/share/hadoop/common/lib/api-util-1.0.0-M20.jar:/root/software/hadoop-2.7.7/share/hadoop/common/lib/jettison-1.1.jar:/root/software/had
oop-2.7.7/share/hadoop/common/lib/jetty-sslengine-6.1.26.jar:/root/software/hadoop-2.7.7/share/hadoop/common/lib/curator-recipes-2.7.1.jar:/root/s
oftware/hadoop-2.7.7/share/hadoop/common/lib/stax-api-1.0-2.jar:/root/software/hadoop-2.7.7/share/hadoop/common/lib/paranamer-2.3.jar:/root/softwa
re/hadoop-2.7.7/share/hadoop/common/lib/jersey-json-1.9.jar:/root/software/hadoop-2.7.7/share/hadoop/common/lib/commons-logging-1.1.3.jar:/root/so
ftware/hadoop-2.7.7/share/hadoop/common/lib/servlet-api-2.5.jar:/root/software/hadoop-2.7.7/share/hadoop/common/lib/xmlenc-0.52.jar:/root/software
/hadoop-2.7.7/share/hadoop/common/lib/hadoop-auth-2.7.7.jar:/root/software/hadoop-2.7.7/share/hadoop/common/lib/netty-3.6.2.Final.jar:/root/softwa
re/hadoop-2.7.7/share/hadoop/common/lib/hamcrest-core-1.3.jar:/root/software/hadoop-2.7.7/share/hadoop/common/lib/slf4j-api-1.7.10.jar:/root/softw
are/hadoop-2.7.7/share/hadoop/common/lib/commons-lang-2.6.jar:/root/software/hadoop-2.7.7/share/hadoop/common/lib/apacheds-kerberos-codec-2.0.0-M1
5.jar:/root/software/hadoop-2.7.7/share/hadoop/common/lib/commons-io-2.4.jar:/root/software/hadoop-2.7.7/share/hadoop/common/lib/junit-4.11.jar:/r
oot/software/hadoop-2.7.7/share/hadoop/common/lib/commons-compress-1.4.1.jar:/root/software/hadoop-2.7.7/share/hadoop/common/lib/htrace-core-3.1.0
-incubating.jar:/root/software/hadoop-2.7.7/share/hadoop/common/lib/commons-configuration-1.6.jar:/root/software/hadoop-2.7.7/share/hadoop/common/
```

图 3-214　向 words 表中导入数据

2）导入依赖 jar 包。

右键“word”项目—>选择“Build Path”—>“Configure Build Path”。之后弹出“Properties for telephone”对话框，选择“Libraries”界面，之后单击“Add External JARs...”按钮，弹出“JAR Selection”对话框，选择“+ Other Locations”—>“Computer”，进入“/root/software/hbase-1.6.0/lib”目录，全选 lib 目录下的所有包（记得排除 ruby 目录），然后单击“open”按钮，最后单击“Apply and Close”按钮应用并关闭窗口。结果如图 3-215 所示。

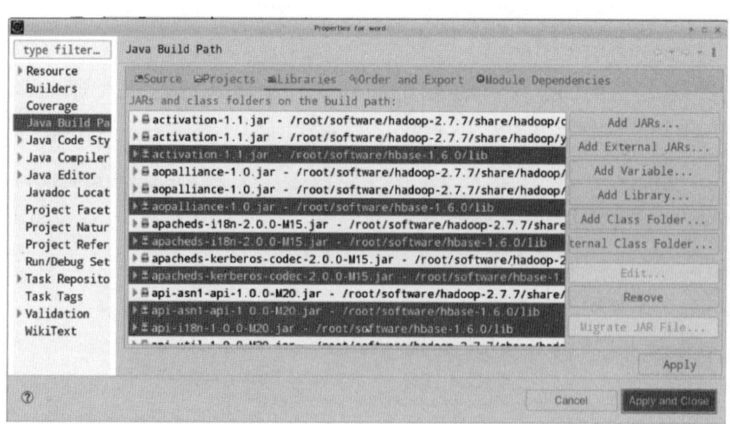

图 3-215　导入 HBase 依赖 jar 包

（2）Map 端程序编写

在 WordCount 文件中，自定义名为 WordCountMapper 的类，该类需要继承（extends）父类 TableMapper，Mapper 的输入和输出数据都是 KV 对的形式。

- 输入 key 为 words 表中的行键 RowKey，输入 value 为行键 RowKey 对应的一行数据的结果集 Result；
- 输出 key 为切分后的单词，输出 value 为词频 1。

WordCountMapper 中的用户自定义业务逻辑写在 map( )方法中，具体实现如下。

1）使用 value 的 getValue( )方法获取"content:text"列的最新值；

2）对获取的值按照空格进行切分；

3）使用 for 循环遍历数组，循环获取每个单词；

4）将"单词"作为输出 key，将词频 1 作为输出 value，发送给 Reducer。

实现代码如下。

```
import java.io.IOException;
import org.apache.hadoop.conf.Configuration;
import org.apache.hadoop.hbase.HBaseConfiguration;
import org.apache.hadoop.hbase.HColumnDescriptor;
import org.apache.hadoop.hbase.HTableDescriptor;
import org.apache.hadoop.hbase.TableName;
import org.apache.hadoop.hbase.client.Admin;
import org.apache.hadoop.hbase.client.Connection;
import org.apache.hadoop.hbase.client.ConnectionFactory;
import org.apache.hadoop.hbase.client.Mutation;
import org.apache.hadoop.hbase.client.Put;
import org.apache.hadoop.hbase.client.Result;
import org.apache.hadoop.hbase.client.Scan;
import org.apache.hadoop.hbase.io.ImmutableBytesWritable;
import org.apache.hadoop.hbase.mapreduce.TableMapReduceUtil;
import org.apache.hadoop.hbase.mapreduce.TableMapper;
import org.apache.hadoop.hbase.mapreduce.TableReducer;
import org.apache.hadoop.hbase.util.Bytes;
import org.apache.hadoop.io.IntWritable;
import org.apache.hadoop.io.Text;
import org.apache.hadoop.mapreduce.Job;
import org.apache.hadoop.mapreduce.Mapper;
import org.apache.hadoop.mapreduce.Reducer;

public class WordCount {
//表信息
private static final String TABLE_NAME1 = "words";//输入源表 1
private static final String FAMILY_NAME1 = "content";//表 1 列簇
private static final String COL_NAME1 = "text";//表 1 列
private static final String TABLE_NAME2 = "wordcount";//输出目标表 2
private static final String FAMILY_NAME2 = "content";//表 2 列簇
```

```
private static final String COL_NAME2 = "count";//表 2 列

/**
 * WordCountMapper 继承 TableMapper
 *
 * Mapper 的输入 key-value 类型是:<ImmutableBytesWritable,Result>
 * Mapper 的输出 key-value 类型是:<Text, IntWritable>
 * Text:Mapper key 输出类型(每个单词本身)
 * IntWritable:Mapper value 的输出类型(词频 1)
 *
 */
public static class WordCountMapper extends TableMapper<Text, IntWritable> {
/*
 * Mapper 输入 key:RowKey
 * Mapper 输入 value:RowKey 对应的一行数据的结果集 Result,map()方法每执行一次就接收一个 Result 结果集
 * 结果集包括<rowkey,family, qualifier, value, timestamp>
 *
 * Mapper 输出 key:每个单词本身
 * Mapper 输出 value:词频 1
 */
@Override
protected void map(ImmutableBytesWritable key, Result value,
Mapper<ImmutableBytesWritable, Result, Text, IntWritable>.Context context)
throws IOException, InterruptedException {
// (1)获取每行数据中"content:text"列的最新值
String text = Bytes.toString(value.getValue(Bytes.toBytes(FAMILY_NAME1), Bytes.toBytes
(COL_NAME1)));
// (2)按照空格进行切分
String[] words = text.split("");
// (3)遍历数组,循环获取每个单词
for (String word : words) {
// (4)将"单词"作为输出 key,将词频 1 作为输出 value
context.write(new Text(word), new IntWritable(1));
}
}
}
}
```

(3) Reduce 端程序编写

在 WordCount 文件中，自定义名为 WordCountReducer 的类，该类需要继承（extends）父类 TableReducer，具体步骤如下。

- 输入 key 为“单词”（行键），输入 value 为词频 1。
- 输出 key 为输出到 HBase 中的 RowKey，即“单词”，输出 value 为封装了单词词频总数的 Put 对象。

WordCountReducer 中的用户自定义业务逻辑写在 reduce()方法中，具体方法如下。

1）使用 for 循环遍历 values；

2）将词频 1 累加，统计相同单词的词频总数；

3）创建 Put 对象，使用 Put 对象封装需要添加的信息，一个 Put 代表一行，构造函数传入的是 RowKey；

4）往 Put 对象上添加信息（列簇，列，值）；

5）将数据写入 HBase 表，需要指定 RowKey 和 Put 对象。

实现代码如下。

```
/**
 * WordCountReducer 继承 TableReducer
 *
 * TableReducer<Text,IntWritable,ImmutableBytesWritable>
 * Text:输入的 key 类型,即 Mapper 的输出的 key 类型
 * IntWritable:输入的 value 类型,即 Mapper 的输出的 value 类型
 * ImmutableBytesWritable:Reducer key 的输出类型,表示 RowKey 的类型
 * Mutation:Reducer value 的输出类型
 */

public static class WordCountReducer extends TableReducer<Text, IntWritable, Immutable-
BytesWritable> {
@Override
protected void reduce(Text key, Iterable<IntWritable> values,
Reducer<Text, IntWritable, ImmutableBytesWritable, Mutation>.Context context)
throws IOException, InterruptedException {
int sum = 0; // 累计词频统计
// (1)遍历 values
for (IntWritablecount : values) {
// (2)将词频 1 累加,统计相同单词的词频总数
sum += count.get();
}
// (3)创建 Put 对象。使用 Put 对象封装需要添加的信息,一个 Put 代表一行,构造函数传入的是 RowKey
Put put = new Put(Bytes.toBytes(key.toString()));
// (4)往 Put 对象上添加信息(列簇,列,值),此处值为相同单词的词频总数
put.addColumn(Bytes.toBytes(FAMILY_NAME2), Bytes.toBytes(COL_NAME2), Bytes.toBytes
(String.valueOf(sum)));
// (5)将数据写入 HBase 表,需要指定 RowKey 和 Put 对象
ImmutableBytesWritable rowkey = new ImmutableBytesWritable(key.toString().getBytes());
context.write(rowkey, put);
}
}
```

（4）Driver 端程序编写

1）创建配置文件对象，要求程序使用本地运行模式，处理的数据在 HDFS 文件系统。另外，手动设置 ZooKeeper 队列名称和端口。

2）使用 Job.getInstance( )创建一个 Job 对象。

3）获取一个 scan 实例，用于获取 HBase 表数据。

4）创建 HBase 表，具体步骤如下。

① 使用连接工厂根据配置器创建与 HBase 之间的连接对象；

② 获取表管理类 Admin 的实例，用来管理 HBase 数据库的表信息；

③ 创建表描述类对象，定义表的名称；

④ 通过表描述对象往表中添加列簇；

⑤ 判断 HBase 表是否存在，若是存在就先删除，若是不存在则创建。

5）使用 TableMapReduceUtil 工具类提供的 initTableMapperJob( )方法指定我们自定义的 Mapper 类，使用 initTableReducerJob( )方法指定我们自定义的 Reducer 类。

6）使用 Job 对象的 setOutputKeyClass( )方法和 setOutputValueClass( )方法指定 ReduceTask 的输出 key-value 类型。

7）使用 Job 对象的 waitForCompletion( )方法提交并运行作业。

实现代码如下。

```
    public static void main(String[] args) throws IOException, ClassNotFoundException, Inter-
ruptedException {
    // (1)创建 HBase 配置对象(继承自 Hadoop 的 Configuration,这里使用父类的引用指向子类的对象的设计)
    Configuration config = HBaseConfiguration.create();
    // HDFS 集群中 NameNode 的 URI,获取 DistributedFileSystem 实例
    config.set("fs.defaultFS", "hdfs://localhost:9000");
    // 通过 config.set()方法进行手动设置。设置 ZooKeeper 队列名称和端口
    config.set("hbase.zookeeper.quorum", "localhost");
    config.set("hbase.zookeeper.property.clientPort", "2181");
    // (2)新建一个 Job 任务
    Job job = Job.getInstance(config);
    // (3)获取一个 scan 实例,用于获取 HBase 表数据
    Scan scan = new Scan();
    /*
     * (4)以下这一段代码是为了创建一张名为 wordcount 的 HBase 表
     */
    // 1)使用连接工厂根据配置器创建与 HBase 之间的连接对象
    Connection connect = ConnectionFactory.createConnection(config);
    // 2)获取表管理类 Admin 的实例,用来管理 HBase 数据库的表信息
    Admin admin = connect.getAdmin();
    // 3)创建表描述类对象,定义表的名称
    TableName tName = TableName.valueOf(TABLE_NAME2);// 表名称
    HTable Descriptordesc = new HTableDescriptor(tName);
    // 4)通过表描述对象往表中添加列簇
    desc.addFamily(new HColumnDescriptor(FAMILY_NAME2.getBytes()));// 列簇
    // 5)判断 HBase 表是否存在,若是存在就先删除,若是不存在则创建
    if (admin.tableExists(tName)) {
    admin.disableTable(tName);// 禁用表
    admin.deleteTable(tName);// 删除表
    }
```

```
    admin.createTable(desc);// 创建表
    // (5)指定 Mapper 类和 Reducer 类
    /*
     * TableMapReduceUtil 为 HBase 提供的工具类通过 initTableMapperJob()方法来执行 Mapper 类
     * initTableMapperJob(表名、scan、Mapper 类、Mapper 的输出 key、Mapper 的输出 value、job)
     */
    TableMapReduceUtil.initTableMapperJob(TABLE_NAME1, scan, WordCountMapper.class, Text.class,
IntWritable.class,job);
    // 通过 initTableReducerJob()方法来执行 Reducer 类,initTableReducerJob(表名,Reducer 类,job)
    TableMapReduceUtil.initTableReducerJob(TABLE_NAME2, WordCountReducer.class, job);
    // (6)指定 ReduceTask 的输出 key-value 类型
    job.setOutputKeyClass(ImmutableBytesWritable.class);
    job.setOutputValueClass(Mutation.class);
    // (7)最后给 YARN 来运行,等着集群运行完成返回反馈信息,客户端退出
    Boolean waitForCompletion = job.waitForCompletion(true);
    System.exit(waitForCompletion ? 0 : 1);
    }
```

程序编写完成后，执行程序查看打印的日志。

进入 HBase Shell 终端，扫描目标表 wordcount 中的结果数据。结果如图 3-216 所示。

```
scan'wordcount'
```

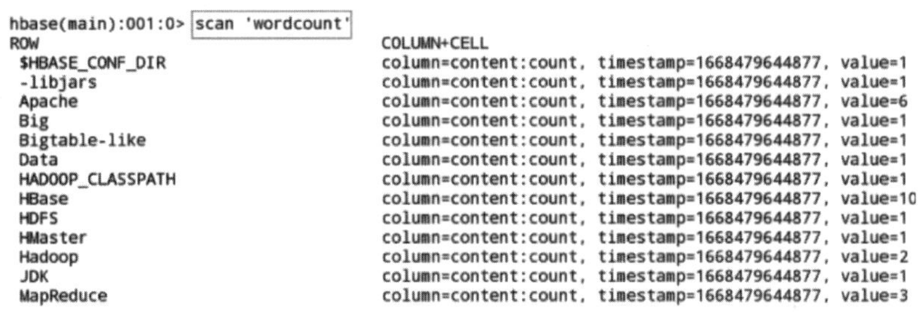

图 3-216 查看结果数据

3.3.6 HBase 与 Hive 的集成

1. 概述

Hive 是一个 MapReduce 的客户端，把 SQL 语句转化为 MapReduce 程序执行，同时提供了数据仓库功能。HBase 是一个非关系型数据库，数据存储的时候面向列，方便横向扩展，但是不方便进行关系查询和二级索引。有时候为了方便操作，需要用 Hive 操作 HBase 进行复杂查询。

Hive 与 HBase 整合的实现是利用两者本身对外的 API 接口互相进行通信，相互通信主要依靠 Hive 的 hive-hbase-handler-xxx.jar 工具类，它负责 HBase 和 Hive 之间的通信。整合 Hive 与 HBase 后，Hive 的 SQL 语句实际上会被转化为 MapReduce 程序，这个 MapReduce 程序操作的数据不是 HDFS 的数据而是 HBase 的数据。

2. 目标

使用 HBase 集成 Hive 并进行数据分析。

3. 准备

操作系统：CentOS 7.3。

软件版本：JDK 1.8、Hadoop 2.7.7、HBase 1.6.0、Hive 2.3.4。

4. 考点 1：创建 HBase 表并导入数据

（1）创建 HBase 表

进入 HBase Shell 交互模式，在该模式下，创建名为“movie”的 HBase 表，该表有两个列簇，分别为：“movie_info”和“grade”，版本号分别为 2、3。使用如下命令创建“movie”表。

```
hbase shell
create 'movie',{NAME=>'movie_info',VERSIONS=>2},{NAME=>'grade',VERSIONS=>3}
```

（2）导入数据

1）使用 HDFS Shell 的 mkdir 命令在 HDFS 的根目录（/）下创建/movie 目录。

```
hadoop fs -mkdir /movie
```

2）使用 HDFS Shell 的 put 命令将/root/data/3_3_2/movie.txt 文件上传到 HDFS 的/movie 目录下。

```
hadoop fs -put /root/data/3_3_2/movie.txt /movie
```

3）执行 importtsv 命令将 HDFS 中/movie/movie.txt TSV 格式数据导入 HBase 的“movie”表。其中，第一列为 HBASE_ROW_KEY（行键），“ch_name”“eng_name”和“release_time”属于“movie_info”列簇，“db_score”“db_star”和“my_score”属于“grade”列簇。

```
export HADOOP_CLASSPATH=$HBASE_HOME/lib/*:classpath#向 Hadoop 中添加对 HBase 的依赖包
hadoop jar $HBASE_HOME/lib/hbase-server-1.6.0.jar importtsv \
-Dimporttsv.columns=HBASE_ROW_KEY,movie_info:ch_name,movie_info:eng_name,movie_info:re-
lease_time,grade:db_score,grade:db_star,grade:my_score \
movie /movie/movie.txt
```

执行上述命令，结果如图 3-217 所示。

5. 考点 2：创建基于 HBase 表的 Hive 表并进行分析

（1）创建 Hive 中的数据库

进入 Hive Shell 交互模式，在该模式下创建一个名为“test”的数据库，如果存在则不创建。

```
hive client
create database if not exists test;
```

（2）创建映射到 HBase 表的 Hive 表

在 test 数据库下创建两个指向已经存在的 HBase 表的 Hive 表。

1）所有列簇所有列。

① 该 Hive 表是一个名为 allmovie_from_hbase 的外部表，定义三个字段，分别为 IMDb、movie_info 和 grade，对应的数据类型为 string、map 和 map；

② 指定存储处理器为“org.apache.hadoop.hive.hbase.HBaseStorageHandler”；

```
→ ~ export HADOOP_CLASSPATH=$HBASE_HOME/lib/*:classpath
→ ~ hadoop jar $HBASE_HOME/lib/hbase-server-1.6.0.jar importtsv \
> -Dimporttsv.columns=HBASE_ROW_KEY,movie_info:ch_name,movie_info:eng_name,movie_info:release_time,grade:db_score,grade:db_star,grade:my_score \
> movie /movie/movie.txt
SLF4J: Class path contains multiple SLF4J bindings.
SLF4J: Found binding in [jar:file:/root/software/hadoop-2.7.7/share/hadoop/common/lib/slf4j-log4j12-1.7.10.jar!/org/slf4j/impl/StaticLoggerBinder.
class]
SLF4J: Found binding in [jar:file:/root/software/hbase-1.6.0/lib/slf4j-log4j12-1.7.25.jar!/org/slf4j/impl/StaticLoggerBinder.class]
SLF4J: See http://www.slf4j.org/codes.html#multiple_bindings for an explanation.
SLF4J: Actual binding is of type [org.slf4j.impl.Log4jLoggerFactory]
22/11/15 15:22:38 INFO zookeeper.RecoverableZooKeeper: Process identifier=hconnection-0x475b7792 connecting to ZooKeeper ensemble=localhost:2181
22/11/15 15:22:38 INFO zookeeper.ZooKeeper: Client environment:zookeeper.version=3.4.6-1569965, built on 02/20/2014 09:09 GMT
22/11/15 15:22:38 INFO zookeeper.ZooKeeper: Client environment:host.name=qingjiao
22/11/15 15:22:38 INFO zookeeper.ZooKeeper: Client environment:java.version=1.8.0_221
22/11/15 15:22:38 INFO zookeeper.ZooKeeper: Client environment:java.vendor=Oracle Corporation
22/11/15 15:22:38 INFO zookeeper.ZooKeeper: Client environment:java.home=/root/software/jdk1.8.0_221/jre
22/11/15 15:22:38 INFO zookeeper.ZooKeeper: Client environment:java.class.path=/root/software/hadoop-2.7.7/etc/hadoop:/root/software/hadoop-2.7.7/
share/hadoop/common/lib/commons-math3-3.1.1.jar:/root/software/hadoop-2.7.7/share/hadoop/common/lib/jsp-api-2.1.jar:/root/software/hadoop-2.7.7/sh
are/hadoop/common/lib/avro-1.7.4.jar:/root/software/hadoop-2.7.7/share/hadoop/common/lib/commons-digester-1.8.jar:/root/software/hadoop-2.7.7/shar
e/hadoop/common/lib/jaxb-impl-2.2.3-1.jar:/root/software/hadoop-2.7.7/share/hadoop/common/lib/zookeeper-3.4.6.jar:/root/software/hadoop-2.7.7/shar
e/hadoop/common/lib/hadoop-annotations-2.7.7.jar:/root/software/hadoop-2.7.7/share/hadoop/common/lib/commons-beanutils-core-1.8.0.jar:/root/softwa
re/hadoop-2.7.7/share/hadoop/common/lib/httpcore-4.2.5.jar:/root/software/hadoop-2.7.7/share/hadoop/common/lib/jackson-core-asl-1.9.13.jar:/root/s
oftware/hadoop-2.7.7/share/hadoop/common/lib/curator-client-2.7.1.jar:/root/software/hadoop-2.7.7/share/hadoop/common/lib/mockito-all-1.8.5.jar:/r
oot/software/hadoop-2.7.7/share/hadoop/common/lib/commons-net-3.1.jar:/root/software/hadoop-2.7.7/share/hadoop/common/lib/asm-3.2.jar:/root/softwa
re/hadoop-2.7.7/share/hadoop/common/lib/commons-codec-1.4.jar:/root/software/hadoop-2.7.7/share/hadoop/common/lib/guava-11.0.2.jar:/root/software/
hadoop-2.7.7/share/hadoop/common/lib/jetty-util-6.1.26.jar:/root/software/hadoop-2.7.7/share/hadoop/common/lib/jersey-server-1.9.jar:/root/softwar
e/hadoop-2.7.7/share/hadoop/common/lib/xz-1.0.jar:/root/software/hadoop-2.7.7/share/hadoop/common/lib/jsch-0.1.54.jar:/root/software/hadoop-2.7.7/
share/hadoop/common/lib/log4j-1.2.17.jar:/root/software/hadoop-2.7.7/share/hadoop/common/lib/gson-2.2.4.jar:/root/software/hadoop-2.7.7/share/hado
op/common/lib/jsr305-3.0.0.jar:/root/software/hadoop-2.7.7/share/hadoop/common/lib/jackson-xc-1.9.13.jar:/root/software/hadoop-2.7.7/share/hadoop/
common/lib/commons-beanutils-1.7.0.jar:/root/software/hadoop-2.7.7/share/hadoop/common/lib/jersey-core-1.9.jar:/root/software/hadoop-2.7.7/share/h
adoop/common/lib/java-xmlbuilder-0.4.jar:/root/software/hadoop-2.7.7/share/hadoop/common/lib/jets3t-0.9.0.jar:/root/software/hadoop-2.7.7/share/ha
doop/common/lib/jaxb-api-2.2.2.jar:/root/software/hadoop-2.7.7/share/hadoop/common/lib/apacheds-i18n-2.0.0-M15.jar:/root/software/hadoop-2.7.7/sha
re/hadoop/common/lib/commons-httpclient-3.1.jar:/root/software/hadoop-2.7.7/share/hadoop/common/lib/commons-collections-3.2.2.jar:/root/software/h
adoop-2.7.7/share/hadoop/common/lib/api-util-1.0.0-M20.jar:/root/software/hadoop-2.7.7/share/hadoop/common/lib/jettison-1.1.jar:/root/software/had
oop-2.7.7/share/hadoop/common/lib/jetty-sslengine-6.1.26.jar:/root/software/hadoop-2.7.7/share/hadoop/common/lib/curator-recipes-2.7.1.jar:/root/s
oftware/hadoop-2.7.7/share/hadoop/common/lib/stax-api-1.0-2.jar:/root/software/hadoop-2.7.7/share/hadoop/common/lib/paranamer-2.3.jar:/root/softwa
re/hadoop-2.7.7/share/hadoop/common/lib/jersey-json-1.9.jar:/root/software/hadoop-2.7.7/share/hadoop/common/lib/commons-logging-1.1.3.jar:/root/so
ftware/hadoop-2.7.7/share/hadoop/common/lib/servlet-api-2.5.jar:/root/software/hadoop-2.7.7/share/hadoop/common/lib/xmlenc-0.52.jar:/root/software
/hadoop-2.7.7/share/hadoop/common/lib/hadoop-auth-2.7.7.jar:/root/software/hadoop-2.7.7/share/hadoop/common/lib/netty-3.6.2.Final.jar:/root/softwa
re/hadoop-2.7.7/share/hadoop/common/lib/hamcrest-core-1.3.jar:/root/software/hadoop-2.7.7/share/hadoop/common/lib/slf4j-api-1.7.10.jar:/root/softw
are/hadoop-2.7.7/share/hadoop/common/lib/commons-lang-2.6.jar:/root/software/hadoop-2.7.7/share/hadoop/common/lib/apacheds-kerberos-codec-2.0.0-M1
5.jar:/root/software/hadoop-2.7.7/share/hadoop/common/lib/commons-io-2.4.jar:/root/software/hadoop-2.7.7/share/hadoop/common/lib/junit-4.11.jar:/r
oot/software/hadoop-2.7.7/share/hadoop/common/lib/commons-compress-1.4.1.jar:/root/software/hadoop-2.7.7/share/hadoop/common/lib/htrace-core-3.1.0
```

图 3-217　将 HDFS 数据导入到 HBase 表中

③ 使用“hbase.columns.mapping”定义 HBase 的列簇和列到 Hive 的映射关系；

④ 使用“hbase.table.name”声明 HBase 表名为 movie。

```
create external table if not exists test.allmovie_from_hbase(
IMDb string,
movie_info map<string,string>,
grade map<string,float>)
stored by 'org.apache.hadoop.hive.hbase.HBaseStorageHandler'
with serdeproperties("hbase.columns.mapping"=":key,movie_info:,grade:")
tblproperties("hbase.table.name" = "movie");
```

2）部分列簇部分列。

① 该 Hive 表是一个名为 movie_from_hbase 的外部表，定义五个字段，分别为 IMDb、ch_name、release_time、db_score 和 my_score，对应的数据类型为 string、string、date、float 和 float；

② 指定存储处理器为“org.apache.hadoop.hive.hbase.HBaseStorageHandler”；

③ 使用“hbase.columns.mapping”定义 HBase 的列簇和列到 Hive 的映射关系；

④ 使用“hbase.table.name”声明 HBase 表名为 movie。

```
create external table if not exists test.movie_from_hbase(
IMDb string,
ch_name string,
release_time date,
db_score float,
my_score float)
```

```
    stored by 'org.apache.hadoop.hive.hbase.HBaseStorageHandler'
    with serdeproperties ("hbase.columns.mapping" = ":key,movie_info:ch_name,movie_info:
release_time,grade:db_score,grade:my_score")
    tblproperties("hbase.table.name" = "movie");
```

(3) 验证 Hive 中的表是否创建成功

列出 test 数据库下所有表，验证 allmovie_from_hbase 和 movie_from_hbase 表是否存在。

```
show tables in test;
```

(4) 通过 Hive 操作 HBase 数据。

1) 使用 select 子句查看外部表 allmovie_from_hbase 的所有数据。

```
select * from test.allmovie_from_hbase;
```

2) 从 movie_from_hbase 表中查询豆瓣评分大于等于 7 分且猫眼评分大于等于 9 分的电影 IMDb 编码和名称。使用 CTAS（create table ... as select ...）将查询结果保存到 test 数据库下的 m_grade 管理表中，并指定列分隔符为“,”。

```
create table test.m_grade
row format delimited fields terminated by ','
as select IMDb,ch_name from test.movie_from_hbase
where db_score>=7 and my_score>=9;
```

3) 使用 select 语句查询结果表 m_grade 中的所有数据。

```
select * from m_grade;
```

执行上述命令，结果如图 3-218 所示。

```
hive (test)> select * from m_grade;
OK
m_grade.imdb    m_grade.ch_name
tt13364790      你好，李焕英
tt13462900      长津湖
tt13575838      盛夏未来
tt15163768      五个扑水的少年
tt8165192       怒火·重案
Time taken: 0.103 seconds, Fetched: 5 row(s)
```

图 3-218　查询 m_grade 表中所有数据

3.3.7　HBase 与 Sqoop 的集成

1. 概述

Apache Sqoop（SQL-to-Hadoop）项目旨在协助 RDBMS 与 Hadoop 之间进行高效的大数据交流。用户可以在 Sqoop 的帮助下，轻松地把 RDBMS 中的数据导入到 Hadoop 或者与其相关的系统（如 HBase 和 Hive）中，同时也可以把数据从 Hadoop 系统里抽取并导出到 RDBMS。因此，可以说 Sqoop 就是一个桥梁，连接了 RDBMS 与 Hadoop。

2. 目标

使用 Sqoop 完成 MySQL 中的数据导入到 HBase 表。

3. 准备

操作系统：CentOS 7.3。

软件版本：JDK 1.8、Hadoop 2.7.7、HBase 1.6.0、Sqoop 1.4.7、MySQL 5.7.25。

4. 考点1：创建MySQL数据表

（1）创建数据库

在MySQL中创建一个名为“mydata”的数据库。命令如下所示。

```
CREATE DATABASE mydata;
```

创建成功，使用SHOW DATABASES；语句列出当前用户可查看的所有数据库进行验证。

（2）创建数据表

在“mydata”数据库中创建名为“movie”的数据表，表包含IMDb（IMDb编码）、ch_name（中文名）、eng_name（英文名）、release_time（上映时间）、db_score（豆瓣评分）、db_star（豆瓣星级）以及my_score（猫眼评分）7个字段。创建“movie”表的SQL语句如下。

```
USE mydata;
CREATE TABLE movie(
IMDb VARCHAR(15) NOT NULL,
ch_name VARCHAR(100) NOT NULL,
eng_name VARCHAR(40) NOT NULL,
release_time DATE,
db_score FLOAT(2,1),
db_star FLOAT(2,1),
my_score FLOAT(2,1),
PRIMARY KEY (IMDb)
)ENGINE=MyISAM DEFAULT CHARSET=utf8mb4;
```

（3）插入数据

使用INSERT INTO ... VALUES ... 语句向“movie”表中插入以下数据。如果数据是字符型，必须使用单引号或者双引号。使用如下SQL语句插入数据。

```
INSERT INTO movie(IMDb,ch_name,eng_name,release_time,db_score,db_star,my_score) VALUES
('tt13462900','长津湖','The Battle at Lake Changjin','2021-09-30',7.4,3.5,9.5);
INSERT INTO movie(IMDb,ch_name,eng_name,release_time,db_score,db_star,my_score) VALUES
('tt13364790','你好,李焕英','Hi, Mom','2021-02-12',7.8,4.0,9.5);
INSERT INTO movie(IMDb,ch_name,eng_name,release_time,db_score,db_star,my_score) VALUES
('tt15465312','我和我的父辈','My Country, My Parents','2021-09-30',6.9,3.5,9.5);
INSERT INTO movie(IMDb,ch_name,eng_name,release_time,db_score,db_star,my_score) VALUES
('tt13696296','中国医生','Chinese Doctors','2021-07-09',6.9,3.5,9.3);
INSERT INTO movie(IMDb,ch_name,eng_name,release_time,db_score,db_star,my_score) VALUES
('tt10370822','唐人街探案3','Detective Chinatown 3','2021-02-12',5.3,2.5,8.8);
```

插入完成，使用SELECT * FROM movie；语句查看movie表中所有数据。

5. 考点2：MySQL数据导入HBase

1）将MySQL数据库中“mydata”数据库下的“movie”表数据导入HBase的“hbase_movie”表。设置导入的目标列簇为“movie_info”，并指定MySQL表中的“IMDb”作为HBase表的行键。指令如下。

```
sqoop import \
-Dorg.apache.sqoop.splitter.allow_text_splitter=true \
```

```
--connect jdbc:mysql://localhost:3306/mydata \
--username root \
--password 123456 \
--table movie \
--hbase-table hbase_movie \
--column-family movie_info \
--hbase-row-key IMDb \
--hbase-create-table
```

注意：其中登录 MySQL 的用户和密码请根据实际情况进行修改。

2）进入 HBase Shell 交互模式，在该模式下，扫描“hbase_movie”表中的所有数据。

```
scan 'hbase_movie'
```

执行上述命令，结果如图 3-219 所示。

```
hbase(main):001:0> scan 'hbase_movie'
ROW                    COLUMN+CELL
 tt10370822            column=movie_info:ch_name, timestamp=1668506890859, value=\xE5\x94\x90\xE4\xBA\xBA\xE8\xA1\x97\xE6\x
                       8E\xA2\xE6\xA1\x883
 tt10370822            column=movie_info:db_score, timestamp=1668506890859, value=5.3
 tt10370822            column=movie_info:db_star, timestamp=1668506890859, value=2.5
 tt10370822            column=movie_info:eng_name, timestamp=1668506890859, value=Detective Chinatown 3
 tt10370822            column=movie_info:my_score, timestamp=1668506890859, value=8.8
 tt10370822            column=movie_info:release_time, timestamp=1668506890859, value=2021-02-12
 tt13364790            column=movie_info:ch_name, timestamp=1668506894948, value=\xE4\xBD\xA0\xE5\xA5\xBD\xEF\xBC\x8C\xE6\x
                       9D\x8E\xE7\x84\x95\xE8\x8B\xB1
 tt13364790            column=movie_info:db_score, timestamp=1668506894948, value=7.8
 tt13364790            column=movie_info:db_star, timestamp=1668506894948, value=4.0
 tt13364790            column=movie_info:eng_name, timestamp=1668506894948, value=Hi, Mom
 tt13364790            column=movie_info:my_score, timestamp=1668506894948, value=9.5
 tt13364790            column=movie_info:release_time, timestamp=1668506894948, value=2021-02-12
 tt13462900            column=movie_info:ch_name, timestamp=1668506894948, value=\xE9\x95\xBF\xE6\xB4\xA5\xE6\xB9\x96
 tt13462900            column=movie_info:db_score, timestamp=1668506894948, value=7.4
 tt13462900            column=movie_info:db_star, timestamp=1668506894948, value=3.5
 tt13462900            column=movie_info:eng_name, timestamp=1668506894948, value=The Battle at Lake Changjin
 tt13462900            column=movie_info:my_score, timestamp=1668506894948, value=9.5
 tt13462900            column=movie_info:release_time, timestamp=1668506894948, value=2021-09-30
 tt13696296            column=movie_info:ch_name, timestamp=1668506894948, value=\xE4\xB8\xAD\xE5\x9B\xBD\xE5\x8C\xBB\xE7\x
                       94\x9F
 tt13696296            column=movie_info:db_score, timestamp=1668506894948, value=6.9
 tt13696296            column=movie_info:db_star, timestamp=1668506894948, value=3.5
 tt13696296            column=movie_info:eng_name, timestamp=1668506894948, value=Chinese Doctors
```

图 3-219　验证数据是否导入成功

从上图可以看出，成功将 MySQL 表数据导入 HBase 的“hbase_movie”表。另外需注意，HBase 中的中文字符显示为十六进制码，而不是中文本身。

3.4　Spark 技术框架

3.4.1　集群安装部署

1. 概述

Spark 支持 4 种部署方式，分别是 Local、Standalone、Spark on Mesos 和 Spark on YARN。Local 模式是单机模式。Standalone 模式即独立模式，自带完整的服务，可单独部署到一个集群中，无须依赖任何其他资源管理系统。Spark On Mesos 模式是官方推荐的模式。Spark 运行在 Mesos 上会比运行在 YARN 上更加灵活。Spark On YARN 模式是一种很有前景的部署模式。

2. 目标

搭建 Spark Standalone 和 Spark on YARN。

3. 准备

操作系统：CentOS 7.3（三台虚拟机分别为 master、salve1、slave2）。

软件版本：JDK 1.8、Hadoop 2.7.7、Spark 2.4.3、Scala 2.10.6。

4. 考点1：安装包准备

（1）Scala 解压安装

```
cd /root/software/                    # 进入安装目录并进入
tar -zxvf scala-2.10.6.tgz            # 解压安装包
```

（2）Spark 解压安装

```
tar -zxvf  spark-2.4.3-bin-hadoop2.7.tgz #解压安装包
```

Spark 需要添加环境变量和修改 Spark 参数，修改的配置文件有 spark-env.sh、spark-defaults.conf、log4j.properties 和 slaves 文件。配置文件默认在 ${SPARK_HOME} /conf/目录并以.template 结尾，修改相关配置时需进行文件名称修改。

（3）配置环境变量

配置 Scala、Spark 系统环境变量的具体步骤如下。

首先使用如下命令打开“/etc/profile”文件。

```
vim /etc/profile
```

在文件底部添加如下内容。

```
export SCALA_HOME= /root/software/scala-2.10.6
export CLASSPATH= $SCALA_HOME/lib/
export PATH= $PATH: $SCALA_HOME/bin
export PATH SCALA_HOME CLASSPATH
export SPARK_HOME= /root/software/spark-2.4.3-bin-hadoop2.7
```

注意：

- export 是把这四个变量导出为全局变量；
- 大小写必须严格区分。

添加完成，使用:wq 保存退出。

让配置文件立即生效，具体命令如下。

```
source /etc/profile
```

5. 考点2：Standalone 模式安装

（1）配置环境变量 spark-env.sh

可以通过每个节点上的 spark-env.sh 脚本设置机器属性。使用如下命令打开“spark-env.sh”文件。

```
cd  /root/software/spark-2.4.3-bin-hadoop2.7/conf
cp spark-env.sh.template spark-env.sh && vim spark-env.sh
```

添加如下内容。

```
export SPARK_MASTER_IP=master
export SCALA_HOME= /root/software/scala-2.10.6
export SPARK_MASTER_MEMORY=8g
export JAVA_HOME=/root/software/jdk1.8.0_221
```

（2） slaves 配置

slaves 文件用于配置 Spark 集群从节点 Worker 所在机器列表进行配置。使用如下命令打开“slaves”文件。

```
cd /root/software/spark-2.4.3-bin-hadoop2.7/conf
cp slaves.template slaves && vim slaves
```

添加如下内容。

```
slave1
slave2
```

（3） 集群启动

在 master 节点使用脚本一键启动命令启动 Spark 集群，命令如下所示。

```
cd /root/software/spark-2.4.3-bin-hadoop2.7/sbin/ && ./start-all.sh
```

Spark 集群服务启动完成之后，我们可以通过 jps 命令查看各个服务进程启动情况。结果如图 3-220 所示。

```
[root@master sbin]# jps
5633 NameNode
1487 Jps
1034 ResourceManager
8264 SecondaryNameNode
1878 Master
```

```
[root@slave1 sbin]# jps
72322 DataNode
81890 Jps
75239 NodeManager
80504 Worker
```

```
[root@slave2 sbin]# jps
4726 NodeManager
4649 Jps
1283 DataNode
3982 Worker
```

图 3-220　master、slave1、slave2 进程

6. 考点 3：Spark on YARN 模式安装

Spark on YARN 模式使用 YARN 集群进行资源调度工作，因此在 Spark 中需配置 Hadoop 集群信息，通常在“spark-env.sh”文件需指定 Hadoop 环境变量。

基于 Standalone 模式配置进行修改，重新配置 Spark on YARN 模式参数设置。注意：需要先停止 Spark 集群。

（1） 停止 Spark 集群

在 master 使用如下命令停止 Spark 集群。

```
/root/software/spark-2.4.3-bin-hadoop2.7/sbin/stop-all.sh
```

（2） 配置环境变量

参考 Standalone 中“spark-env.sh”配置，补充如下内容。

```
export HADOOP_HOME=/root/software/hadoop-2.7.7
export HADOOP_CONF_DIR=/root/software/hadoop-2.7.7/etc/hadoop
```

（3） 启动集群

在 master 节点使用脚本一键启动命令启动 spark 集群，命令如下所示。

```
/root/software/spark-2.4.3-bin-hadoop2.7/bin/start-all.sh  # master 节点执行
```

3.4.2　Spark Shell

1. 概述

Spark Shell 提供了一种学习 API 的简单方式，以及一个能够进行交互式分析数据的强大

工具。输入一条语句，Spark Shell 会立即执行语句并返回结果，这就是我们所说的 REPL（Read-Eval-Print Loop，交互式解释器），它提供了交互式执行环境，表达式计算完成就会输出结果，而不必等到整个程序运行完毕。

Spark Shell 支持 Scala 和 Python。spark-shell 的本质是在后台调用了 spark-submit 脚本来启动应用程序，在 spark-shell 中已经创建了一个名为 sc 的 SparkContext 对象。

2. 目标

掌握 spark-shell 和 spark-submit 命令。

3. 准备

操作系统：CentOS 7.3。

软件版本：Hadoop 2.7.7、Scala 2.10.6、Spark 2.4.3。

4. 考点 1：spark-shell 命令

为了方便用户进行交互式编程，用户可以在命令行下使用 Scala 编写 Spark 程序，这种方式适合学习测试时使用。

（1）进入 Shell 终端命令

语法格式：$SPARK_HOME/bin/spark-shell --master <master-url>

（2）退出终端命令

```
:quit
```

（3）通过并行化集合演示元素 1-10 求和统计

spark-shell 命令默认会进入 Scala 的交互式执行环境，并且为用户自动创建 SparkContext 上下文对象 sc，用户直接调用对象 sc 进行 Spark 应用程序测试。示例中使用 Local 模式，在 4 个 CPU 核心（Core）上运行 spark-shell。通过并行化集合演示元素 1-10 求和统计。执行命令如下所示。

```
#启动环境
cd $SPARK_HOME/bin
./spark-shell --master local[4]
#求和统计
#定义并行化集合
val num=sc.parallelize(1 to 10)
#求和统计
val count=num.reduce((a,b)=>a+b)
#退出 Shell 环境
:quit
```

5. 考点 2：spark-submit 命令

spark-submit 命令是在开发时常用的代码提交命令，将打包好的 jar 包应用程序可提交到集群进行运行。示例中使用 Local 模式，在 2 个 CPU 核心（Core）上运行 spark-submit，通过 Spark 提供的示例 jar 包进行 Pi 值计算。

执行命令如下所示。

```
${SPARK_HOME}/bin/spark-submit \
--master local[2] \
```

```
--class org.apache.spark.examples.SparkPi \
${SPARK_HOME}/examples/jars/spark-examples_2.11-2.4.3.jar \
10
```

3.4.3 Spark SQL

1. 概述

Spark SQL 允许开发人员直接处理 RDD，同时可以查询在 Hive 上存储的外部数据。Spark SQL 的一个重要特点就是能够统一处理关系表和 RDD，使得开发人员可以轻松使用 SQL 命令进行外部查询，同时进行更加复杂的数据分析。

Spark SQL 可以很好地支持 SQL 查询，一方面，可以编写 Spark 应用程序使用 SQL 语句进行数据查询，另一方面，也可以使用标准的数据库连接器（比如 JDBC 或 ODBC）连接 Spark 进行 SQL 查询，这样，一些市场上现有的商业智能工具（比如 Tableau）就可以很好地和 Spark SQL 组合起来使用，从而使得这些外部工具能够借助于 Spark SQL 获得处理分析大规模数据的能力。

2. 目标

使用 Spark SQL 进行数据统计分析。

3. 准备

操作系统：CentOS 7.3。

软件版本：Hadoop 2.7.7、Scala 2.11.11、Spark 2.4.3、Eclipse。

4. 考点：电影评分数据分析

（1）项目需求

分别使用 DSL 编程和 SQL 编程，对电影评分数据进行统计分析，获取 Top10 电影（电影评分平均值最高，并且每个电影被评分的次数大于 200）。并将结果数据写入数据库。

（2）数据解析

电影评分数据 rating_100k.data 来源于某电影平台日志数据，数据由 4 部分组成，分别为用户 ID，电影 ID，电影评分，时间戳。数据通过 Tab 进行分割，如表 3-10 所示。

表 3-10 电影评分数据

用户 ID	电影 ID	电影评分	时间戳
225	480	5	879540748
276	54	3	874791025
291	144	5	874835091
222	366	4	878183381
267	518	5	878971773

（3）项目流程

① 从本地文件系统读取电影评分数据；

② 转换数据，指定 Schema 信息，封装到 DataFrame；

③ 基于 SQL 方式分析；

④ 基于 DSL 方式分析；

⑤ 使用 MySQL 收集结果数据。

（4）项目实现

```
package com.hongya.Spark SQL_movie
import java.util.Properties

import org.apache.spark.SparkContext
import org.apache.spark.sql.{DataFrame, Dataset, SparkSession}
import org.apache.spark.storage.StorageLevel

/**
 * 需求:对电影评分数据进行统计分析,获取 Top10 电影(电影评分平均值最高,并且每个电影被评分的次数大于 200)
 */
object Spark SQL_Movie {
    def main(args: Array[String]): Unit = {
val spark = SparkSession.builder()
.appName(this.getClass.getSimpleName.stripSuffix("$"))
.master("local[*]")
        // TODO:设置 shuffle 时分区数目
        .config("spark.sql.shuffle.partitions", "4")
.getOrCreate()
val sc: SparkContext = spark.sparkContext
sc.setLogLevel("WARN")
      import spark.implicits._

      // 1.读取电影评分数据,从本地文件系统读取
val rawRatingsDS: Dataset[String] = spark.read.textFile("/root/spark_practice_data/
rating_100k.data")
// 2.转换数据
val ratingsDF: DataFrame = rawRatingsDS
          //过滤数据
.filter(line => null != line &&line.trim.split("\t").length == 4)
          //提取转换数据
.mapPartitions{iter =>
iter.map{line =>
                //按照分割符分割,拆箱到变量中
val Array(userId, movieId, rating, timestamp) = line.trim.split("\t")
                //返回四元组
                (userId, movieId, rating.toDouble, timestamp.toLong)
            }
          }
          //指定列名添加 Schema
.toDF("userId", "movieId", "rating", "timestamp")
ratingsDF.printSchema()
ratingsDF.show(4)
```

```
        // TODO:基于 SQL 方式分析
        //第一步、注册 DataFrame 为临时视图
ratingsDF.createOrReplaceTempView("view_temp_ratings")

        //第二步、编写 SQL
val top10MovieDF: DataFrame = spark.sql(
"""
              |SELECT
|  movieId, ROUND(AVG(rating), 2) AS avg_rating, COUNT(movieId) AS cnt_rating
              |FROM
|  view_temp_ratings
              |GROUP BY
|  movieId
              |HAVING
|  cnt_rating> 200
              |ORDER BY
|  avg_rating DESC, cnt_rating DESC
              |LIMIT
|  10
""".stripMargin)
        //top10MovieDF.printSchema()
        top10MovieDF.show(10, truncate = false)
println("================================================================")

        // TODO:基于 DSL=Domain Special Language(特定领域语言)分析
        import org.apache.spark.sql.functions._
val resultDF: DataFrame = ratingsDF
            //选取字段
.select($"movieId", $"rating")
            //分组:按照电影 ID,获取平均评分和评分次数
.groupBy($"movieId")
.agg(
                round(avg($"rating"), 2).as("avg_rating"),
                count($"movieId").as("cnt_rating")
            )
            //过滤:评分次数大于 200
.filter($"cnt_rating"> 200)
            //排序:先按照评分降序,再按照次数降序
.orderBy($"avg_rating".desc, $"cnt_rating".desc)
            //获取前 10
.limit(10)
        //resultDF.printSchema()
resultDF.show(10)

        // TODO:将分析的结果数据保存 MySQL 数据库
```

```
        //保存 MySQL 数据库表汇总
resultDF
.coalesce(1)
.write
.mode("overwrite")
.option("driver", "com.mysql.jdbc.Driver")
.option("user", "root")
.option("password", "123456")
.jdbc(
"jdbc:mysql://localhost:3306/hongya? characterEncoding=UTF-8",
"movie",
              new Properties()
          )


spark.stop()
    }
}
```

（5）项目结果

```
root
 |-- userId: string (nullable = true)
 |-- movieId: string (nullable = true)
 |-- rating: double (nullable = false)
 |-- timestamp: long (nullable = false)
+------+-------+------+---------
|userId |movieId |rating |timestamp |
+------+-------+------+---------
| 196|    242|  3.0|881250949|
| 186|    302|  3.0|891717742|
|  22|    377|  1.0|878887116|
| 244|     51|  2.0|880606923|
+------+-------+------+---------+
only showing top 4 rows
+-------+----------+----------
|movieId |avg_rating |cnt_rating |
+-------+----------+----------
```

3.4.4　Spark Streaming

1. 概述

Spark Streaming 是一个基于 SparkCore 之上的实时计算框架，可以从很多数据源对数据进行实时处理。Spark Streaming 采用微批处理思想，将输入的数据以某一时间间隔 T，切分成多个微批量数据，然后对每个批量数据进行处理。

2. 目标

使用 Spark Streaming 处理流式应用数据。

3. 准备

操作系统：CentOS 7.3。

软件版本：Hadoop 2.7.7、Scala 2.11.11、Spark 2.4.3、Eclipse、Kafka 0.10。

4. 考点：模拟广告日志数据分析

（1）项目需求

通过模拟广告数据对用户单击量进行统计，分析各城市广告的总单击数量。

（2）项目架构

① 模拟数据生成：对于广告数据项目采用模拟手段生成数据。快速完成项目测试工作，经常采用此种方式进行。

② 消息队列 Kafka：项目中将生成数据通过消息队列 Kafka 进行消费分析，其目的是防止上下游数据到达顶峰导致数据出错。通过 Kafka 实现消息缓冲，实现数据稳定处理。

③ 数据分析处理：通过 Spark Streaming 实现对流数据的实时分析，通过指标分析得到最终结果数据。

④ MySQL 数据库：将最终结果数据存放于数据库中，便于后续数据展示工作。

（3）数据解析

广告信息数据来源于用户浏览广告等日志数据，数据中包含四个字段，分别是用户所在地区、城市、用户 ID 以及广告 ID。数据如下所示。

```
{"area":"陕西省","city":"商洛","userid":5,"adid":3}
{"area":"陕西省","city":"西安","userid":2,"adid":3}
{"area":"陕西省","city":"延安","userid":5,"adid":2}
{"area":"陕西省","city":"商洛","userid":4,"adid":5}
```

（4）项目流程

① Kafka 创建生产者消费者主题，用于数据消费。

② Scala 编程模拟数据生成，并将数据发送到 Kafka 主题。

③ 通过 Spark 从 Kafka 主题消费数据，对数据进行实时分析，将数据写入 MySQL 数据库。

④ 准备 MySQL 数据表，用于数据写入。

（5）项目实现

1）Kafka 主题创建。

```
$KAFKA_HOME/bin/kafka-topics.sh --create --zookeeper localhost:2181 --replication-factor 1 --
partitions 3 --topic adTopic
```

2）MySQL 表创建对应库表。

```
create database hongya;
use hongya;
CREATE TABLE 'ad_count' (
  'area' text,
  'city' text,
```

```
  'count' bigint(20) NOT NULL
) ENGINE=InnoDB DEFAULT CHARSET=utf8;
```

3）模拟数据生成。

```
package com.hongya.Spark Streaming
import java.util.Properties
import org.apache.kafka.clients.producer.{KafkaProducer, ProducerRecord}
import org.apache.kafka.common.serialization.StringSerializer
import org.json4s.jackson.Json
import scala.collection.mutable.ListBuffer
import scala.util.Random

/**
  *模拟生成广告单击数据,并将数据发送 Kafka 主题
  */
object MakeData_Ad {
  // TODO 定义 main 方法
  def main(args: Array[String]): Unit = {
    //创建 Kafka 发送数据配置设置文件对象
val prop = new Properties()
    //设置 Kafka 集群地址
prop.put("bootstrap.servers","qingjiao:9092")
    // ack 机制
prop.put("ack","1")
    //重新发送数据次数
prop.put("retries","3")
    // kv 序列化
prop.put("key.serializer",classOf[StringSerializer].getName)
prop.put("value.serializer",classOf[StringSerializer].getName)
    //创建 Kafka 生产者对象
val producer = new KafkaProducer[String,String](prop)

    // TODO 模拟数据生成
val random = new Random()
    //城市模拟选型
val citylist=ListBuffer[String]("西安", "宝鸡", "渭南", "延安", "商洛", "安康")
    while(true){
val area: String = "陕西省"
val city: String = citylist(random.nextInt(5))
val userid: Int = random.nextInt(6) + 1
val adid: Int = random.nextInt(9) + 1
val data: AdData = AdData(area,city,userid,adid)
      //数据转换为 json 类型
val jsonData: String = new Json(org.json4s.DefaultFormats).write(data)
println(jsonData)
      //线程休眠
```

```
Thread.sleep(2000)
        //设置主题、发送消息到 Kafka
val record= new ProducerRecord[String,String]("adTopic",jsonData)
producer.send(record)
    }
    //关闭资源
producer.close()
  }
  // TODO 样例类封装数据
  case class AdData(
area:String,//地区
city:String,//城市
userid:Int,//用户 id
adid:Int//广告 id
  )
}
```

4）需求统计分析。

```
package com.hongya.Spark Streaming
import org.apache.spark.SparkContext
import org.apache.spark.sql.streaming.OutputMode
import org.apache.spark.sql.types.{IntegerType}
import org.apache.spark.sql.{DataFrame, SaveMode, SparkSession}

/**
  * 需求:使用 Spark 实时批处理手段分析广告单击数据,并将结果写入 MySQL
  */
object Streaming_Ad {
  // TODO 定义 main 方法
  def main(args: Array[String]): Unit = {
    // TODO 创建环境
val spark: SparkSession = SparkSession
.builder()
.appName("streaming_ad")
.master("local[*]")
      .config("spark.sql.shuffle.partitions", "3")
.getOrCreate()
    //创建 sc 对象
val sc: SparkContext = spark.sparkContext
sc.setLogLevel("WARN")
    //导入隐式转换和内置函数包
    import spark.implicits._
    import org.apache.spark.sql.functions._
    // TODO 读取数据
val kafkaDF: DataFrame = spark.readStream
.format("kafka")
```

```
    .option("kafka.bootstrap.servers", "qingjiao:9092")
    .option("subscribe", "adTopic")
    .load()
        // kafkaDF.writeStream.format("console").start()
        // TODO 数据解析
    val etlDF: DataFrame = kafkaDF
         //获取数据并转换为 String 类型
    .selectExpr("CAST(value AS STRING)")
          .as[String]
           //获取数据值,给数据添加 Schema 信息
    .select(
    get_json_object($"value", "$.area").as("area"),
    get_json_object($"value", "$.city").as("city"),
    get_json_object($"value", "$.userid").cast(IntegerType).as("userid"),
    get_json_object($"value", "$.adid").cast(IntegerType).as("adid")
           )
        //etlDF.printSchema()
        //etlDF.writeStream.format("console") .option("truncate",false).start().awaitTermi-
nation()
        // TODO 需求分析
    val resultDF: DataFrame = etlDF
    .groupBy($"area", $"city")
    .agg(count("*").as("count"))
    resultDF.writeStream.format("console") .outputMode(OutputMode.Update()).option("trun-
cate",false).start()
        // TODO 数据写入数据库
    resultDF.writeStream
    .outputMode("complete")
    .foreachBatch((batechDF: DataFrame, batchId: Long) =>{
           if (! batechDF.isEmpty) {
    batechDF.coalesce(1)
    .write
    .mode(SaveMode.Overwrite)
    .format("jdbc")
    .option("url", "jdbc:mysql://localhost:3306/hongya? characterEncoding=UTF-8")
    .option("user", "root")
    .option("password", "123456")
    .option("dbtable", "hongya.ad_count")
    .save()
           }
         }).start()
    .awaitTermination()
      }
    }
```

（6）项目结果

项目运行结果如下所示。

```
# MakeData_Ad 控制台打印
{"area":"陕西省","city":"商洛","userid":5,"adid":3}
{"area":"陕西省","city":"西安","userid":2,"adid":3}
{"area":"陕西省","city":"延安","userid":5,"adid":2}
{"area":"陕西省","city":"商洛","userid":4,"adid":5}
...
# Streaming_Ad 控制台打印
+------+----+-----
|area   |city |count |
+------+----+-----
|陕西省 |商洛 |2      |
+------+----+-----+
```

数据写入 MySQL 之后，可直接在数据库中查询对应数据表。

```
select * from hongya.ad_count;
#查询结果示例
陕西省延安 21
陕西省宝鸡 27
陕西省西安 34
...
```

3.4.5 Spark MLlib

1. 概述

MLlib 是 Spark 的机器学习（Machine Learing）库，其目标是使机器学习的使用更加方便和简单，MLlib 具有如下功能。

- ML 算法：常用的学习算法，包括分类、回归、聚类和过滤。
- 特征：特征萃取、转换、降维和选取。
- Pipelines：用于构建、测量和调节的工具。

MLlib 有两个 API 架包。

- spark.mllib：基于 RDD 的 API 包，在 Spark 2.0 时已经进入维护模型。
- spark.ml：基于 DataFrame 的 API 包，目前 Spark 官方首推使用该包。

推荐使用 spark.ml，因为基于 DataFrames 的 API 更加的通用而且灵活。不过也会继续支持 spark.mllib 包。用户可以放心使用，spark.mllib 还会持续地增加新的功能。不过开发者需要注意，如果新的算法能够适用于机器学习管道的概念，就应该将其放到 spark.ml 包中，如：特征提取器和转换器。

2. 目标

掌握 Spark MLlib 常见机器学习算法应用。

3. 准备

操作系统：CentOS 7.3。

软件版本：Hadoop 2.7.7、Scala 2.11.11、Spark 2.4.3（单机版）、Eclipse、Kafka 0.10。

4. 考点 1：工作流

一个典型的机器学习过程从数据收集开始，要经历多个步骤才能得到需要的输出。这非常类似于 Pipeline 流水线式工作，即通常会包含源数据 ETL（抽取、转化、加载），数据预处理，指标提取，模型训练与交叉验证，新数据预测等步骤。

（1）构建 Pipeline

构建一个 Pipeline 工作流，首先需要定义 Pipeline 中的各个工作流阶段 PipelineStage，（包括转换器和评估器），比如指标提取和转换模型训练等。有了这些处理特定问题的转换器和评估器，就可以按照具体的处理逻辑有序的组织 PipelineStages 并创建一个 Pipeline，如下所示。

```
val pipeline = new Pipeline()
.setStages(Array(stage1,stage2,stage3,...))
```

之后把训练数据集作为输入参数，调用 Pipeline 实例的 fit( ) 方法以流的方式来处理源训练数据。这个调用会返回一个 PipelineModel 类实例，进而被用来预测测试数据的标签。

（2）构建工作流示例

代码实现如下。

```
//导入包
import org.apache.spark.sql.SparkSession
//构建 SparkSession 对象,设置本地运行、应用名称
val spark = SparkSession.builder().
.master("local").
.appName("first example").
.getOrCreate()
//开启 RDD 的隐式转换,导入机器学习相关的包以及 Spark SQL 的包
import spark.implicits._
import org.apache.spark.ml.feature._
import org.apache.spark.ml.classification.LogisticRegression
import org.apache.spark.ml.{Pipeline,PipelineModel}
import org.apache.spark.ml.linalg.Vector
import org.apache.spark.sql.Row

//构建训练集,测试数据放入训练集,转换成 DataFrame 结构,设置字段为 id、text 和 label
val training = spark.createDataFrame(Seq(
(0L, "a b c d e Spark", 1.0),
(1L, "b d", 0.0),
(2L, "Spark f g h", 1.0),
(3L, "hadoopmapreduce", 0.0)
)).toDF("id", "text", "label")

//定义 Pipeline 中的各个工作流阶段 PipelineStage,包括转换器和评估器,具体的,包含 tokenizer、hash-
ingTF 和 lr 三个步骤
val tokenizer = new Tokenizer()
//设置输入列为 text,输出列为 words
.setInputCol("text").setOutputCol("words")
val hashingTF = new HashingTF()
//设置哈希表桶数为 1000,也就是词表容量
```

```
.setNumFeatures(1000).
//设置输入列为 tokenizer 的输出列
.setInputCol(tokenizer.getOutputCol).
//设置输出列为 features
.setOutputCol("features")
val lr = new LogisticRegression().
//迭代次数和设置回归参数(正则化项系数),默认值是 0。正则化主要用于防止过拟合现象,如果数据集较小,特征维数又多,易出现过拟合,考虑增大正则化系数
.set MaxIter(10).setRegParam(0.01)
//按照具体的处理逻辑有序的组织 PipelineStages 并创建一个 Pipeline
val pipeline = new Pipeline().
.setStages(Array(tokenizer, hashingTF, lr))
// Pipeline 本质上是一个 Estimator,在它的 fit()方法运行之后,它将产生一个 PipelineModel,它是一个 Transformer
val model = pipeline.fit(training)
//构建测试数据
val test = spark.createDataFrame(Seq(
(4L, "spark i j k"),
(5L, "l m n"),
(6L, "spark a"),
(7L, "apachehadoop")
)).toDF("id", "text")
//生成预测结果
model.transform(test).
.select("id", "text", "probability", "prediction").
.collect().
.foreach { case Row(id: Long, text: String, prob: Vector, prediction: Double) =>
println(s"($id, $text) -->prob= $prob, prediction= $prediction")
}
```

预测结果如图 3-221 所示。

```
(4,spark i j k)-->prob=[0.6817404417926731,0.3182595582073269],prediction=0.0
(5,1 m n)-->prob=[0.965696634842212,0.03430333651577889,prediction=0.0
(6,spark a)-->prob=[0.24016539588033942,0.7598346041196606,prediction=1.0
(7, apachehadoop)-->prob=[0.9656966634842212,0.03430333651577889],prediction=0.0
```

图 3-221　预测结果图

第 4 句和第 6 句中都包含“spark”，其中第六句的预测是 1，与我们希望的相符；而第 4 句虽然预测的依然是 0，但是通过概率可以看到，第 4 句有 46%的概率预测是 1，而第 5 句、第 7 句分别只有 7%和 2%的概率预测为 1，这是由于训练数据集较少，如果有更多的测试数据进行学习，预测的准确率将会有显著提升。

5. 考点 2：特征抽取

（1）TF-IDF

词频-逆向文件频率（TF-IDF）是一种在文本挖掘中广泛使用的特征向量化方法，它可以体现一个文档中词语在语料库中的重要程度。TF-IDF 就是在数值化文档信息，衡量词语能提供多少信息以区分文档。

下边的代码中，以一组句子开始。首先使用分解器 Tokenizer 把句子划分为单个词语。对每一个句子（词袋），我们使用 HashingTF 将句子转换为特征向量，最后使用 IDF 重新调整特征向量。这种转换通常可以提高使用文本特征的性能。

```
//导包
import org.apache.spark.ml.feature.{HashingTF, IDF, Tokenizer}
import org.apache.spark.sql.SparkSession
//开启 spark 会话
val spark = SparkSession.builder().
master("local").
        .appName("TF-IDF").
        .getOrCreate().
//导入隐式转换
import spark.implicits._
//准备工作完成后,我们创建一个简单的 DataFrame,每一个句子代表一个文档
val sentenceData = spark.createDataFrame(Seq(
  (0, "I heard about Spark and I love Spark"),
  (0, "I wish Java could use case classes"),
  (1, "Logistic regression models are neat")
)).toDF("label", "sentence")
//在得到文档集合后,即可用 tokenizer 对句子进行分词
val tokenizer = new Tokenizer().
.setInputCol("sentence").setOutputCol("words")
val wordsData = tokenizer.transform(sentenceData)
wordsData.show(true)
//得到分词后的文档序列后,即可使用 HashingTF 的 transform()方法把句子哈希成特征向量,这里设置哈希表
的桶数为 2000
val hashingTF = new HashingTF().
.setInputCol("words").setOutputCol("rawFeatures").
.setNumFeatures(2000)
val featurizedData = hashingTF.transform(wordsData)
featurizedData.select("rawFeatures").show(false)
//使用 IDF 来对单纯的词频特征向量进行修正,使其更能体现不同词汇对文本的区别能力,IDF 是一个
Estimator,调用 fit()方法并将词频向量传入,即产生一个 IDFModel
val idf = new IDF().setInputCol("rawFeatures").
.setOutputCol("features")
val idfModel = idf.fit(featurizedData)
//调用它的 transform()方法,即可得到每一个单词对应的 TF-IDF 度量值
val rescaledData = idfModel.transform(featurizedData)
rescaledData.select("features", "label").
.take(3).foreach(println)
```

（2）Word2Vec

Word2vec 是一种估计器，它接受表示文档的单词序列，并训练 Word2VecModel。该模型将每个单词映射到一个唯一的固定大小的向量。Word2VecModel 使用文档中所有单词的平均值将每个文档转换为一个向量；然后，这个向量可以用作预测、文档相似度计算等

的特征。

```
import org.apache.spark.ml.feature.Word2Vec
import org.apache.spark.ml.linalg.Vector
import org.apache.spark.sql.Row

//输入数据:每一行是一个句子或文档中的单词包。
val documentDF = spark.createDataFrame(Seq(
"Hi I heard about Spark".split(" "),
"I wish Java could use case classes".split(" "),
"Logistic regression models are neat".split(" ")
).map(Tuple1.apply)).toDF("text")

//学习从单词到向量的映射。
val word2Vec = new Word2Vec()
.setInputCol("text")
.setOutputCol("result")
.setVectorSize(3)
.setMinCount(0)
val model = word2Vec.fit(documentDF)
val result = model.transform(documentDF)
result.collect().foreach { case Row(text: Seq[_], features: Vector) =>
println(s"Text: [ ${text.mkString(", ")}] => \nVector: $features \n") }
```

(3) CountVectorizer

CountVectorizer 和 CountVectorizerModel 旨在帮助将文本文档集合转换为令牌计数向量。当一个先验字典不可用时，CountVectorizer 可以用作一个 Estimator 来提取词汇表，并生成一个 CountVectorizerModel。该模型通过词汇表生成文档的稀疏表示，然后可以将其传递给 LDA 等其他算法。

在拟合过程中，CountVectorizer 会根据语料库中词频排序，选择最顶端的 vocabSize 单词。一个可选参数 minDF 也会影响拟合过程，它指定词汇表中必须包含的文档的最小数量(如果小于 1.0，则为部分)。另一个可选的二进制切换参数控制输出向量。如果设置为 true，所有非零计数设置为 1。这对于二进制计数而不是整数计数的离散概率模型特别有用。

假设有如表 3-11 所示的 DataFrame 带有列 id 和文本 texts，文本中的每一行都是 Array [String] 类型的文档。调用 CountVectorizer 的 fit 会产生一个 CountVectorizerModel (a, b, c)，然后转换后的输出列“vector”包含每个向量表示文档在词汇表上的标记计数。

表 3-11 文本数据

id	texts	vector
0	Array("a", "b", "c")	(3,[0,1,2],[1.0, 1.0, 1.0])
1	Array("a", "b", "b", "c", "a")	(3,[0,1,2],[2.0, 2.0, 1.0])

```
import org.apache.spark.ml.feature.{CountVectorizer, CountVectorizerModel}
val df = spark.createDataFrame(Seq(
```

```
    (0, Array("a", "b", "c")),
    (1, Array("a", "b", "b", "c", "a"))
  )).toDF("id", "words")
  //从语料库中匹配 CountVectorizerModel
  val cvModel: CountVectorizerModel = new CountVectorizer()
  .setInputCol("words")
  .setOutputCol("features")
  .setVocabSize(3)
  .setMinDF(2)
  .fit(df)
  //或者,用先验词汇定义 CountVectorizerModel
  val cvm = new CountVectorizerModel(Array("a", "b", "c"))
  .setInputCol("words")
  .setOutputCol("features")
  cvModel.transform(df).show(false)
```

(4) 项目案例：短信垃圾检测

1) 项目需求。

通过 UCI 的短信数据集对手机短信样本数据进行训练，对新的数据样本进行分类，进而检测其是否为垃圾短信。

2) 项目步骤。

① 将文本句子转换成单词数组。

② 使用 Word2Vec 工具将单词数据转换成 k 维向量。

③ 通过训练 k 维向量样本数据得到前馈神经网络模型，实现文本类别标签预测。

3) 项目数据。

```
  hamGo until jurong point, crazy..Available only in bugis n great world la e buffet...Cine
there got amore wat...
  hamOk lar...Joking wif u oni...
  spamFree entry in 2 a wkly comp to win FA Cup final tkts 21st May 2005.Text FA to 87121 to receive
entry question(std txt rate)T&C's apply 08452810075over18's
  hamU dun say so early hor...U c already then say...
  hamNah I don't think he goes to usf, he lives around here though
  spamFreeMsg Hey there darling it's been 3 week's now and no word back! I'd like some fun
  ......
```

SMSSpamCollection 数据文件所在目录./SMSSpamCollection。

4) 项目实现。

```
  package com.hongya.mllib

  import org.apache.spark.ml.{Pipeline, PipelineModel}
  import org.apache.spark.ml.classification.MultilayerPerceptronClassifier
  import org.apache.spark.ml.evaluation.MulticlassClassificationEvaluator
  import org.apache.spark.ml.feature.{IndexToString, StringIndexer, StringIndexerModel,
Word2Vec}
```

```
import org.apache.spark.sql.{DataFrame, SparkSession}

object FeatureExtraction {
  def main(args: Array[String]): Unit = {
    //创建 SparkSession 会话对象
val spark: SparkSession = SparkSession.builder()
.master("local[ * ]")
.appName("FeatureExtraction")
.getOrCreate()
    //导入隐式转换
    import spark.implicits._
    //读取数据,数据切分转换
val messageDF: DataFrame = spark.read.text("D:\\hongya\\data\\SMSSpamCollection")
.map(_.toString().split("\t")).map(Row=>{(Row(0),Row(1).split(""))})
.toDF("label","message")
    //将标签转化成索引值
val indexerMold: StringIndexerModel = new StringIndexer().setInputCol("label").setOutputCol
("indexLabel").fit(messageDF)
    //创建 Word2Vec,设置分词向量大小 100
val word2Vec: Word2Vec = new Word2Vec().setInputCol("message").setOutputCol("features")
.setVectorSize(100)
.setMinCount(1)
    //创建多层感应器
val layers: MultilayerPerceptronClassifier = new MultilayerPerceptronClassifier()
.setLayers(Array[Int](100, 6, 5, 2))
.setSeed(1234L)
.setMaxIter(128)
.setFeaturesCol("features")
.setLabelCol("indexLabel")
.setPredictionCol("prediction")
    //将索引标签转化为原标签
val lableConverter: IndexToString = new IndexToString().setInputCol("prediction")
.setOutputCol("predictionLabel")
.setLabels(indexerMold.labels)
    //数据集分割
val Array(trainingData,testData) = messageDF.randomSplit(Array(0.8,0.2))
    //创建 pipeline 并训练数据
val pipeline: Pipeline = new Pipeline()
.setStages(Array(indexerMold, word2Vec, layers, lableConverter))
val model: PipelineModel = pipeline.fit(trainingData)
val resultDF: DataFrame = model.transform(testData)
resultDF.printSchema()
resultDF.select("message","label","predictionLabel","rawPrediction").show(30,false)
    //评估训练结果集
val evaluator: MulticlassClassificationEvaluator = new MulticlassClassificationEvaluator()
.setLabelCol("indexLabel")
```

```
.setPredictionCol("prediction")
val predicationAccuracy: Double = evaluator.evaluate(resultDF)
println("Testing Accuracy is %2.4f".format(predicationAccuracy * 100) + "%")

  }
}
```

5）项目结果。

```
Testing Accuracy is 92.7153%
```

6. 考点 3：特征转换

在机器学习处理过程中，为了方便相关算法的实现，经常需要把标签数据（一般是字符串）转化成整数索引，或是在计算结束后将整数索引还原为相应的标签。

用于特征转换的转换器和其他的机器学习算法一样，也属于 ML Pipeline 模型的一部分，可以用来构成机器学习流水线。

（1）StringIndexer 转换器

StringIndexer 转换器可以把一列类别型的特征（或标签）进行编码，使其数值化，索引的范围从 0 开始，该过程可以使得相应的特征索引化，从而使某些无法接受类别型特征的算法可以使用，并提高诸如决策树等机器学习算法的效率。索引构建的顺序为标签的频率，优先编码出现频率较高的标签，所以出现频率最高的标签为 0 号。如果输入的是数值型的，则把它转化成字符型，然后再对其进行编码。

假设有以下 DataFrame，带有列 id 和 category，category 是一个字符串列，有三个标签："a""b"和"c"，应用 StringIndexer，将 category 作为输入列，将 categoryIndex 作为输出列，得到以下如表 3-12 所示结果。

表 3-12　字符串数据

id	category	categoryIndex
0	a	0
1	b	2
2	c	1
3	a	0
4	a	0
5	c	1

"a"获得索引 0，因为它是最频繁的，其次是" c "索引 1 和"b"索引 2。

另外，当一个数据集中封装了一个 StringIndexer，然后用它转换另一个数据集时，关于 StringIndexer 如何处理看不见的标签，有以下三种策略。

- 抛出异常（默认值）。
- 完全跳过包含不可见标签的行。
- 把不可见的标签放在索引 numLabels 一个特殊的附加桶中。

回到之前的例子，但这次在如表 3-13 所示的数据集中重用我们之前定义的 StringIndexer。

表 3-13　字符串数据

id	category
0	a
1	b
2	c
3	d
4	e

如果没有设置 StringIndexer 处理不可见标签的方式，或将其设置为" error "，将会抛出一个异常。但是，如果调用了 setHandleInvalid （" skip"），将会生成以下如表 3-14 所示数据集。

表 3-14　生成数据

id	category	categoryIndex
0	a	0.0
1	b	2.0
2	c	1.0

注意，包含“d”或“e”的行没有出现。

如果调用 setHandleInvalid （"keep"），会生成如表 3-15 所示数据集。

表 3-15　生成数据

id	category	categoryIndex
0	a	0.0
1	b	2.0
2	c	1.0
3	d	3.0
4	e	3.0

注意，包含“d”或“e”的行被映射到索引“3.0”。

```
import org.apache.spark.ml.feature.StringIndexer
val df = spark.createDataFrame(
Seq((0, "a"), (1, "b"), (2, "c"), (3, "a"), (4, "a"), (5, "c"))
).toDF("id", "category")
val indexer = new StringIndexer()
.setInputCol("category")
.setOutputCol("categoryIndex")
val indexed = indexer.fit(df).transform(df)
indexed.show()
```

（2）IndexToString 转换器

与 StringIndexer 相对应，IndexToString 的作用是把标签索引的一列重新映射回原有的字符型标签。其主要使用场景一般都是和 StringIndexer 配合。

在 StringIndexer 示例的基础上，假设有以下 DataFrame，拥有列 id 和 categoryIndex，应用 IndexToString，将 categoryIndex 作为输入列，originalCategory 作为输出列，能够检索原始标签（它们将从列的元数据中推断），如表 3-16 所示。

表 3-16　推断原始标签

id	categoryIndex	category
0	0.0	a
1	2.0	b
2	1.0	c
3	0.0	a
4	0.0	a
5	1.0	c

具体代码实现如下。

```
import org.apache.spark.ml.attribute.Attribute
import org.apache.spark.ml.feature.{IndexToString, StringIndexer}

val df = spark.createDataFrame(Seq(
  (0, "a"),
  (1, "b"),
  (2, "c"),
  (3, "a"),
  (4, "a"),
  (5, "c")
)).toDF("id", "category")

val indexer = new StringIndexer()
.setInputCol("category")
.setOutputCol("categoryIndex")
.fit(df)
val indexed = indexer.transform(df)

println(s"Transformed string column '${indexer.getInputCol}' " +s"to indexed column '${in-
dexer.getOutputCol}'")
indexed.show()

val inputColSchema = indexed.schema(indexer.getOutputCol)
println(s"StringIndexer will store labels in output column metadata: " +s" ${Attribute.
fromStructField(inputColSchema).toString} \n")

val converter = new IndexToString()
.setInputCol("categoryIndex")
.setOutputCol("originalCategory")
```

```
val converted = converter.transform(indexed)

println(s"Transformed indexed column '${converter.getInputCol}' back to original string " + s"
column '${converter.getOutputCol}' using labels in metadata")
converted.select("id", "categoryIndex", "originalCategory").show()
```

（3）One-Hot Encoding 转换器

独热编码（One-Hot Encoding）是指把一列类别型特征（或称名词性特征，nominal/categorical features）映射成一系列的二元连续特征的过程，原有的类别型特征有几种可能取值，这一特征就会被映射成几个二元连续特征，每一个特征代表一种取值，若该样本表现出该特征，则取 1，否则取 0。独热编码适合一些期望类别特征为连续特征的算法，比如说逻辑斯蒂回归等。

注意：OneHotEncoder 在 2.3.0 已弃用，将在 3.0.0 移除。可以使用 OneHotEncoderEstimator 代替。

```
import org.apache.spark.ml.feature.OneHotEncoderEstimator
val df = spark.createDataFrame(Seq(
  (0.0, 1.0),
  (1.0, 0.0),
  (2.0, 1.0),
  (0.0, 2.0),
  (0.0, 1.0),
  (2.0, 0.0)
)).toDF("categoryIndex1", "categoryIndex2")
val encoder = new OneHotEncoderEstimator()
.setInputCols(Array("categoryIndex1", "categoryIndex2"))
.setOutputCols(Array("categoryVec1", "categoryVec2"))
val model = encoder.fit(df)
val encoded = model.transform(df)
encoded.show()
```

（4）VectorIndexer 转换器

Spark MLlib 提供了 VectorIndexer 类来解决向量数据集中的类别型特征转换。通过为其提供 maxCategories 超参数，VectorIndexer 可以自动识别哪些特征是类别型的，并且将原始值转换为类别索引。

```
import org.apache.spark.ml.feature.VectorIndexer
import org.apache.spark.ml.linalg.{Vector, Vectors}
//训练模型
val data = Seq(
Vectors.dense(-1.0, 1.0, 1.0),
Vectors.dense(-1.0, 3.0, 1.0),
Vectors.dense(0.0, 5.0, 1.0))
val df = spark.createDataFrame(data.map(Tuple1.apply)).toDF("features")
val indexer = new VectorIndexer().
```

```
    .setInputCol("features").
    .setOutputCol("indexed").
    .setMaxCategories(2)
    val indexerModel = indexer.fit(df)
    //通过 VectorIndexerModel 的 categoryMaps 成员来获得被转换的特征及其映射
    val categoricalFeatures: Set[Int] = indexerModel.categoryMaps.keys.toSet
    println(s"Chose ${categoricalFeatures.size} categorical features: " + categoricalFeatures.
mkString(", "))
    //转换
    val indexed = indexerModel.transform(df)
    indexed.show()
```

通过转换操作，可以看到，0 号特征只有-1、0 两种取值，分别被映射成 0、1，而 2 号特征只有 1 种取值，被映射成 0。

7. 考点 4：选择器

特征选择（Feature Selection）指的是在特征向量中选择出那些“优秀”的特征，组成新的、更“精简”的特征向量的过程。

（1）卡方选择器（ChiSqSelector）

ChiSqSelector 代表 Chi-Squared 特征选择，它对带有分类特征的标记数据进行操作。ChiSqSelector 使用独立性的 Chi-Squared 检验来决定选择哪些特征。

假设有一个包含 id、features 和 clicked 列的 DataFrame，它被用作我们预测的目标，如果我们在 numTopFeatures = 1 的情况下使用 ChiSqSelector，那么根据单击的标签，特征中的最后一列会被选择为最有用的特征，如表 3-17 所示。

表 3-17　特征选择

id	features	clicked	selectedFeatures
7	[0.0, 0.0, 18.0, 1.0]	1.0	[1.0]
8	[0.0, 1.0, 12.0, 0.0]	0.0	[0.0]
9	[1.0, 0.0, 15.0, 0.1]	0.0	[0.1]

代码实现如下。

```
import org.apache.spark.ml.feature.ChiSqSelector
import org.apache.spark.ml.linalg.Vectors
val data = Seq(
  (7, Vectors.dense(0.0, 0.0, 18.0, 1.0), 1.0),
  (8, Vectors.dense(0.0, 1.0, 12.0, 0.0), 0.0),
  (9, Vectors.dense(1.0, 0.0, 15.0, 0.1), 0.0)
)
val df = spark.createDataset(data).toDF("id", "features", "clicked")
val selector = new ChiSqSelector()
.setNumTopFeatures(1)
.setFeaturesCol("features")
.setLabelCol("clicked")
.setOutputCol("selectedFeatures")
```

```
val result = selector.fit(df).transform(df)
println(s"ChiSqSelector output with top ${selector.getNumTopFeatures} features selected")
result.show()
```

（2）使用 StringIndex 转换器在预测中转化 UCI 的钞票验证数据

1）项目需求。

通过 Spark Mllib 构建一个对目标数据集进行分类预测的机器学习工作流，要求主要掌握 StringIndex 转换器在预测中的转化操作。

2）项目数据。

本项目测试数据集来自 UCI 的钞票验证数据集，它是从纸币鉴别过程中的图片里提取到的数据集，总共包含五个列，前四列是指标值（连续性），最后一列是真假标识。transformation.txt 文件数据如下所示（所在路径数据：./transformation.txt 文件）：

```
3.6216,8.6661,-2.8073,-0.44699,0
4.5459,8.1674,-2.4586,-1.4621,0
3.866,-2.6383,1.9242,0.10645,0
3.4566,9.5228,-4.0112,-3.5944,0
0.32924,-4.4552,4.5718,-0.9888,0
4.3684,9.6718,-3.9606,-3.1625,0
3.5912,3.0129,0.72888,0.56421,0
......
```

3）项目步骤。

① 使用 StringIndexer 将数据源中字符 Lable，按照 Lable 出现的频次对其进行序列编码。

② 使用 VectorAssembler 从数据源中提取特征指标数据。

③ 创建随机森林分类器 RandomForestClassifier 实例，并设置输入输出列，并告诉随机森林分类器训练 5 棵独立树子树。

④ 使用 IndexToString 将序列编码后的 Label 转化成原始 Label。

⑤ 划分数据，将建模数据和测试数据按 8：2 进行划分。

⑥ 构建工作流对数据进行预测。

⑦ 从 DataFrame 中选择特性、标签和预测标签来显示，打印前 10 行数据。

⑧ 用评估器代码计算预测精度，即通常使用一个有价值的特征来估计训练模型的预测精度。

4）项目代码。

```
package com.hongya.mllib

import org.apache.spark.ml.{Pipeline, PipelineModel}
import org.apache.spark.ml.classification.RandomForestClassifier
import org.apache.spark.ml.evaluation.MulticlassClassificationEvaluator
import org.apache.spark.ml.feature.{IndexToString, StringIndexer, StringIndexerModel,
VectorAssembler}
import org.apache.spark.sql.{DataFrame,SparkSession}

/**
```

```
  * 需求:通过分类预测机器学习实现,掌握特征转换流程
  */
object FeatureTransform {
  def main(args: Array[String]): Unit = {
    // TODO 1.创建 SqlContext 对象获取 DataFrame 数据流
val spark: SparkSession = SparkSession.builder()
.master("local[ * ]")
.appName("FeatureTransform")
.getOrCreate()
    //导入隐式转换
    import spark.implicits._
    // TODO 2.数据读取转 DataFrame
val readDF: DataFrame = spark.read.textFile("/root/transformation.txt")
.map(line =>line.toString.split(","))
.map(x => {
        (x(0).toDouble, x(1).toDouble, x(2).toDouble, x(3).toDouble, x(4).toDouble)
      })
.toDF("f0", "f1", "f2", "f3", "label")
    // TODO 3.使用 StringIndexer 将数据源中字符 Lable,按照 Lable 出现的频次对其进行序列编码
val labelIndexer: StringIndexerModel = new StringIndexer()
.setInputCol("label")
.setOutputCol("indexedLabel")
.fit(readDF)
    // TODO 4.使用 VectorAssembler 从数据源中提取特征指标数据
val vectorAssembler: VectorAssembler = new VectorAssembler()
.setInputCols(Array("f0", "f1", "f2", "f3"))
.setOutputCol("featureVector")
    // TODO 5.创建随机森林分类器 RandomForestClassifier 实例
val rfClassifier: RandomForestClassifier = new RandomForestClassifier()
.setLabelCol("indexedLabel")
.setFeaturesCol("featureVector")
.setNumTrees(5)
    // TODo 6.使用 IndexToString 将序列编码后的 Label 转化成原始 Label
val labelConverter: IndexToString = new IndexToString()
.setInputCol("prediction")
.setOutputCol("predictedLabel")
.setLabels(labelIndexer.labels)
    // TODO 7.划分数据,将建模数据和测试数据按 8:2 进行划分
val Array(trainingData,testData) =readDF.randomSplit(Array(0.8,0.2))
    // TODO 8.构建工作流对数据进行预测
val pipeline: Pipeline = new Pipeline()
.setStages(Array(labelIndexer, vectorAssembler, rfClassifier, labelConverter))
val model: PipelineModel = pipeline.fit(trainingData)
val resultDF: DataFrame = model.transform(testData)
    // TODO 9.从 DataFrame 中选择特性、标签和预测标签来显示,打印前 10 行数据
resultDF.select("f0","f1","f2","f3","label","predictedLabel").show(10)
```

```
    // TODO 10.用评估器代码计算预测精度,即通常使用一个有价值的特征来估计训练模型的预测精度
val evaluator: MulticlassClassificationEvaluator = new MulticlassClassificationEvaluator()
.setLabelCol("label")
.setPredictionCol("prediction")

val predictionAccuracy: Double = evaluator.evaluate(resultDF)
println("Test Access:"+predictionAccuracy)
  }
}
```

5）项目结果。

代码执行结果如下。

```
//打印预测数据
+-------+-------+---------+--------+-----+-------------
|   f0 |   f1 |      f2 |      f3 |label |predictedLabel |
+-------+-------+---------+--------+-----+-------------
|-6.7526 |      8.8172 |    -0.061983 |     -3.725 |      1.0 |       1.0 |
|-6.7387 |      6.9879 |      0.67833 |    -7.5887 |      1.0 |       1.0 |
|-6.3679 |      8.0102 |       0.4247 |    -3.2207 |      1.0 |       1.0 |
|-6.2003 |      8.6806 |    0.0091344 |     -3.703 |      1.0 |       1.0 |
|-6.0598 |      9.2952 |     -0.43642 |    -6.3694 |      1.0 |       1.0 |
|-5.2943 |     -5.1463 |      10.3332 |    -1.1181 |      1.0 |       1.0 |
|-5.0676 |     -5.1877 |      10.4266 |   -0.86725 |      1.0 |       1.0 |
|-4.9447 |      3.3005 |        1.063 |     -1.444 |      1.0 |       1.0 |
|-4.7462 |      3.1205 |        1.075 |    -1.2966 |      1.0 |       1.0 |
|-4.5046 |     -5.8126 |      10.8867 |   -0.52846 |      1.0 |       1.0 |
+-------+-------+---------+--------+-----+-------------+
//预测结果精准率
Test Access:0.9797979797979799
```

3.4.6 Structured Streaming 实时计算

1. 概述

一个流的数据源从逻辑上来说就是一个不断增长的动态表格，随着时间的推移，新数据被持续不断地添加到表格的末尾，用户可以使用 DataSet/DataFrame 或者 SQL 来对这个动态数据源进行实时查询处理。Structured Streaming（结构化流）就是一种基于 Spark SQL 引擎构建的、可扩展且容错的流处理引擎。Structured Streaming 在 Spark 2.0 之后被加入，是经过重新设计的全新流式引擎。它的模型十分简洁，易于理解。

2. 目标

使用 Structured Streaming 统计分析实时流数据。

3. 准备

操作系统：CentOS 7.3。

软件版本：Hadoop 2.7.7、Scala 2.11.11、Spark 2.4.3（单机版）、Eclipse、Kafka 0.10。

4. 考点：模拟智能物联网系统的数据统计分析

（1）项目需求

模拟智能物联网系统产生设备数据发送到Kafka，通过Structured Streaming实时对物联网设备状态信号数据进行统计分析。

统计指标：

- 信号强度大于30的设备。
- 各种设备类型的数量。
- 各种设备类型的平均信号强度。

（2）项目架构

1）模拟数据生成。

在智能物联网系统开发过程中，常常会通过模拟数据生成手段来进行测试开发，通过数据模拟产生分析数据。

2）消息队列Kafka。

项目中将生成数据通过消息队列Kafka进行消费分析，其目的是防止上下游数据到达顶峰导致数据出错。常常通过Kafka实现消息缓冲，实现数据稳定处理。

3）数据处理分析Spark。

本项目通过Structured Streaming实现对流数据实时监控分析，通过指定指标分析设备运营情况。

4）编程语言。

基于Scala进行Spark程序编写，因其面向函数式编程，在代码效率上优越于Java程序。因此选用Scala作为程序开发中的编程语言。

（3）项目数据

设备监控日志数据如下所示，我们须通过模拟数据生成并发送Kafka。数据以JSON格式传输，包含设备标识ID、设备类型、设备信号、发送数据时间4个字段。


```
{"device":"device_30","deviceType":"kafka","signal":81.0,"time":1590660340442}
{"device":"device_32","deviceType":"kafka","signal":29.0,"time":1590660340787}
{"device":"device_96","deviceType":"bigdata","signal":18.0,"time":1590660343554}
...
```


（4）项目流程

① Kafka创建生产者消费者主题，用于数据消费。

② Scala编程模拟数据生成，并将数据发送到Kafka主题。

③ 通过Spark从Kafka主题消费数据，对数据进行实时分析。

④ 通过控制台监控分析结果数据。

（5）项目实现

① 使用MockIotDatas模拟数据生成。

```
package com.hongya.structuredstreaming
import java.util.Properties
import org.apache.kafka.clients.producer.{KafkaProducer, ProducerRecord}
```

```
import org.apache.kafka.common.serialization.StringSerializer
import org.json4s.jackson.Json
import scala.util.Random

/**
  *需求:模拟物联网设备数据生成,并发送至 Kafka
  */
object MockIotDatas {
  //TODO 定义 main 方法
  def main(args: Array[String]): Unit = {
    //发送数据到 Kafka 配置
val props = new Properties()
    //设置 Kafka 集群地址
props.put("bootstrap.servers","qingjiao:9092")
    // ack 机制
props.put("ack","1")
    //重新发送数据次数
props.put("retries","3")
    // kv 序列化
props.put("key.serializer",classOf[StringSerializer].getName)
props.put("value.serializer",classOf[StringSerializer].getName)
    //创建 Kafka 生产者对象
val producer = new KafkaProducer[String,String](props)
    // TODO 模拟数据生成
val random = new Random()
    //模拟设备类型数据
val deviceTypes = Array ("mysql", "redis", "kafka", "route", "redis", "flume", "mysql",
"kafka", "mysql")
    while (true){
val index:Int = random.nextInt(deviceTypes.length)
val deviceId:String = s"device_${(index+1)*10+random.nextInt(index+1)}"
val deviceType=deviceTypes(index)
val deviceSignal=10+random.nextInt(90)
val deviceData = DeviceData(deviceId,deviceType,deviceSignal,System.currentTimeMillis())
      //数据转换为 json 类型
val deviceJson: String = new Json(org.json4s.DefaultFormats).write(deviceData)
      //打印数据
println(deviceJson)
      //线程休眠
Thread.sleep(1000+random.nextInt(500))
      //设置主题、发送消息到 Kafka
val record = new ProducerRecord[String,String]("iotTopic",deviceJson)
producer.send(record)
    }
    //关闭资源
producer.close()
```

```
  }
  // TODO 定义样例类存储基站通话日志数据
  case class DeviceData(
device:String,//设备标识 ID
deviceType:String,//设备类型
signal:Double,//设备信号
time:Long//发送时间
                    )
}
```

② Streaming_Iot 实现（实时分析）。

```
package com.hongya.structuredstreaming
import org.apache.spark.SparkContext
import org.apache.spark.sql.streaming.OutputMode
import org.apache.spark.sql.types.{DoubleType, LongType}
import org.apache.spark.sql.{DataFrame, SparkSession}

/**
  * 需求:从 Kafka 主题消费数据进行实时统计分析
  */
object Streaming_Iot {
  // TODO 定义 main 方法
  def main(args: Array[String]): Unit = {
    // TODO 创建环境
val spark: SparkSession = SparkSession
.builder()
.appName("streaming_iot")
.master("local[*]")
      .config("spark.sql.shuffle.partitions", "3")
.getOrCreate()
    //创建 sc 对象
val sc: SparkContext = spark.sparkContext
    //设置日志级别
sc.setLogLevel("WARN")
    //导入隐式转换,内置函数包
    import spark.implicits._
    import org.apache.spark.sql.functions._
    // TODO 从 Kafka 读取数据
val iotStreamDF: DataFrame = spark.readStream
.format("kafka")
.option("kafka.bootstrap.servers", "qingjiao:9092")
.option("subscribe", "iotTopic")
      //.option("maxOffsetsPerTrigger", "100000")
.load()
```

```
    // TODO 数据解析
val etlStreamDF: DataFrame = iotStreamDF
        //获取数据并转换为 String 类型
.selectExpr("CAST(value AS STRING)")
        .as[String]
        //.filter(StringUtils.isNotBlank(_))
.select(
get_json_object($"value", "$.device").as("device_id"),
get_json_object($"value", "$.deviceType").as("device_type"),
get_json_object($"value", "$.signal").cast(DoubleType).as("signal"),
get_json_object($"value", "$.time").cast(LongType).as("time")
        )
    //需求分析
etlStreamDF.createOrReplaceTempView("t_iots")

val resultStreamDF: DataFrame = spark.sql(
"""
          |select device_type, count(*) counts,avg(signal) avg_signal
          |from t_iots
          |where signal > 30
          |group by device_type
          |""".stripMargin)
    // TODO 启动流式应用程序,实现控制台打印结果
resultStreamDF.writeStream
.format("console")
.outputMode(OutputMode.Complete())
.option("truncate",false)
.start()
.awaitTermination()

  }
}
```

(6) 项目结果

项目运行结果如下所示。

```
//模拟数据生成样例数据
{"device":"device_62","deviceType":"flume","signal":40.0,"time":1645839910842}
{"device":"device_32","deviceType":"kafka","signal":13.0,"time":1645839912078}
{"device":"device_82","deviceType":"kafka","signal":95.0,"time":1645839913298}
{"device":"device_10","deviceType":"mysql","signal":38.0,"time":1645839914328}
{"device":"device_74","deviceType":"mysql","signal":95.0,"time":1645839915613}
...
//物联网数据分析结果样例数据
```

```
+-----------+------+----------
|device_type |counts |avg_signal |
+-----------+------+----------
|kafka        |1       |89.0          |
+-----------+------+----------+
```

3.5 大数据平台运维与管理

3.5.1 故障排查

1. 概述

故障排除是一个广阔的领域，Hadoop 中有很多配置文件，掌握配置文件中关键属性及其释义对于 Hadoop 的运行至关重要。通过查找错误日志或重新配置 Hadoop 的各种组件，可以解决很多实际生产中的常见问题。

2. 目标

根据日志等信息找出故障问题并排除。

3. 准备

操作系统：CentOS 7.3。

软件版本：Hadoop 2.7.7。

4. 考点 1：NameNode 故障处理

示例：NameNode 突然宕机，导致存储的数据丢失，需要重新启动 NamNode 并恢复数据。

（1）删除 NameNode 目录下所有数据

前期安装过程中，“hdfs-site.xml”配置文件中“dfs.namenode.name.dir”属性为/root/hadoopData/name，用于定义 NameNode 存储数据的目录，使用如下指令删除此录下所有数据。

```
rm -rf /root/hadoopData/name/*
```

（2）复制数据到 NameNode 目录下

SecondaryNameNode 在本地文件系统上存储要合并的临时镜像文件（FSImage）的位置。默认值为 file：//${hadoop.tmp.dir}/dfs/namesecondary。配置文件中临时文件路径为/root/hadoopData/temp。

```
cp -r /root/hadoopData/temp/df/namesecondary/* /root/hadoopData/name/
```

（3）重启 NameNode

重新启动 NameNode 进程，主节点即可恢复正常。

```
hadoop-daemon.sh start namenode
```

5. 考点 2：退出集群安全模式

示例：集群启动后，可以查看目录，但是上传文件时报错，如图 3-222 所示，打开 Web 页面可看到 NameNode 正处于 Safe Mode 状态，也就是安全模式，需要退出该模式，将集群恢复到活跃状态。

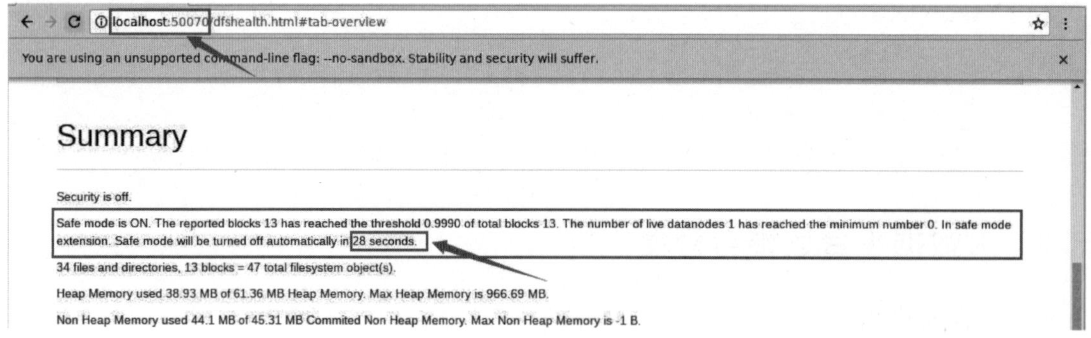

图 3-222　集群安全模式

（1）HDFS 正常冷启动

在 HDFS 集群正常冷启动时，NameNode 会在 SafeMode 状态下维持相当长的一段时间（默认 30 秒，在配置文件“hdfs-default.xml”中定义），稍作等待，其会自动退出安全模式。

```
<!--安全模式的延期时间,即达到阈值条件后会再等待 30000ms -->
<name>dfs.namenode.safemode.extension</name>
<value>30000</value>
```

（2）修改 block 丢失率

如果 NameNode 发现集群中的 block 丢失率达到一定比例时（0.1%），NameNode 就会进入安全模式。这个丢失率是可以手动配置的，配置该值可以退出安全模式。

```
<!--副本数达到最小要求的 block 占系统总 block 数的百分比 -->
<name>dfs.namenode.safemode.threshold-pct</name>
<value>0.999f</value>
```

其他退出安全模式的属性还有设置最小可用（alive）DataNode 数量，默认为 0。也就是即使所有 DataNode 都不可用，仍然可以退出安全模式。

```
<!--最小可用 DataNode 数量 -->
<name>dfs.namenode.safemode.min.datanodes</name>
<value>0</value>
```

（3）手动退出安全模式

- 手动进入安全模式：hdfs dfsadmin -safemode enter。
- 查看安全模式状态：hdfs dfsadmin -safemode get。
- 手动离开安全模式：hdfs dfsadmin -safemode leave。

（4）磁盘修复

数据块丢失会导致进入安全模式。可以退出安全模式，手动删除丢失数据块的元数据，之后就可以正常开启集群了。

“file://${dfs.datanode.data.dir}/current/BP-XXX/current/finalized/subdir0/subdir0”目录是 DataNode 存放数据块的目录，里面包括两种文件类型：HDFS 块文件（blk_xxx（数据块 id），仅包含原始数据）和数据块校验文件（blk_xxx（数据块 id）_xxx（数据块的版本号）.meta 后缀）。

设定 DataNode 存放数据块目录如下。

/root/hadoopData/data/current/BP-1571740673-172.17.0.2-1635403417128/current/finalized/subdir0/subdir0/。

手动退出安全模式。

```
hdfs dfsadmin -safemode leave
```

查看 Web 页面 HDFS 集群状态，如图 3-223 所示。根据所提示的丢失块信息进行删除。

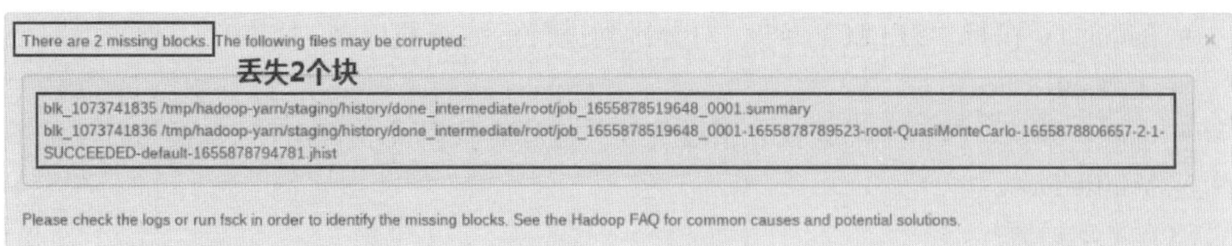

图 3-223　丢失块信息

删除数据块的元数据。

```
hdfs fsck -delete /tmp/hadoop-yarn/staging/history/done_intermediate/root/job_1655878519648_0001.summary
hdfs fsck -delete /tmp/hadoop-yarn/staging/history/done_intermediate/root/job_1655878519648_0001-1655878789523-root-QuasiMonteCarlo-1655878806657-2-1-SUCCEEDED-default-1655878794781.jhist
```

之后即可正常启动集群。

3.5.2　性能调优

1. 概述

一项技术的优化必然是一项综合性的工作。本小节将从压缩格式、Fetch 抓取、本地模式以及合理设置 MapTask 和 ReduceTask 个数多个完全不同的角度来介绍 Hive 优化的多样性。从这里也佐证了 Hive 调优需要考虑多个方面的综合性因素。

（1）压缩格式

Hive 底层是由 HDFS 和 MapReduce 实现存储和计算的。所以 Hive 可以使用 Hadoop 自带的 InputFormat 和 OutputFormat 实现从不同的数据源读取文件和写出不同格式的文件到文件系统中。同理，Hive 也可以使用 Hadoop 配置的压缩方法对中间结果或最终数据进行压缩。

压缩技术能够有效减少底层存储系统（HDFS）读写字节数。压缩提高了网络带宽和磁盘空间的效率。在运行 MapReduce 程序时，I/O 操作、网络数据传输、Shuffle 和 Merge 要花大量的时间，尤其是数据规模很大和工作负载密集的情况下，因此，使用数据压缩显得非常重要。

（2）Fetch 抓取

Fetch 抓取是指 Hive 中对某些情况的查询可以不必使用 MapReduce 计算。例如："SELECT * FROM hive.student;"，在这种情况下，Hive 可以简单地读取"student"对应的存储目录下的文件，然后输出查询结果到控制台。

Fetch 抓取在“hive-default.xml.template”文件对应的配置信息如下所示。

```
<property>
    <name>hive.fetch.task.conversion</name>
    <value>more</value>
</property>
```

“hive.fetch.task.conversion”属性对应着三种模式。

- none：关闭 Fetch 抓取，不管执行什么 SQL 语句，都会走 MapReduce；
- minimal：执行“SELECT *”、对分区列进行过滤查找以及“LIMIT”查找的时候不走 MapReduce；
- more：默认。执行全局查找、字段查找、过滤查找以及“LIMIT”查找的时候都不走 MapReduce。

（3）本地模式

当 Hive 输入的数据量非常小时，为查询触发执行任务消耗的时间可能会比实际 Job 的执行时间要多得多。对于大多数这种情况，Hive 可以通过本地模式在单台机器上（或在单个进程中）处理所有的任务。对于小数据集，执行时间可以明显被缩短。

用户可以通过设置“hive.exec.mode.local.auto”的值为“true”（默认为“false”），来让 Hive 在适当的时候自动启动这个优化。

```
set hive.exec.mode.local.auto = true;-- 开启本地模式
```

注意，当一个 Job 满足如下条件才能真正使用本地模式。

- 本地 MapReduce 的最大输入数据量必须小于参数“hive.exec.mode.local.auto.inputbytes.max”的值，默认为 128MB；
- 本地 MapReduce 最大输入文件个数必须小于参数“hive.exec.mode.local.auto.input.files.max”的值，默认为 4。

（4）合理设置 MapTask 和 ReduceTask 个数

Hive 通过将查询划分成一个或多个 MapReduce 任务达到并行处理的目的。每个任务都可能具有多个 Mapper 和 Reducer 任务，其中至少有一些是可以并行执行的。确定最佳的 Mapper 个数和 Reducer 个数取决于多个变量，例如输入的数据量大小以及对这些数据执行的操作类型等。

保持平衡性是有必要的。如果有太多的 Mapper 或 Reducer 任务，就会导致启动阶段、调度和运行 Job 过程中产生过多的开销；而如果设置的任务数量太少，那么就可能没有充分利用好集群内在的并行性。

1）MapTask 数量优化原则。

关于 MapTask 数量，一般来说，肯定是数量越多性能越高，但是同样的，数量越多意味着所消耗的资源也越多。因此，选择一个合理的 MapTask 数量对资源和性能的影响还是挺大的。一般优化原则如下。

- 使 MapTask 数量的并行度尽量逼近集群单个任务允许的最高并行度。
- 虽然说尽量使用更多的 MapTask 数量，但是要避免太多 MapTask 不工作的情况（处理的数据量是 0）。

2）ReduceTask 数量优化原则。

和 MapTask 一样，ReduceTask 数量也要选择一个比较合理的值。一般优化原则如下。

- 使 ReduceTask 数量的并行度尽量逼近集群单个任务允许的最高并行度（这个理由和 MapTask 一样），这个其实可以通过"hive.exec.reducers.max"参数来限制。
- 某些任务在 Reduce 阶段可能会导致数据倾斜，所以如果可以获取到任务的历史运行情况，还可以适当的根据任务 Reduce 阶段的倾斜程度来动态的调整 ReduceTask 数量（具体多少和任务实际的运行情况有关）。

2. 目标

- 了解 Mapper 输入、Mapper 输出以及 Reducer 输出压缩格式的选择。
- 掌握开启 Mapper、Reducer 输出阶段压缩的方式。
- 了解 Fetch 抓取的含义和对应的配置信息。
- 掌握开启本地模式的方法。
- 掌握减少 MapTask 数和增加 MapTask 数的方法。
- 掌握合理设置 ReduceTask 数的两种方法。

3. 准备

操作系统：CentOS 7.3。

软件版本：JDK 1.8、Hadoop 2.7.7、MySQL 5.7.25、Hive 2.3.4。

4. 考点 1：压缩格式

（1）Hadoop 常见压缩格式

表 3-18 列出了 Hadoop 常见的压缩格式，如 DEFLATE、Gzip、bzip2、LZO、Snappy 等。

表 3-18　Hadoop 常见的压缩格式

压缩格式	工具	是否 Hadoop 自带	文件扩展名	是否可切分	换成压缩格式后，原来的程序是否需要修改
DEFLATE	无	是，直接使用	.deflate	否	和文本处理一样，不需要修改
Gzip	gzip	是，直接使用	.gz	否	和文本处理一样，不需要修改
bzip2	bzip2	是，直接使用	.bz2	是	和文本处理一样，不需要修改
LZO	lzop	否，需要安装	.lzo	是	需要建立索引，还需要指定输入格式
Snappy	无	否，需要安装	.snappy	否	和文本处理一样，不需要修改

为了支持多种压缩/解压缩算法，Hadoop 引入了编码/解码器，如表 3-19 所示。

表 3-19　编码/解码器

压缩格式	工　具
DEFLATE	org.apache.hadoop.io.compress.DefaultCodec
Gzip	org.apache.hadoop.io.compress.GzipCodec
bzip2	org.apache.hadoop.io.compress.BZip2Codec
LZO	com.hadoop.compression.lzo.LzopCodec
Snappy	org.apache.hadoop.io.compress.SnappyCodec

Hadoop 下各种压缩格式的压缩比、压缩速度、解压缩速度、是否可分割的比较。如

表 3-20 所示。

表 3-20　Hadoop 各种压缩格式对比

压　缩　比	压缩格式	压缩速度	解压缩速度	是否可分割
13.4%	Gzip	21MB/s	118MB/s	否
13.2%	bzip2	2.4MB/s	9.5MB/s	是
20.5%	LZO	135MB/s	410MB/s	是
22.2%	Snappy	172MB/s	409MB/s	否

因此可以得出以下结论。

- bzip2 压缩效果明显是最好的，但是 bzip2 压缩解压速度慢，可分割。
- Gzip 压缩效果不如 bzip2，但是压缩和解压速度快，不支持分割。
- LZO 压缩效果不如 bzip2 和 Gzip，但是压缩速度最快，解压速度快，并且支持分割。
- Snappy 压缩效果最差，但是压缩速度最快，解压速度几乎和 LZO 持平，但不支持分割。

这里提一下，文件的可分割性在 Hadoop 中是很非常重要的，它会影响到在执行作业时 Map 启动的个数，从而会影响到作业的执行效率。

（2）压缩位置选择

压缩可以在 MapReduce 作业的任意阶段启用。如图 3-224 所示。

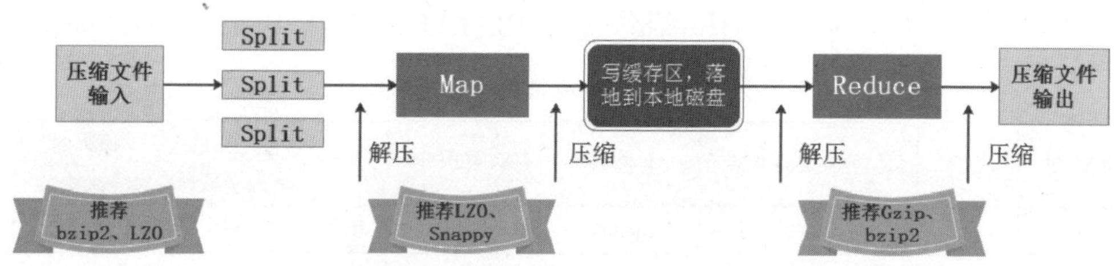

图 3-224　MapReduce 压缩位置选择

第一次传入压缩文件，应选用可以切片的压缩方式，否则整个文件将只有一个 Map 执行。

Mapper 输入阶段压缩：从 HDFS 中读取文件进行 MapReduce 作业，如果数据很大，可以使用压缩并且选择支持分片的压缩方式（bzip2 或 LZO），可以实现并行处理，提高效率，减少磁盘读取时间，同时选择合适的存储格式，例如：SequenceFile，Rcfile 等。

第二次压缩应选择压缩解压速度快的压缩方式，生产中，Map 阶段数据落盘通常使用 Snappy 压缩格式（快速压缩解压）。

Mapper 输出阶段压缩：Mapper 输出作为 Reducer 的输入，需要经过 Shuffle 这一过程，需要把数据读取到一个环形缓冲区，然后读取到本地磁盘。所以选择压缩可以减少存储文件所占空间，提升数据传输速率，建议使用压缩速度快的压缩方式，例如 Snappy 或 LZO。

第三次压缩应该选择压缩比高的压缩方式，降低所需的磁盘空间。

Reducer 输出采用压缩，有两种场景。

- 当输出文件直接存到 HDFS，作为归档，选择压缩比高的压缩方式，例如：Gzip 或

bzip2。

- 当输出文件为下一个 Job 的输入时，选择可切分的压缩方式，例如：bzip2。

（3）开启 Map 输出阶段压缩

开启 Map 输出阶段压缩可以减少 Job 中 MapTask 和 ReduceTask 间数据传输量。具体配置如下。

1）开启 Hive 中间传输数据压缩功能。

中间压缩指处理 Hive 查询的多个 Job 之间的数据。对于中间文件的压缩，最好选择一个节省 CPU 的压缩方式，推荐压缩速度快的 Snappy 或 LZO。使用如下语句开启 Hive 中间传输数据压缩功能。

```
set hive.exec.compress.intermediate = true;  --默认值是 false
```

2）开启 MapReduce 中 Map 输出压缩功能。

开启 Map 输出压缩功能语句如下。

```
set mapreduce.map.output.compress = true; --默认值是 false
```

3）设置 MapReduce 中 Map 输出数据的压缩方式。

Mapper 输出作为 Reducer 的输入，需要经过 Shuffle 这一过程，建议使用压缩速度快的压缩方式，例如 Snappy 或 LZO。使用如下语句将 Map 输出数据的压缩方式设置为 Snappy，默认值为 DefaultCodec。

```
set mapreduce.map.output.compress.codec = org.apache.hadoop.io.compress.SnappyCodec;
```

（4）开启 Reduce 输出阶段压缩

当 Hive 将输出写入到表中时，输出内容也可以进行压缩。具体配置如下。

1）开启 Hive 最终输出数据压缩功能。

“hive.exec.compress.output” 参数的默认值为 “false”，也就是默认输出的是非压缩的纯文本文件。用户可以通过在查询语句或执行脚本中设置这个值为 “true”，来开启输出结果压缩功能。

```
set hive.exec.compress.output = true;  --默认值是 false
```

2）开启 MapReduce 最终输出数据压缩。

开启 Reduce 输出的压缩的语句如下。

```
set mapreduce.output.fileoutputformat.compress = true;  --默认值是 false
```

3）设置 MapReduce 最终数据输出压缩方式。

当输出文件直接存到 HDFS，作为归档，选择压缩比高的压缩方式，例如 Gzip 或 bzip2。使用如下语句将 MapReduce 最终数据输出压缩方式设置为 Gzip，默认值为 DefaultCodec。

```
set mapreduce.output.fileoutputformat.compress.codec = org.apache.hadoop.io.compress.
GzipCodec;
```

4）设置 MapReduce 最终数据输出压缩为块压缩。

如果输出生成顺序文件（sequence file），可以设置 “mapreduce.output.fileoutputformat.compress.type” 属性来控制限制使用压缩格式。

顺序文件输出可以使用的压缩类型有 “NONE” “RECORD” 或者 “BLOCK”。默认值是

"RECORD"，即针对每条记录进行压缩。如果将其改为"BLOCK"，将针对一组记录进行压缩，推荐使用这种压缩策略，因为它的压缩效率更高。

```
set mapreduce.output.fileoutputformat.compress.type = BLOCK; --默认值为 RECORD
```

5）测试输出结果。

使用 INSERT 语句将"hive.score"表的所有数据写入本地文件系统"/headless/Desktop/score"目录中：

```
hive (hive) > insert overwrite local directory '/headless/Desktop/score'
            > select * from hive.score;
```

执行结果如图 3-225 所示。

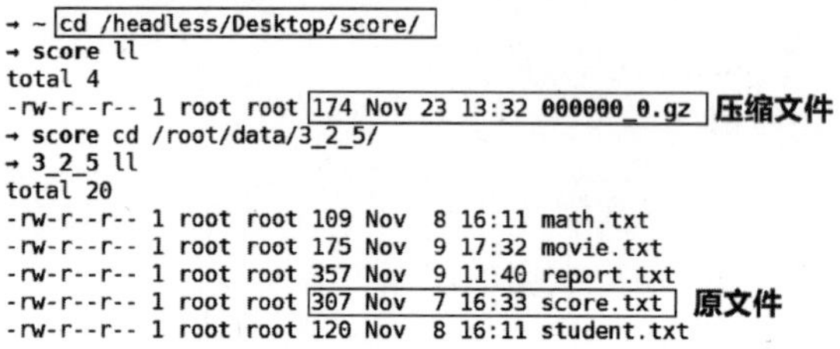

```
→ ~ cd /headless/Desktop/score/
→ score ll
total 4
-rw-r--r-- 1 root root 174 Nov 23 13:32 000000_0.gz  压缩文件
→ score cd /root/data/3_2_5/
→ 3_2_5 ll
total 20
-rw-r--r-- 1 root root 109 Nov  8 16:11 math.txt
-rw-r--r-- 1 root root 175 Nov  9 17:32 movie.txt
-rw-r--r-- 1 root root 357 Nov  9 11:40 report.txt
-rw-r--r-- 1 root root 307 Nov  7 16:33 score.txt  原文件
-rw-r--r-- 1 root root 120 Nov  8 16:11 student.txt
```

图 3-225　Reduce 端的输出结果

从图 3-224 的后缀名.gz 可以看出，Reduce 端的输出结果成功压缩成 Gzip 格式。

5. 考点 2：Fetch 抓取

（1）关闭 Fetch 抓取

把参数"hive.fetch.task.conversion"的值设置成"none"，然后执行以下查询语句，发现都会执行 MapReduce 程序。

```
set hive.fetch.task.conversion = none;  --关闭 Fetch 抓取
select * from hive.student;
select id,name from hive.student;
select id,name from hive.student limit 3;
```

（2）开启 Fetch 抓取

把参数"hive.fetch.task.conversion"的值设置成"more"，然后执行以下查询语句，发现都不会执行 MapReduce 程序。

```
hive (hive)> set hive.fetch.task.conversion = none;   关闭Fetch抓取
hive (hive)> select * from hive.student;
WARNING: Hive-on-MR is deprecated in Hive 2 and may not be available in the future versions. Consider using a
different execution engine (i.e. spark, tez) or using Hive 1.X releases.
Query ID = root_20221123143151_df4046a0-0758-4a20-8fcd-e23059dc5864
Total jobs = 1
Launching Job 1 out of 1   开启MapReduce程序
Number of reduce tasks is set to 0 since there's no reduce operator
Starting Job = job_1667211051557_0140, Tracking URL = http://55ff58ed00af:8088/proxy/application_1667211051557
_0140/
Kill Command = /root/software/hadoop-2.7.7/bin/hadoop job  -kill job_1667211051557_0140
```

```
set hive.fetch.task.conversion = more;  --默认
select * from hive.student;
select id,name from hive.student;
select id,name from hive.student limit 3;
```

执行结果如图 3-226 所示。

```
hive (hive)> set hive.fetch.task.conversion = more;   开启Fetch抓取
hive (hive)> select * from hive.student;
OK
student.id      student.name    student.age
1001    shiny   23
1002    cendy   22
1003    angel   23              不走MapReduce程序
1009    ella    21
1012    eva     24
2001    first   24
2002    leo     NULL
Time taken: 0.128 seconds, Fetched: 7 row(s)
```

图 3-226　开启 Fetch 抓取效果图

6. 考点 3：本地模式

（1）关闭本地模式

使用如下语句关闭本地模式，并执行查询语句。

```
set hive.exec.mode.local.auto = false;  --关闭本地模式
select count(*) from douban.movie;
```

运行时间如图 3-227 所示。

```
hive (hive)> set hive.exec.mode.local.auto = false;  关闭本地模式
hive (hive)> select count(*) from hive.student;
OK
_c0
7
Time taken: 0.645 seconds, Fetched: 1 row(s)
```

图 3-227　关闭本地模式

（2）开启本地模式

使用如下语句开启本地模式，并执行查询语句。

```
set hive.exec.mode.local.auto = true;  --开启本地模式
select count(*) from douban.movie;
```

运行时间如图 3-228 所示。

```
hive (hive)> set hive.exec.mode.local.auto =   true;  开启本地模式
hive (hive)> select count(*) from hive.student;
OK
_c0
7
Time taken: 0.112 seconds, Fetched: 1 row(s)
```

图 3-228　开启本地模式

7. 考点 4：合理设置 MapTask 个数

（1）合并小文件，减少 MapTask 数

1）Map 执行前合并小文件。

在 Map 执行前合并小文件能够减少 MapTask 数。CombineHiveInputFormat 具有对小文件进行合并的功能（系统默认的格式），在应用 CombineHiveInputFormat 的情况下，文件会根据“maxsize”值进行合并，达到“maxsize”值就切割一个分片出来。所以如果想要减少 MapTask 的数量，可以调大“maxsize”值，尽量避免拆分文件。相关配置如下。

```
set hive.input.format = org.apache.hadoop.hive.ql.io.CombineHiveInputFormat;    --执行 Map 前进行小文件合并。
set mapreduce. input. fileinputformat. split. maxsize = 256000000;    --最大分片大小，默认为 256MB。
set mapreduce.input.fileinputformat.split.minsize = 1;   --最小分片大小，默认为 1B。
set dfs.blocksize = 134217728;   -- HDFS 的数据块的大小，默认为 128MB。
```

2）输出时进行合并。

文件数目过多，会给 HDFS 带来压力，并且会影响处理效率，可以通过合并 Map 和 Reduce 的结果文件来消除这样的影响。

```
set hive.merge.mapfiles = true;   --在 map-only 任务结束时合并小文件，默认 true。
set hive.merge.mapredfiles = true;   --在 map-reduce 任务结束时合并小文件，默认 false。
set hive.merge.size.per.task = 256000000;   -- Job 结束时合并文件的大小，默认 256MB。
set hive.merge.smallfiles.avgsize = 16000000;   --默认 16MB。
```

当输出文件的平均大小小于该值时，启动一个独立的 MapReduce 任务进行文件合并，这一设定只有当 hive.merge.mapfiles 和 hive.merge.mapredfiles 设定为 true 时，才会对相应的操作有效。

（2）复杂文件，增加 MapTask 数

当输入文件很大，任务逻辑复杂，MapTask 执行非常慢的时候，可以考虑增加 MapTask 数，来使得每个 MapTask 处理的数据量减少，从而提高任务的执行效率。

MapReduce 中提供了如下参数来控制 MapTask 的个数。

```
set mapreduce.job.maps = 10;   --设置 MapTask 的数量，默认值为 2。
```

从字面上看，貌似可以直接设置 MapTask 的个数，但是很遗憾不行，这个参数设置只有在大于“default_mapper_num”的时候，才会生效。

- 输入文件总大小：total_size；
- HDFS 设置的数据块大小：dfs_block_size；
- default_mapper_num = total_size / dfs_block_size。

8.考点 5：合理设置 ReduceTask 个数

（1）自动确定 ReduceTask 的数目

Hadoop MapReduce 程序中，ReduceTask 个数的设定极大影响执行效率，这使得 Hive 怎样决定 ReduceTask 个数成为一个关键问题。在不指定 ReduceTask 个数的情况下，Hive 会猜测确定一个 Reduce 个数。基于以下两个设定。

```
set hive.exec.reducers.bytes.per.reducer = 256000000;   --每个 ReduceTask 处理的数据量，默认为 256MB。
set hive.exec.reducers.max = 1009;   --每个任务最大的 Reduce 数目，默认为 1009。
```

（2）手动调整 ReduceTask 的个数

MapReduce 中提供了如下参数来控制 ReduceTask 的个数。

```
set mapreduce.job.reduces = N;
```

每个 Job 的 ReduceTask 的个数 Hive 使用-1 作为其默认值，表示没有设置，即自动确定 ReduceTask 数目。

3.6　大数据框架应用

3.6.1　协调框架：ZooKeeper

1. 概述

ZooKeeper 译名为“动物园管理员”。它是用来管理大象（Hadoop）、蜜蜂（Hive）、小猪（Pig）的管理员，Apache HBase 和 Apache Solr 等项目中都用到了 ZooKeeper。它是一个开源的分布式协调服务，用于为用户的分布式应用程序提供协调服务。

2. 目标

搭建 ZooKeeper 单节点模式。

3. 准备

操作系统：CentOS 7.3。

软件版本：ZooKeeper 3.6.3。

4. 考点 1：安装包准备

从“http://archive.apache.org/dist/zookeeper/zookeeper-3.6.3/apache-zookeeper-3.6.3-bin.tar.gz”地址下载 apache-zookeeper-3.6.3-bin.tar.gz 安装包，将其存放到“/root/software”目录下。使用 cd 命令进入此目录，使用如下命令解压即可使用。

```
cd /root/software/# 进入目录
tar -zxvf apache-zookeeper-3.6.3-bin.tar.gz
```

将其解压到当前目录下，即“/root/software”中。结果如图 3-229 所示。

```
→ software ll
total 130900
drwxr-xr-x  1 root root      4096 6月   9  2021 apache-hive-2.3.4-bin
drwxr-xr-x  6 root root      4096 11月  7 14:19 apache-zookeeper-3.6.3-bin
-rw-r--r--  1 root root  12516362 6月   8  2021 apache-zookeeper-3.6.3-bin.tar.gz
```

图 3-229　验证是否解压成功

5. 考点 2：安装 ZooKeeper

（1）ZooKeeper 配置文件修改

1）复制 zoo_sample.cfg 文件。

进入“/root/software/apache-zookeeper-3.6.3-bin/conf”目录下，使用 cp 命令将“zoo_sample.cfg”文件复制一份，并重命名为“zoo.cfg”。使用如下命令复制“zoo_sample.cfg”文件并重命名。

```
cd /root/software/apache-zookeeper-3.6.3-bin/conf/
cp zoo_sample.cfg zoo.cfg
```

复制并重命名配置文件。结果如图 3-230 所示。

```
→ conf ll
total 16
-rw-r--r-- 1 1000 1000  535 4月   9  2021 configuration.xsl
-rw-r--r-- 1 1000 1000 3435 4月   9  2021 log4j.properties
-rw-r--r-- 1 root root 1148 11月  7 15:32 zoo.cfg
-rw-r--r-- 1 1000 1000 1148 4月   9  2021 zoo_sample.cfg
```

图 3-230　验证是否复制重命名成功

2）使用 vim 命令打开“zoo.cfg”配置文件。

```
vim zoo.cfg
```

3）配置 ZooKeeper 数据以及日志存储目录。

找到 dataDir 参数位置，该参数用来配置 ZooKeeper 数据的存储目录，将值修改为 /root/software/apache-zookeeper-3.6.3-bin/data。另外，在 dataDir 参数下方添加 dataLogDir 参数，该参数用来配置 ZooKeeper 日志的存储目录，将值设置为 /root/software/apache-zookeeper-3.6.3-bin/log。配置参数如下。

```
dataDir=/root/software/apache-zookeeper-3.6.3-bin/data
dataLogDir=/root/software/apache-zookeeper-3.6.3-bin/log
```

修改 dataDir 和添加 dataLogDir 参数。结果如图 3-231 所示。

```
dataDir=/root/software/apache-zookeeper-3.6.3-bin/data
dataLogDir=/root/software/apache-zookeeper-3.6.3-bin/log
```

图 3-231　修改和添加参数

配置完成，使用:wq 保存退出。

（2）配置 ZooKeeper 系统环境变量

1）使用 vim 命令打开“/etc/profile”文件。

```
vim /etc/profile
```

2）在文件底部加入以下两行内容。

```
#配置 ZooKeeper 的安装目录
export ZOOKEEPER_HOME=/root/software/apache-zookeeper-3.6.3-bin
#在原 PATH 的基础上加入 ZOOKEEPER_HOME 的 bin 目录
export PATH=$PATH:$ZOOKEEPER_HOME/bin
```

注意：

- export 是把这两个变量导出为全局变量。
- 大小写必须严格区分。

“profile”文件添加结果如图 3-232 所示。

```
export ZOOKEEPER_HOME=/root/software/apache-zookeeper-3.6.3-bin  # 配置ZooKeeper的安装目录
export PATH=$PATH:$ZOOKEEPER_HOME/bin  # 在原PATH的基础上加入ZOOKEEPER_HOME的bin目录
:wq
```

图 3-232　配置 ZooKeeper 系统环境变量

添加完成，使用:wq 保存退出。

3）使用 source 命令让配置文件立即生效。

```
source /etc/profile
```

4）检测 ZooKeeper 环境变量是否设置成功，使用如下命令查看 ZooKeeper 版本。

```
zkServer.sh version
```

执行此命令后，若是出现如图 3-233 所示的 ZooKeeper 版本信息说明配置成功。

```
→ bin zkServer.sh version
ZooKeeper JMX enabled by default
Using config: /root/software/apache-zookeeper-3.6.3-bin/bin/../conf/zoo.cfg
Apache ZooKeeper, version 3.6.3 04/08/2021 16:35 GMT
```

图 3-233　ZooKeeper 版本信息

3.6.2　数据收集：Flume

1. 概述

在大数据学习、开发过程中，会产生各种各样的数据源信息，如网站流量日志分析系统产生的日志数据，这些数据的收集、监听及使用非常重要。

针对此类业务需求，通常会使用 Apache 旗下的 Flume 日志采集系统完成相关数据采集工作。Apache Flume 不仅只限于日志数据的采集，由于 Flume 采集的数据源是可定制的，因此 Flume 还可用于传输大量事件数据，包括但不限于网络流量数据、社交媒体生成的数据、电子邮件消息以及几乎任何可能的数据源。

2. 目标

使用 Flume 监听 Hive 日志，并将数据上传至 HDFS。

3. 准备

操作系统：CentOS 7.3。

软件版本：Flume 1.9、Hive 2.3.4、Hadoop 2.7.7。

4. 考点 1：安装 Flume

从“https：//archive.apache.org/dist/flume/1.9.0/apache-flume-1.9.0-bin.tar.gz”地址下载 apache-flume-1.9.0-bin.tar.gz 安装包，将其存放到“/root/software”目录下。使用 cd 命令进入此目录，使用如下命令解压即可使用。

```
cd /root/software/# 进入目录
tar -zxvf apache-flume-1.9.0-bin.tar.gz
```

将其解压到当前目录下，即“/root/software”中。

（1）修改 Flume 配置文件

在“flume-env.sh”配置文件中配置在 Flume 所依赖的 JAVA_HOME。

```
cd apache-flume-1.9.0-bin/conf/
vim flume-env.sh
```

添加如下内容：

```
export JAVA_HOME=/root/software/jdk1.8.0_221
```

（2）配置 Flume 系统环境变量

1）使用 vim 命令打开“/etc/profile”文件。

```
vim /etc/profile
```

2）在文件底部加入以下两行内容。

```
#配置 Flume 的安装目录
export FLUME_HOME=/root/software/apache-flume-1.9.0-bin
```

```
#在原 PATH 的基础上加入 FLUME_HOME 的 bin 目录
export PATH= $PATH: $FLUME_HOME/bin
```

添加完成，使用:wq 保存退出。

3）使用 source 命令让配置文件立即生效。

```
source /etc/profile
```

4）检测 Flume 环境变量是否设置成功，使用如下命令查看 Flume 版本。

```
flume-ng version
```

执行此命令后，若是出现如下版本信息说明配置成功。

```
Flume 1.9.0
Source code repository: https://git-wip-us.apache.org/repos/asf/flume.git
Revision: d4fcab4f501d41597bc616921329a4339f73585e
Compiled by fszabo on Mon Dec 17 20:45:25 CET 2018
From source with checksum 35db629a3bda49d23e9b3690c80737f9
```

5. 考点 2：制定采集方案

（1）创建 Agent 配置文件

在配置目录 conf 下创建“exec_hdfs.conf”配置文件。添加如下配置。

1）配置 Flume Agent—ExecAgent，为 ExecAgent 命名/列出组件。

```
## Name the components on this agent
# execSource 为 ExecAgent 的 Source 的名称
ExecAgent.sources = execSource
# memoryChannel 为 ExecAgent 的 Channel 的名称
ExecAgent.channels = memoryChannel
# HDFSSink 为 ExecAgent 的 Sink 的名称
ExecAgent.sinks = HDFSSink
```

2）描述和配置 Exec Source，Exec Source 在启动时运行给定的 Unix 命令，并期望该进程在标准输出上连续生成数据。

```
## Describe/configure the source
#与 Source 绑定的 Channel
ExecAgent.sources.execSource.channels = memoryChannel
#数据源的类型为 exec 类型
ExecAgent.sources.execSource.type = exec
#实时监控单个追加文件
ExecAgent.sources.execSource.command = tail -F /tmp/root/hive.log
```

3）描述和配置 HDFS Sink，HDFS Sink 将 Event 写入 Hadoop 分布式文件系统。

```
## Describe the sink
#与 Sink 绑定的 Channel
ExecAgent.sinks.HDFSSink.channel = memoryChannel
#接收器的类型为 hdfs 类型,输出目的地是 HDFS
ExecAgent.sinks.HDFSSink.type = hdfs
#数据存放在 HDFS 上的目录
```

```
ExecAgent.sinks.HDFSSink.hdfs.path = hdfs://hadoop000:9000/flumedata/hive/%Y-%m-%d
#文件的固定前缀为 hivelogs
ExecAgent.sinks.HDFSSink.hdfs.filePrefix = hivelogs
#按时间间隔滚动文件,默认 30s,此处设置为 60s
ExecAgent.sinks.HDFSSink.hdfs.rollInterval = 60
#按文件大小滚动文件,默认 1024 字节,此处设置为 5242880 字节(5M)
ExecAgent.sinks.HDFSSink.hdfs.rollSize = 5242880
#当 Event 个数达到该数量时,将临时文件滚动成目标文件,默认是 10,0 表示文件的滚动与 Event 数量无关
ExecAgent.sinks.HDFSSink.hdfs.rollCount = 0
#文件格式,默认为 SequenceFile,但里面的内容无法直接打开浏览,所以此处设置为 DataStream
ExecAgent.sinks.HDFSSink.hdfs.fileType = DataStream
#文件写入格式,默认为 Writable,此处设置为 Text
ExecAgent.sinks.HDFSSink.hdfs.writeFormat = Text
# HDFS Sink 是否使用本地时间,默认为 false,此处设置为 true
ExecAgent.sinks.HDFSSink.hdfs.useLocalTimeStamp = true
```

4）描述和配置 Memory Channel，把 Event 队列存储到内存上。

```
## Use a channel which buffers events inmemory
#缓冲通道的类型为 memory 内存型
ExecAgent.channels.memoryChannel.type = memory
# capacity 为最大容量,transactionCapacity 为 Channel 每次提交的 Event 的最大数量,capacity >=
transactionCapacity
ExecAgent.channels.memoryChannel.capacity=1000
ExecAgent.channels.memoryChannel.transactionCapacity=100
```

（2）监听 Hive 日志并将结果上传至 HDFS

1）启动 Flume Agent ExecAgent。

```
cd /root/software/apache-flume-1.9.0-bin/
flume-ng agent -c conf/ -f conf/exec_hdfs.conf -n ExecAgent -Dflume.root.logger=INFO,console
```

2）操作 Hive 产生日志。

```
--创建数据库
hive> create database if not exists bigdata;
OK
Time taken: 2.728 seconds
--创建管理表
hive> create table if not exists bigdata.qingjiao(
> id int,
> name string,
> age int)
> row format delimited fields terminated by '\t';
OK
Time taken: 0.399 seconds
--统计表中数据总行数
hive> select count(*) from bigdata.qingjiao;
OK
```

```
0
Time taken: 1.347 seconds, Fetched: 1 row(s)
```

3）查看生成的日志文件/tmp/root/hive.log 发现已存在。

```
ll /tmp/root/
总用量 12
-rw-r--r-- 1 root root 9238 12月  6 21:24 hive.log
```

4）Flume 监控中也可以实时看到对应日志信息正在写入。

```
2022-12-06 22:37:09,931 (hdfs-HDFSSink-roll-timer-0) [INFO - org.apache.flume.sink.hdfs.HDFSEventSink $1.run(HDFSEventSink.java:393)] Writer callback called.
2022-12-06 22:37:09,932 (hdfs-HDFSSink-roll-timer-0) [INFO - org.apache.flume.sink.hdfs.BucketWriter.doClose(BucketWriter.java:438)] Closing hdfs://hadoop000:9000/flumedata/hive/2022-12-06/hivelogs.1670337368952.tmp
```

Flume 里面每生成一个接收文件时的命名规则。如：hivelogs.1670337368952.tmp。

.tmp 表示这个文件正在被用来接收 Events，当满 5MB 或超过 60s 后，这个文件会被 rename 成 hivelogs.1670337368952。

对应文件可以在 HDFS 直接进行查看，如图 3-234 所示。

```
2022-12-06 22:37:09,932 (hdfs-HDFSSink-roll-timer-0) [INFO - org.apache.flume.sink.hdfs.BucketWriter.doClose(BucketWriter.java:438)] Closing hdfs://hadoop000:9000/flumedata/hive/2022-12-06/hivelogs.1670337368952.tmp
2022-12-06 22:37:09,945 (hdfs-HDFSSink-call-runner-9) [INFO - org.apache.flume.sink.hdfs.BucketWriter$7.call(BucketWriter.java:681)] Renaming hdfs://hadoop000:9000/flumedata/hive/2022-12-06/hivelogs.1670337368952.tmp to hdfs://hadoop000:9000/flumedata/hive/2022-12-06/hivelogs.1670337368952
2022-12-06 22:41:22,001 (SinkRunner-PollingRunner-DefaultSinkProcessor) [INFO - org.apache.flume.sink.hdfs.HDFSDataStream.configure(HDFSDataStream.java:57)] Serializer = TEXT, UseRawLocalFileSystem = false
2022-12-06 22:41:22,022 (SinkRunner-PollingRunner-DefaultSinkProcessor) [INFO - org.apache.flume.sink.hdfs.BucketWriter.open(BucketWriter.java:246)] Creating hdfs://hadoop000:9000/flumedata/hive/2022-12-06/hivelogs.1670337682001.tmp
^Z
[1]+  已停止                 flume-ng agent -c conf/ -f conf/exec_hdfs.conf -n ExecAgent -Dflume.root.logger=INFO,console
[root@qingjiao apache-flume-1.9.0-bin]# cd
[root@qingjiao ~]# hdfs dfs -ls /flumedata/hive/2022-12-06
Found 2 items
-rw-r--r--   1 root supergroup      22338 2022-12-06 22:37 /flumedata/hive/2022-12-06/hivelogs.1670337368952
-rw-r--r--   1 root supergroup       1247 2022-12-06 22:41 /flumedata/hive/2022-12-06/hivelogs.1670337682001.tmp
```

图 3-234　HDFS 采集结果

3.6.3 数据传输：Sqoop

1. 概述

Apache Sqoop（SQL-to-Hadoop）项目旨在协助 RDBMS 与 Hadoop 之间进行高效的大数据交流。用户可以在 Sqoop 的帮助下，轻松地把 RDBMS 中的数据导入到 Hadoop 或者与其相关的系统（如 HBase 和 Hive）中；同时也可以把数据从 Hadoop 系统里抽取并导出到 RDBMS。因此，可以说 Sqoop 就是一个桥梁，连接了 RDBMS 与 Hadoop。

2. 目标

使用 Sqoop 将 MySQL 数据传输至 HDFS。

3. 准备

操作系统：CentOS 7.3。

软件版本：Hadoop 2.7.7、Sqoop 1.4.7、MySQL 5.7.25。

4. 考点 1：安装 Sqoop

从"https://archive.apache.org/dist/sqoop/1.4.7/sqoop-1.4.7.bin_hadoop-2.6.0.tar.gz"地址下载 sqoop-1.4.7.bin_hadoop-2.6.0.tar.gz 安装包，将其存放到"/root/software"目录下。使用 cd 命令进入此目录，使用如下命令解压即可使用。

```
cd /root/software/# 进入目录
tar -zxvf sqoop-1.4.7.bin_hadoop-2.6.0.tar.gz
```

将其解压到当前目录下，即"/root/software"中。

（1）修改 Sqoop 配置文件

在"sqoop-env.sh"配置文件中配置 Sqoop 运行时必备环境的安装目录，Sqoop 运行在 Hadoop 之上，因此必须指定 Hadoop 环境，也可根据自身需要自定义配置 HBase、Hive 和 ZooKeeper 等环境变量。

```
cd sqoop-1.4.7.bin__hadoop-2.6.0/conf/
vim sqoop-env.sh
```

添加如下内容。

```
#Set path to where bin/hadoop is available
export HADOOP_COMMON_HOME=/root/software/hadoop-2.7.7
#Set path to where hadoop-*-core.jar is available
export HADOOP_MAPRED_HOME=/root/software/hadoop-2.7.7
```

（2）复制 JDBC 驱动

当完成前面 Sqoop 的相关配置后，还需要根据所操作的关系数据库添加对应的 JDBC 驱动包，用于数据库连接。

将 JDBC 驱动包 mysql-connector-java-5.1.47-bin.jar 复制到 $SQOOP_HOME/lib 目录下。

```
cp mysql-connector-java-5.1.47-bin.jar sqoop-1.4.7.bin__hadoop-2.6.0/lib/
```

（3）配置 Sqoop 系统环境变量

1）使用 vim 命令打开"/etc/profile"文件。

```
vim /etc/profile
```

2）在文件底部加入以下两行内容。

```
#配置 Sqoop 的安装目录
export SQOOP_HOME=/root/software/sqoop-1.4.7.bin__hadoop-2.6.0
#在原 PATH 的基础上加入 SQOOP_HOME 的 bin 目录
export PATH=$PATH:$SQOOP_HOME/bin
```

添加完成，使用:wq 保存退出。

3）使用 source 命令让配置文件立即生效。

```
source /etc/profile
```

4）检测 Sqoop 环境变量是否设置成功，使用如下命令查看 Sqoop 版本。

```
sqoop version
```

执行此命令后，若是出现如下版本信息说明配置成功。

```
22/12/06 21:43:56 INFO sqoop.Sqoop: Running Sqoop version: 1.4.7
Sqoop 1.4.7
git commit id 2328971411f57f0cb683dfb79d19d4d19d185dd8
Compiled by maugli on Thu Dec 21 15:59:58 STD 2017
```

5. 考点 2：将 MySQL 数据导入 HDFS

导入 HDFS 的“/major/school”目录。

（1）查看数据库中信息

1）在 MySQL 数据库中查看数据信息，并使用 major 数据库。

```
mysql> show databases;
+--------------------+
| Database           |
+--------------------+
| information_schema |
| hivedb             |
| major              |
| mysql              |
| performance_schema |
| sys                |
+--------------------+
6 rows in set (0.00 sec)
```

2）切换至 major 数据库。

```
mysql> use major;
Reading table information for completion of table and column names
You can turn off this feature to get a quicker startup with -A
Database changed
```

3）查看所有表。

```
mysql> show tables;
+-----------------+
| Tables_in_major |
+-----------------+
| professional    |
| school          |
+-----------------+
2 rows in set (0.00 sec)
```

4）查看数据表信息结构。

```
mysql>desc school;
+----------+--------------+------+-----+---------+-------+
| Field    | Type         | Null | Key | Default | Extra |
+----------+--------------+------+-----+---------+-------+
| school   | varchar(100) | YES  |     | NULL    |       |
| province | varchar(100) | YES  |     | NULL    |       |
| city     | varchar(100) | YES  |     | NULL    |       |
```

```
|address     |varchar(100) |YES  |     |NULL     |       |
|level       |varchar(100) |YES  |     |NULL     |       |
|category    |varchar(100) |YES  |     |NULL     |       |
|type        |varchar(100) |YES  |     |NULL     |       |
|project9    |varchar(100) |YES  |     |NULL     |       |
|project2    |varchar(100) |YES  |     |NULL     |       |
|doublefc    |varchar(100) |YES  |     |NULL     |       |
|owner       |varchar(100) |YES  |     |NULL     |       |
|link        |varchar(100) |YES  |     |NULL     |       |
+----------+-------------+------+-----+---------+-------+
12 rows in set (0.00 sec)
```

5）查询数据表中信息。

```
mysql> select * from school limit 1;
|河北轨道运输职业技术学院                |河北      |石家庄市        |河北省石家庄市经济技术开发区赣江路 9
号;石家庄市宁安路 189 号      |专科(高职)         |理工类      |公办    |否         |否         |              | |河北省
|https://gkcx.eol.cn/school/2858/professional
3 rows in set (0.00 sec)
```

（2）将数据导入 HDFS

导入数据之前，确保 Hadoop 集群已经正常开启，将本地数据库中“major”数据库下“school”表全部上传至 HDFS 的//major/school 目录下。

```
sqoop import \
--connect jdbc:mysql://localhost:3306/major \
--username root \
--password 123456 \
--table school \
--target-dir /major/school \
-m 1
```

这里指定传输后生成一个结果文件，成功执行后结果如图 3-235 所示。

```
                HDFS: Number of write operations=2
        Job Counters
                Launched map tasks=1
                Other local map tasks=1
                Total time spent by all maps in occupied slots (ms)=2408
                Total time spent by all reduces in occupied slots (ms)=0
                Total time spent by all map tasks (ms)=2408
                Total vcore-milliseconds taken by all map tasks=2408
                Total megabyte-milliseconds taken by all map tasks=2465792
        Map-Reduce Framework
                Map input records=2856
                Map output records=2856
                Input split bytes=87
                Spilled Records=0
                Failed Shuffles=0
                Merged Map outputs=0
                GC time elapsed (ms)=50
                CPU time spent (ms)=1780
                Physical memory (bytes) snapshot=199606272
                Virtual memory (bytes) snapshot=2147532800
                Total committed heap usage (bytes)=150470656
        File Input Format Counters
                Bytes Read=0
        File Output Format Counters
                Bytes Written=566944
22/12/06 21:59:44 INFO mapreduce.ImportJobBase: Transferred 553.6562 KB in 15.1509 seconds (36.5427 KB/sec)
22/12/06 21:59:44 INFO mapreduce.ImportJobBase: Retrieved 2856 records.
```

图 3-235　数据传输成功

可以在 HDFS 对应路径查看结果文件，结果中可以看到只有一个文件 part-m-00000。

```
hdfsdfs -ls /major/school
Found 2 items
-rw-r--r--   1 root supergroup          0 2022-12-06 21:59 /major/school/_SUCCESS
-rw-r--r--   1 root supergroup     566944 2022-12-06 21:59 /major/school/part-m-00000
```

3.6.4 任务调度工具：Azkaban

1. 概述

一个完整的数据分析系统通常都是由大量任务单元组成，如 Shell 脚本程序、Java 程序、MapReduce 程序和 Hive 脚本等。各任务单元之间存在时间先后及依赖关系，为了将众多复杂的执行任务组织起来，需要一个工作流调度系统来协调各任务。

Azkaban 是一个开源的批量工作流任务调度器，用于在一个工作流内以一个特定的顺序运行一组工作和流程。

2. 目标

安装部署 Azkaban“双服务模式”，并正常完成 MapReduce 程序和 Hive 脚本的调度管理。

3. 准备

操作系统：CentOS 7.3。

软件版本：Azkaban 3.90.0、Hadoop 2.7.7、Hive 2.3.4。

4. 考点 1：安装 Azkaban

从“https://github.com/azkaban/azkaban/releases”上查看 Azkaban 所有版本源文件，本次下载“azkaban-3.90.0.tar.gz”源文件压缩包，将其存放到“/root/software”目录下，需要先对其进行编译构建。使用 cd 命令进入此目录，使用如下命令解压，解压成功后进入安装目录，进行编译构建。

```
cd /root/software/                    # 进入目录
tar -zxvf azkaban-3.90.0.tar.gz       # 解压源文件
cd azkaban-3.90.0                     # 进入安装目录
./gradlew build -x test               # 编译
```

编译成功后，对应 azkaban-*/build/distributions 下会生成对应安装包文件，可直接对其进行解压和配置。

Azkaban 部署主要针对如下三个部分进行配置。

- Relational Database（MySQL）：Azkaban 将大多数状态信息都存于 MySQL 中，Azkaban Web Server 和 Azkaban Executor Server 也需要访问 DB。
- Azkaban Web Server：提供了 Web UI，是 Azkaban 的主要管理者，包括 project 的管理、认证、调度，对工作流执行过程的监控等。
- Azkaban Executor Server：调度工作流和任务，纪录工作流活任务的日志。

其中，Azkaban Web Server（Web 服务器）和 Azkaban Executor Server（执行服务器）应在不同的进程中运行，以便升级和维护过程中不影响用户，即在某个任务流失败后，可以更方便地将其重新执行。

（1）Azkaban 数据库初始化

1）Azkaban 使用 MySQL 来存储项目和执行，首先对数据库创建相关用户，并给予对应权限。

```
#创建“qingjiao”用户，任何主机都可以访问 Azkaban，密码是“123456”
#创建“azkaban”数据库
#赋予“qingjiao”用户对“azkaban”数据库的所有权限并刷新权限
mysql> create user 'qingjiao'@'%' identified by '123456';
mysql> create database azkaban;
mysql> GRANT ALL privileges ON azkaban.* TO 'qingjiao'@'%' WITH GRANT OPTION;
mysql> FLUSH PRIVILEGES;
```

2）对编译生成的 azkaban-db-0.1.0-SNAPSHOT.tar.gz 安装包进行解压，将其解压到/root/software/azkaban 目录下。

```
mkdir /root/software/azkaban
cd /root/software/azkaban-3.90.0/azkaban-db/build/distributions/
tar -zxvf azkaban-db-0.1.0-SNAPSHOT.tar.gz -C /root/software/azkaban/
```

3）进入 azkaban-db 解压后的目录，可以看到有“create-all-sql-*.sql”脚本文件，数据库中执行该文件可以对所有 SQL 脚本文件进行 Azkaban 数据库表初始化。

```
#切换到 azkaban 数据库，执行数据库初始化脚本
mysql> use azkaban;
mysql> source /root/software/azkaban/azkaban-db-0.1.0-SNAPSHOT/create-all-sql-0.1.0-SNAP-
SHOT.sql
```

（2）Azkaban Web Server 安装配置

1）对编译生成的 azkaban-web-server-0.1.0-SNAPSHOT.tar.gz 安装包进行解压，将其解压到/root/software/azkaban 目录下，并进入解压后目录。

```
cd /root/software/azkaban-3.90.0/azkaban-web-server/build/distributions/
tar -zxvf azkaban-web-server-0.1.0-SNAPSHOT.tar.gz -C /root/software/azkaban/
cd /root/software/azkaban/azkaban-web-server-0.1.0-SNAPSHOT/
```

2）Azkaban 使用 SSL 套接字连接器，这意味着必须先提供密钥库，执行如下命令生成密钥库，设置其密码为 123456，如图 3-236 所示。

```
keytool -keystore keystore -alias jetty -genkey -keyalg RSA
```

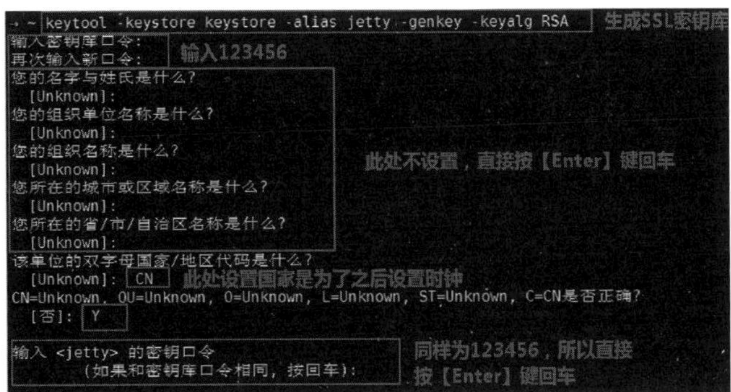

图 3-236　生成密钥库文件 keystore

3）进入 conf 配置目录，编辑“azkaban.properties”配置文件，主要针对 Azkaban Web 服务器的时区、MySQL 和 Jetty 服务进行修改配置。

```
default.timezone.id=Asia/Shanghai        #默认时区
# Azkaban Jetty server properties.
jetty.use.ssl=true                       #启动 SSL 连接
jetty.maxThreads=25                      #最大线程数
jetty.port=8081                          # jetty 端口
jetty.ssl.port=8443                      # jetty ssl 端口,可以通过浏览器访问 Azkaban Web Server
jetty.keystore=/root/software/azkaban/azkaban-web-server-0.1.0-SNAPSHOT/keystore # ssl 文件
jetty.password=123456                    # ssl 文件密码
jetty.keypassword=123456                 # jetty 主密码
jetty.truststore=/root/software/azkaban/azkaban-web-server-0.1.0-SNAPSHOT/keystore # ssl 文件
jetty.trustpassword=123456               # ssl 文件密码
mysql.user=qingjiao                      #数据库用户名
mysql.password=123456                    #数据库密码
mysql.user=qingjiao
mysql.password=123456
```

4）用户配置文件“azkaban-user.xml”中自定义添加一个用户名和密码均为“admin”的用户，并为该用户设置了“metrics，admin”所有权限，后续将会使用该用户进行登录和管理 Azkaban 服务。

```
<user password="admin" roles="metrics,admin" username="admin"/>
```

（3）Azkaban Executor Server 安装配置

1）对编译生成的 azkaban-exec-server-0.1.0-SNAPSHOT.tar.gz 安装包进行解压，将其解压到/root/software/azkaban 目录下，并进入解压后配置目录 conf。

```
cd /root/software/azkaban-3.90.0/azkaban-exec-server/build/distributions
tar -zxvf azkaban-exec-server-0.1.0-SNAPSHOT.tar.gz -C /root/software/azkaban/
cd /root/software/azkaban/azkaban-exec-server-0.1.0-SNAPSHOT/conf/
```

2）编辑“azkaban.properties”配置文件，主要针对 Azkaban Executor Server 的时区、MySQL 和端口号进行修改配置。

```
default.timezone.id=Asia/Shanghai        #修改默认时区
mysql.user=qingjiao                      #数据库用户名
mysql.password=123456                    #数据库密码
# Azkaban Executor settings
executor.maxThreads=50                   #最大线程数
executor.flow.threads=30                 #流动线程数
executor.port=12321                      # Executor 端口
```

（4）Azkaban 启动测试

1）为避免与 Hive 中 Log4j 包发生冲突，可以将 azkaban 目录下对应的 jar 包删除。

```
rm -rf /root/software/azkaban/azkaban-exec-server-0.1.0-SNAPSHOT/lib/slf4j-log4j12-1.7.21.jar
rm -rf /root/software/azkaban/azkaban-web-server-0.1.0-SNAPSHOT/lib/slf4j-log4j12-1.7.18.jar
```

2）azkaban 目录下没有对应 Derby 数据库的自动载入驱动类，将 Hive 目录下对应文件包复制到 azkaban 目录下。

```
cd /root/software/apache-hive-2.3.4-bin/lib/
cp derby-10.10.2.0.jar /root/software/azkaban/azkaban-exec-server-0.1.0-SNAPSHOT/lib/
cp derby-10.10.2.0.jar /root/software/azkaban/azkaban-web-server-0.1.0-SNAPSHOT/lib/
```

3）启动 Azkaban Executor Server。

```
cd /root/software/azkaban/azkaban-exec-server-0.1.0-SNAPSHOT
bin/start-exec.sh
```

4）激活 Azkaban Executor Server，根据自己实际 IP 地址进行操作。

```
curl -G "IP:12321/executor? action=activate"&& echo
```

5）启动 Azkaban Web Server。

```
cd /root/software/azkaban/azkaban-web-server-0.1.0-SNAPSHOT/
bin/start-web.sh
```

6）当 Azkaban Executor Server 和 Azkaban Web Server 都启动成功之后，可以在终端中查看对应的服务进程来判断服务是否正常启动。同时也可以根据配置文件中启动的 SSL，通过浏览器访问对应地址 https://IP:8443，选择用户名密码为用户配置文件中设置的“admin”，登录页面如图 3-237 所示。

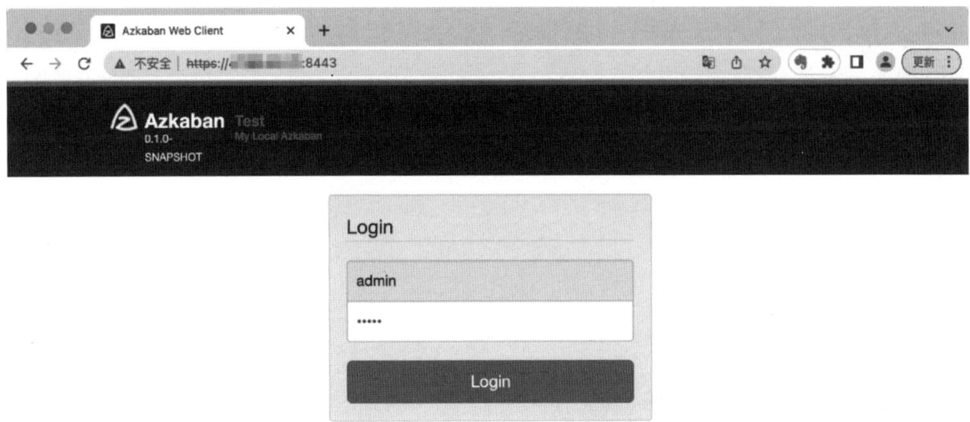

图 3-237　AzkabanUI 登录页面

5. 考点 2：MapReduce 任务调度

以 WordCount 为例，通过 Azkaban 实现对 MapReduce 程序的任务执行，注意环境中需要提前开启 Hadoop 相关服务。数据“word.txt”已经存在于“/root/data”目录下，也可使用任意数据进行测试，部分数据内容如下。

```
For the latest information about Hadoop, please visit our website at:
  http://hadoop.apache.org/core/
and our wiki, at:
  http://wiki.apache.org/hadoop/
This distribution includes cryptographic software.  The country in
which you currently reside may have restrictions on the import
```

实现 MapReduce 数据分析，首先需要将数据上传到 HDFS，其次调用 MapReduce 程序。因此任务调度包含两个 job，上传 HDFS 文件和 MapReduce 程序执行。

1）创建文件 put.job，用于上传数据。

```
type=command
command=hadoop fs -put /root/data/word.txt /
```

2）创建 mapreduce.job，指定当前 mapreduce.job 依赖于 put.job，被依赖的 job 先执行，即先上传 HDFS 文件然后再执行 MapReduce 程序。此处，使用集群自带的样例 hadoop-mapreduce-examples-2.7.7.jar 包来对 HDFS 根目录下的 word.txt 文件进行单词统计，并将统计结果存放在/wordcount 目录下。

```
type=command
dependencies=put
command=hadoop jar /root/software/hadoop-2.7.7/share/hadoop/mapreduce/hadoop-mapreduce-examples-2.7.7.jar wordcount /word.txt /wordcount
```

3）将此案例任务的所有 job 文件打包成 ZIP 压缩包文件，并以工作流的名称 mapreduce 进行命名，Azkaban 中创建项目 MR，上传工作流 mapreduce.zip 并执行，job 列表如图 3-238 所示。

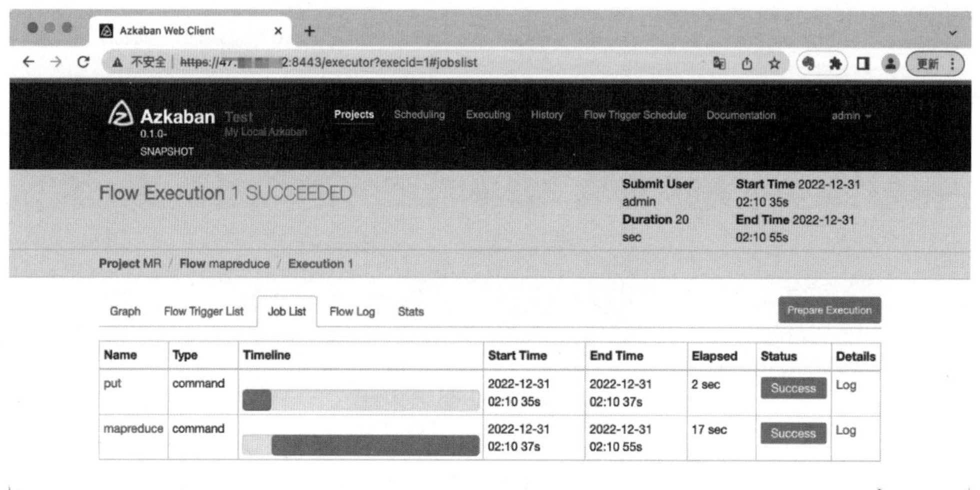

图 3-238　Azkaban 运行 MapReduce 任务

4）也可终端中查看 HDFS 文件系统中数据进行验证。

```
[root@qingjiao~]#hdfs dfs -cat  /wordcount/part-r-00000
Administration1
Apache1
BEFORE1
BIS1
......
```

6. 考点 3：Hive 脚本任务调度

以学生信息为例，通过 Azkaban 实现对 Hive SQL 脚本的任务执行，脚本要求如下。

- 使用默认数据库 default；
- 创建数据表 student，字段要求为 id int，name string；
- 导入本地数据/root/data/student.txt；
- 插入数据“1100 qingjiao”；
- 查询 student 表所有数据，并将查询结果导出到本地文件系统/root/data/student 目录下。

数据文件 student.txt 已经存在于/root/data 目录下，也可使用任意数据进行测试，部分数据内容如下。

```
1001	zhangsan
1002	lisi
1003	wangwu
1004	zhaoliu
```

1）结合上述脚本要求，制作 Hive SQL 脚本文件 hivef.sql。

```
--切换到 default 数据库
use default;
--如果 student 表存在则删除
drop table if exists student;
--创建 student 管理表
create table if not exists student(id int, name string)
row format delimited fields terminated by '\t';
--加载本地数据到 student 管理表
load data local inpath '/root/data/student.txt' into table student;
--往 student 管理表中插入一行数据
insert into student values(1100,"qingjiao");
--查询 student 表所有数据,并将查询结果导出到本地文件系统的/root/data/student 目录下
insert overwrite local directory '/root/data/student'
row format delimited fields terminated by '\t'
select * from student;
```

2）创建 hivef.job 工作流文件，用于执行 Hive SQL 文件。

```
type=command
command=hive -f /root/data/hivef.sql
```

3）将 hivef.job 文件打包成 ZIP 压缩包文件，并以工作流的名称 hivef 进行命名。Azkaban 中创建项目 Hive SQL，上传工作流 hivef.zip 并执行，运行完成后如图 3-239 所示。

4）在终端中以命令行形式查看 HDFS 文件系统中的数据进行验证。

```
hive> select * from default.student;
OK
1100qingjiao
1001zhangsan
1002lisi
1003wangwu
1004zhaoliu
```

```
1005lili
1006marry
1007rose
1008messi
1009neymar
1010elsa
Time taken: 1.136 seconds, Fetched: 11 row(s)
```

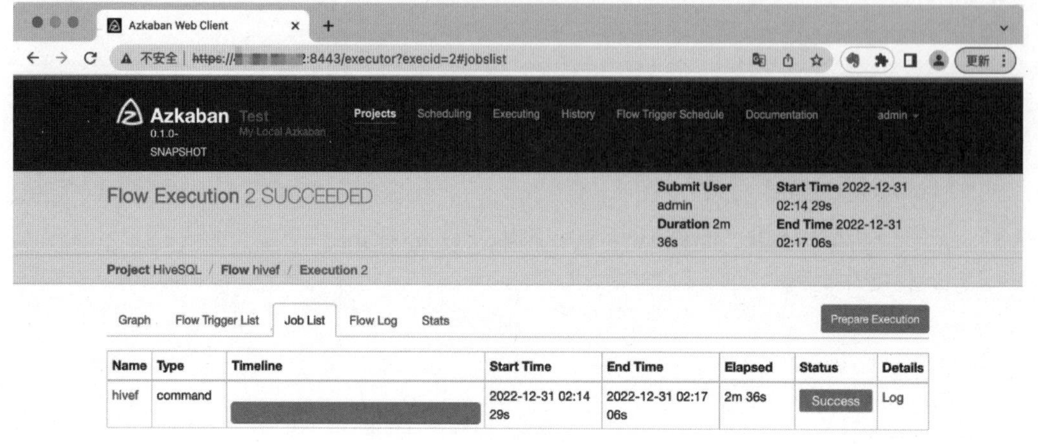

图 3-239　Azkaban 运行 HiveSQL 任务

思考与练习

一、选择题

1. (　　)是一个处理、存储和分析海量的分布式、非结构化数据的开源框架。

A. MapReduce　　B. IBM　　C. Nutch　　D. Hadoop

2. 在下列哪个配置文件中可以修改数据块的副本数量(　　)。

A. core-site.xml　　B. hdfs-site.xml　　C. slaves　　D. hadoop-env.sh

3. 下面选项中哪一项可以单独启动 NameNode 进程命令(　　)。

A. hadoop-daemon.sh start namenode　　B. hadoop-daemon.sh namenode start

C. start namenode hadoop-daemon.sh　　D. start hadoop-daemon.sh namenode

4. 下面哪个命令可以用于创建 HDFS 目录“/hdfstest/test”(　　)。

A. hadoop fs -mkdir -p /hdfstest/test　　B. hadoop fs -get /hdfstest/test

C. hadoop fs -cat /hdfstest/test　　D. hadoop fs -rmdir /hdfstest/test

5. 可以使用(　　)命令将 HDFS 文件“/hdfstest/test.txt”下载到当前目录。

A. hadoop fs -put /hdfstest/test.txt　　B. hadoop fs -get /hdfstest/test.txt

C. hadoop fs -download /hdfstest/test.txt　　D. hadoop fs -move /hdfstest/test.txt

6. (　　)节点负责 HDFS 数据存储。

A. NameNode　　B. DataNode

C. SecondaryNameNode　　D. NodeManager

7. Hive 是以(　　)技术为基础的数据仓库。

A. HDFS　　B. MapReduce　　C. Hadoop　　D. HBase

8. 以下对 Hive 操作使用不正确的是(　　)。

A. load data inpath into table name　　B. insert into table name

C. insert overwrite table name　　D. insert overwrite into table name

9. 下面关于使用 Hive 的描述中不正确的是(　　)。

A. Hive 中的 JOIN 查询只支持等值连接，不支持非等值连接

B. Hive 的表一共有两种类型，内部表和外部表

C. Hive 默认仓库路径为 HDFS 的/user/hive/warehouse/目录

D. Hive 只能在不支持 ACID 的表上进行数据的删除和更新操作

10. HBase 依赖(　　)技术框架提供消息通信机制。

A. ZooKeeper　　B. Chubby　　C. RPC　　D. Socket

11. 关于 HBase shell 命令，哪个命令是使表无效(　　)。

A. alter　　B. disable　　C. drop　　D. 以上都不是

12. HBase 的 Region 是由哪个服务进程来管理的(　　)。

A. HRegionServer　　B. ZooKeeper　　C. HMaster　　D. DataNode

13. 以下哪个不是 Spark 的分布式部署方式(　　)。

A. Standalone　　B. spark on Mesos　　C. Spark on YARN　　D. Spark on Local

14. 在 Spark 生态组件中，哪个产品可用于基于实时数据流的数据处理(　　)。

A. Spark Core　　B. Spark SQL　　C. Spark Streaming　　D. MLlib

15. 在 Spark 生态组件中，哪个产品可用于复杂的批量数据处理(　　)。

A. Spark Core　　B. Spark SQL　　C. Spark Streaming　　D. MLlib

二、简答题

1. 简述搭建 Hadoop 完全分布式集群的步骤。
2. 简述 NameNode 高可用架构的组成部分。
3. 简述 Hive 本地安装模式的特点。
4. 简述 HBase 数据是如何存储的。
5. 简述 RDD 的存储结构和处理方式。

第4章 数据采集与分析

本章要点：

- 报表数据处理
- 网页信息数据获取与存储
- XPath 解析与 re 正则
- 常用的统计分析方法

4.1 报表数据处理

4.1.1 数据预处理

1. 概述

数据预处理（Data Preprocessing）是指在主要的处理以前对数据进行的一些处理。

2. 目标

掌握报表中数据分列、数据筛选、数据填充、数据验证、文本处理。

3. 准备

软件版本：WPS Excel 3.9.1（6204）。

4. 考点1：数据分列

在 Excel 中，数据存储在各个单元格里，同样的数据存储在一列中。如果姓名和年龄存储在一列中，会导致在分析用户年龄时无法直接分析。

数据分列是将存放在一列中的两列数据进行分列，即将姓名和年龄分开成两列数据。可在“数据”选项卡中选择“分列”选项进行分列。数据分列有两种形式，一种是分隔符号，另一种是固定宽度。

（1）分隔符号分列

分隔符号选项如表4-1所示。

表4-1 分隔符号选项

选　项	功　能	例　子
〈Tab〉键	分隔数据中间以〈Tab〉键进行分割的数据	王强 44
分号	分隔数据中间以分号进行分割的数据	王强；44

（续）

选　　项	功　　能	例　　子
逗号（英文）	分隔数据中间以逗号进行分割的数据	王强，44
空格	分隔数据中间以空格进行分割的数据	王强 44
其他	如果不是以上述方式进行分隔，则需要输入特殊的分隔符号，例如-	王强-44

（2）固定宽度分列

固定宽度进行分列时，需要在分列的位置单击，生成一条分列线，单击完成即可，对员工信息表中的“姓名年龄”进行分列操作，如图 4-1 所示。

5. 考点 2：数据筛选

随着办公自动化的普及，数据量逐渐增大的同时，单纯靠浏览了解数据的难度不断增加。Excel 中可以使用“筛选”功能快速了解数据分类的基本情况。生成筛选的方式有两种，一种直接在列标题上右击，另一种在“开始”选项卡下单击“筛选”选项。

执行“筛选”命令后，首行单元格旁边生成相应按钮▾，单击该按钮可以查看分类类型的字段分类详情。例如，单击分类旁边的▾，分类这一列中包含百货类、服装类、母婴用品类、特产类，如图 4-2 所示。WPS 同时显示每种分类的记录数，Microsoft Office Excel 仅显示分类的类别，不显示个数。

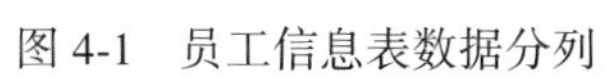

图 4-1　员工信息表数据分列

图 4-2　数据筛选结果

6. 考点 3：数据填充

（1）填充柄填充

填充柄是 Microsoft Office Excel 中提供的快速填充单元格的工具。在选定的单元格右下角，会看到方形点，当鼠标指针移动到上面时，会变成细黑十字形，拖拽它即可完成对单元格的数据、格式、公式的填充。

在 Excel 中填充差值为 1 的等差数列，起始值为 1，只需要在单元格 A1 中输入 1，如图 4-3a 所示；在鼠标变为细黑十字形时，使用填充柄向下拖拽，默认按照等差数列差值为 1，向下填充，如图 4-3b 所示。

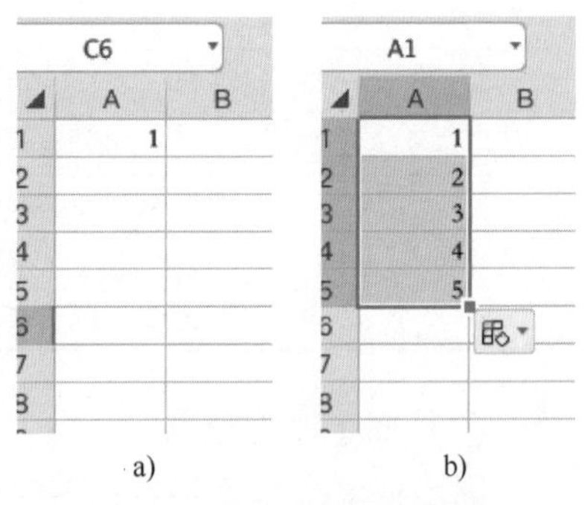

a) b)

图 4-3 填充柄等差数列填充

a）数据输入 b）填充柄填充

(2) 自定义序列

自定义序列一般搭配填充柄使用，Excel 有默认的序列，在输入序列内的文字时，使用填充柄，可以进行自动填充。

自定义序列：选择“文件”→“选项”→“自定义序列”，如图 4-4a 所示，打开“自定义序列”页面。序列有两种设置方式，一种是在文本框中输入，另一种是直接在单元格中导入数据。

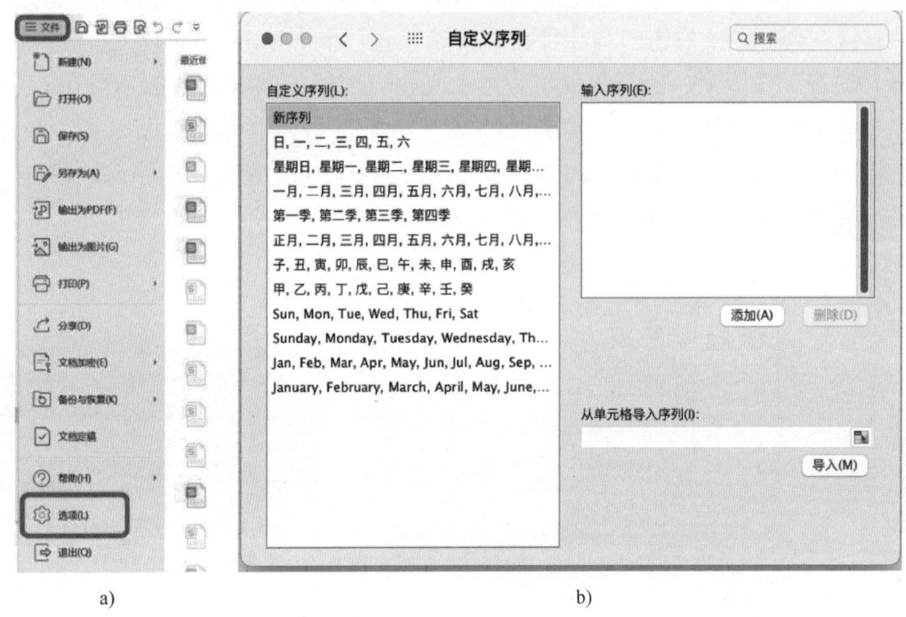

a) b)

图 4-4 “自定义序列”页面

a）路径 b）详细页面

- 在“输入序列”文本框中，手动输入想要定义的序列名称，序列名称中间用逗号进行分隔，单击“添加”按钮或者直接按〈Enter〉键确认。
- 单击“从单元格导入序列”后的按钮，选择序列区域即可。

(3) 快速填充

Excel 中的数据填充功能，可以快速提取相同规律的数据，提高工作效率。下文将会从提取字母、填充日期、提取数字、数据合并方面介绍快捷填充。

示例：快速提取商品 ID 中的英文字母，原始数据如图 4-5 所示。

将其中的商品 ID 及分类列提取出来，此时商品 ID 为 A 列，分类为 B 列，在 C2 中输入 BP 使用填充柄进行双击，在最下方的![icon] 中选择智能填充（E）。处理结果如表 4-2 所示。

A	B	C	D	E	F	G	H	I	J	K	L	M	N	O
日期	商品ID	分类	分销部门ID	部门名称	交易时间	商品进价	商品售价	订单金额	优惠金额	实际支付金额	货品数量	是否有赠品	用户id	用户评级
2021/2/20	BP_0004	母婴用品	5	部门五	5.2	427	505	1010	303	707	2	是	2871	4
2021/4/20	clo_0007	服装	4	部门四	4.7	29	68	68	20	48	1	是	7030	1
2021/4/18	SLP_0006	特产	4	部门四	5.5	62	98	490	49	441	5	否	5070	4
2021/2/24	BP_0002	母婴用品	4	部门四	6.5	426	702	2106	631.8	1474.2	3	是	520	5
2021/4/16	SLP_0007	特产	4	部门四	5	13	50	150	15	135	3	否	3332	4
2021/4/12	BP_0024	母婴用品	5	部门五	7.7	488	611	1833	549.9	1283.1	3	是	5355	5
2021/3/9	GM_0001	百货	1	部门一	4.7	77	259	777	155.4	621.6	3	是	4546	5
2021/5/7	SLP_0007	特产	2	部门二	5.4	13	50	100	10	90	2	否	2775	3
2021/5/2	clo_0012	服装	4	部门四	5.9	140	170	340	51	289	2	否	5781	1
2021/5/9	GM_0003	百货	2	部门二	7.4	166	357	1071	267.75	803.25	3	是	2887	5
2021/2/19	GM_0002	百货	5	部门五	4.9	91	452	452	20	432	1	否	2099	1
2021/3/6	clo_0008	服装	5	部门五	4.9	83	87	174	17.4	156.6	2	否	5050	1

图 4-5　商品信息

表 4-2　提取商品 ID 中的英文字母结果

商品 ID	分　类	提取商品 ID 中的英文字母
BP_0004	母婴用品类	BP
clo_0007	服装类	clo
SLP_0006	特产类	SLP
BP_0002	母婴用品类	BP
SLP_0007	特产类	SLP
…	…	…

示例：提取日期中的年月日，已知日期列为 A 列，目标是将年份提取至 B 列，将月份提取至 C 列，将日期提取至 D 列。

具体操作与上方相同，将第一个 2021/2/20 中的年月日分别写进 B2，C2，D2 中。分别对年月日进行智能填充，填充结果如表 4-3 所示。

表 4-3　提取日期中年月日结果

日　期	取日期中的年	取日期中的月	取日期中的日
2021/2/20	2021	2	20
2021/4/20	2021	4	20
2021/4/18	2021	4	18
2021/2/24	2021	2	24
…	…	…	…

示例：提取数字。

Excel 提供在文本中提取数据的功能，已知原文在 A 列，在 B2 中输入 13，使用填充柄填充后，选择智能填充，结果表 4-4 所示。

表 4-4　提取数字结果

原　文	提取数字
江苏省有 13 个直辖市	13
黑龙江省有 12 个地级市	12

（续）

原　文	提取数字
今年一共销售了1万多件商品	1
报警电话是110	110
120是急救电话	120

示例：数据合并，将两列数据中有规律的数据进行结合，原始数据如图4-5所示，目标是将商品ID中_前的字母，与分类中“类”字前的文字结合。

将其中的商品ID及分类列提取出来，已知商品ID在A列，分类在B列，在C2中输入，BP母婴用品，使用填充柄进行填充，双击后选择智能填充，填充结果如表4-5所示。

表4-5　数据合并

商品ID	分　类	目标将分类和缩写合并
BP_0004	母婴用品类	BP 母婴用品
clo_0007	服装类	clo 服装
SLP_0006	特产类	SLP 特产
BP_0002	母婴用品类	BP 母婴用品
…	…	…

7. 考点4：数据验证

（1）简单数据验证

简单数据验证即为单行数据验证，即需要进行数据验证的数据，存在同一行或者同一列中。

在“数据”选项卡中单击“有效性”按钮，如图4-6所示。

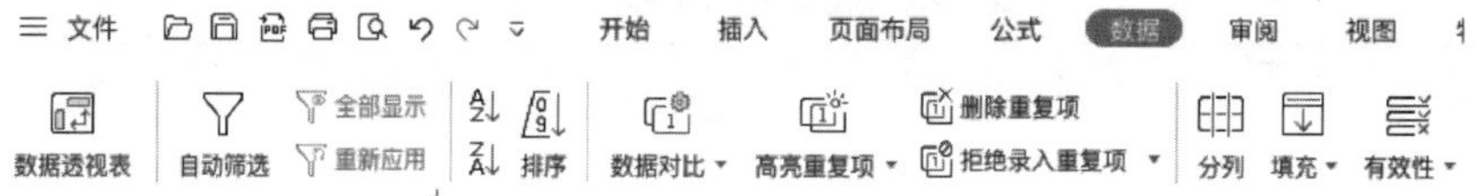

图4-6　有效性位置

在弹出的“数据有效性”对话框中，“允许”选择“序列”，在“来源”中选择数据源。将部门一、部门二、部门三、部门四作为数据验证的内容输入。

单击“来源”后的按钮，选择存有数据的区域，已知部门一~部门四在sheet1的A1：A4中，可以直接选择，然后单击“确定”按钮。

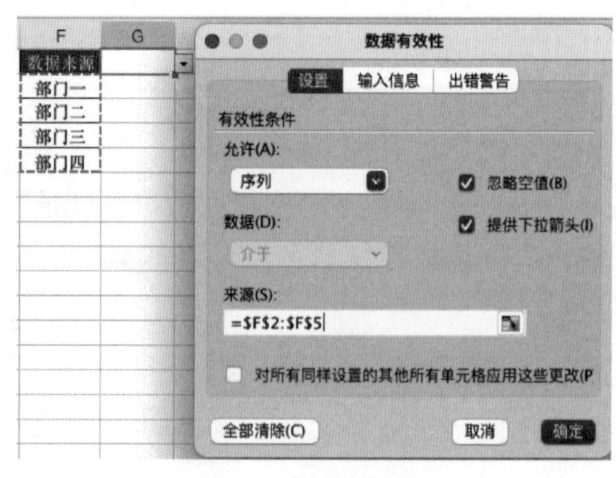

图4-7　有效性位置

（2）多行数据验证

多行数据验证的原始数据分别存储在Excel的两列或者两行中，此时需要借助名称管理器来完成多行数据验证。数据验证的位置不变，依旧以之前的部门一为例，在部门后新增一列类别，分别为类别一～类别四。

具体步骤如下：在“公式”选项卡中单击“名称管理器”按钮，在弹出的对话框中单击“新建”命令，打开“新建名称”对话框，在“名称”文本框中输入“部门”，在“引用位置”选项引用部门所在位置，单击“确定”按钮。与单行数据验证相同，将部门作为数据验证的数据，放入来源中。最后在名称管理器中，修改部门所包含的位置，将引用位置原本的 A1：A4 修改为 A1：B4，结果如图 4-8 所示。

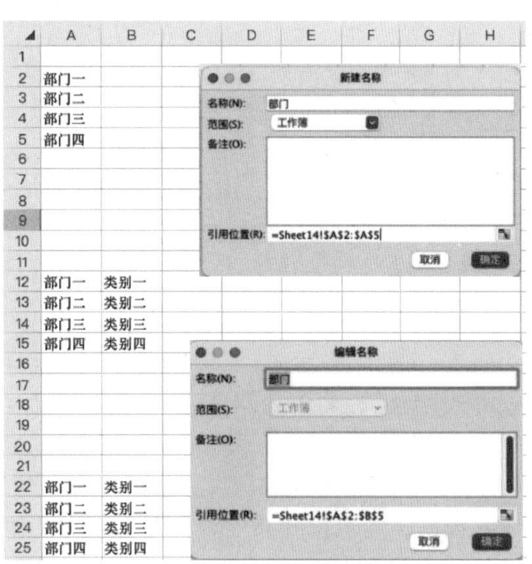

图 4-8　名称管理器

（3）圈释无效数据

在数据录入后，Excel 提供了对应的圈释无效数据的功能。因此在圈释无效数据之前，首先需要定义有效数据的范围。原始数据为图 4-1 员工信息表数据分列。对收入低于 30 的数据进行圈释无效数据。

首先需要进行数据有效性定义，单击“有效性”按钮，选择“整数”，再输入最大值和最小值，最小值输入 30，最大值输入 1000，单击“确定”按钮。设置好后单击“圈释无效数据”即可。

8. 考点 5：文本处理

数据处理中也包含文本处理，即对文本中包含的内容进行处理，以及从文本中提取必要的信息。Excel 为文本处理提供了大量的函数，下文将介绍 LEFT、RIGHT、&、CONCAT、REPLACE 函数。

（1）LEFT 函数

LEFT 函数用于从一个文本字符串的第一个字符开始返回指定个数的字符。

格式为：LEFT（string，n）

- string：必要参数。字符串表达式其中最左边的那些字符将被返回。
- n：必要参数，为 Variant（Long）。数值表达式，指出将返回多少个字符。

示例：返回原始数据中“商品 ID”列里“_”前的数据，原始数据参见图 4-5 所示商品信息表。已知日期为 A 列，商品 ID 为 B 列，分类列为 C 列，目标为在任意空白列拿出“_”前的数据具体公式如下。

```
=LEFT(B2,FIND("_", B2) -1)
```

处理结果如表 4-6 所示。

表 4-6　LEFT 函数提取数据

日　期	商品 ID	分　类	获取数据
2021/2/20	BP_0004	母婴用品类	BP
2021/4/20	clo_0007	服装类	clo

（续）

日　期	商品 ID	分　类	获取数据
2021/4/18	SLP_0006	特产类	SLP
2021/2/24	BP_0002	母婴用品类	BP
…	…	…	…

（2）RIGHT 函数

RIGHT 函数的功能是从字符串右端取指定个数字符。

格式：RIGHT（string，length）

- string：必要参数。字符串表达式，其中最右边的字符将被返回。
- length：必要参数，为 Variant（Long）。为数值表达式，指出想返回多少字符。

示例：返回原始数据中“商品 ID”列里“_”后的数据，原始数据参见图 4-5 所示商品信息表。已知日期为 A 列，商品 ID 为 B 列，分类列为 C 列，目标为在任意空白列拿出“_”前的数据。其中长度部分需要用文本的长度，减去字符“_”所在的位置，具体公式如下。

```
=RIGHT(B2,LEN(B2)-FIND("_",B2))
```

处理结果如表 4-7 所示。

表 4-7　RIGHT 函数提取数据

日　期	商品 ID	分　类	获取数据
2021/2/20	BP_0004	母婴用品类	0004
2021/4/20	clo_0007	服装类	0007
2021/4/18	SLP_0006	特产类	0006
2021/2/24	BP_0002	母婴用品类	0002
…	…	…	…

（3）连接符 &

数据存储时一般按照不同特征，按照列进行存储，在实际工作中会遇到将不同单元格内容进行连接的需求，或者在公式中涉及单元格连接时，都会用到 Excel 提供的“&”连接符。

示例：将商品 ID 和分类进行连接，原始数据参见图 4-5 所示商品信息表。已知日期为 A 列，商品 ID 为 B 列，分类列为 C 列，目标为在任意空白列将商品 ID 列和分类列进行连接，具体公式如下。

```
=B2&C2
```

处理结果如表 4-8 所示。

表 4-8　连接符 & 进行数据连接

日　期	商品 ID	分　类	获取数据
2021/2/20	BP_0004	母婴用品类	BP_0004 母婴用品
2021/4/20	clo_0007	服装类	clo_0007 服装

（续）

日　期	商品 ID	分　类	获取数据
2021/4/18	SLP_0006	特产类	SLP_0006 特产
2021/2/24	BP_0002	母婴用品类	BP_0002 母婴用品
...	...	...	...

（4）CONCAT

CONCAT 函数可以理解为 & 的拓展，& 在连接大量表格时 CONCAT 要比 & 更简单，可以将大量单元格进行连接。

格式：CONCAT(value1, [value2, ...])

- value1：要连接的文本项、字符串或字符串数组，如单元格区域。
- value2：要连接的其他文本项字符串或字符串数组，如单元格区域，最多可有 253 个参数。

示例：使用 CONCAT 将人名提取出来，中间以“，”进行分隔，原始数据参见图 4-1 所示的员工信息表。已知姓名为 A 列，年龄为 B 列，学历为 C 列。目标为在 B 列前插入一列，插入辅助列添加“，”，在任意单元格输入公式，具体公式如下。

```
=CONCAT(A2:B7)
```

处理结果如下。

```
王强,李明,张丽,金亮,余芳,王刚
```

（5）REPLACE

函数 REPLACE：使用新的字符串替换文本中指定位置、指定长度的字符串。具体格式如下。

格式：REPLACE（原字符串，开始位置，字符个数，新字符串）

示例：使用 REPLACE 将身份证的后四位替换为“*”，已知身份证号在 A 列，将处理后含有隐藏信息的身份证号放在 B 列，具体公式如下。

```
REPLACE(A2,15,4,"****")
```

处理结果如表 4-9 所示。

表 4-9　REPLACE 函数处理身份证信息

身份证号码	REPLACE
522225199906297860	52222519990629****
441223197502155011	44122319750215****
441203198301100232	44120319830110****
442824193201023236	44282419320102****
442823196402140436	44282319640214****

4.1.2　数据分析

1. 概述

（1）统计分析函数

统计分析函数是 Excel 函数中使用较频繁的函数，可以使用统计函数对数据进行处理。

（2）逻辑运算函数

逻辑运算主要包括逻辑与、逻辑非和逻辑或，在 Excel 中逻辑函数是在进行条件匹配、真假值判断后返回不同的数值，或者进行多重复合检验的函数。

（3）日期函数

数据处理中，日期类型的数据相较于其他数据更具有特殊性，首先需要了解 Excel 中正确的日期及日期显示格式。

（4）匹配查找函数

匹配查找函数是 Excel 中非常常用的函数，可以处理很多使用问题。例如，考试后想要知道登记考试信息的学生，有没有参加考试，以及考试信息的成绩如何。常用的匹配查找函数包括 VLOOKUP、HLOOKUP、MATCH、INDEX、OFFSET、INDIRECT 等。

（5）数据透视表

数据透视表是 Excel 中快速处理数据，进行数据分析的工具。数据透视表可以根据不同的需求，对数据透视表进行调整，以实现不同的数据分析功能。数据透视表也可以根据不同的原始数据的变化而变化。数据透视表可以实现对数据的筛选、排序、汇总、分类，以及百分比计算等功能，充分体现了 Excel 数据处理的便捷性。

2. 目标

掌握常用的数据分析函数包括统计分析函数、逻辑运算函数、日期函数、匹配查找函数、数据透视表。

3. 准备

软件版本：WPS Excel 3.9.1（6204）。

4. 考点 1：统计分析函数

（1）求和函数

1）SUM 函数。

SUM 函数指的是返回某一单元格区域中数字、逻辑值及数字的文本表达式之和。

格式：

单个数值求和：SUM（number1，number2，...）

区域求和：SUM(A1：A3)

示例：图 4-9 所示为店铺经营销售的商品表，请计算表中一共有多少种商品？首先可以看到商品名称列中的数据为唯一值，题目要求计算一共有多少种商品，是对商品名称计数。此时如果使用 SUM 函数，就需要加入一列辅助列，对插入数值进行求和，结果如图 4-9 所示。

G2 fx =SUM(E2:E10)

	A	B	C	D	E	F	G
1	商品	商品名称	商品类型	单价	辅助列		求和
2	1	可乐	零食	3	1		9
3	2	薯条	零食	5	1		
4	3	火腿肠	零食	17.6	1		
5	4	电动牙刷	小家电	112.6	1		
6	5	毛巾	日用	12	1		
7	6	制冰模具	日用	17	1		
8	7	杯子	日用	9.9	1		
9	8	卫生纸	日用	4.5	1		
10	9	电炒锅	小家电	142	1		

图 4-9 使用 SUM 求和

2）SUMIF 函数。

SUMIF 函数是 Excel 常用函数。SUMIF 函数的用法是根据指定条件对若干单元格、区域或引用求和。其中，range 为区域，criteria 为条件，sum_range 为求和区域。

格式：SUMIF（range，criteria，sum_range）

示例：请计算图 4-5 中不同商品的订单金额总和。已知存储数据的表名为：原始数据，商品 ID 列为 B 列，订单金额为 I 列。其中原始数据！B：B 为区域，A2 为区域对应的条件，原始数据！I：I 为求和列。公式：SUMIF（原始数据！B：B，A2，原始数据！I：I），结果如图 4-10 所示。

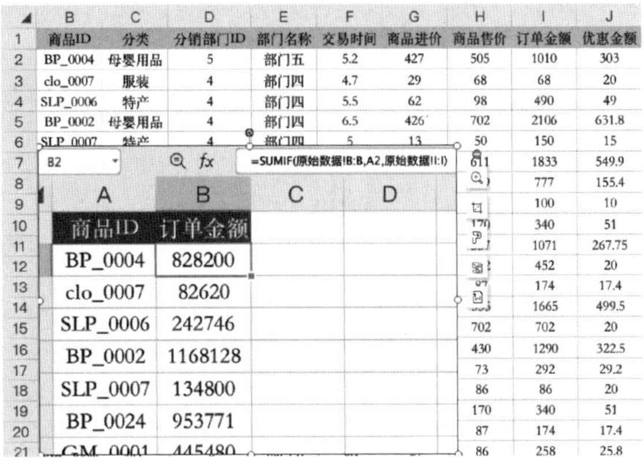

商品ID	订单金额
BP_0004	828200
clo_0007	82620
SLP_0006	242746
BP_0002	1168128
SLP_0007	134800
BP_0024	953771
GM_0001	445480

图 4-10　使用 SUMIF 求和

3）SUMIFS 函数。

SUMIFS 函数为条件求和函数，可以对多条件的单元格进行求和。SUMIFS 函数在工作中十分常用，对不同需求的内容进行处理，并对数据进行求和。sum_range 为求和区域，criteria_range1 为条件区域 1，criteria1 为条件 1，criteria_range2 为条件区域 2，criteria2 为条件 2...。

格式：SUMIFS（sum_range，criteria_range1，criteria1，[criteria_range2，criteria2]，...）

示例：请对图 4-5 进行分析，目前运营需要对不同用户群制订新的推广计划，请根据原始数据，提供不同评级的用户享受的优惠金额总和，为计划提供依据。求有赠品的不同用户的优惠金额，其中赠品列为 M 列，不同用户评级为 O 列，优惠金额为 J 列。对应的求和公式：SUMIFS(原始数据！J：J，原始数据！O：O，E4，原始数据！M：M，"是")，结果如图 4-11 所示。

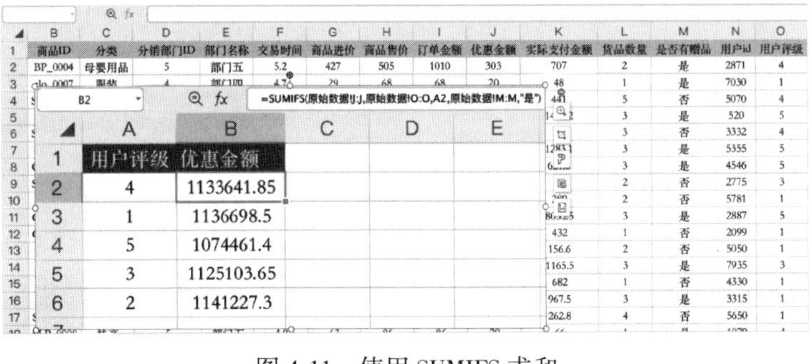

用户评级	优惠金额
4	1133641.85
1	1136698.5
5	1074461.4
3	1125103.65
2	1141227.3

图 4-11　使用 SUMIFS 求和

（2）计数函数

1）COUNT 函数。

COUNT 函数用于 Excel 中对给定数据集合或者单元格区域中数据的个数进行计数，其语法结构为 COUNT（value1，value2，...）。COUNT 函数只能对数字数据进行统计。

格式：

单个数值求和：COUNT(number1,number2, ...)

区域求和：COUNT(A1 : A3)

示例：计算一共有多少种商品，原始数据参见图 4-5 所示的商品信息表。同样商品名称列中的数据为唯一值，求一共有多少种商品，就是对商品名称进行计数。使用 COUNT 函数公式如表所示。已知单价列为 D 列，则对应的计数公式如下。

公式：COUNT(A2 : A10)

计数结果：9

2）COUNTIF 函数。

COUNTIF 函数是 Microsoft Excel 中对指定区域中符合指定条件的单元格计数的一个函数，在 WPS、Excel 2003 和 Excel 2007 等版本中均可使用。

格式：COUNTIF（range，criteria）

其中，range 为区域，criteria 为条件。

示例：请对图 4-5 所示数据进行分析，求出各商品的销量情况。分析问题，求不同商品 ID 的销量，其中商品 ID 为 B 列。对应的计数公式如下，其中原始数据! B : B 表示数据存在原始数据表中的 B 列里，A2 表示在 B 列中找 A2 单元格里文本出现的次数。公式：COUNTIF (原始数据! B : B,A2)，结果如图 4-12 所示。

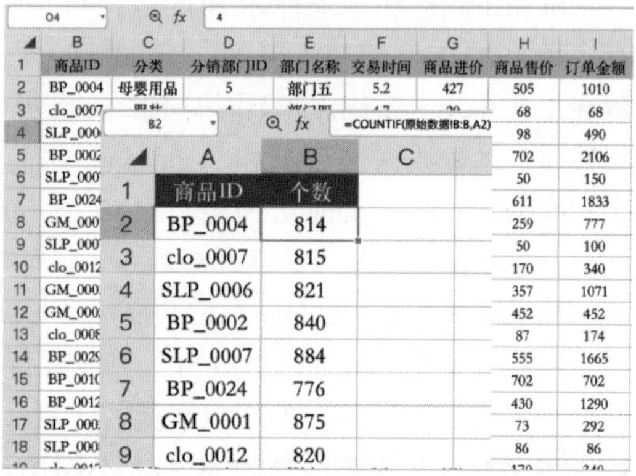
=COUNTIF(原始数据!B:B,A2)
商品ID 个数
BP_0004 814
clo_0007 815
SLP_0006 821
BP_0002 840
SLP_0007 884
BP_0024 776
GM_0001 875
clo_0012 820

图 4-12　使用 COUNTIF 计数

3）COUNTIFS 函数。

COUNTIFS 函数是 Microsoft Excel 软件中的一个统计函数，用来计算多个区域中满足给定条件的单元格的个数，可以同时设定多个条件。

格式：COUNTIFS（criteria_range1，criteria1，criteria_range2，criteria2，…）

其中，criteria_range1 为条件区域 1，criteria1 为条件 1，criteria_range2 为条件区域 2，criteria2 为条件 2。

示例：对图 4-5 所示数据进行分析，求不同分类的销量和。已知分类列为 C 列，商品部门列为 D 列，则部门一对不同分类商品的推销数量计算公式。公式：COUNTIFS (原始数据! D : D,"部门一",原始数据! C : C,A2)，其中 A2 表示结果表中分类列下方母婴用品类的单元格索引，即母婴用品类的存放地址，结果如图 4-13 所示。

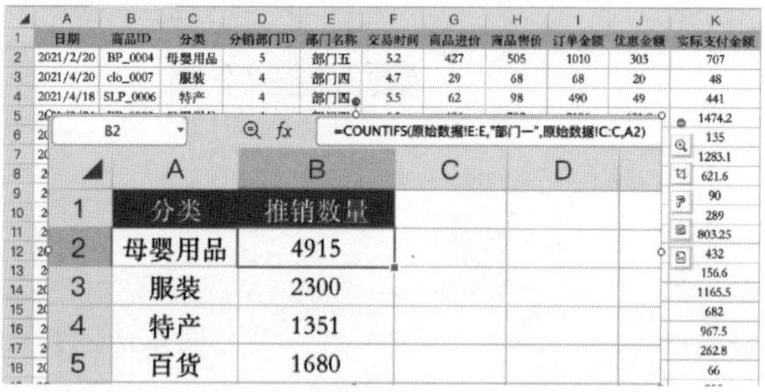
=COUNTIFS(原始数据!E:E,"部门一",原始数据!C:C,A2)
分类 推销数量
母婴用品 4915
服装 2300
特产 1351
百货 1680

图 4-13　使用 COUNTIFS 计数

5. 考点 2：逻辑运算函数

（1）IF 函数

IF 函数一般是指程序设计或 Excel 等软件中的条件函数，根据指定的条件来判断其“真”（TRUE）、“假”（FALSE），再根据逻辑计算的真假值，返回相应的内容。可以使用 IF 函数对数值和公式进行条件检测。

格式：IF（logical_test，value_if_true，value_if_false）

其中，logical_test 为测试条件，value_if_true 为真值，value_if_false 为假值。

示例：对图 4-5 所示数据进行处理，将是否有赠品列转化为数值 0/1，将是转为 1，将否转为 0。

分析问题及文本，可知是否有赠品列只有两个结果，是或者否。对问题的处理可以分解为判断是否有赠品列的值，如果为是则返回 1，如果不为是则返回 0。且已知是否有赠品列为 M 列，第一个数据存储位置为 M2。公式：IF（M2="是"，1，0），结果如图 4-14 所示。

P2　=IF(M2="是",1,0)

	J	K	L	M	N	O	P
1	优惠金额	实际支付金额	货品数量	是否有赠品	用户id	用户评级	IF函数处理后
2	303	707	2	是	2871	4	1
3	20	48	1	是	7030	1	1
4	49	441	5	否	5070	4	0
5	631.8	1474.2	3	是	520	5	1
6	15	135	3	否	3332	4	0
7	549.9	1283.1	3	是	5355	5	1
8	155.4	621.6	3	是	4546	5	1
9	10	90	2	否	2775	3	0
10	51	289	2	否	5781	1	0
11	267.75	803.25	3	是	2887	5	1
12	20	432	1	否	2099	1	0
13	17.4	156.6	2	否	5050	1	0

图 4-14　IF 判断处理结果

（2）AND 函数

AND 函数返回指定参数的逻辑值，所有参数的逻辑值为真时，返回 TRUE；只要有一个参数的逻辑值为假，即返回 FALSE。

格式：AND(logical1,logical2,...)

其中，logical1 为逻辑值 1，logical2 为逻辑值 2。

示例：分析部门为“部门一”与是否有赠品为“是”在同一行同时出现的次数。需要同时满足两个条件，先使用 IF 函数嵌套 AND 函数，判断部门名称下数据是否为“部门一”，是否有赠品列下数据是否为“是”，同时满足则返回 1，只满足一个则返回 0。最后对结果用 SUM 进行求和即可。

公式：IF(AND(E2="部门一",M2="是"),1,0)，结果如图 4-15 所示。

P2　=IF(AND(E2="部门一",M2="是"),1,0)

	E	F	G	H	I	J	K	L	M	N	O	P
1	部门名称	交易时间	商品进价	商品售价	订单金额	优惠金额	实际支付金额	货品数量	是否有赠品	用户id	用户评级	IF(AND)
2	部门五	5.2	427	505	1010	303	707	2	是	2871	4	0
3	部门四	4.7	29	68	68	20	48	1	是	7030	1	0
4	部门四	5.5	62	98	490	49	441	5	否	5070	4	0
5	部门四	6.5	426	702	2106	631.8	1474.2	3	是	520	5	0
6	部门四	5	13	50	150	15	135	3	否	3332	4	0
7	部门五	7.7	488	611	1833	549.9	1283.1	3	是	5355	5	0
8	部门一	4.7	77	259	777	155.4	621.6	3	是	4546	5	1
9	部门二	5.4	13	50	100	10	90	2	否	2775	3	0
10	部门四	5.9	140	170	340	51	289	2	否	5781	1	0
11	部门二	7.4	166	357	1071	267.75	803.25	3	是	2887	5	0
12	部门五	4.9	91	452	452	20	432	1	否	2099	1	0

图 4-15　IF 嵌套 AND

最后对结果进行 SUM，已知处理结果列为 P 列，具体求和公式如下。

公式：SUM(P:P)

计算结果：4685

(3) OR 函数

OR 函数返回指定参数的逻辑值，任何一个参数逻辑值为 TRUE，即返回 TRUE；所有参数的逻辑值为 FALSE，才返回 FALSE。

格式：OR(logical1,logical2,...)

其中，logical1，logical2 为需要进行检验的 1~30 个条件表达式，见表 4-10。

表 4-10　OR 函数参数解释

选　项	参数解释
logical1	逻辑值 1
logical2	逻辑值 2
...	...

示例：请统计用户评级为“2”或者推销部门为“部门三”在同一行出现的次数，原始数据参见图 4-5。已知用户评级为 O 列，部门名称为 E 列，分析可知第一步使用 IF 嵌套 OR 函数，当 O 列为“2”或者 E 列为“部门三”时，返回 1，否则返回 0。公式：IF(OR(E2="部门三",O2=2),1,0)，结果如图 4-16 所示。

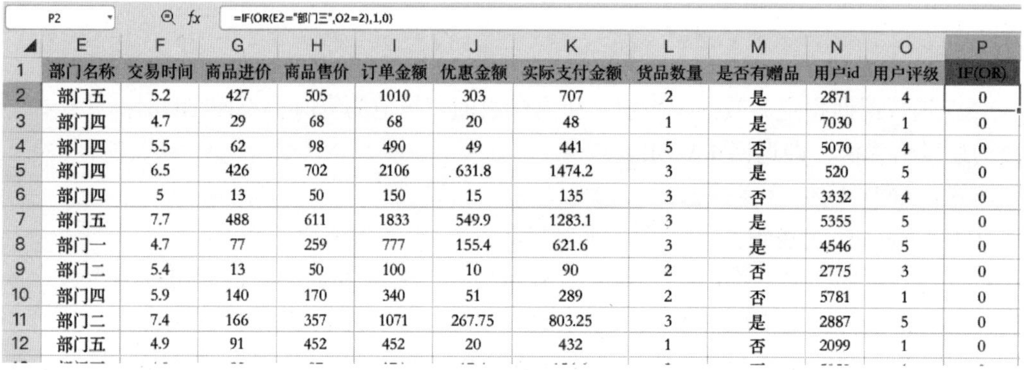

P2　=IF(OR(E2="部门三",O2=2),1,0)

	E	F	G	H	I	J	K	L	M	N	O	P
1	部门名称	交易时间	商品进价	商品售价	订单金额	优惠金额	实际支付金额	货品数量	是否有赠品	用户id	用户评级	IF(OR)
2	部门五	5.2	427	505	1010	303	707	2	是	2871	4	0
3	部门四	4.7	29	68	68	20	48	1	是	7030	1	0
4	部门四	5.5	62	98	490	49	441	5	否	5070	4	0
5	部门四	6.5	426	702	2106	631.8	1474.2	3	是	520	5	0
6	部门四	5	13	50	150	15	135	3	否	3332	4	0
7	部门五	7.7	488	611	1833	549.9	1283.1	3	是	5355	5	0
8	部门一	4.7	77	259	777	155.4	621.6	3	是	4546	5	0
9	部门二	5.4	13	50	100	10	90	2	否	2775	3	0
10	部门四	5.9	140	170	340	51	289	2	否	5781	1	0
11	部门二	7.4	166	357	1071	267.75	803.25	3	是	2887	5	0
12	部门五	4.9	91	452	452	20	432	1	否	2099	1	0

图 4-16　IF 嵌套 OR

最后对结果进行求和（SUM），已知处理结果列为 P 列，计算结果为：18410。

(4) NOT 函数

NOT 函数用于对参数值求反。当要确保一个值不等于某一特定值时，可以使用 NOT 函数。简言之，就是当参数值为 TRUE 时，NOT 函数返回的结果与之相反，结果为 FALSE。例如，NOT(2+2=4)，由于 2+2 的结果为 4，该参数结果为 TRUE，由于是 NOT 函数，因此返回函数结果与之相反，为 FALSE。

格式：NOT(logical)

其中，logical 为一个可以计算出 TRUE 或 FALSE 结论的逻辑值或者逻辑表达式。

NOT 函数参数解释如表 4-11 所示。

表 4-11　NOT 函数参数解释

选　　项	返 回 结 果
NOT（TRUE）	FALSE
NOT（FALSE）	TRUE

示例：请统计用户评级为“1，3，4，5”在同一行出现的次数。原始数据参见图 4-5。已知用户评级为 O 列，部门名称为 E 列，分析可知第一步使用 IF 嵌套 NOT 函数，当 O 列不为 2，返回 1，否则返回 0。公式：IF(NOT(O21=2),1,0)，结果如图 4-17 所示。

P2　=IF(NOT(O21=2),1,0)

	E	F	G	H	I	J	K	L	M	N	O	P
1	部门名称	交易时间	商品进价	商品售价	订单金额	优惠金额	实际支付金额	货品数量	是否有赠品	用户id	用户评级	IF(NOT)
2	部门五	5.2	427	505	1010	303	707	2	是	2871	4	1
3	部门四	4.7	29	68	68	20	48	1	是	7030	1	0
4	部门四	5.5	62	98	490	49	441	5	否	5070	4	1
5	部门四	6.5	426	702	2106	631.8	1474.2	3	是	520	5	1
6	部门四	5	13	50	150	15	135	3	否	3332	4	1
7	部门五	7.7	488	611	1833	549.9	1283.1	3	是	5355	5	1
8	部门一	4.7	77	259	777	155.4	621.6	3	是	4546	5	1
9	部门二	5.4	13	50	100	10	90	2	否	2775	3	1
10	部门四	5.9	140	170	340	51	289	2	否	5781	1	1
11	部门二	7.4	166	357	1071	267.75	803.25	3	是	2887	5	1
12	部门五	4.9	91	452	452	20	432	1	否	2099	1	1

图 4-17　IF 嵌套 NOT

最后对结果进行求和（SUM），已知处理结果列为 P 列，计算结果为：40559。

6. 考点 3：日期函数

（1）YEAR 函数

将参数转换为年，例如，将 2021/12/1 作为参数，使用 YEAR 函数，最后的返回结果为 2021。

格式：YEAR(serial_number)

其中，Serial_number 为一个日期值，包含要查找的年份。日期有多种输入方式：带引号的文本串（例如"1998/01/30"）、系列数（例如，如果使用 1900 日期系统，则 35825 表示 1998 年 1 月 30 日）、其他公式或函数的结果（例如，DATEVALUE("1998/1/30")）。

示例：对原始数据的日期数据进行处理，得到日期数据的年。原始数据参见图 4-5。已知日期列为 A 列，将对应结果处理至 D 列，并使用 YEAR 函数对数据进行处理。公式：YEAR(A2)，结果如图 4-18 所示。

P2　=YEAR(A2)

	A	B	C	D	E	L	M	N	O	P
1	日期	商品ID	分类	分销部门ID	部门名称	货品数量	是否有赠品	用户id	用户评级	YEAR
2	2021/2/20	BP_0004	母婴用品	5	部门五	2	是	2871	4	2021
3	2021/4/20	clo_0007	服装	4	部门四	1	是	7030	1	2021
4	2021/4/18	SLP_0006	特产	4	部门四	5	否	5070	4	2021
5	2021/2/24	BP_0002	母婴用品	4	部门四	3	是	520	5	2021
6	2021/4/16	SLP_0007	特产	4	部门四	3	否	3332	4	2021
7	2021/4/12	BP_0024	母婴用品	5	部门五	3	是	5355	5	2021
8	2021/3/9	GM_0001	百货	1	部门一	3	是	4546	5	2021
9	2021/5/7	SLP_0007	特产	2	部门二	2	否	2775	3	2021
10	2021/5/2	clo_0012	服装	4	部门四	2	否	5781	1	2021
11	2021/5/9	GM_0003	百货	2	部门二	3	是	2887	5	2021

图 4-18　YEAR 函数

（2）MONTH 函数

将参数转换为月，例如将 2021/12/1 作为参数，使用 MONTH 函数，最后的返回结果为 12。

格式：MONTH（serial_number）

参数 Serial_number 为一个日期值，其中包含要查找的月份。日期有多种输入方式：带引号的文本串（例如 "1998/01/30"）、系列数（例如，如果使用 1900 日期系统，则 35825 表示 1998 年 1 月 30 日）。

示例：对原始数据的日期数据进行处理，得到日期数据的月。原始数据参见图 4-5。已知日期列为 A 列，将对应结果处理至 P 列，并使用 MONTH 函数对数据进行处理。公式：MONTH（A2），结果如图 4-19 所示。

P2 =MONTH(A2)

	A	B	C	D	E	L	M	N	O	P
1	日期	商品ID	分类	分销部门ID	部门名称	货品数量	是否有赠品	用户id	用户评级	MONTH
2	2021/2/20	BP_0004	母婴用品	5	部门五	2	是	2871	4	2
3	2021/4/20	clo_0007	服装	4	部门四	1	是	7030	1	4
4	2021/4/18	SLP_0006	特产	4	部门四	5	否	5070	4	4
5	2021/2/24	BP_0002	母婴用品	4	部门四	3	是	520	5	2
6	2021/4/16	SLP_0007	特产	4	部门四	3	否	3332	4	4
7	2021/4/12	BP_0024	母婴用品	5	部门五	3	是	5355	5	4
8	2021/3/9	GM_0001	百货	1	部门一	3	是	4546	5	3
9	2021/5/7	SLP_0007	特产	2	部门二	2	否	2775	3	5
10	2021/5/2	clo_0012	服装	4	部门四	2	否	5781	1	5
11	2021/5/9	GM_0003	百货	2	部门二	3	是	2887	5	5

图 4-19　MONTH 函数

（3）DAY 函数

将参数转换为日，例如，将 2021/12/1 作为参数，使用 DAY 函数，最后的返回结果为 1。

格式：DAY(serial_number)

其中，serial_number 为一个日期值，包含要查找的日期。日期有多种输入方式：带引号的文本串（例如 "1998/01/30"）、系列数（例如，如果使用 1900 日期系统，则 35825 表示 1998 年 1 月 30 日）。

示例：对原始数据的日期数据进行处理，得到日期数据的日。原始数据参见图 4-5。已知日期列为 A 列，将对应结果处理至 P 列，并使用 DAY 函数对数据进行处理。公式：DAY(A2)，结果如图 4-20 所示。

P2 =DAY(A2)

	A	B	C	D	E	L	M	N	O	P
1	日期	商品ID	分类	分销部门ID	部门名称	货品数量	是否有赠品	用户id	用户评级	DAY
2	2021/2/20	BP_0004	母婴用品	5	部门五	2	是	2871	4	20
3	2021/4/20	clo_0007	服装	4	部门四	1	是	7030	1	20
4	2021/4/18	SLP_0006	特产	4	部门四	5	否	5070	4	18
5	2021/2/24	BP_0002	母婴用品	4	部门四	3	是	520	5	24
6	2021/4/16	SLP_0007	特产	4	部门四	3	否	3332	4	16
7	2021/4/12	BP_0024	母婴用品	5	部门五	3	是	5355	5	12
8	2021/3/9	GM_0001	百货	1	部门一	3	是	4546	5	9
9	2021/5/7	SLP_0007	特产	2	部门二	2	否	2775	3	7
10	2021/5/2	clo_0012	服装	4	部门四	2	否	5781	1	2
11	2021/5/9	GM_0003	百货	2	部门二	3	是	2887	5	9

图 4-20　DAY 函数

7. 考点 4：匹配查找函数

（1）VLOOKUP 函数

VLOOKUP 函数是 Excel 中的一个纵向查找函数，与 LOOKUP 函数和 HLOOKUP 函数属于一类函数，广泛应用于工作中。

格式：VLOOKUP(lookup_value,table_array,col_index_num,[range_lookup])

其中，[range_lookup] 为可选参数，当 [range_lookup] 为空时，[range_lookup] 默认选 1。

VLOOKUP 函数参数解释如表 4-12 所示。

表 4-12　VLOOKUP 函数参数解释

选　　项	参 数 解 释
lookup_value	查找值
table_array	数据区域
col_index_num	返回数据在查找区域中第几列
[range_lookup]	近似匹配（1/TRUE）/精确匹配（0/FALSE）

1）精确匹配。

参数 [range_lookup] 选择精确匹配时，会在数据区域 table_array 里找到完整的 lookup_value 的值，才会返回结果，否则会报对应的错误。

示例：对原始数据进行处理，将部门一，部门二，…，部门五处理为数值 1，2，…，5。使用 VLOOKUP 进行处理时，需要先建一个对应的查询表，将部门一，…，部门五与 1，…，5 进行对应，对应如图 4-21 所示。

已知部门名称为 E 列，表中数据在 R1：S6，使用 VLOOKUP 函数，将数值与文本进行对应。公式：VLOOKUP(E2, $R $1： $S $6,2,FALSE)。处理结果如图 4-21 所示。

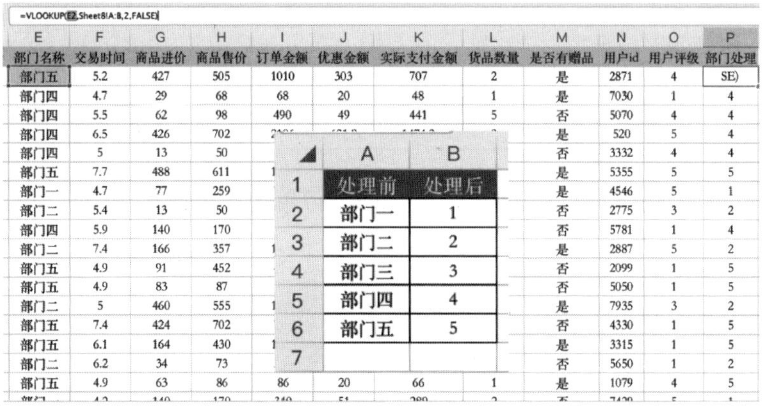

图 4-21　精确匹配

2）模糊匹配。

参数 [range_lookup] 选择模糊匹配时，会在数据区域 table_array 里找到近似的 lookup_value 的值，并返回结果。

示例：对原始数据进行处理，对订单金额进行分类，按照［0，200），［200，500），［500，1000），1000以上，对应分为A，B，C，D四个等级。原始数据参见图4-5。使用VLOOKUP进行处理时，需要先建一个对应的查询表，将［0，200），［200，500），［500，1000），1000以上进行对应。

已知订单金额为I列，数据区域及对照等级存在sheet9中，使用VLOOKUP函数处理公式，结果如图4-22所示。

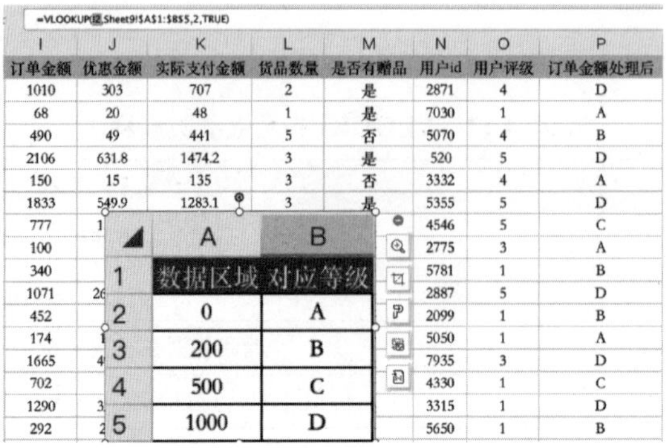

图4-22　模糊匹配

（2）MATCH函数

MATCH函数返回指定数值在指定数组区域中的位置。MATCH函数是Excel主要的查找函数之一。

格式：MATCH(lookup_value，lookup_array，[match_type])

MATCH函数参数解释如表4-13所示。

表4-13　MATCH函数参数解释

选　项	参数解释
lookup_value	查找值
lookup_array	查找区域
[match_type]	匹配类型（1，0，-1）

示例：求订单金额在原始数据中的位置，即求订单金额在原始数据表中的第几行，第几列。原始数据参见图4-5。

1）列。

公式：MATCH("部门名称"，A1：P1，0)

处理结果：5

2）行。

公式：MATCH("部门名称"，E：E，0)

处理结果：1

（3）INDEX函数

INDEX函数是返回表或区域中的值或值的引用。函数INDEX()有两种形式：数组形式和引用形式。数组形式通常返回数值或数值数组；引用形式通常返回引用。

格式：INDEX(array, row_num, [column_num])

INDEX 函数参数解释如表 4-14 所示。

表 4-14　INDEX 函数参数解释

选　项	参数解释
array	数组
row_num	行序数
[column_num]	[列序数]

INDEX 函数是返回表或区域中的值或值的引用。函数 INDEX( )有两种形式：数组形式和引用形式。数组形式通常返回数值或数值数组。

示例：求原始数据表中第一行第五列的数据。原始数据参见图 4-5。具体公式如下。

公式：INDEX(A1:P50922,1,5)

处理结果：部门名称

8. 考点 5：数据透视表

(1) 数据透视表创建

1) 创建数据透视表。

在 Excel 的“插入”或者“数据”标签页下单击“数据透视表”按钮，在弹出的弹窗中包含“请选择单元格区域”,“使用多重合并计算区域”以及“选择放置数据透视表的位置”。首先将数据放进“请选择单元格区域”中，单击按钮，在弹出的对话框中选择数据区域原始数据表的 A1～O50922。单击“确定”后，数据透视表创建完成，创建好后 Excel 出现一个对应分析标签页，如图 4-23 所示。

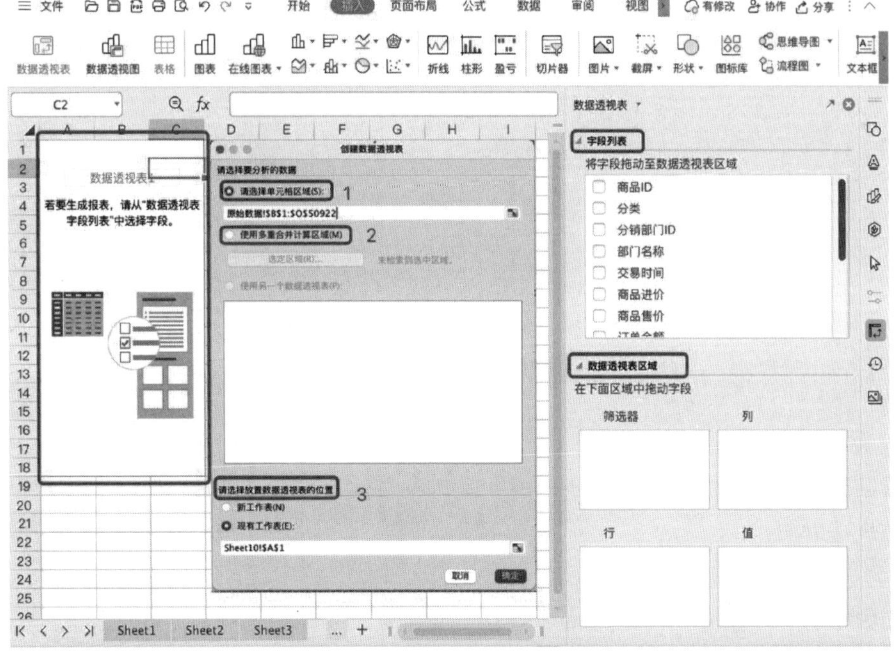

图 4-23　数据透视表基础界面

2）数据透视表基础。

数据透视表区域中，主要包含三个部分，页面展示部分，即图 4-23 中左侧出现的数据透视表；字段列表部分，即图 4-23 右上方区域显示的内容，其中名称为原始数据的列标题；数据透视表区域部分，即图 4-23 右下方区域显示的内容，这里是数据透视表最主要的地方，数据透视表的创建，变化都由该区域控制。

① 字段列表。

字段列表里出现的名称，与数据选取区域第一行的文本一致，提供拖拽功能。

② 数据透视表区域。

- 筛选器：将字段拖入筛选器中，可以对生成的表实现数据筛选的功能。
- 行：将字段拖入行区域内，行内存储的值会以唯一值的形式进行显示。
- 列：将字段拖入列区域内，列内存储的值会以唯一值的形式进行显示。
- 值：将字段拖入值区域内，进行值显示。

示例：求全部数据（数据参见图 4-5），不同分类的实际支付金额。将分类拖入行中，将支付金额拖入值中，值显示状态选择求和，处理结果如图 4-24 所示。

图 4-24　不同分类金额汇总

（2）数据透视表分组

对数据透视表进行分组，分为两种，一种是手动分组，另一种是自动分组。

1）手动分组。

同样使用上述示例文件，将原始数据的数据作为数据透视表，将用户评级拖入行中，将商品进价拖入值中。结果如图 4-25 所示。

用户评级	求和项:商品进价
1	1556853
2	1551153
3	1548407
4	1534540
5	1501521
总计	7692474

图 4-25　手动分组基础表

对用户评级进行处理，将 1，2 级分为一组，将 3，4，5 分为一组，此时在用户评级上按〈Ctrl〉键，同时选中 1，2。单击右键，在弹出的下拉菜单中选择“组合”命令，结果如图 4-26a 所示，其中，左边为是单击步骤，右边是显示结果。将 3，4，5 进行组合的步骤与 1，2 一致，结果如图 4-26b 所示。

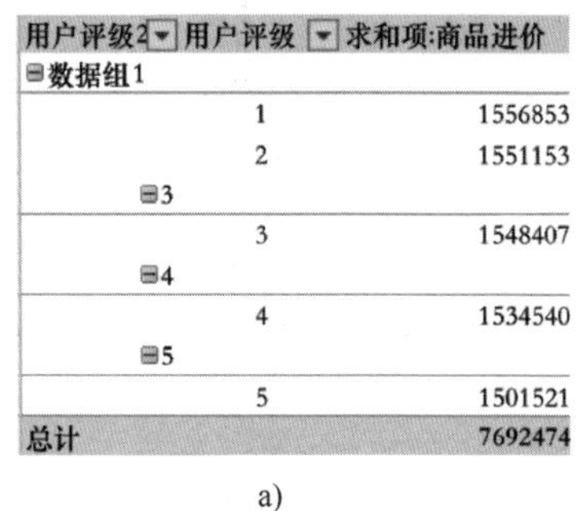

用户评级2	用户评级	求和项:商品进价
⊟数据组1		
	1	1556853
	2	1551153
⊟3		
	3	1548407
⊟4		
	4	1534540
⊟5		
	5	1501521
总计		7692474

a)

用户评级2	用户评级	求和项:商品进价
⊟数据组1		
	1	1556853
	2	1551153
⊟数据组2		
	3	1548407
	4	1534540
	5	1501521
总计		7692474

b)

图 4-26　手动分组处理结果

a）手动分组 1　b）手动分组 2

2）自动分组。

使用同样数据文件，将原始数据作为数据透视表，将日期拖入行中，将商品进价拖入值中，结果如图 4-27 所示。

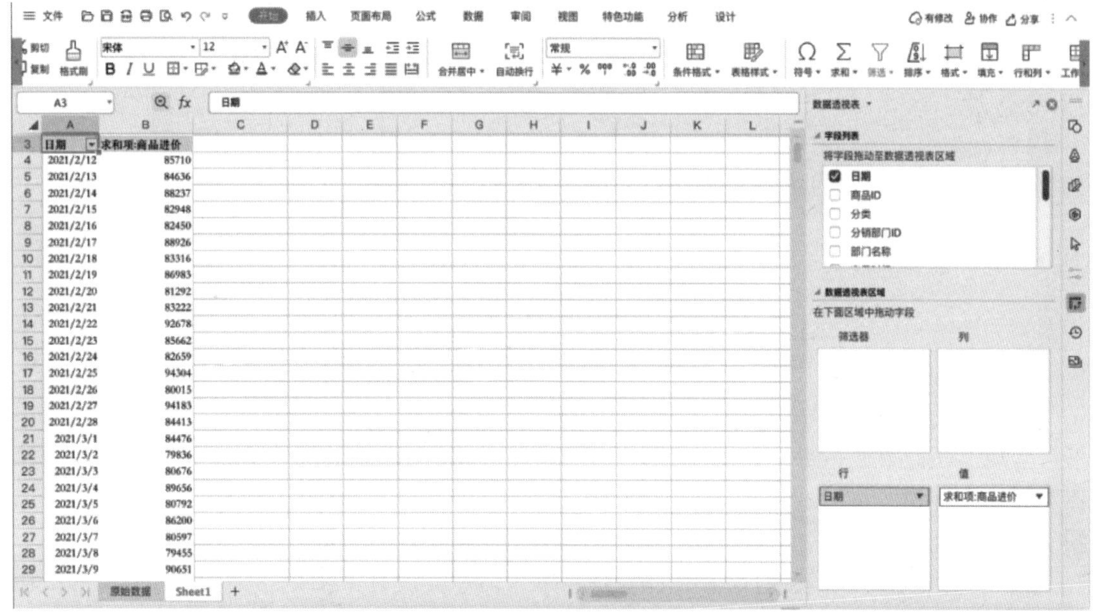

图 4-27　自动分组基础表

对日期进行处理，在日期上单击右键，选择“组合”命令，在弹出的选项卡中选择“月”，并单击“确定”按钮，具体步骤及处理结果如图 4-28 所示。

（3）数据透视表计算字段

计算字段可以拓展数据透视表的数据处理范围，对已经生成的数据进行处理。在 Excel

的“分析”标签页下，单击“字段、项目”，选择“计算字段”如图 4-29a 所示。在弹出的页面，“名称”输入“利润”，“公式”“=商品售价-商品进价”，“字段”列表提供了对字段的选择功能如图 4-29b 所示。单击“确定”按钮，结果图 4-29c 所示。

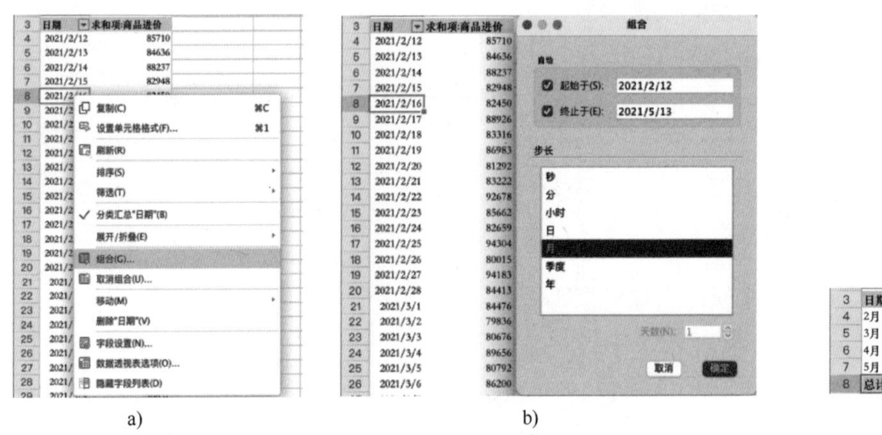

a)　　　　b)　　　　c)

图 4-28　自动分组基础表及处理结果

a）自动组合位置　b）自动组合设置　c）自动组合设置结果

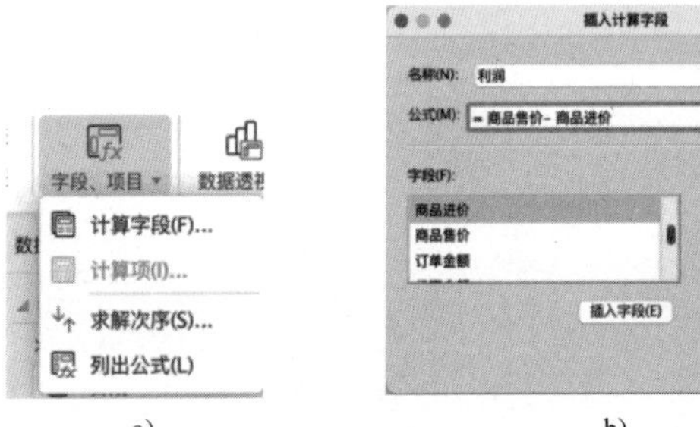

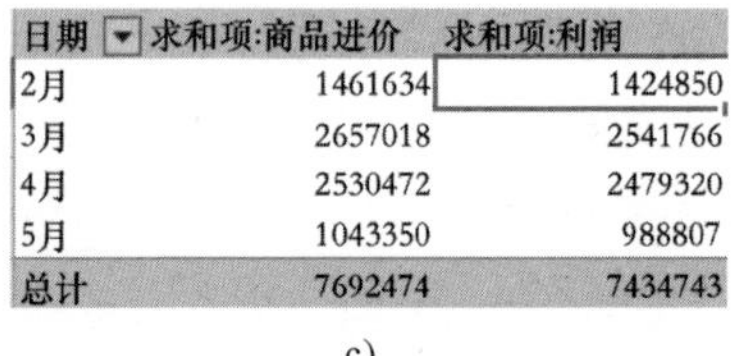

日期	求和项:商品进价	求和项:利润
2月	1461634	1424850
3月	2657018	2541766
4月	2530472	2479320
5月	1043350	988807
总计	7692474	7434743

a)　　　　b)　　　　c)

图 4-29　计算字段步骤

a）计算字段位置　b）计算字段公式　c）得出字段结果

（4）数据透视表切片器

数据透视表中的切片器类似于制作报表时的下拉列表，实现一个页面，在不同的选项下，呈现不同的数据结果。在图 4-29c 的基础上，单击“分析”标签页，单击“插入切片器”按钮，弹出的页面选择“部门名称”，如图 4-30a 所示；单击“确定”按钮，结果如图 4-30b 所示。

1）取消显示页眉。在切片器上右击，选择“切片器设置”命令，如图 4-31a 所示；在弹出的“切片器设置”对话框中取消选中“页眉”复选框，单击确定，如图 4-31b 所示。

处理结果如图 4-32 所示。

2）横行显示。可以发现如何拖拽切片器的大小，切片器中的部门一至部门五的排布顺序都是从上往下竖着排列。要想更改显示，则需要右键选择“大小和属性”选项，如图 4-33a 所示；在右侧弹出的列表中，单击“位置和布局”选项组，将列数从 1 修改为 5，如图 4-33b 所示。

a)

日期	求和项:商品进价	求和项:利润
2月	1461634	1424850
3月	2657018	2541766
4月	2530472	2479320
5月	1043350	988807
总计	7692474	7434743

b)

图 4-30　数据透视创建

a）切片器设置　b）切片器设置结果

a)

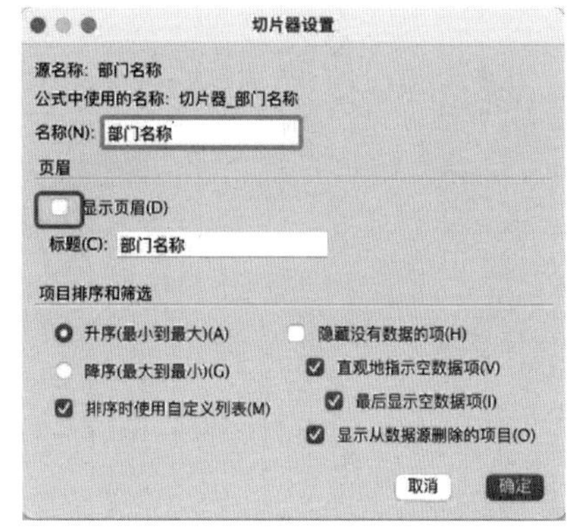

b)

图 4-31　数据透视取消显示页眉步骤

a）取消显示页眉设置位置　b）取消选中“页眉”复选框

日期	求和项:商品进价	求和项:利润
2月	1461634	1424850
3月	2657018	2541766
4月	2530472	2479320
5月	1043350	988807
总计	7692474	7434743

图 4-32　数据透视取消显示页眉结果

a)

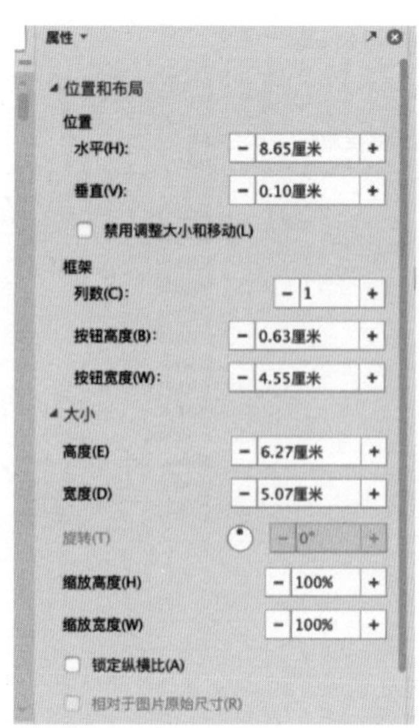

b)

图 4-33　数据透视横向显示设置步骤

a）“大小和属性”设置　b）列数修改

修改后，扩展切片器宽度，显示结果如图 4-34 所示。

部门二 | 部门三 | 部门四 | 部门五 | 部门一

日期	求和项:商品进价	求和项:利润
2月	1461634	1424850
3月	2657018	2541766
4月	2530472	2479320
5月	1043350	988807
总计	7692474	7434743

图 4-34　数据透视横向显示结果

4.2　网络信息获取技术

4.2.1　HTTP 基本原理

1. 概述

HTTP（超文本传输协议）是互联网上应用最为广泛的一种网络协议。HTTP 定义 Web 客户端如何从 Web 服务器请求 Web 页面，以及服务器如何把 Web 页面传送给客户端。HTTP 协议采用了请求/响应模型。HTTPS（超文本传输安全协议）是以安全为目标的 HTTP 通道；简单讲就是 HTTP 的安全版，即 HTTP 下加入 SSL 层。

网络信息获取技术是对网页进行解析，所以了解网页的组成是学习网络信息获取的第一步。

2. 目标

了解网站网络协议。

3. 准备

软件：任意浏览器。

4. 考点：了解 HTTPS 网络协议

打开 PC 的浏览器输入任意网址并跳转，观察浏览器中的网址信息，以百度（www.baidu.com）为例，跳转之后会自动为其加上网络协议，结果如图 4-35a 所示。

接下来，对 HTTPS 网络协议进行查看，通过单击“锁”按钮查看 HTTPS 网络协议，结果如图 4-35b 所示。

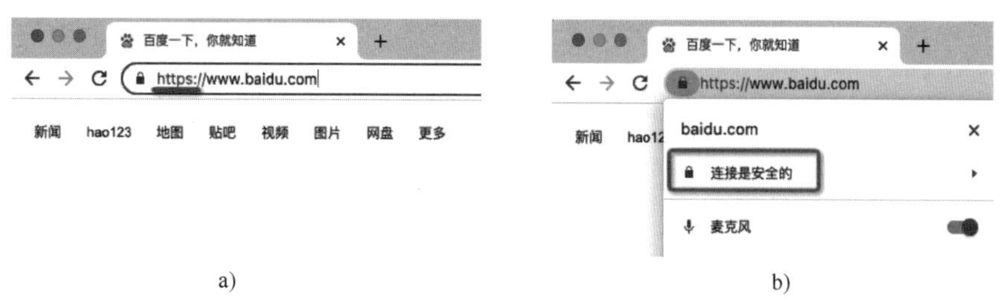

a)　　b)

图 4-35　网络协议

a）百度附加网络协议　b）HTTPS 网络协议

网址左侧的“锁”表示其 HTTPS 网络协议连接是安全、合法的，图标呈灰色表示网址使用的是标准证书。HTTP 与 HTTPS 的差异简单来说 HTTPS 就是 HTTP 的安全版，即 HTTP 下加入 SSL 层（锁）。

4.2.2　网页组成

1. 概述

网页通常是由文字、图片、音频、视频以及超链接组成。网页的组成结构就是使用结构化的方法对网页中用到的信息进行整理和分类，使文字、图片、音频、视频以及超链接的排列和位置更具有条理性和逻辑性。

一个完整的网页大致可以分为三部分：HTML、CSS 和 JavaScript。

- HTML（Hypertext Markup Language）是用来描述网页的一种语言，如用 img 标签表示图片、用 video 标签表示视频、用 p 标签表示段落，这些标签之间的布局常由布局标签 div 嵌套组合而成，各种标签通过不同的排列和嵌套形成最终的网页框架。
- CSS 是一种用来表现 HTML 或 XML 等文件样式的计算机语言，它主要用来设计网页的样式和美化网页。它不仅可以静态地修饰网页，还可配合各种脚本语言动态地对网页各元素进行格式化，且 CSS 有助于实现负责任的 Web 设计。
- JavaScript 通常以单独的文件形式加载（扩展名为 js），在 HTML 中通过 script 标签嵌入在 HTML 代码中，由客户端浏览器运行的脚本语言。

2. 目标

制作一个简单网页。

3. 准备

操作软件：Windows 自带的记事本。

4. 考点 1：使用 HTML 语言编写网页

新建文件 demo1.html，要求网页标题为“html 语言”，网页内容为“HTML 结构”。具体的参考代码如下。

```
<! DOCTYPE html>
<html lang="en">
<head>
<meta charset="UTF-8">
<title>html 语言</title>
</head>
<body>
    HTML 结构
</body>
</html>
```

保存文件并使用浏览器进行查看，结果如图 4-36 所示。

图 4-36　基础网页展示

语法解析：

- <! DOCTYPE >标签：所有浏览器都支持<! DOCTYPE>声明。<! DOCTYPE>声明必须是 HTML 文档的第一行，位于<html>标签之前，它的目的是要告诉标准通用标记语言解析器，它应该使用什么样的文档类型定义来解析文档。
- 文档开始标签<html>：在任何一个 HTML 文件里，最先出现的 HTML 标签都是<html>，它用于表示该文件是以超文本语言（HTML）编写的。
- 文档头部标签<head>：文件头部分用来规定该文件的标题（出现在 Web 浏览器窗口的标题栏中）和文件的一些属性。
- 文档主体标签<body>：文件主体部分就是在 Web 浏览器窗口的用户区内看到的内容。

5. 考点 2：CSS 层叠样式表

新建文件 demo2.html，加入 CSS 层叠样式表，具体的参考代码如下。

```
<! DOCTYPE html>
<html lang="en">
<head>
<meta charset="UTF-8">
<meta name="viewport" content="width=device-width, initial-scale=1.0">
<meta http-equiv="X-UA-Compatible" content="ie=edge">
<title>CSS 层叠样式表</title>
<style>
        h1{text-align: center;font-size: 28px;}
.from{color: #ccc; text-align: right; line-height: 48px;}
.from span{color: red;}
        .pic{text-align: center;}
.cont{line-height: 28px;text-indent: 2em;}
</style>
```

```
</head>
<body>
<h1>文本居中,字体大小为 28 像素</h1>
<p class="from">文本为灰色(#ccc),文本居右,行高为 48 像素<span>span 标签嵌套颜色为红色</span></p>
<p class="pic"><imgsrc="images/1.png" alt=""></p>
<p class="cont">段落标签实现,并设置行高为 28 像素,且文本有 2 个字符的缩进</p>
</body>
</html>
```

保存文件并使用浏览器进行查看，结果如图 4-37 所示。

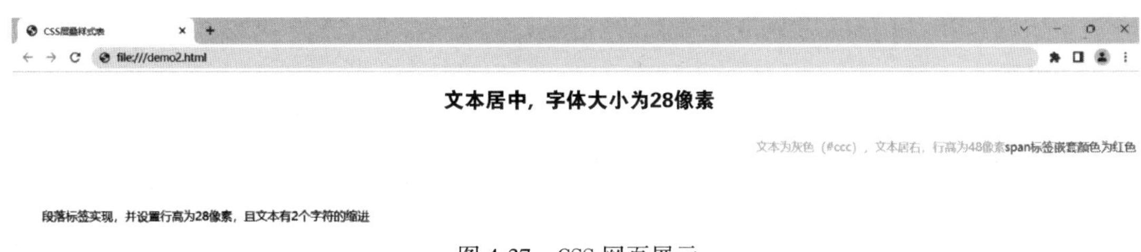

图 4-37　CSS 网页展示

语法解析：

- ID 选择器是通过 HTML 页面中的 ID 属性来选择增添样式，与类选择器的基本相同，但需要注意的是由于 HTML 页面中不能包含两个相同的 ID 标签，因此定义的 ID 选择器也就只能被使用一次。ID 选择器前面有一个“#”号，也称为棋盘号或井号。
- 类选择器的名称由用户自己定义，并以“.”号开头，定义的属性与属性值也要遵循 CSS 规范。要应用类别选择器的 HTML 标签，只需使用 class 属性来声明即可。

注意：ID 选择器引用 ID 属性的值，而类选择器引用的是 class 属性的值。

6. 考点 3：JavaScript 动态脚本语言

根据 JavaScript 基本语法，可以使用 3 种方式在页面中引用 JS，并弹出对应的提示语。3 种方式分别为使用 script 标签、使用外部 JS 文件、在 HTML 标签中写入。此处选择最为直观的在 HTML 标签中写入的方式。具体的参考代码如下。

```
<! DOCTYPE html>
<html lang="en">
<head>
<meta charset="UTF-8">
<meta name="viewport" content="width=device-width, initial-scale=1.0">
<meta http-equiv="X-UA-Compatible" content="ie=edge">
<title>在 HTML 标签中写入 JS</title>
</head>
<body>
<input type="submit" value="单击此处" onclick="alert('JS 部分!')">
</body>
</html>
```

保存文件并使用浏览器进行查看，单击“单击此处”按钮，结果如图 4-38 所示。

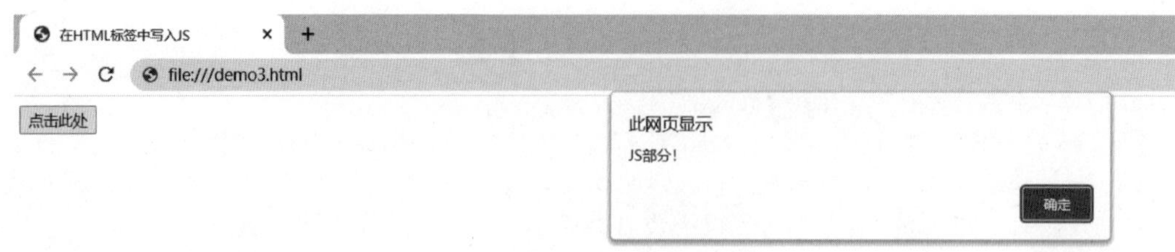

图 4-38　JS 网页展示

4.2.3　网络请求

1. 概述

在数据获取过程中，客户端通过 TCP/IP 建立到服务器的 TCP 连接后，需要通过客户端向服务器发送 HTTP 请求包，请求服务器里的资源文档。requests 是一个很实用的 Python HTTP 客户端库，编写数据获取代码和测试服务器响应时经常会用到。requests 主要用途是发送 HTTP 请求，根据对方服务器的要求不同，可以使用 GET、POST 等方式进行请求，并且可以对请求头进行伪装、使用代理访问等。

2. 目标

对网页进行网络请求。

3. 准备

软件版本：Python 3.X。

请求对象：某商城网页。

4. 考点：使用 get 方法对页面进行请求

利用 requests 库中的 get 方法，对商品页面进行状态码及网页源代码请求。参考代码如下。

```
import requests #导入 requests 库
url = "http://123.56.246.143/index.php?s=/index/goods/index/id/1.html" #所需要爬取的网页 URL
res=requests.get(url) #使用 requests 库中 get 方法对 URL 进行请求
print(res.status_code) #打印出请求的状态码
print(res.text) #打印出网页源码
```

运行以上代码，打印出网页状态码及网页内容，结果如图 4-39 所示。

```
200
<!DOCTYPE html>
<html>
<head>
        <meta charset="utf-8" />
        <title>MIUI/小米 小米手机4 小米4代 MI4智能4G手机包邮 黑色 D-LTE（4G）/TD-SCD</title>
        <meta name="keywords" content="商城系统,开源电商系统,免费电商系统,PHP电商系统,商城系统,B2C电商系统,B2B2C电商系统" />
        <meta name="description" content="ShopXO是国内领先的商城系统提供商，为企业提供php商城系统、微信商城、小程序。" />
        <meta name="generator" content="http://101.200.88.176/" />
        <meta name="application-name" content="MIUI/小米 小米手机4 小米4代 MI4智能4G手机包邮 黑色 D-LTE（4G）/TD-SCD" />
        <meta name="msapplication-tooltip" content="MIUI/小米 小米手机4 小米4代 MI4智能4G手机包邮 黑色 D-LTE（4G）/TD-SCD" />
        <meta name="msapplication-starturl" content="http://101.200.88.176/" />
        <link rel="shortcut icon" type="image/x-icon" href="http://101.200.88.176/public/favicon.ico" />
        <meta name="viewport" content="width=device-width, initial-scale=1.0, minimum-scale=1, maximum-scale=1">
```

图 4-39　网页请求展示

语法解析：

- get 方法：最常见的请求类型，常用于向服务器查询某种信息，并返回响应的内容。
- 2xx（成功）：表示成功处理了请求的状态代码。

4.2.4　正则表达式

1. 概述

正则表达式，又称为规则表达式，是一个特殊的符号系列。它能帮助开发人员检查一个字符串是否包含某种子串、将匹配的子串替换或者从某个字符串中取出符合某个条件的子串等。

2. 目标

通过正则表达式对网站中商品信息进行获取。

3. 准备

软件版本：Python 3.X。

爬取对象：某商城网页。

4. 考点：利用正则方法获取数据

根据商品网页规律，使用 for 循环对前 10 个商品页面进行请求。定义所要获取字段的空列表，并且导入 re 库，使用 findall( ) 函数获取符合规则的字符串。具体的参考代码如下。

```
import requests #导入 requests 库
import re #导入 re 库
name=[] #为商品名定义空列表
price=[] #为价格定义空列表
sales=[] #为销量定义空列表
views=[] #为浏览量定义空列表
comment=[] #为评论数定义空列表
for i in range(1,11): #for 循环,从 1 循环到 10
url = "http://123.56.246.143/index.php?s=/index/goods/index/id/"+ str(i) +'.html' #网页 URL
    res=requests.get(url) #使用 requests 库中 get 方法对 URL 进行请求
    a=res.text #网页源码
name.append(str(re.findall('<h1 class="detail-title am-margin-bottom-xs">(.*?)</h1>',a,re.S)).strip("['\\n <!--商品页面基础信息标题里面钩子 -->\\n']"))
price.append(str(re.findall('<b class="goods-price" data-original-price="(.*?)">',a,re.S)).strip("[""]"))
sales.append(str(re.findall('<span class="tm-label">累计销量</span><span class="tm-count">(.*?)</span>',a,re.S)).strip("[""]"))
views.append(str(re.findall('<span class="tm-label">浏览次数</span><span class="tm-count">(.*?)</span>',a,re.S)).strip("[""]"))
comment.append(str(re.findall('<span class="tm-label">累计评论</span><span class="tm-count">(.*?)</span>',a,re.S)).strip("[""]")) #使用 append 函数将爬取到的数据添加在列表末尾
```

运行以上代码，利用正则表达式对前 10 个商品页面数据进行获取，将获取到的数据以二维数组展示，结果如图 4-40 所示。

语法解析：

	商品名	价格	销量	浏览	评论
0	MIUI/小米 小米手机4 小米4代 MI4智能4G手机包邮 黑色 D-LTE（4G）/TD...	2100.00	10	186	0
1	苹果（Apple）iPhone 6 Plus (A1524)移动联通电信4G手机 金色 16G	4500.00-6800.00	35	1407	1
2	Samsung/三星 SM-G8508S GALAXY Alpha四核智能手机 新品 闪耀白	3888.00	4	235	0
3	Huawei/华为 H60-L01 荣耀6 移动4G版智能手机 安卓	1999.00	4	237	0
4	Meizu/魅族 MX4 Pro移动版 八核大屏智能手机 黑色 16G	2499.00	10	521	0
5	vivo X5MAX L 移动4G 八核超薄大屏5.5吋双卡手机vivoX5max	2998.90	1	365	0
6	纽芝兰包包女士2018新款潮百搭韩版时尚单肩斜挎包少女小挎包链条	168.00	7	440	0
7	MARNI Trunk 女士 中号拼色十字纹小牛皮 斜挎风琴包	356.00	1	332	0
8	睡衣女长袖春秋季纯棉韩版女士大码薄款春夏季全棉家居服两件套装	120.00-158.00	18	408	0
9	夏装女装古力娜扎明星同款一字领露肩蓝色蕾丝修身显瘦连衣裙礼服	228.00	7	456	0

图 4-40　正则表达式获取到的数据

re 模块中的 findall( ) 函数用于在整个字符串中，搜索所有符合正则表达式的字符串，并以列表的形式返回。在网络信息中需要获取的数据较为复杂，所以就要用到（. * ?），“( )”表示括号的内容作为返回结果，“. * ?”是非贪婪算法，匹配任意字符。

- “.”字符为匹配任意单个字符。但是其中不包括换行符。
- “ * ”数量词，匹配前一个字符 0 或者无限次。
- “?”数量词，匹配前一个字符 0 或者 1 次。
- re.S 使匹配包括换行在内的所有字符。

4.2.5　XPath 解析

1. 概述

XPath 是 XML 路径语言，全名为“XML Path Language”，是一门可以在 XML 文件中查找信息的语言。该语言不仅可以实现 XML 文件的搜索，还可以在 HTML 文件中进行搜索。所以在数据获取中可以使用 XPath 在 HTML 文件或代码中进行可用信息的获取。

XPath 的功能非常强大，不仅提供了简洁明了的路径表达式，还提供了 100 多个函数，可用于字符串、数值、时间比较、序列处理、逻辑值等。

2. 目标

通过 XPath 方法对网站中商品信息进行获取。

3. 准备

软件版本：Python 3.X。

爬取对象：某商城网页。

4. 考点：利用 XPath 方法获取数据

使用 for 循环对 21～30 页的商品页面进行请求。从 lxml 中导入 etree 库，使用 XPath 对请求的商品信息页面进行解析，获取主要的商品名称、价格等信息。具体的参考代码如下。

```
import requests #导入 requests 库
from lxml import etree #从 lxml 库中引入 etree 模块
name=[]
price=[]
sales=[]
```

```
    views=[]
    stock=[] #定义所需获取数据的空列表
    for i in range(21,31): #for 循环,从 21 循环到 30
    url = "http://123.56.246.143/index.php?s=/index/goods/index/id/"+ str(i) +'.html'
        res=requests.get(url)
        a=res.text
        html = etree.HTML(a) #使用 etree.HTML 解析网页
    name.append(html.xpath('/html/body/div[4]/div[2]/div[2]/div[1]/h1/text()')[0].lstrip
().rstrip())
    price.append(html.xpath('//b[@class="goods-price"]/text()')[0])
    sales.append(html.xpath('/html/body/div[4]/div[2]/div[2]/div[2]/ul/li[1]/div/span[2]/
text()')[0])
    views.append(html.xpath('/html/body/div[4]/div[2]/div[2]/div[2]/ul/li[2]/div/span[2]/
text()')[0])
    stock.append(html.xpath('//span[@class="stock"]/text()')[0]) #使用 append 函数将爬取到的数
据添加在列表末尾
```

运行以上代码，利用 XPath 方法对 21～30 页的商品页面数据进行获取，将获取到的数据以二维数组展示，结果如图 4-41 所示。

	商品名	价格	销量	浏览	库存
0	华为HUAWEI MateBook 14 2020款全面屏轻薄笔记本电脑 十代酷睿(i5 1...	6388.00	345	717	10
1	惠普（HP）战66 三代 14英寸轻薄笔记本电脑（i5-10210U 8G 512G PCI...	5199.00	714	22	678
2	RedmiBook 14 锐龙版 全金属超轻薄(AMD Ryzen R5-3500U 8G ...	3699.00	195	331	437
3	RedmiBook 16 锐龙版 超轻薄全面屏(6核R5-4500U 16G 512G 10...	3999.00	204	588	545
4	宏碁(Acer)墨舞EX215 15.6英寸 轻薄 网课 十代酷睿 大屏笔记本(i5-102...	3889.00	865	26	579
5	联想ThinkPad E14 锐龙版（1TCD）14英寸轻薄笔记本电脑（锐龙5-4500U ...	4499.00	560	142	430
6	惠普（HP）战66 三代 14英寸轻薄笔记本电脑（i5-10210U 8G 512G MX...	5599.00	71	995	667
7	华为(HUAWEI) MateBook D 14英寸全面屏轻薄笔记本电脑便携超级快充(AMD...	4099.00	335	305	929
8	华硕（ASUS）破晓7 2020款 英特尔酷睿15.6英寸商务轻薄本笔记本电脑 i5预装Of...	4299.00	385	621	628
9	戴尔DELL灵越5000fit 14英寸英特尔酷睿i5轻薄窄边框笔记本电脑(十代i5-102...	5599.00	21	162	662

图 4-41　XPath 方法获取的数据

语法解析：

XPath 使用路径表达式在 XML 或 HTML 中选取节点，下面简单介绍最常用的路径表达式。

- nodename：选取此节点的所有子节点。
- /：从当前节点选取子节点。
- //：从当前节点选取子孙节点。
- .：选取当前节点。
- ..：选取当前节点的父节点。
- @：选取属性。
- *：选取所有节点。

4.2.6 Beautiful Soup

1. 概述

Beautiful Soup 是一个用于从 HTML 和 XML 文件中提取数据的 Python 模块。Beautiful Soup 提供一些简单的函数用来处理导航、搜索、修改分析树等功能。Beautiful Soup 模块中的查找提取功能非常强大，而且非常便捷，通常可以节省程序员数小时或数天的工作时间。

Beautiful Soup 自动将输入文档转换为 Unicode 编码，输出文档转换为 UTF-8 编码。开发者不需要考虑编码方式，除非文档没有指定一个编码方式，这时，Beautiful Soup 就不能自动识别编码方式了。此时，开发者仅仅需要说明一下原始编码方式就可以了。

2. 目标

通过 Beautiful Soup 方法对网站中商品信息进行获取。

3. 准备

软件版本：Python 3.X。

爬取对象：某商城网页。

4. 考点：利用 Beautiful Soup 方法获取数据

使用 for 循环对 41 ~ 50 页的商品页面进行请求。从 bs4 中导入 BeautifulSoup 库，通过 Beautiful Soup 模块解析网页，使用 find_all( ) 函数获取符合规则的字符串。具体的参考代码如下。

```
import requests
from bs4 import BeautifulSoup #从 bs4 库中引入 BeautifulSoup 模块
name=[]
price=[]
sales=[]
views=[]
stock=[] #定义所需获取数据的空列表
for i in range(41,51): ##for 循环,从 41 循环到 50
url = "http://123.56.246.143/index.php?s=/index/goods/index/id/"+ str(i) +'.html'
    res=requests.get(url)
    a=res.text
    soup=BeautifulSoup(a,'lxml') #通过 BeautifulSoup 模块解析网页
name.append(soup.find_all(class_="tb-detail-hd")[0].text.lstrip().rstrip())
price.append(soup.find_all(class_="goods-price")[0].text)
sales.append(soup.find_all(class_="tm-count")[0].text)
views.append(soup.find_all(class_="tm-count")[1].text)
stock.append(soup.find_all(class_="stock")[0].text) #使用 append 函数将爬取到的数据添加在列表末尾
```

运行以上代码，利用 Beautiful Soup 方法对 41 ~ 50 页的商品页面数据进行获取，将获取到的数据以二维数组展示，结果如图 4-42 所示。

语法解析：

一般使用 Beautiful Soup 解析的 Soup 文档，可以使用 find_all( )、find( )、select( ) 方法定位所需要的元素。find_all( ) 可以获得列表，find( ) 可以获得一条数据，select( ) 根据选择

器可以获得多条也可以获得单条数据。

	商品名	价格	销量	浏览	库存
0	华为(HUAWEI) MateBook D 14英寸全面屏轻薄笔记本电脑便携超级快充(AMD...	4099.00	252	126	532
1	RedmiBook 14 增强版 全金属超轻薄(第十代英特尔酷睿i5-10210U 8G 5...	3959.00	797	873	31
2	RedmiBook 14 增强版 全金属超轻薄(第十代英特尔酷睿i7-10510U 8G 5...	4659.00	315	359	64
3	宏碁 传奇 14英寸 7nm六核处理器 轻薄本 全功能Type-C 金属机身 笔记本电脑(R...	3988.00	819	192	133
4	戴尔DELL灵越7000-7591英特尔酷睿i7 15.6英寸 高色域 全面屏 高性能 创意...	7799.00	959	644	772
5	惠普(HP)星14 青春版 14英寸轻薄窄边框笔记本电脑(R5-3500U 8G 256GS...	3499.00	383	735	438
6	华为HUAWEI MateBook 14 2020款全面屏轻薄性能笔记本电脑 十代酷睿(i7...	7388.00	521	748	835
7	华为HUAWEI MateBook 14 2020款全面屏轻薄笔记本电脑 十代酷睿(i5 1...	6399.00	362	418	310
8	华为HUAWEI MateBook 14 2020款全面屏轻薄性能笔记本电脑 十代酷睿(i5...	5888.00	20	482	467
9	华为HUAWEI MateBook 14 2020款全面屏轻薄性能笔记本电脑 十代酷睿(i7...	7388.00	515	564	253

图 4-42　Beautiful Soup 方法获取到数据

4.2.7　数据存储

1. 概述

（1）TXT 文件存储

TXT 文件是最常见的一种文件，存取 TXT 文件时，可以通过 open( ) 函数操作文件实现，即需要先创建或者打开指定的文件并创建文件对象。

（2）CSV 文件存储

CSV 文件是文本文件的一种，该文件中每一行数据的各元素使用逗号进行分隔。存取 CSV 文件时同样可以使用 open( ) 函数，但是 pandas 模块更加容易实现 CSV 文件的存储工作。pandas 模块提供了 to_csv( ) 函数，用于实现 CSV 文件的存储。

（3）关系型数据库存储

在对获取到的数据进行存储时，不仅可以存储到文件当中，还可以进行关系型数据库（MySQL）的存储。由于 MySQL 服务器以独立的进程进行，并通过网络对外服务，所以需要支持 Python 的 MySQL 驱动来连接到 MySQL 服务器。在 Python 中支持 MySQL 的数据库模块有很多，本次模块中使用 pymysql 和 create_engine 库。

2. 目标

- 将爬取到的数据存入 TXT 文件。
- 将爬取到的数据存入 CSV 文件。
- 将爬取到的数据存入关系型数据库。

3. 准备

软件版本：Python 3.X、MySQL 8.X。

4. 考点 1：TXT 文件存储

使用 open( ) 函数在自定义路径下创建或打开 qingjiao.txt 文件，文件对象定义为 f，文件打开的模式为 w+。使用 for 循环将获取到的数据进行循环写入文件当中，向文件中写入数据，字段间以逗号分隔，5 个字段写入后换行。使用如下代码即可将数据写入 TXT 文件当中。具体的参考代码如下。

```
f=open('C:\\Users\\lenovo\\Desktop\\qingjiao.txt','w+') #在自定义的路径下创建或打开文件,打开的模式为 w+
for i in range(0,10): #从 0 到 9 循环
f.write(f'{name[i]},{price[i]}, {sales[i]}, {views[i]}, {comment[i]}')
f.write('\n') #向文件中写入数据,字段间以逗号分隔,五个字段写入后换行
f.close() #关闭文件
```

运行以上代码，将数据存入 TXT 文件的结果如图 4-43 所示。

```
qingjiao.txt - 记事本
文件 编辑 查看
MIUI/小米 小米手机4 小米4代 MI4智能4G手机包邮 黑色 D-LTE（4G）/TD-SCD,2100.00,10,203,0
苹果（Apple）iPhone 6 Plus (A1524)移动联通电信4G手机 金色 16G,4500.00-6800.00,35,1418,1
Samsung/三星 SM-G8508S GALAXY Alpha四核智能手机 新品 闪耀白,3888.00,4,240,0
Huawei/华为 H60-L01 荣耀6 移动4G版智能手机 安卓,1999.00,4,242,0
Meizu/魅族 MX4 Pro移动版 八核大屏智能手机 黑色 16G,2499.00,10,526,0
vivo X5MAX L 移动4G 八核超薄大屏5.5吋双卡手机vivoX5max,2998.90,1,370,0
纽芝兰包包女士2018新款潮百搭韩版时尚单肩斜挎包少女小挎包链条,168.00,7,445,0
MARNI Trunk 女士 中号拼色十字纹小牛皮 斜挎风琴包,356.00,1,336,0
睡衣女长袖春秋季纯棉韩版女士大码薄款春夏季全棉家居服两件套装,120.00-158.00,18,412,0
夏装女装古力娜扎明星同款一字领露肩蓝色蕾丝修身显瘦连衣裙礼服,228.00,7,460,0
```

图 4-43　数据存入 TXT 文件

语法解析：

- r：以只读模式打开文件。文件的指针将会放在文件的开头，文件必须存在。
- rb：以二进制格式打开文件，并且采用只读模式。文件的指针将会放在文件的开头，一般用于非文本文件，如图片、声音等，文件必须存在。
- r+：打开文件后，可以读取文件内容，也可以写入新的内容覆盖原有内容（从文件开头进行覆盖），文件必须存在。
- rb+：以二进制格式打开文件，并且采用读写模式。文件的指针将会放在文件的开头，一般用于非文本文件，如图片、声音等，文件必须存在。
- w：以只写模式打开文件，若文件存在，则将其覆盖，否则创建新文件。
- wb：以二进制格式打开文件，并且采用只写模式。一般用于非文本文件，若图片、声音等文件存在，则将其覆盖，否则创建新文件。
- w+：打开文件后，先清空原有内容，使其变为一个空的文件，对这个空文件有读写权限，文件存在，则将其覆盖，否则创建新文件。
- wb+：以二进制格式打开文件，并且采用读写模式。一般用于非文本文件，若图片、声音等文件存在，则将其覆盖，否则创建新文件。

5. 考点 2：CSV 文件存储

使用 to_csv( ) 函数在自定义路径下创建 qingjiao.csv 文件，利用 pandas 库将数据变为二维数组。使用如下代码即可将数据写入 CSV 文件当中。具体的参考代码如下。

```
import pandas as pd #导入 pandas 库命名为 pd
data={'商品名':name,'价格':price,'销量':sales,'浏览':views,'库存':stock} #新建一个字典赋值为 data
data=pd.DataFrame(data) #利用 pandas 中的 DataFrame 将字典转为二维数组重新赋值为 data
data.to_csv('C:\\Users\\lenovo\\Desktop\\qingjiao.csv',encoding='GB18030') #将 data 存入自定义的 CSV 文件,编码格式为 GB18030
```

运行以上代码，将数据存入 CSV 文件的结果如图 4-44 所示。

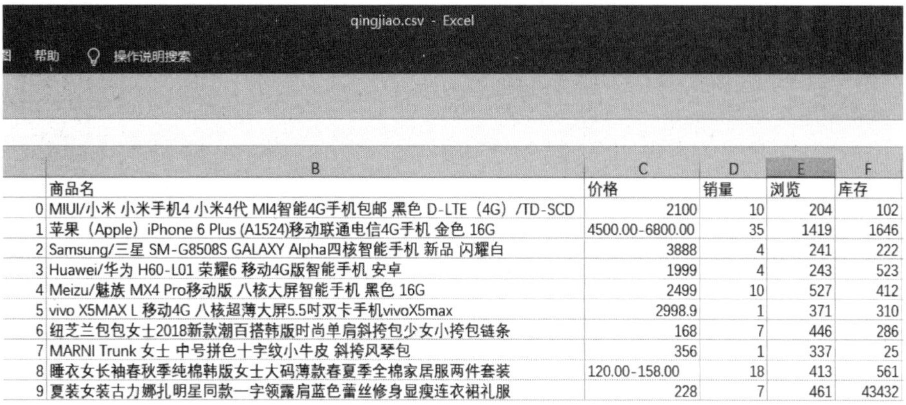

qingjiao.csv - Excel

图　帮助　操作说明搜索

	商品名	价格	销量	浏览	库存
0	MIUI/小米 小米手机4 小米4代 MI4智能4G手机包邮 黑色 D-LTE（4G）/TD-SCD	2100	10	204	102
1	苹果（Apple）iPhone 6 Plus (A1524)移动联通电信4G手机 金色 16G	4500.00-6800.00	35	1419	1646
2	Samsung/三星 SM-G8508S GALAXY Alpha四核智能手机 新品 闪耀白	3888	4	241	222
3	Huawei/华为 H60-L01 荣耀6 移动4G版智能手机 安卓	1999	4	243	523
4	Meizu/魅族 MX4 Pro移动版 八核大屏智能手机 黑色 16G	2499	10	527	412
5	vivo X5MAX L 移动4G 八核超薄大屏5.5吋双卡手机vivoX5max	2998.9	1	371	310
6	纽芝兰包包女士2018新款潮百搭韩版时尚单肩斜挎包少女小挎包链条	168	7	446	286
7	MARNI Trunk 女士 中号拼色十字纹小牛皮 斜挎风琴包	356	1	337	25
8	睡衣女长袖春秋季纯棉韩版女士大码薄款春夏季全棉家居服两件套装	120.00-158.00	18	413	561
9	夏装女装古力娜扎明星同款一字领露肩蓝色蕾丝修身显瘦连衣裙礼服	228	7	461	43432

图 4-44　数据存入 CSV 文件

6. 考点 3：关系型数据库存储

（1）数据直接存入 MySQL

1）在 MySQL 中创建一个名为 storage 数据库，在 storage 库下创建一张 store 数据表，并写入符合需求的字段类型。具体的参考代码如下。

```
create database storage;
show databases;
use storage;
    create table store(
    id int(2) not null auto_increment,
    name varchar(100) not null,
    price varchar(100) not null,
    sales int(10) not null,
    views int(10) not null,
    stock int(10) not null,
    PRIMARY KEY (id)
)ENGINE=MyISAM DEFAULT CHARSET=utf8mb4;
```

2）导入 pymysql 库，并与数据库进行连接，使用 cursor( ) 方法创建一个游标对象 cursor，并使用 executemany( ) 方法向数据表中批量添加多条记录，添加完成后关闭游标与数据库连接。具体的参考代码如下。

```
import pymysql
db = pymysql.connect(host='localhost', user='root', password='123456', db='storage', charset='utf8') #连接数据库
cursor = db.cursor() #创建游标对象
data=[("MIUI/小米小米手机4小米4代MI4智能4G手机D-LTE/TD-SCD","2100.00",10,182,102),
      ("苹果(Apple)iPhone6Plus移动联通电信4G手机金色16G","4500.00-6800.00",35,1405,1646),
      ("Samsung/三星SM-G8508S GALAXY Alpha四核智能手机闪耀白","3888.00",4,233,222),
      ("Huawei/华为H60-L01荣耀6移动4G版智能手机安卓","1999.00",4,235,523),
      ("Meizu/魅族MX4 Pro移动版八核大屏智能手机黑色16G","2499.00",10,519,412),
```

```
        ("vivo X5MAX 八核超薄大屏 5.5 吋双卡手机 vivoX5max","2998.90",1,363,310),
        ("纽芝兰包包女士 2018 新款潮百搭韩版时尚单肩斜挎包链条","168.00",7,438,286),
        ("MARNI Trunk 女士中号拼色十字纹小牛皮斜挎风琴包","356.00",1,329,25),
        ("睡衣女长袖春秋季纯棉韩版女士薄款春夏季家居服两件套装","120.00-158.00",18,406,561),
        ("夏装女装古力娜扎同款一字领露肩蓝色蕾丝修身连衣裙礼服","228.00",7,454, 43432)] #数据
    cursor.executemany("INSERT INTO store(name,price,sales,views,stock) VALUES(%s,%s,%s,
%s,%s)", data) #在数据库增加数据
    db.commit() #插入数据操作的修改保存
    cursor.close() #关闭游标对象
    db.close() #关闭数据库
```

3）运行以上代码，将数据直接存入关系型数据库的结果如图 4-45 所示。

```
mysql> select * from store;
```

id	name	price	sales	views	stock
1	MIUI/小米小米手机4小米4代MI4智能4G手机LD-LTE/TD-SCD	2100.00	10	182	102
2	苹果(Apple)iPhone6Plus移动联通电信4G手机金色16G	4500.00-6800.00	35	1405	1646
3	Samsung/三星 SM-G8508S GALAXY Alpha四核智能手机闪耀白	3888.00	4	233	222
4	Huawei/华为 H60-L01 荣耀6移动4G版智能手机安卓	1999.00	4	235	523
5	Meizu/魅族 MX4 Pro移动版八核大屏智能手机黑色16G	2499.00	10	519	412
6	vivo X5MAX八核超薄大屏5.5吋双卡手机vivoX5max	2998.90	1	363	310
7	纽芝兰包包女士2018新款潮百搭韩版时尚单肩斜挎包链条	168.00	7	438	286
8	MARNI Trunk 女士 中号拼色十字纹小牛皮 斜挎风琴包	356.00	1	329	25
9	睡衣女长袖春秋季纯棉韩版女士薄款春夏季家居服两件套装	120.00-158.00	18	406	561
10	夏装女装古力娜扎同款一字领露肩蓝色蕾丝修身连衣裙礼服	228.00	7	454	43432

```
10 rows in set (0.00 sec)
```

图 4-45　数据存入关系型数据库

语法解析：

- db.cursor( )：使用 cursor( )方法创建一个游标对象 cursor。
- executemany：使用 executemany( )方法执行 SQL 语句，插入多条数据。
- db.commit( )：提交数据。事务的提交（commit）指的是把经过一系列操作后，将修改了的数据写入数据库中，注意，已提交的事务不能 rollback。
- cursor.close( )：关闭游标。
- db.close( )：关闭数据库连接。

（2）爬取到的数据存入 MySQL

1）在 MySQL 中创建一个名为 storage 的数据库，在 storage 数据库下创建一张 shops 数据表，并写入符合自己需求的字段类型。具体的参考代码如下。

```
create table shops(
      id int(2) not null auto_increment,
      name varchar(100) not null,
      price varchar(100) not null,
      sales int(10) not null,
      views int(10) not null,
      stock int(10) not null,
      PRIMARY KEY (id)
)ENGINE=MyISAM DEFAULT CHARSET=utf8mb4;
```

2）在对数据获取过程中，利用 MySQL 数据库对数据进行存储。具体的参考代码如下。

```
import requests #导入 requests 库
from lxml import etree #从 lxml 库中引入 etree 模块
import pymysql #导入 pymysql 库
conn = pymysql.connect(host='localhost', user='root', passwd='123456', db='storage', port=
3306, charset='utf8') #连接数据库
cursor = conn.cursor() #创建游标对象
for i in range(1,11): #for 循环,从 1 循环到 10
url = "http://123.56.246.143/index.php?s=/index/goods/index/id/"+ str(i) +'.html'
    res=requests.get(url)
    html = etree.HTML(res.text)
    name=html.xpath('/html/body/div[4]/div[2]/div[2]/div[1]/h1/text()')[0].lstrip().rstrip()
    price=html.xpath('//b[@class="goods-price"]/text()')[0]
    sales=html.xpath('/html/body/div[4]/div[2]/div[2]/div[2]/ul/li[1]/div/span[2]/text()')[0]
    views=html.xpath('/html/body/div[4]/div[2]/div[2]/div[2]/ul/li[2]/div/span[2]/text()')[0]
    stock=html.xpath('//span[@class="stock"]/text()')[0] #字段爬取信息
cursor.execute(
"insert into shops (name,price,sales,views,stock) values(%s,%s,%s,%s,%s)",
        (str(name), str(price), str(sales), str(views), str(stock))) #在数据库增加数据
conn.commit() #插入数据操作的修改保存
cursor.close() #关闭游标对象
conn.close() #关闭数据库
```

3）运行以上代码，将数据存入关系型数据库的 shops 数据表中，结果如图 4-46 所示。

```
mysql> select * from shops;
```

id	name	price	sales	views	stock
1	MIUI/小米 小米手机4 小米4代 MI4智能4G手机包邮 黑色 D-LTE（4G）/TD-SCD	2100.00	10	188	102
2	苹果（Apple）iPhone 6 Plus（A1524)移动联通电信4G手机 金色 16G	4500.00-6800.00	35	1409	1646
3	Samsung/三星 SM-G8508S GALAXY Alpha四核智能手机 新品 闪耀白	3888.00	4	237	222
4	Huawei/华为 H60-L01 荣耀6 移动4G版智能手机 安卓	1999.00	4	239	523
5	Meizu/魅族 MX4 Pro移动版 八核大屏智能手机 黑色 16G	2499.00	10	523	412
6	vivo X5MAX L 移动4G 八核超薄大屏5.5吋双卡手机vivoX5max	2998.90	1	367	310
7	纽芝兰包包女士2018新款潮百搭韩版时尚单肩斜挎包少女小挎包链条	168.00	7	442	286
8	MARNI Trunk 女士 中号拼色十字纹小牛皮 斜挎风琴包	356.00	1	334	25
9	睡衣女长袖春秋季纯棉韩版女士大码薄款春夏季全棉家居服两件套装	120.00-158.00	18	410	561
10	夏装女装古力娜扎明星同款一字领露肩蓝色蕾丝修身显瘦连衣裙礼服	228.00	7	458	43432

10 rows in set (0.00 sec)

图 4-46　shops 数据表中的数据

（3）数据以 CSV 文件存入 MySQL

1）在 MySQL 中创建一个名为 storage 数据库，利用 sqlalchemy 库将 CSV 文件存入 storage 数据库的 csvfile 表中。具体的参考代码如下。

```
import pymysql #导入 pymysql 库
import pandas as pd #导入 pandas 库命名为 pd
from sqlalchemy import create_engine #从 sqlalchemy 中导入 create_engine
mysql_setting = {'host': 'localhost','port': 3306,'user': 'root','passwd': '123456','db':
'storage','charset': 'utf8'}#数据库信息
table_name = 'csvfile'#表名如果不存在表,则自动创建
path = r'C:\Users\lenovo\Desktop\qingjiao.csv' #文件路径
data = pd.read_csv(path,encoding='GB18030') #通过 pd 中的 read_csv 函数读取文件
```

```
    print(data) #打印数据
    engine = create_engine("mysql+pymysql://{user}:{passwd}@{host}:{port}/{db}".format(**
mysql_setting), max_overflow=5) #使用 pymysql 驱动连接到 MySQL
    data.to_sql(table_name,engine,index=False,if_exists='replace',) #将数据写入 MySQL 的表中,
如果存在则覆盖原本数据
    print('导入成功...') #打印成功信息
```

2）运行以上代码，将数据存入关系型数据库的 csvfile 数据表中，结果如图 4-47 所示。

mysql> select * from csvfile;

id	商品名	价格	销量	浏览	库存
0	华为(HUAWEI) MateBook D 14英寸全面屏轻薄笔记本电脑便携超级快充(AMD锐龙5 3500U 16+512GB)灰	4099	252	126	532
1	RedmiBook 14 增强版 全金属超轻薄(第十代英特尔酷睿i5-10210U 8G 512G SSD MX250 2G独显 支持手环疾速解锁)游戏 银 手提 笔记本电脑 小米 红米	3959	797	873	31
2	RedmiBook 14 增强版 全金属超轻薄(第十代英特尔酷睿i7-10510U 8G 512G SSD MX250 2G独显 手环疾速解锁 Office)银色 手提 笔记本电脑	4659	315	359	64
3	宏碁 传奇 14英寸 7nm六核处理器 轻薄本 全功能Type-C 金属机身 笔记本电脑(R5-4500U 7纳米 16G 512GSSD)	3988	819	192	133
4	戴尔DELL灵越7000-7591英特尔酷睿i7 15.6英寸 高色域 全面屏 高性能 创意 设计师 戴尔电脑 轻薄本 笔记本电脑(i7-9750H 8G 512G GTX1650 2年全智)	7799	959	644	772
5	惠普(HP)星14 青春版 14英寸轻薄窄边框笔记本电脑(R5-3500U 8G 256GSSD FHD IPS)银	3499	383	735	438
6	华为HUAWEI MateBook 14 2020款全面屏轻薄性能笔记本电脑 十代酷睿(i7 16G 512G MX350 触控屏 多屏协同)银	7388	521	748	835
7	华为HUAWEI MateBook 14 2020款全面屏轻薄笔记本电脑 十代酷睿(i5 16G 512G MX350 触控屏 多屏协同)灰	6399	362	418	310
8	华为HUAWEI MateBook 14 2020款全面屏轻薄性能笔记本电脑 十代酷睿(i5 8G 512G MX250 office 多屏协同)银	5888	20	482	467
9	华为HUAWEI MateBook 14 2020款全面屏轻薄性能笔记本电脑 十代酷睿(i7 16G 512G MX350 触控屏 多屏协同)灰	7388	515	564	253

10 rows in set (0.00 sec)

图 4-47　csvfile 数据表中的数据

4.3　数据统计分析

数据统计分析是指用适当的统计分析方法对收集来的大量数据进行分析，将它们加以汇总和理解并消化，以求最大化地开发数据的功能，发挥数据的作用。数据分析是有组织有目的地收集数据、分析数据，使之成为信息的过程。在统计学领域，有些人将数据分析划分为描述性统计分析、探索性数据分析以及验证性数据分析；其中，探索性数据分析侧重于在数据之中发现新的特征，而验证性数据分析则侧重于已有假设的证实或证伪。本小节主要从描述性分析、探索性分析、缺失值分析、方差分析、T 检验以及卡方检验 6 个方面来介绍数据统计分析。

4.3.1　描述性分析

1. 概述

描述性分析是通过计算得出一系列描述性统计量指标数据的过程。在频率分析的基础上通过描述性分析对数据进行更精确的分析。使用几个关键信息来描述数据的整体情况。基本的描述统计量大致分为 3 个部分：刻画集中趋势的描述性统计量（平均值、中位数、众数、四分位数等），刻画离散程度的描述性统计量（标准差、方差、四分位差等）和刻画分布形态的描述性统计量（偏度系数、峰度）。

2. 目标

认识基本描述统计量，掌握 SPSS 中的描述性分析，并学会对分析结果做出解释。

3. 准备

软件版本：IBM SPSS Statistics 26。

4. 考点：对学生跑步成绩进行描述性分析

示例：根据某中学 1 班 50 米跑的成绩时间数据，根据该数据对跑步成绩做描述性分析，了解当前中学生的身体素质，实操数据如表 4-15 所示，包括 2 个字段，30 条记录（仅展示 20 条）。

表 4-15　跑步成绩数据

学 生 序 号	@ 50 米跑步成绩/s	学 生 序 号	@ 50 米跑步成绩/s
1	9.7	11	10.7
2	6.8	12	5.0
3	9.9	13	10.9
4	6.6	14	4.9
5	10.1	15	11.1
6	6.4	16	30.0
7	10.3	17	11.3
8	6.2	18	20.0
9	10.5	19	11.5
10	6.0	20	10.0

分析思路

1）打开整理好的数据，选择“分析”→“描述统计”→“描述”命令，在“变量”窗口选取描述性分析的变量进行描述性分析，选中“将标准化值另存为变量”复选框，可以设置是否对该数据进行标准化。如果选中该复选框，这时原数据表中会产生一个相对应的新变量，变量名为相应原变量名加前缀 Z，表示一个新的标准化变量。描述性统计分析主窗口如图 4-48 所示。

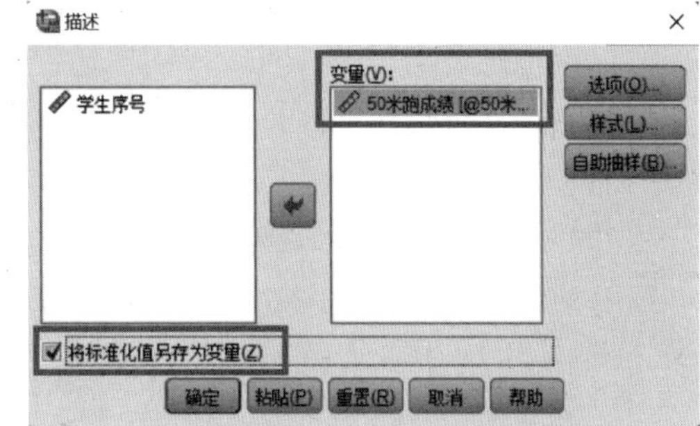

图 4-48　描述性统计分析主窗口

2）单击右侧“选项”按钮，打开图 4-49 所示的对话框，可以设置输出的描述统计量以及最终结果显示顺序，设置完成后单击“继续”按钮返回主窗口；在主窗口中单击“样式”按钮设置表格样式，描述性统计一般采用默认样式；单击“自助抽样”按钮，打开图 4-50 所示的对话框，设置完成后单击“继续”按钮返回主窗口。如需采用重抽样自举法估计均值抽样分布的方法，可以在该窗口中进行设置，一般采用默认设置。

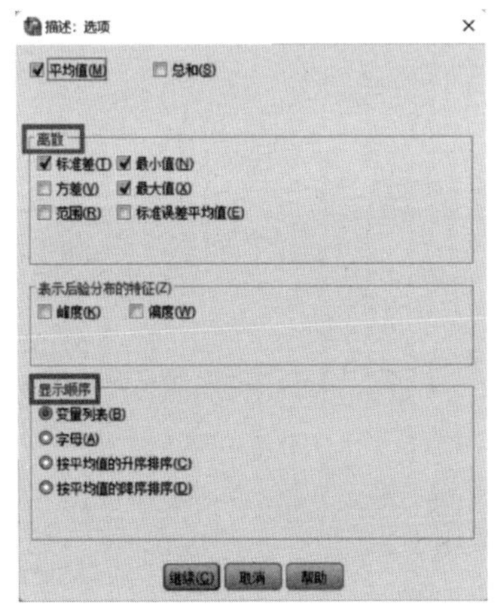

图 4-49　“描述：选项”对话框

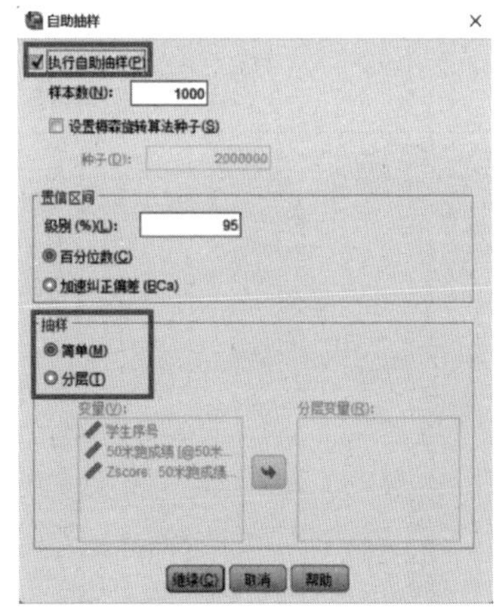

图 4-50　“自助抽样”对话框

3）在主窗口中单击“确定”按钮执行计算，计算结果如表4-16所示。表4-16展示了描述性统计结果，最小值为4.9、最大值为30、以及均值9.823、方差23.279等。

表4-16　描述统计结果表

	N	最小值	最大值	合计	均值	标准偏差	方差	偏度		峰度	
50米跑成绩	统计	统计	统计	统计	统计	统计	统计	统计	标准错误	统计	标准错误
	30	4.9	30.0	294.7	9.823	4.8248	23.279	2.877	.427	10.649	0.833
有效个案数（成列）	30										

4.3.2　探索性分析

1. 概述

探索性分析是为了对变量和数据进行更深入、详尽的描述性统计分析。若对资料的性质和特点等不是很清楚时，可以采用探索性分析。

探索性分析是建立在描述性统计指标基础上的分析方法。它通过添加相关数据的文字和图形描述，让数据看起来更细致，有助于对数据的进一步分析。探索性分析还可以根据某种方式进行分组，然后进行统计。探索性分析可以对数据进行过滤和检查，对异常值、极端值进行识别；能验证数据的分布特征，对不满足的数据进行转换；通过输出直方图和茎叶图等描述组之间的差异。

2. 目标

掌握SPSS中的探索性分析，并学会对分析结果中的“个案处理摘要”“M估计值”“正态性检验”“方差齐性的检验”等进行解释。

3. 准备

软件版本：IBM SPSS Statistics 26。

4. 考点：对员工薪水数据进行探索性分析

示例：选取数据汇总文件中的“薪水数据.xlsx”，表4-17为100位不同编号、性别员工的薪水水平，此处仅展示前20个编号员工）。根据表4-17中的数据了解性别与薪水之间的关系和特征，“m”表示男性，“f”表示女性。

表4-17　员工薪水数据

编号	性别	薪水	编号	性别	薪水
1	m	57000	11	f	30300
2	m	40200	12	m	28350
3	f	21450	13	m	27750
4	f	21900	14	f	35100
5	m	45000	15	m	27300
6	m	32100	16	m	40800
7	m	36000	17	m	46000
8	f	21900	18	m	103750
9	f	27900	19	m	42300
10	f	24000	20	f	26250

（1）分析思路

1）导入“薪水数据文件”数据，选择“分析”→“描述统计”→“探索”命令，选择一个或多个变量添加到“因变量列表”中，这里选“薪水”；选择一个或多个用于分组的变量添加到“因子列表”中，这里选“性别”；“个案标注依据”作为变量的标示或命名，这里选择“编号”；设置完成后探索性统计分析主窗口如图 4-51 所示。

2）单击“统计”按钮，打开图 4-52 所示对话框，其中描述性平均值的置信区间根据需要设置，默认为 95%。“描述”复选框用于输出基本描述统计量，默认选项包括均值、方差、偏度和峰度等。“M-估计量”复选框用于输出 4 种不同权重下的极大似然数。“离群值”复选框用于输出 5 个最大值和 5 个最小值。“百分位数”复选框用于展示数据的中位数、上下四分位数等。设置完成后单击“继续”按钮返回主窗口。

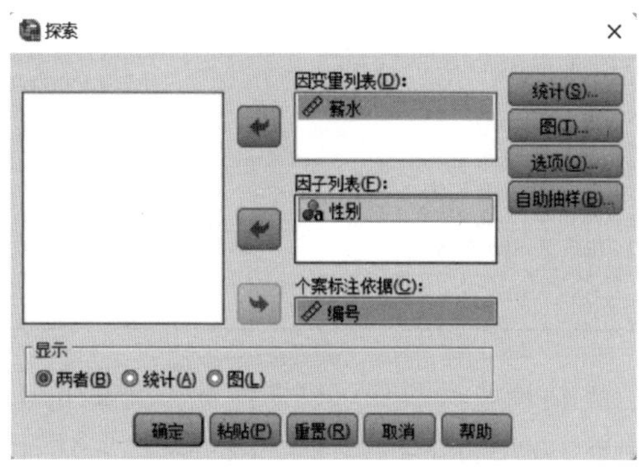

图 4-51　探索性统计分析主窗口

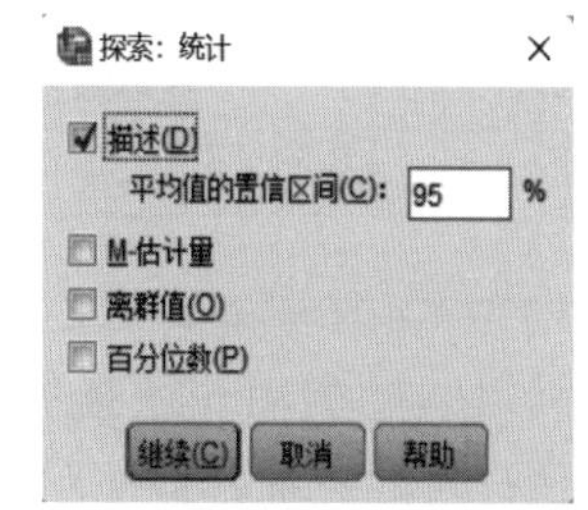

图 4-52　“探索：统计”对话框

3）单击“图”按钮，打开图 4-53 所示的对话框，展示了箱图分组类别：按因子级别并置、因变量并置和无；“描述图”可以绘制茎叶图与直方图，茎叶图用于描述频数分布，表示具体的变量值；还可以绘制“含检验的正态图”；“含莱文检验的分布-水平图”选项组中的“无”表示不作方差齐性检验，“转换后”可以选择自然对数、1/平方根、倒数、平方根、平方、立方进行转换；“未转换”即不作转换，直接进行方差齐性检验。保持默认设置，设置完成后单击“继续”按钮返回主窗口。

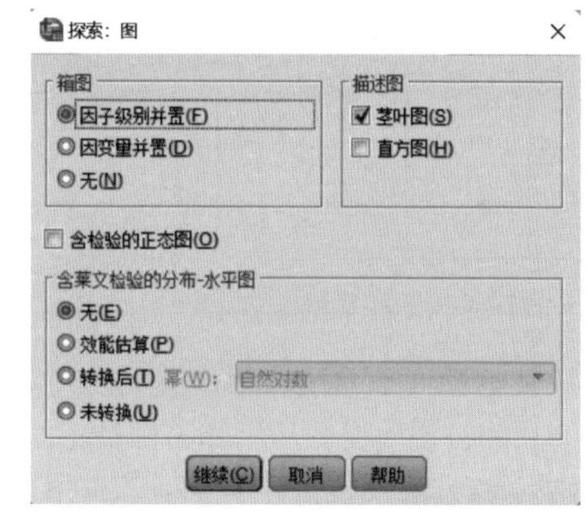

图 4-53　探索：图窗口

4）单击“选项”按钮和“自助抽样”按钮进行相应设置，“选项”与 4.3.1 中的一致，在此不再赘述。

5）设置完成后，在主窗口中单击“确定”按钮进行计算。

（2）结果解读

输出的结果见表 4-18、表 4-19、表 4-20、图 4-54、图 4-55。以下分别进行说明。

表 4-18 个案处理摘要

	性别	个案					
		有效		缺失		总计	
		N	百分比	N	百分比	N	百分比
薪水	f	38	100.0%	0	0.0%	38	100.0%
	m	62	100.0%	0	0.0%	62	100.0%

从表 4-18 中可以看出，女性员工 38 人，男性员工 62 人，没有缺失值。

表 4-19 M 估计量

	性别	休伯 M 估计量 a	图基双权 b	汉佩尔 M 估计量 c	安德鲁波 d
薪水	f	25265.80	24650.46	25032.24	24646.62
	m	38302.62	35257.11	37614.03	35193.79

a. 加权常量为 1.339。b. 加权常量为 4.685

c. 加权常量为 1.700、3.400 和 8.500

d. 加权常量为 1.340 * pi

从表 4-19 中可以看出，M-估计量中休伯 M-估计量、图基双权估计量、汉佩尔 M 估计量和安德鲁波估计量的区别就是使用的权重不同，女性员工和男性员工的 4 个 M 估计量虽然离中位数较近，但是离均值较远，说明数据中含有异常值。

表 4-20 正态性检验

	性别	柯尔莫戈洛夫-斯米诺夫（V）a			夏皮洛-威尔克		
		统计	自由度	显著性	统计	自由度	显著性
薪水	f	.187	38	.002	.818	38	.000
	m	.201	62	.000	.810	62	.000

a. 里利氏显著性修正

从表 4-20 可以看出，柯尔莫戈洛夫-斯米诺夫和夏皮洛-威尔克方法检验的结果，显著性均小于 0.05，说明女性员工和男性员工的薪水水平分布均不符合正态分布的假设，其中，夏皮洛-威尔克方法只有在样本量小于 50 的时候比较精确。

图 4-54、图 4-55 分别是男女员工薪水的标准正态概率分布图，从图中可以看出，有些落点离直线有点远了，因此均不符合正态分布。标准的正态概率分布图是以变量的实际观测值作为横坐标，以变量的期望值作为纵坐标。图中的斜线表示正态分布的标准线，点表示变量值，变量值越接近斜线，则变量值的分布越接近正态分布。

图 4-56 为箱图，箱子的上边线表示第 75 百分位数，下边线表示第 25 百分位数，中间的线表示中位数，箱子上下的两条细横线表示除离群值和极值的最大值和最小值。从图 4-56 可以看出男员工的薪水明显高于女员工。

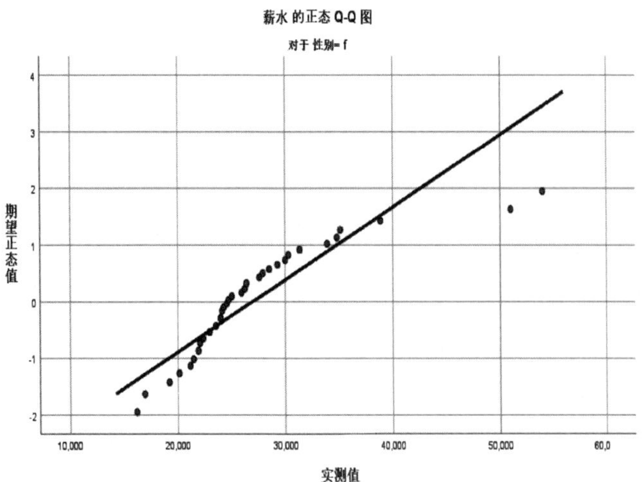

图 4-54　女员工薪水的标准正态概率分布图

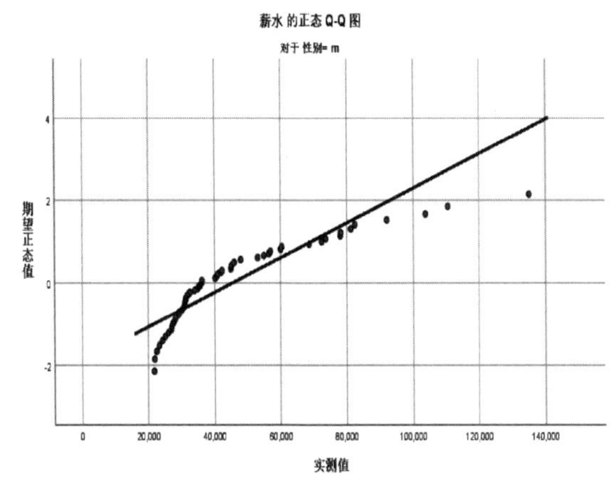

图 4-55　男员工薪水的标准正态概率分布图

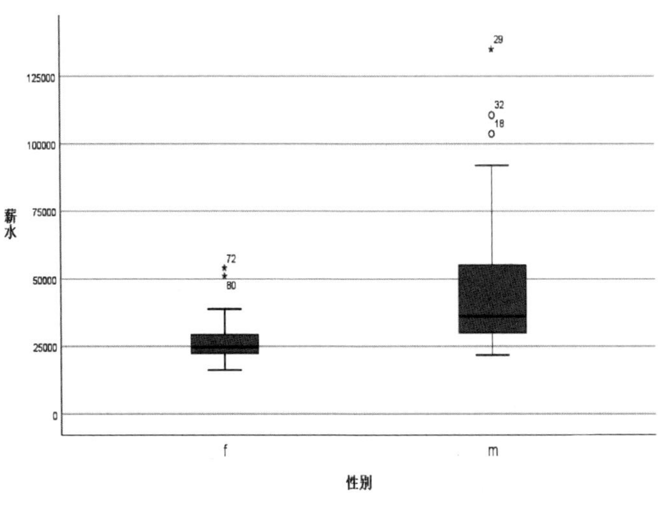

图 4-56　箱图

4.3.3 缺失值分析

1. 概述

缺失值分析就是对数据文件中的某些未知的值或者 MULL 值进行分析处理，从缺失的分布来讲可以分为完全随机缺失（数据的缺失是随机的）、随机缺失（数据的缺失依赖于其他完全变量）、非随机缺失（控制了其他变量已观测到的值，某个变量是否缺失仍然与它自身的值有关）三类，从缺失的所属属性分类可以分为单值缺失（缺失值有同一属性）、单调缺失（可能存在时间缺失）、任意缺失（缺失值属于不同的属性）三类。

2. 目标

学会梳理缺失值分析处理的步骤，掌握 SPSS 对缺失值的处理，包括缺失值描述、诊断、高级处理等。

3. 准备

软件版本：IBM SPSS Statistics 26。

4. 考点：对客户数据进行缺失值分析处理

示例：该数据文件是某公司的客户信息数据，文件名为“某公司客户信息数据.sav”，每条记录对应一个单独的客户，共对 1000 个客户进行统计分析，数据文件中包括 30 个字段，分别为客户的年龄、婚姻状况（0 = 未婚，1 = 已婚）、在现住址居住年数、家庭收入（千）等。针对该数据进行缺失值分析处理，部分数据如图 4-57 所示。

	年龄	婚姻状况	在现住址居住年数	家庭收入（千）	受教育水平	现职位工作年数	退休	性别	家庭人数	免费电话服务	设备租赁	电话卡服务	无线服务	上月长途	上月免费电话	上月设备	上月电话卡	上月无线
1	44	1	9	64.00	4	5	.00	0	2	0	0	1	0	3.70	.00	.00	7.50	.00
2	33	1	7	136.00	5	5	.00	0	6	1	0	1	1	4.40	20.75	.00	15.25	35.70
3	52	1	24	.	1	29	.00	1	2	1	0	1	0	18.15	18.00	.00	30.25	.00
4	33	0	12	33.00	2	0	.00	1	1	0	0	0	0	9.45	.00	.00	.00	.00
5	30	1	9	30.00	1	.	.	0	4	0	0	0	0	6.30	.00	.00	.00	.00
6	39	0	17	78.00	2	16	.00	1	1	1	0	1	0	11.80	19.25	.00	13.50	.00
7	22	1	2	19.00	2	4	.00	1	5	0	0	1	0	10.90	.00	.00	8.75	.00
8	35	0	5	76.00	2	.	.00	0	3	1	1	1	1	6.05	45.00	50.10	23.25	64.90
9	59	1	7	166.00	4	31	.00	0	5	1	0	1	0	9.75	28.50	.00	12.00	.00
10	41	1	21	72.00	1	22	.00	0	3	0	0	1	0	24.15	.00	.00	16.50	.00
11	.	0	10	125.00	4	5	.00	1	1	0	1	0	0	4.85	.00	26.15	.00	.00
12	35	0	14	80.00	2	15	.00	1	1	1	0	1	0	7.10	22.00	.00	23.75	.00
13	38	1	8	37.00	2	9	.00	1	3	0	0	1	0	8.55	.00	.00	41.75	.00
14	54	1	30	.	4	23	.00	1	3	1	1	0	1	15.60	46.25	46.70	.00	61.05
15	46	0	3	25.00	1	.	.	1	2	0	0	0	0	4.40	.00	.00	.00	.00
16	38	1	12	75.00	5	1	.00	0	4	0	1	1	0	5.10	.00	30.25	11.25	.00
17	57	0	38	162.00	2	30	.00	0	1	1	1	1	0	16.15	29.75	31.30	30.00	.00
18	48	0	3	.	2	6	.00	1	3	1	0	0	0	6.65	18.50	.00	.00	.00
19	24	0	3	20.00	1	3	.00	0	1	0	0	0	0	1.05	.00	.00	.00	.00
20	29	1	.	77.00	4	2	.00	.	4	0	1	1	1	6.70	.00	48.10	24.25	38.30
21	30	0	.	16.00	3	1	.00	.	1	0	1	0	1	3.75	.00	33.80	.00	18.70
22	52	1	17	.	1	.	.00	0	2	0	0	1	0	20.70	.00	.00	22.00	.00
23	33	0	10	101.00	5	4	.00	1	2	0	1	1	1	5.30	.00	49.60	26.75	51.40
24	48	1	.	67.00	1	25	.00	.	3	0	0	1	0	15.05	.00	.00	27.25	.00
25	43	1	18	36.00	1	5	.00	0	5	1	0	1	0	12.50	19.75	.00	18.00	.00
26	21	0	0	.	2	0	.00	1	3	1	0	1	0	2.20	20.75	.00	40.50	.00
27	40	0	7	37.00	2	.	.	1	1	1	1	1	1	8.25	23.50	36.90	28.00	37.40
28	33	1	11	31.00	1	5	.00	0	4	0	0	0	0	9.10	.00	.00	.00	.00
29	21	1	1	17.00	2	2	.00	1	3	0	0	0	0	2.90	.00	.00	.00	.00
30	33	1	.	19.00	4	0	.00	1	2	0	1	0	0	5.55	.00	27.35	.00	.00
31	37	1	6	36.00	1	13	.00	1	2	0	1	1	0	10.60	.00	31.10	18.25	.00
32	53	1	27	.	5	12	.00	0	2	1	0	1	1	21.00	56.00	.00	34.00	49.95
33	50	1	26	140.00	2	.	.	1	4	1	0	1	0	6.50	27.50	.00	35.00	.00
34	27	1	.	55.00	5	0	.00	0	3	0	1	0	0	4.80	.00	19.55	.00	.00
35	46	.	13	163.00	3	24	.00	0	2	1	1	1	1	33.90	38.25	44.65	13.75	55.25
36	35	1	.	52.00	4	.	.	0	.	0	1	0	0	4.25	.00	30.55	.00	.00
37	60	0	38	211.00	4	25	.00	0	1	1	1	1	1	21.15	39.25	46.35	54.25	54.85
38	57	1	1	186.00	2	17	.00	0	2	1	0	1	1	9.80	33.50	.00	36.00	41.65
39	41	1	0	39.00	1	1	.00	1	2	1	0	1	0	6.55	29.25	.00	19.75	.00

图 4-57 某公司客户信息数据.sav

（1）任务流程

1）导入数据文件，对数据进行缺失值分析处理。对数据中的所有连续变量的缺失值进行单值插补（均值、中位数插补）。

2）使用 EM 法和回归法进行缺失值的估计和替换，这里对变量“婚姻状况、教育程度、退休、性别、服务月数、年龄、现在住址居住年数、家庭收入、现职位工作年数、家庭人数”进行缺失值分析并输出结果。

（2）分析思路

1）导入“某公司客户信息数据.sav”数据文件，对数据中的所有连续变量的缺失值进行单值插补（均值、中位数插补），选择菜单工具栏中的“转换”→“替换缺失值”，具体操作如图 4-58 所示。

图 4-58　单值插补：均值插补操作

结果如表 4-21 所示。

表 4-21　单值插补：均值插补结果展示

	结果变量	替换的缺失值数	非缺失值的个案编号		有效个案数	创建函数
			第一个	最后一个		
1	年龄_1_NEW	25	1	1000	1000	SMEAN（年龄）
2	在现住址居住年数_1_NEW	150	1	1000	1000	SMEAN（在现住址居住年数）
3	家庭收入（千元）_1_NEW	179	1	1000	1000	SMEAN（家庭收入（千元））
4	现职位工作年数_1_NEW	96	1	1000	1000	SMEAN（现职位工作年数）
5	家庭人数_1_NEW	34	1	1000	1000	SMEAN（家庭人数）
6	上月长途_1_NEW	0	1	1000	1000	SMEAN（上月长途）
7	上月免费电话_1_NEW	0	1	1000	1000	SMEAN（上月免费电话）
8	上月设备_1_NEW	0	1	1000	1000	SMEAN（上月设备）
9	上月电话卡_1_NEW	0	1	1000	1000	SMEAN（上月电话卡）
10	上月无线_1_NEW	0	1	1000	1000	SMEAN（上月无线）
11	服务月数_1_NEW	32	1	1000	1000	SMEAN（服务月数）

上表 4-21 展示了以均值插补的单值插补的示例结果，结果表明对数据中连续变量的缺失值处理结果，用均值进行了缺失值的插补，有效个案数达到 1000 个。图 4-59 所示为数据原始表展示，为缺失值插补之后的数值。

2）EM 法和回归法进行缺失值的估计和替换。

① 首先选择菜单工具栏中“分析-缺失值分析”进行缺失值的描述分析。打开“缺失值分析”对话框，将变量“服务月数、年龄、现在住址居住年数、家庭收入、现职位工作年数、家庭人数”选入“定量变量”，将变量“婚姻状况、受教育水平、退休、性别”选入“分类变量”，注意：最大类别（最大分类数）默认为 25，超过该数目的分类变量将不引入分析，如图 4-60 所示。单击“确定”按钮返回。

	年龄_1_NEW	在现住址居住年数_1_NEW	家庭收入（千）_1_NEW	现职位工作年数_1_NEW	家庭人数_1_NEW	上月长途_1_NEW	上月免费电话_1_NEW	上月设备_1_NEW	上月电话卡_1_NEW	上月无线_1_NEW	服务月数_1_NEW
1	44.0	9.0	64.00	5.0	2.0	3.70	.00	.00	7.50	.00	13.0
2	33.0	7.0	136.00	5.0	6.0	4.40	20.75	.00	15.25	35.70	11.0
3	52.0	24.0	71.15	29.0	2.0	18.15	18.00	.00	30.25	.00	68.0
4	33.0	12.0	33.00	.0	1.0	9.45	.00	.00	.00	.00	33.0
5	30.0	9.0	30.00	11.0	4.0	6.30	.00	.00	.00	.00	23.0
6	39.0	17.0	78.00	16.0	1.0	11.80	19.25	.00	13.50	.00	41.0
7	22.0	2.0	19.00	4.0	5.0	10.90	.00	.00	8.75	.00	45.0
8	35.0	5.0	76.00	11.0	3.0	6.05	45.00	50.10	23.25	64.90	38.0
9	59.0	7.0	166.00	31.0	5.0	9.75	28.50	.00	12.00	.00	45.0
10	41.0	21.0	72.00	22.0	3.0	24.15	.00	.00	16.50	.00	68.0
11	41.7	10.0	125.00	5.0	1.0	4.85	.00	26.15	.00	.00	5.0
12	35.0	14.0	80.00	15.0	1.0	7.10	22.00	.00	23.75	.00	7.0
13	38.0	8.0	37.00	9.0	3.0	8.55	.00	.00	41.75	.00	41.0
14	54.0	30.0	71.15	23.0	3.0	15.60	46.25	46.70	.00	61.05	57.0
15	46.0	3.0	25.00	11.0	2.0	4.40	.00	.00	.00	.00	9.0
16	38.0	12.0	75.00	1.0	4.0	5.10	.00	30.25	11.25	.00	29.0
17	57.0	38.0	162.00	30.0	1.0	16.15	29.75	31.30	30.00	.00	60.0
18	48.0	3.0	71.15	6.0	3.0	6.65	18.50	.00	.00	.00	34.0
19	24.0	3.0	20.00	3.0	1.0	1.05	.00	.00	.00	.00	1.0
20	29.0	11.5	77.00	2.0	4.0	6.70	.00	48.10	24.25	38.30	26.0
21	30.0	11.5	16.00	1.0	1.0	3.75	.00	33.80	.00	18.70	6.0
22	52.0	17.0	71.15	11.0	2.0	20.70	.00	.00	22.00	.00	68.0
23	33.0	10.0	101.00	4.0	2.0	5.30	.00	49.60	26.75	51.40	53.0
24	48.0	11.5	67.00	25.0	3.0	15.05	.00	.00	27.25	.00	55.0
25	43.0	18.0	36.00	5.0	5.0	12.50	19.75	.00	18.00	.00	14.0
26	21.0	.0	71.15	.0	3.0	2.20	20.75	.00	40.50	.00	1.0
27	40.0	7.0	37.00	11.0	1.0	8.25	23.50	36.90	28.00	37.40	42.0
28	33.0	11.0	31.00	5.0	4.0	9.10	.00	.00	.00	.00	25.0
29	21.0	1.0	17.00	2.0	3.0	2.90	.00	.00	.00	.00	9.0
30	33.0	11.5	19.00	.0	2.0	5.55	.00	27.35	.00	.00	13.0
31	37.0	6.0	36.00	13.0	2.0	10.60	.00	31.10	18.25	.00	56.0
32	53.0	27.0	71.15	12.0	2.0	21.00	56.00	.00	34.00	49.95	71.0
33	50.0	26.0	140.00	11.0	4.0	6.50	27.50	.00	35.00	.00	35.0
34	27.0	11.5	55.00	.0	3.0	4.80	.00	19.55	.00	.00	11.0
35	46.0	13.0	163.00	24.0	2.0	33.90	38.25	44.65	13.75	55.25	60.0
36	35.0	11.5	52.00	11.0	2.3	4.25	.00	30.55	.00	.00	20.0
37	60.0	38.0	211.00	25.0	1.0	21.15	39.25	46.35	54.25	54.85	35.6
38	57.0	1.0	186.00	17.0	2.0	9.80	33.50	.00	36.00	41.65	44.0
39	41.0	.0	39.00	1.0	2.0	6.55	29.25	.00	19.75	.00	11.0

图 4-59　单值插补——均值插补原始表展示

② 其次设置“描述”子对话框，显示缺失值的描述统计量。勾选“单变量统计”，勾选“指示符变量统计”框中的“使用由指示符变量构成的组执行 t 检验”和“生成分类变量和指示符变量的交叉表”，如图 4-61 所示。单击“继续”按钮返回。

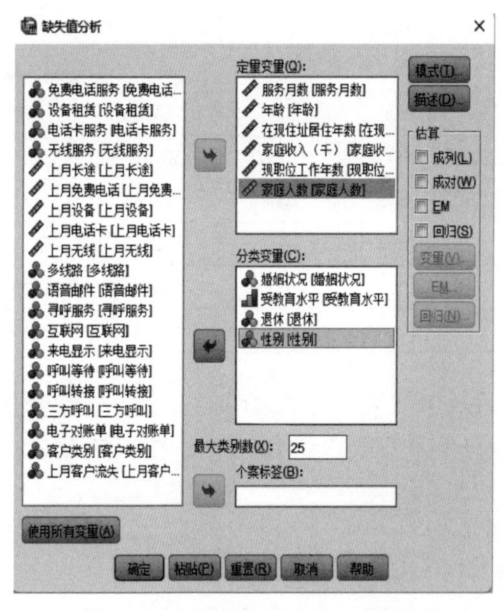

图 4-60　“缺失值分析”对话框

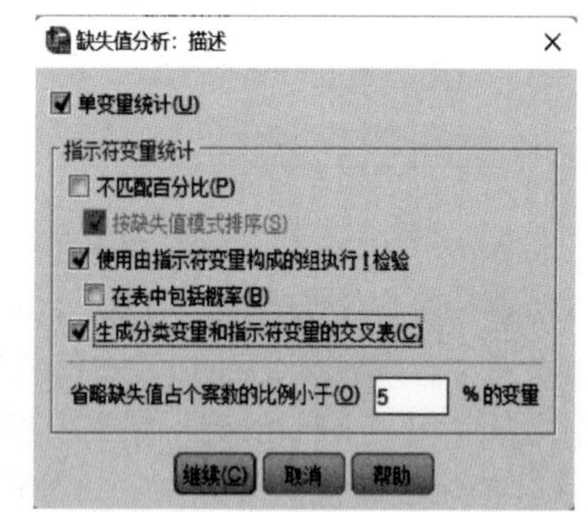

图 4-61　“缺失值分析：描述”子对话框

③ 单击“模式”按钮，打开“模式”子对话框，设置显示输出表格中的缺失数据模式和范围。勾选“个案表（按缺失值模式分组）”；添加至“以下对象的附加信息”的变量在缺失模式表格中会被逐个显示。对于定量（刻度）变量，显示平均值；对于分类变量，

显示在每个类别中具有模式的个案数量。将“受教育水平”“退休和“性别”，家庭收入（千）”这些变量选入“以下对象的附加信息”中，其他保持默认，如图 4-62 所示。单击“继续”按钮返回。

④ 回到图 4-60 所示“缺失值分析”对话框，勾选“估计”框中的“EM”和“回归”，其他按照默认设置。单击“EM”或“回归”按钮可以修改其设置，具体设置如图 4-63 和图 4-64 所示。

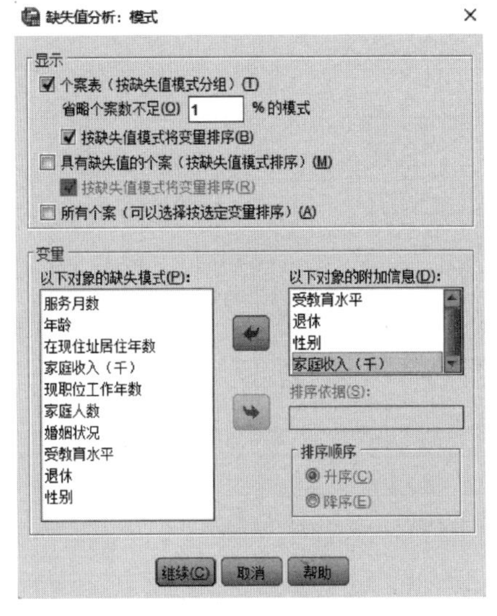

图 4-62 “缺失值分析：模式”子对话框

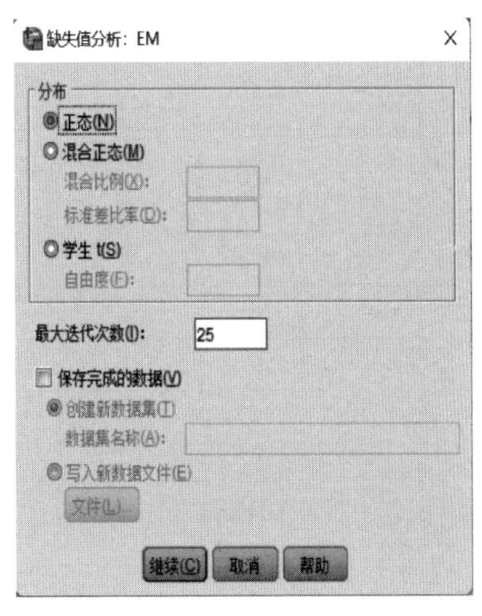

图 4-63 缺失值分析：EM

- EM 法缺失值分析（期望最大算法，其假设是缺失数据为随机缺失，用于含有隐变量的概率参数模型的最大似然估计或极大后验概率估计）的设置，可以选择数据的分布情况，默认最大迭代次数为 25，进行缺失值插补；
- 回归法缺失值分析（其假设是缺失值为完全随机缺失，估计多个线性回归估计值以及随机误差）的设置，可以选择随机误差的估算方法，定制最大预测变量数量，最终把回归法对缺失值的插补进行保存即可。

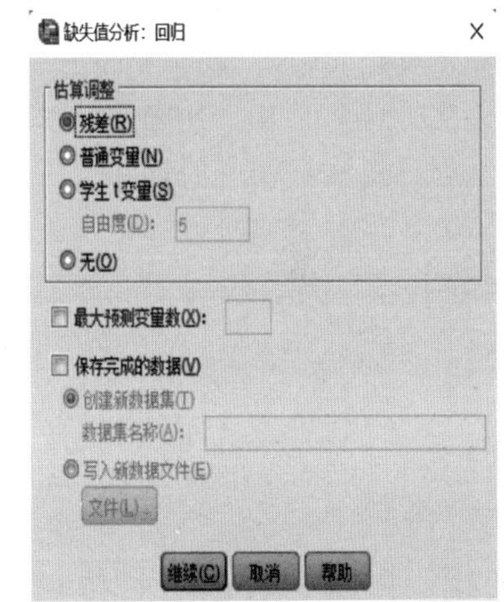

图 4-64 缺失值分析：回归

注意：若要保存替换缺失值之后的数据，需要勾选“保存完成数据”选项：创建新数据集并命名，或写入新数据文件。另外，默认使用所有变量进行分析，若要选择部分变量，可单击“变量”按钮在变量窗口中进行修改。最后在图 4-60 所示的“缺失值分析”对话框中单击“确定”按钮，得到输出结果表 4-22、表 4-23、表 4-24。

（3）结果解读

表 4-22 提供了对选中的数据做了缺失值描述分析，给出了所有分析变量缺失数据的频

数、百分比，定量变量的均值、标准差、极值数。其中家庭收入有最多的缺失值 17.9%，也有最多的极值，而年龄缺失值最少，占 5%。

表 4-22　单变量统计表

	个案数	平均值	标准偏差	缺　失		极值数 a	
				计　数	百分比	低	高
服务月数	968	35.56	21.268	32	3.2	0	0
年龄	975	41.75	12.573	25	2.5	0	0
在现住址居住年数	850	11.47	9.965	150	15.0	0	9
家庭收入（千元）	821	71.1462	83.14424	179	17.9	0	71
现职位工作年数	904	11.00	10.113	96	9.6	0	15
家庭人数	966	2.32	1.431	34	3.4	0	33
婚姻状况	885			115	11.5		
受教育水平	965			35	3.5		
退休	916			84	8.4		
性别	958			42	4.2		

a. 超出范围（Q1 - 1.5 * IQR，Q3 + 1.5 * IQR）的个案数

结果中的“估计均值摘要”表与“估计标准差摘要”展示了 EM 法、回归法得到的统计参数，这里不再赘述。

表 4-23 为“独立方差 T 检验表”，该表可以标识缺失值模式可能影响定量变量的变量。按照相应变量是否缺失将全部记录分为两组，再对所有定量变量在这两组间进行 T 检验。判断数据是否完全随机缺失（表示缺失和变量的取值无关）。比如，年龄大的客户更有可能不愿透漏收入水平。因为当收入记录数据缺失时，平均年龄为 49.73，与之相比，当收入记录未缺失时为 40.01。实际上，收入的缺失似乎影响多个定量（刻度）变量的平均值。此指示数据可能并未完全随机缺失。

表 4-23　独立方差 T 检验结果

		服务月数	年　龄	在现住址居住年数	家庭收入（千元）	现职位工作年数	家庭人数
在现住址居住年数	T	.4	.3	—	3.5	1.4	1.0
	自由度	202.2	192.5	—	313.6	191.1	199.5
	存在数	819	832	850	693	766	824
	缺失数	149	143	0	128	138	142
	平均值（存在）	35.68	41.79	11.47	74.0779	11.20	2.34
	平均值（缺失）	34.91	41.49	—	55.2734	9.86	2.21
家庭收入（千元）	T	-5.0	-8.3	-3.9	—	-5.9	3.6
	自由度	249.5	222.8	191.1	—	203.3	315.2
	存在数	793	801	693	821	741	792
	缺失数	175	174	157	0	163	174
	平均值（存在）	33.93	40.01	10.67	71.1462	9.91	2.39
	平均值（缺失）	42.97	49.73	14.97	—	15.93	2.02

（续）

		服务月数	年　龄	在现住址居住年数	家庭收入（千元）	现职位工作年数	家庭人数
现职位工作年数	T	-1.0	-.4	-.7	.5	.	-.3
	自由度	110.5	110.2	97.6	114.9	.	110.9
	存在数	877	881	766	741	904	874
	缺失数	91	94	84	80	0	92
	平均值（存在）	35.34	41.69	11.37	71.4953	11.00	2.31
	平均值（缺失）	37.70	42.27	12.32	67.9125	.	2.37
婚姻状况	T	.0	1.8	1.2	-.8	.9	-2.2
	自由度	148.1	149.5	138.8	121.2	128.3	134.2
	存在数	856	862	748	728	805	857
	缺失数	112	113	102	93	99	109
	平均值（存在）	35.56	42.00	11.61	70.3887	11.10	2.28
	平均值（缺失）	35.57	39.85	10.43	77.0753	10.17	2.61
退休	T	-.6	-.4	-.4	.3	.	.2
	自由度	95.4	94.4	84.0	93.2	.	99.0
	存在数	888	893	777	751	904	885
	缺失数	80	82	73	70	0	81
	平均值（存在）	35.44	41.70	11.42	71.3356	11.00	2.32
	平均值（缺失）	36.89	42.29	11.96	69.1143	.	2.30
对于每个定量变量，由指示符变量构成组对（存在与缺失）							
注：不会显示缺失百分比低于 5% 的指示符变量							

表 4-24 以“受教育程度”的交叉制表为例，表中说明如果对象至少接受过大学教育，婚姻状况响应更可能缺失。未接受大学教育的对象中至少 98.5%报告婚姻状况。另一方面，那些拥有大学学位的人中只有 81.1%报告婚姻状况。对于那些曾接受大学教育但未获学位者，数量更少。

表 4-24　受教育水平交叉表

			总计	未完成中学学历	中学学历	社区学院	大学学位	研究生学位	缺失
									系统缺失值
在现住址居住年数	存在	计数	850	163	240	175	186	56	30
		百分比	85.0	83.2	85.7	88.4	81.9	87.5	85.7
	缺失	系统缺失值百分比	15.0	16.8	14.3	11.6	18.1	12.5	14.3
家庭收入（千元）	存在	计数	821	155	229	165	193	50	29
		百分比	82.1	79.1	81.8	83.3	85.0	78.1	82.9
	缺失	系统缺失值百分比	17.9	20.9	18.2	16.7	15.0	21.9	17.1

（续）

			总计	未完成中学学历	中学学历	社区学院	大学学位	研究生学位	缺失
									系统缺失值
现职位工作年数	存在	计数	904	178	254	178	204	60	30
		百分比	90.4	90.8	90.7	89.9	89.9	93.8	85.7
	缺失	系统缺失值百分比	9.6	9.2	9.3	10.1	10.1	6.3	14.3
婚姻状况	存在	计数	885	193	278	148	184	52	30
		百分比	88.5	98.5	99.3	74.7	81.1	81.3	85.7
	缺失	系统缺失值百分比	11.5	1.5	.7	25.3	18.9	18.8	14.3
退休	存在	计数	916	180	259	180	207	60	30
		百分比	91.6	91.8	92.5	90.9	91.2	93.8	85.7
	缺失	系统缺失值百分比	8.4	8.2	7.5	9.1	8.8	6.3	14.3
不会显示缺失百分比低于 5% 的指示符变量									

另外，缺失值分析结果中还会给出制表模式表，也可以得到缺失值分布的详细信息，X 为使用该模式下缺失的变量。

最后给到 EM 算法的相关统计量，包括 EM 平均值、EM 协方差和 EM 相关性。从 EM 平均值输出结果中可知，年龄变量的平均值为 41.91，从 EM 协方差输出结果中可知，年龄和服务月数间的协方差值为 135.326，从 EM 相关性输出结果中可知年龄与服务月数的相关系数为 0.496。另外，从三个表格下方的利特尔的 MCAR 检验可知，卡方检验的显著性值明显小于 0.05，因此，我们拒绝了缺失值为完全随机缺失（MCAR）的假设，这也验证了独立方差 t 检验表所得到的结论。回归估算统计，包括回归平均值、回归协方差和相关性。

4.3.4 方差分析

1. 概述

方差分析（Analysis Of Variance，ANOV 或 ANOVA）可用于多个样本均数的比较，主要研究分类型自变量对数值型因变量的影响。例如比较三种不同的教学方法对于学生的成绩是否有影响。方差分析的分类：单因素方差分析、多因素方差分析、协方差分析，下面就依次来讨论。

方差分析假设前提：各样本是相互独立的随机样本；各样本来自正态分布总体且各总体方差相等。

方差分析原理：在共同的显著性水平 α 下，同时考虑多个平均值的差异。通常以 F 分布来进行检验。F 分布公式如下。

$$F=\frac{组间方差}{组内方差}$$

2. 目标

认识方差分析假设前提和基本原理，掌握 SPSS 对单因素方差分析、多因素方差分析、协方差分析的操作。

3. 准备

软件版本：IBM SPSS Statistics 26。

4. 考点 1：对变量进行单因素分析

研究一个控制变量的不同水平是否对观测变量产生了显著性影响。进行单因素方差分析时应满足以下三个条件：在各个水平下观测对象是独立随机的；各观测变量总体服从正态分布，即具有正态性；各观测变量总体的方差应相同，即具有齐效性或者方差齐性。

示例：为研究不同广告形式和不同地区对销售额是否产生显著影响。数据包含 3 个变量，四种广告形式（1=报纸，2=广播，3=宣传品，4=体验）和 18 个地区的销售额。数据前 15 项展示如表 4-25 所示。

表 4-25　销售额表

广告形式	地　区	销 售 额	广告形式	地　区	销 售 额
1	1	75	3	2	61
2	1	69	1	3	76
4	1	63	2	3	100
3	1	52	4	3	85
1	2	57	3	3	61
2	2	51	1	4	77
4	2	67	2	4	90

（1）任务流程

1）将数据导入 SPSS 中，对“销售额”做正态性检验，判定数据是否符合正态分布；

2）研究不同广告形式、不同地区是否影响销售额；

3）判断广告形式和地区哪个对销售额的影响大；

4）判断哪种广告形式的作用较明显，哪种不明显；

5）判断数据是否符合方差齐性检。

（2）分析步骤

1）正态性检验：正态性检验的方法很多，这里介绍 K-S 检验。在菜单工具栏中选择“分析→非参数检验-旧对话框→1-样本 K-S”，打开如图 4-65 所示的“单样本 K-S 检验”对话框，把要检测的变量“销售额”放入“检验变量列表”中，检验分布勾选“正态”，其他进行默认设置，具体窗口如图 4-65 所示。

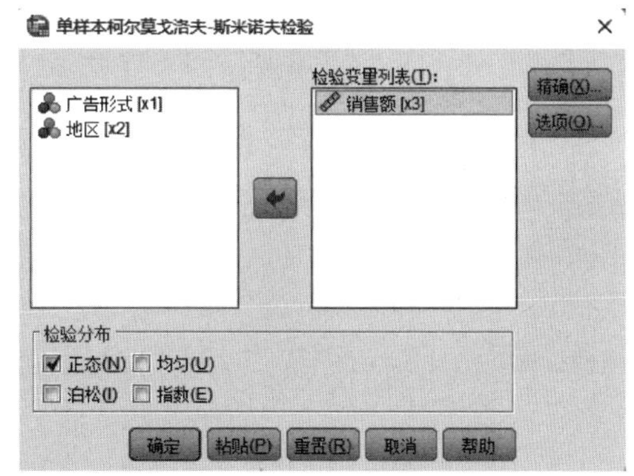

图 4-65　“单样本 K-S 检验”对话框

2）选择菜单栏中的“分析→比较均值→单因素 ANOVA”，将“广告形式”“地区”分别放入因子窗口，如图 4-66、图 4-67 所示。

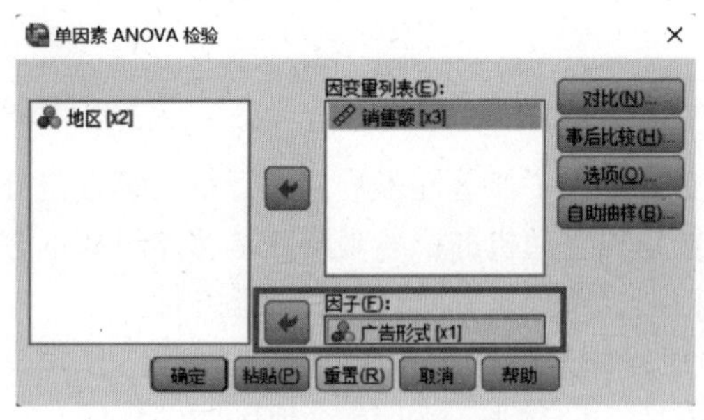

图 4-66　不同广告形式单因素方差分析

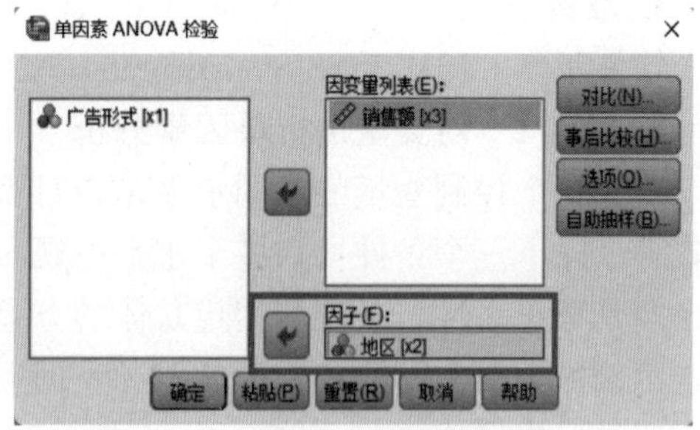

图 4-67　不同地区单因素方差分析

3）单击“对比”按钮，用来实现先验对比检验和趋势检验，可在弹出的“单因素 ANOVA：对比”对话框中，设置组间平方和划分成趋势成分，或者指定先验对比。其中“多项式”表示将组间平方和划分成趋势成分，主要用于检验因变量在因子变量的各顺序水平间的趋势。“等级”可以选择线性、二次项、立方、四次项和五次项等，也就是可以选择为 1 度、2 度、3 度、4 度和 5 度多项式。“系数”用于指定用 T 统计量检验的先验对比，可以为因子变量的每个组输入一个系数，并单击“添加”按钮添加该系数。由于系数的顺序与因子变量的类别值的升序相对应，所以系数的设置顺序很重要。其中，列表中的第一个系数与因子变量的最低值相对应，列表中的最后一个系数与因子变量的最大值相对应。具体操作如图 4-68、图 4-69 所示。

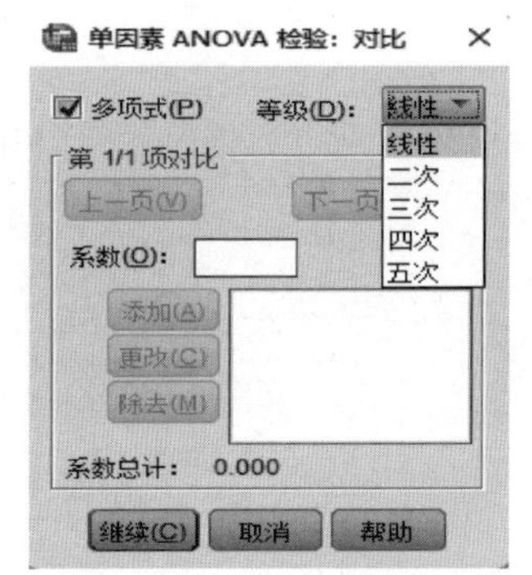

图 4-68　单因素方差分析：对比

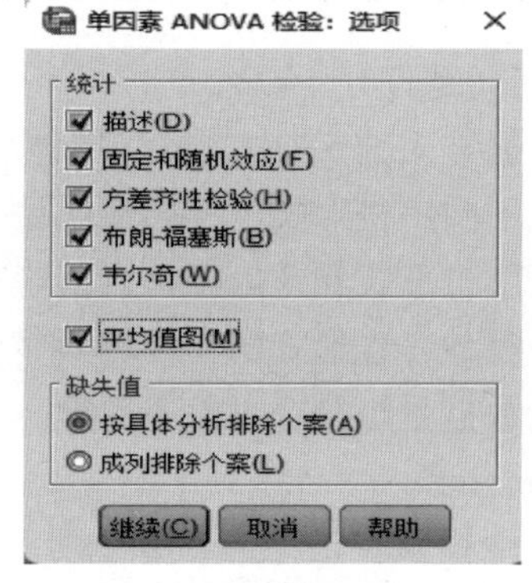

图 4-69　单因素方差分析：选项

4）单击“事后比较”按钮（用来实现多重比较检验），弹出“单因素 ANOVA 检验：事后多重比较”对话框。该对话框主要包括假定和未假定方差齐性选项组，用于指定事后检验的方法，在“假定等方差”框中勾选“LSD”，进行不同广告间的多重比较，具体如图 4-70 所示。

5）单击右侧“选项”按钮，勾选当中的“方差齐性”即可检验。方差齐性检验：其原假设为各个水平下观测变量的总体方差无显著差异也就是说方差相等。

（3）结果解析

- 正态性检验：正态性检验结果如表 4-26 所示。可以发现 Z = 0.075，P = 0.049，如果以显著性水平 0.05 进行分析，虽然能够拒绝零假设，但与 0.05 差距很小，考虑到方差分析对正态性要求不是很严格，可以进行单因素方差分析。

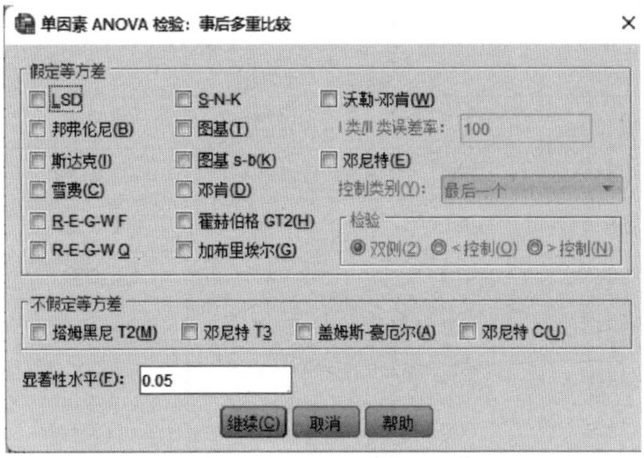

图 4-70　单因素方差分析：事后多重比较

表 4-26　单样本 K-S 检验表

		销　售　额
个案数		144
正态参数 a，b	平均值	66.8194
	标准偏差	13.52783
最极端差值	绝对	.075
	正	.044
	负	-.075
检验统计		.075
渐近显著性（双尾）		.049c
a. 检验分布为正态分布		
b. 根据数据计算		
c. 里利氏显著性修正		

● 用单因素方差分析结果如表 4-27 和表 4-28 所示。

表 4-27　不同广告形式的方差分析

销　售　额					
	平　方　和	自　由　度	均　　方	F	显　著　性
组间	5866.083	3	1955.361	13.483	.000
组内	20303.222	140	145.023		
总计	26169.306	143			

表 4-28　不同地区的方差分析

销　售　额					
	平　方　和	自　由　度	均　　方	F	显　著　性
组间	9265.306	17	545.018	4.062	.000
组内	16904.000	126	134.159		
总计	26169.306	143			

表 4-27 展示了不同广告形式的方差分析结果，有组间平方和、组内平方和、以及各自的均方和 F 值，显著性值为 0.000，小于 0.05，说明不同的广告形式影响销售额。

表 4-28 展示了不同地区的方差分析结果，有组间平方和、组内平方和、以及各自的均方和 F 值，显著性值为 0.000，小于 0.05，说明不同的地区影响销售额。进而对比两者的 F 值，不同广告形式的 F 值较大，由此可以看出广告形式相比于地区对销售额的影响大。

● 多重比较检验，结果如表 4-29 所示。

表 4-29 多重比较表

因变量：销售额						
LSD						
(I) 广告形式	(J) 广告形式	平均值差值 (I-J)	标准错误	显著性	95%置信区间	
					下限	上限
报纸	广播	2.33333	2.83846	.412	-3.2784	7.9451
	宣传品	16.66667*	2.83846	.000	11.0549	22.2784
	体验	6.61111*	2.83846	.021	.9993	12.2229
广播	报纸	-2.33333	2.83846	.412	-7.9451	3.2784
	宣传品	14.33333*	2.83846	.000	8.7216	19.9451
	体验	4.27778	2.83846	.134	-1.3340	9.8896
宣传品	报纸	-16.66667*	2.83846	.000	-22.2784	-11.0549
	广播	-14.33333*	2.83846	.000	-19.9451	-8.7216
	体验	-10.05556*	2.83846	.001	-15.6673	-4.4438
体验	报纸	-6.61111*	2.83846	.021	-12.2229	-.9993
	广播	-4.27778	2.83846	.134	-9.8896	1.3340
	宣传品	10.05556*	2.83846	.001	4.4438	15.6673
*. 平均值差值的显著性水平为 0.05						

表 4-29 中分别显示了两两广告形式下销售额均值检验的结果。表中的第三列是检验统计量观测值在不同分布中的概率 P-值，以报纸广告与其他三种广告形式的两两检验结果为例，如果显著性水平 a 为 0.05，在 LSD 方法中，报纸广告和广播广告的效果没有显著差异(概率 P-值为 0.412)。

- 方差齐性检验结果展示如表 4-30 所示。

表 4-30 方差齐性检验表

		莱文统计	自由度 1	自由度 2	显著性
销售额	基于平均值	.765	3	140	.515
	基于中位数	.827	3	140	.481
	基于中位数并具有调整后自由度	.827	3	129.988	.481
	基于剪除后平均值	.739	3	140	.531

表中显示了销售额基于平均值和中位数等的莱文统计量的值，其对应的显著型水平都大于 0.05，说明要接受原假设，方差相等，进而说明前面对不同广告形式和不同地区做的方差分析的结果正确，具有可信度。

5. 考点 2：对变量进行多因素分析

探讨一个观测变量是否受到多个控制变量的影响。进行多因素方差分析时满足的三个条件与上述单因素方差分析的原理一致，这里不再赘述。需要注意的是多因素方差分析不仅能够分析多个因素对观测变量的独立影响，还能够分析多个控制因素的交互作用能否对观测变量的分布产生显著影响，从而找到有利于观测变量的最优组合。例如，分析不同广告形式和不同地区对销售额的影响，利用多因素分析方法，研究不同广告形式、不同地区是如何影响销售额的，并进一步分析研究哪种广告形式与哪个地区是使销售额最高的最优组合。

示例：依旧用单因素方差分析的示例数据进行多因素方差分析。

（1）任务流程

1）将数据导入 SPSS 中；

2）以广告形式和地区为控制变量，销售额为观测变量做多因素方差分析；

3）进一步判断不同广告形式下、不同地区对销售额的影响，进行多重比较检验；

4）进一步判断不同广告形式的各水平间的均值比较。

（2）分析思路

1）选择菜单“分析→一般线性模型→单变量”，打开“多因素方差分析”对话框，如图 4-71 所示。在“因变量”对话框中输入观测变量“销售额”，指定固定效应的控制变量“广告形式、地区”到“固定因子”列表框中；最后单击“确定”按钮，SPSS 将自动建立多因素方差分析，并计算检验统计量观测值和对应的概率 P 值，并将相应的结果显示在输出窗口。

2）单击“事后比较”按钮进行变量的多重比较检验，具体操作设置如图 4-72 所示。

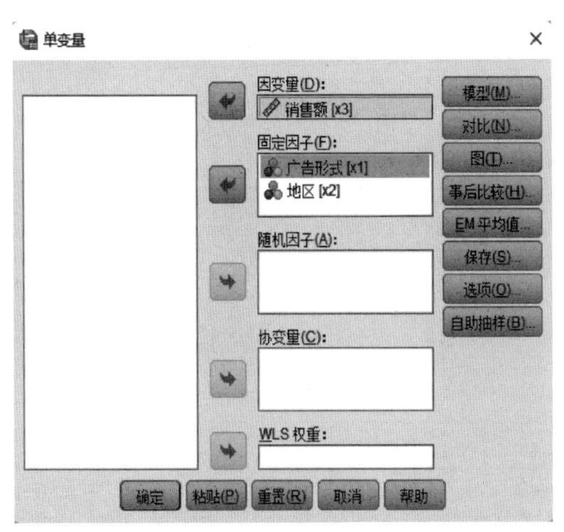

图 4-71　“多因素方差分析”对话框

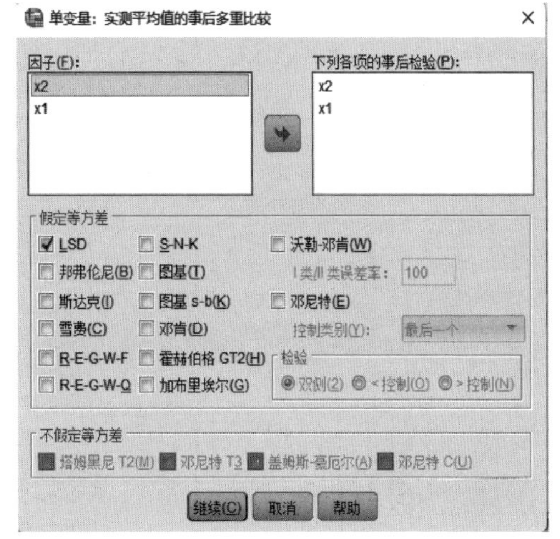

图 4-72　单变量：实测平均值的事后多重比较

3）单击“对比”按钮，出现“单变量：对比”对话框。默认形式是不进行对比，如果进行对比，则可拉下“对比”框，制定对比检验的检验值，并单击“更改”按钮完成。其中对比方差中的“偏差”是观测变量的均值；“简单”第一个水平或最后一个水平上观测变量的均值；“差值”前一个水平上观测变量的均值；“Helmert”后一水平上观测变量的均值。操作如图 4-73 所示。

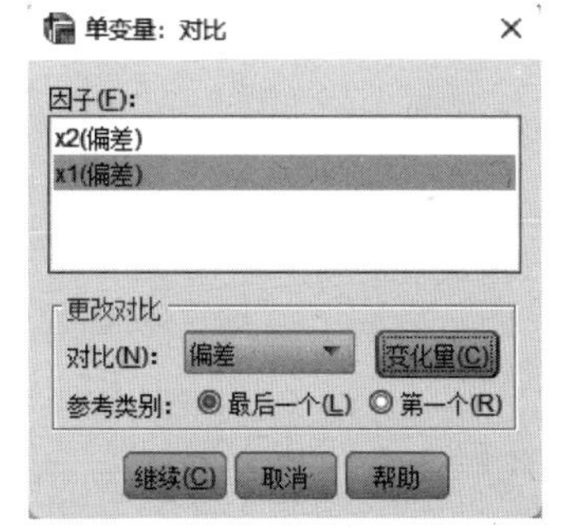

图 4-73　“单变量：对比”对话框

（3）结果解读

- 主体间效应检验结果如表 4-31 所示。

表 4-31　主体间效应检验结果表

因变量：销售额					
源	III 类平方和	自　由　度	均　　方	F	显　著　性
修正模型	20094.306a	71	283.018	3.354	.000
截距	642936.694	1	642936.694	7619.990	.000
x2	9265.306	17	545.018	6.459	.000
x1	5866.083	3	1955.361	23.175	.000
x2 * x1	4962.917	51	97.312	1.153	.286
误差	6075.000	72	84.375		
总计	669106.000	144			
修正后总计	26169.306	143			
a. R 方 = .768（调整后 R 方 = .539）					

由表 4-31 可知，广告形式、地区、广告形式 * 地区的概率 P-值分别为 0.000、0.000 和 0.286。如果显著性水平为 0.05，由于前两者小于显著性水平，应拒绝原假设，可以认为不同广告形式、地区下的销售额总体均值存在显著性差异，由于广告形式和地区交互的概率 P 值大于显著性水平，不应该拒绝原假设，可以认为不同广告形式和地区没有对销售额产生显著的交互作用，不同地区采用哪种形式的广告都不会对销售额产生显著影响。

- 多重比较检验结果如表 4-32 所示。

表 4-32　多重比较检验结果表

因变量：销售额						
LSD						
(I) 广告形式	(J) 广告形式	平均值差值 (I-J)	标准误差	显著性	95%置信区间	
					下　限	上　限
报纸	广播	2.3333	2.16506	.285	-1.9826	6.6493
	宣传品	16.6667*	2.16506	.000	12.3507	20.9826
	体验	6.6111*	2.16506	.003	2.2951	10.9271
广播	报纸	-2.3333	2.16506	.285	-6.6493	1.9826
	宣传品	14.3333*	2.16506	.000	10.0174	18.6493
	体验	4.2778	2.16506	.052	-.0382	8.5938
宣传品	报纸	-16.6667*	2.16506	.000	-20.9826	-12.3507
	广播	-14.3333*	2.16506	.000	-18.6493	-10.0174
	体验	-10.0556*	2.16506	.000	-14.3715	-5.7396
体验	报纸	-6.6111*	2.16506	.003	-10.9271	-2.2951
	广播	-4.2778	2.16506	.052	-8.5938	.0382
	宣传品	10.0556*	2.16506	.000	5.7396	14.3715
基于实测平均值 误差项是均方（误差）= 84.375						
*. 平均值差值的显著性水平为 0.05						

表 4-32 展示了不同广告形式下销售额的均值检验结果。由显著性结果可以看出：报纸广告与广播广告的效果没有显著差异（P 值为 0.285），与宣传品广告和体验广告均有显著差异。

- 多重比较检验结果如表 4-33 所示。

表 4-33　多重比较检验结果表

因变量：销售额						
LSD						
(I) 地区	(J) 地区	平均值差值 (I-J)	标准误差	显著性	95%置信区间	
					下　限	上　限
1.00	2.00	-4.3750	4.59279	.344	-13.5306	4.7806
	3.00	-21.0000*	4.59279	.000	-30.1556	-11.8444
	4.00	-19.2500*	4.59279	.000	-28.4056	-10.0944
	5.00	-12.6250*	4.59279	.008	-21.7806	-3.4694
	6.00	-6.3750	4.59279	.169	-15.5306	2.7806
	7.00	1.2500	4.59279	.786	-7.9056	10.4056
	8.00	-13.3750*	4.59279	.005	-22.5306	-4.2194
	9.00	2.3750	4.59279	.607	-6.7806	11.5306
	10.00	-17.7500*	4.59279	.000	-26.9056	-8.5944
	11.00	7.7500	4.59279	.096	-1.4056	16.9056
	12.00	-9.7500*	4.59279	.037	-18.9056	-.5944
	13.00	-7.0000	4.59279	.132	-16.1556	2.1556
	14.00	-4.1250	4.59279	.372	-13.2806	5.0306
	15.00	-7.0000	4.59279	.132	-16.1556	2.1556
	16.00	-9.2500*	4.59279	.048	-18.4056	-.0944
	17.00	6.1250	4.59279	.187	-3.0306	15.2806
	18.00	-8.3750	4.59279	.072	-17.5306	.7806
	……					

表 4-33 展示了不同地区下销售额的均值检验结果（由于篇幅限制仅展示第一个地区的结果）。由显著性结果可以看出：第 1 个地区与第 2 个地区、第 6 个地区、第 7 地区、第 9 地区、第 11 地区、第 13 地区、14、15、17 都没有显著差异，与其余地区的销售额有显著差异。

- 不同水平下的对比检验结果（以广告形式为例）如表 4-34 所示。

表 4-34　对比检验结果表

对比结果（K 矩阵）			
广告形式偏差对比 a			因　变　量
			销　售　额
级别 1 与平均值	对比估算		6.403
	假设值		0
	差值（估算 - 假设）		6.403
	标准误差		1.326
	显著性		.000
	差值的 95%置信区间	下限	3.760
		上限	9.046

（续）

<table>
<tr><th colspan="3">对比结果（K 矩阵）</th><th></th></tr>
<tr><th colspan="3" rowspan="2">广告形式偏差对比 a</th><th>因　变　量</th></tr>
<tr><th>销　售　额</th></tr>
<tr><td rowspan="7">级别 2 与平均值</td><td colspan="2">对比估算</td><td>4.069</td></tr>
<tr><td colspan="2">假设值</td><td>0</td></tr>
<tr><td colspan="2">差值（估算 - 假设）</td><td>4.069</td></tr>
<tr><td colspan="2">标准误差</td><td>1.326</td></tr>
<tr><td colspan="2">显著性</td><td>.003</td></tr>
<tr><td rowspan="2">差值的 95% 置信区间</td><td>下限</td><td>1.426</td></tr>
<tr><td>上限</td><td>6.712</td></tr>
<tr><td rowspan="7">级别 3 与平均值</td><td colspan="2">对比估算</td><td>-10.264</td></tr>
<tr><td colspan="2">假设值</td><td>0</td></tr>
<tr><td colspan="2">差值（估算 - 假设）</td><td>-10.264</td></tr>
<tr><td colspan="2">标准误差</td><td>1.326</td></tr>
<tr><td colspan="2">显著性</td><td>.000</td></tr>
<tr><td rowspan="2">差值的 95% 置信区间</td><td>下限</td><td>-12.907</td></tr>
<tr><td>上限</td><td>-7.621</td></tr>
<tr><td colspan="4">a. 省略类别 ＝ 4</td></tr>
</table>

表 4-34 分别显示了广告形式前三个水平下销售额总体的均值的检验结果，检验值是各水平下的整体均值。

可以看出：第一种广告形式下销售额的均值与检验值的差为 6.403，标准误差为 1.326，T 检验统计量的概率 P 值为0.000（近似为 0），差值的 95% 置信区间的下限和上限分别为 3.760，9.046。

由此可知，第一种广告形式下销售额的均值与检验值（整体均值）间存在显著差异，其明显高于整体水平。同理，第二种广告形式下销售额也明显高于总体水平，而第三种广告形式下销售额明显低于整体水平。三种广告形式产生的效果有显著差异。

6. 考点 3：对变量进协方差分析

协方差分析是将在分析过程中难以控制的因素作为协变量，在排除协变量的情况或要求各组协变量相等时，分析控制变量对观察变量的影响程度，从而更加精确地对控制因素进行评价。协方差分析沿袭了方差分析的基本思想，并在分析观测变量变差时，考虑了协变量的影响，认为观测变量的变动受四个方面的影响，即控制变量的独立作用、控制变量的交互作用、协变量的作用和随机变量的作用，只有剔除了协变量的影响后，分析控制变量对观测变量的影响才更为准确。

协变量一般是定距变量，由此便涉及两种类型的控制变量（定类型和定距型）和定距型观测变量。

另外，由于协方差分析的前提条件必须是各组回归斜率相等，所以在进行协方差分析时通常要求多个协变量之间无交互作用，且观测变量与协变量间有显著的线性关系。

协方差分析的零假设为：

- 协变量对观测变量的显性影响不显著；
- 在协变量影响排除后，控制变量各水平下观测变量的总体均值无显著差异，控制变量各水平对观测变量的效应同时为零。

示例：为研究不同组别对空腹血糖是否存在影响，将数据分为正常（1=正常）和超重（2=超量）两组。由于空腹血糖理论上会受到自身条件的影响，于是收集年龄数据，作为自身身体条件的测量指标。由于年龄是不可控变量，且为连续的定距变量，因此可视为协变量并进行协方差分析。共有 26 条记录，3 个变量，如表 4-35 所示。

表 4-35　空腹血糖数据

组　别	年　龄	空腹血糖	组　别	年　龄	空腹血糖
1	30	3.9	2	58	7.3
1	33	4.6	2	41	6.3
1	42	5.8	2	71	8.4
1	46	4.3	2	76	8.8
1	50	4.9	2	49	5.1
1	55	6.2	2	33	4.9
1	60	6.1	2	54	6.2
1	65	5.5	2	65	7.1
1	20	4.9	2	39	6.0
1	23	5.1	2	22	7.5
1	28	4.1	2	45	6.4
1	35	4.6	2	58	6.8
1	47	5.1	2	27	8.9

（1）任务流程

1）判定协变量年龄是否与因变量之间有线性关系，是否可以作为协变量参与方差分析；

2）为对比方差分析的结果，做去除协变量的方差分析和协方差分析；

3）判断组别和年龄上是否存在交互作用。

（2）分析思路

1）检查协变量是否与因变量之间有线性关系。通过散点图进行初步的判断，选择“图形→旧对话框→散点图→简单散点图”对话框，如图 4-74 所示。

由生成的散点图（图 4-75）可以看出，除了个别极端值的影响，随着年龄的增加，空腹血糖也逐步增高。因此两者具有线性关系，因此，将年龄作为协变量参与协方差分析是适宜的。

2）选择菜单“分析→一般线性模型→单变量”对话框，如图 4-76 所示，与前面两类方差分析不同的是，此类方差分析有协变量的存在。将“空腹血糖”选入因变量，将“组别”选入固定因子，将“年龄”选入协变量。

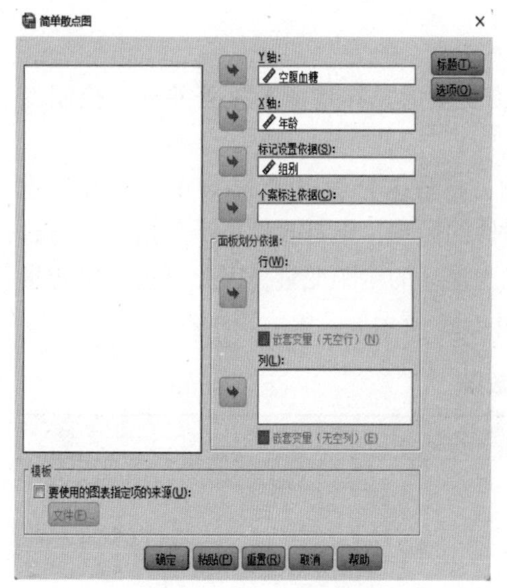

图 4-74　散点图设置

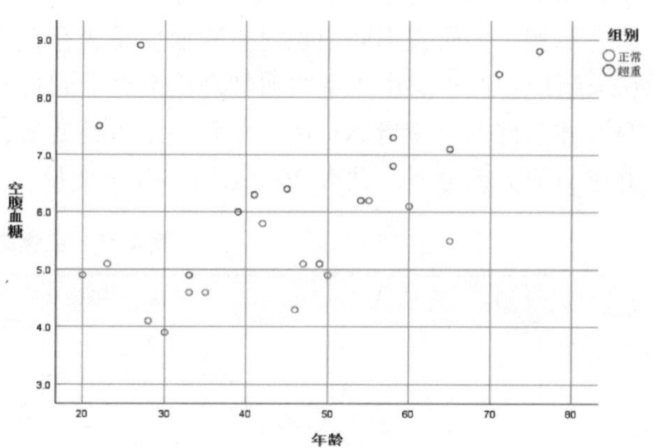

图 4-75　散点图

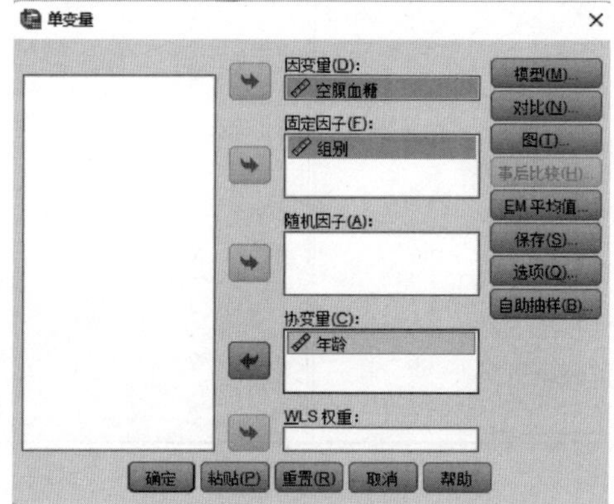

图 4-76　“单变量”对话框

协方差分析结果如表 4-36 所示，年龄变量的显著性水平 P 值为 0.054，略大于 0.05。如果设定的显著性水平为 0.10，则可拒绝原假设，表示该变量对空腹血糖变量存在显著影响。结合以上的散点图，极端值影响了分析的结果，如果剔除极端值，完全可以通过设定的 0.05 的显著性水平，拒绝原假设。

表 4-36　协方差分析

主体间效应检验					
因变量：空腹血糖					
源	III 类平方和	自　由　度	均　　方	F	显　著　性
修正模型	27.234a	2	13.617	14.217	.000
截距	57.928	1	57.928	60.478	.000
年龄	3.959	1	3.959	4.133	.054

（续）

主体间效应检验					
因变量：空腹血糖					
源	III 类平方和	自　由　度	均　　方	F	显　著　性
组别	17.148	1	17.148	17.903	.000
误差	22.030	23	.958		
总计	970.920	26			
修正后总计	49.265	25			
a. R 方 = .553（调整后 R 方 = .514）					

去协方差分析结果如表 4-37 所示，组别变量的 P<0.001，达到了显著性水平，表示该变量对空腹血糖变量存在显著影响。如果考虑协变量对空腹血糖的影响，其对应的 F 统计量由 21.494 减至 17.903；不考虑协变量问题则夸大了组别对空腹血糖的影响，使分析结果不准确。

表 4-37　去协方差分析

主体间效应检验					
因变量：空腹血糖					
源	III 类平方和	自　由　度	均　　方	F	显　著　性
修正模型	23.275a	1	23.275	21.494	.000
截距	921.655	1	921.655	851.111	.000
组别	23.275	1	23.275	21.494	.000
误差	25.989	24	1.083		
总计	970.920	26			
修正后总计	49.265	25			
a. R 方 = .472（调整后 R 方 = .450）					

3）判断组别和年龄上是否存在交互作用。选择“分析→一般线性模型→单变量”，在做协方差分析的基础上，选中“模型”按钮，在弹出的“单变量：模型”对话框中选择“构建项”，分别将“因子与协变量”列表框中的变量添加到模型中去，如图 4-77 所示。单击“继续”按钮，得到如表 4-38 所示结果。

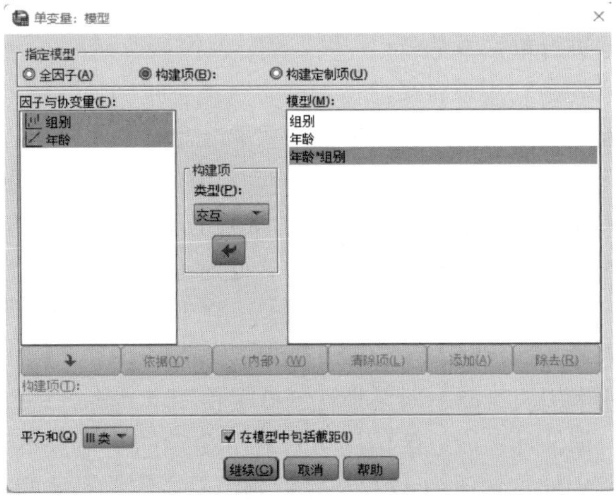

图 4-77　“单变量：模型”对话框

表 4-38 组别与年龄交互表

主体间效应检验					
因变量：空腹血糖					
源	III 类平方和	自 由 度	均 方	F	显 著 性
修正模型	27.346a	3	9.115	9.149	.000
截距	57.402	1	57.402	57.616	.000
组别	2.743	1	2.743	2.754	.111
年龄	4.070	1	4.070	4.085	.056
组别 * 年龄	.112	1	.112	.112	.741
误差	21.918	22	.996		
总计	970.920	26			
修正后总计	49.265	25			
a. R 方 = .555（调整后 R 方 = .494）					

结果表明：组别与年龄交互作用的显著性水平 P=0.741，远大于显著性水平 0.05，表示组别与年龄对空腹血糖不存在交互作用，最基本的协方差是最适宜的。

4.3.5 T 检验

1. 概述

T 检验指的是用 T 分布理论来推断差异发生的概率，从而比较两个平均数的差异是否显著。T 检验主要用于样本含量较小，总体标准差未知的正态分布。T 检验可分为单样本 T 检验、配对样本 T 检验和独立样本 T 检验。下面分别来做介绍。SPSS 中的 T 检验具体过程要经历四步，分别是：①提出原假设；②选择检验统计量；③计算检验统计量的观测值和概率 P 值；④给定显著性水平 a，并做出决策。

2. 目标

掌握 T 检验的 SPSS 分析，熟悉其原理，学会解决实际问题。

3. 准备

软件版本：IBM SPSS Statistics 26。

4. 考点 1：对数据进行单样本分析

单样本 T 检验的目的是利用来自某总体的样本数据，推断该总体的均值是否与指定的检验值之间存在显著差异。它是对总体均值的假设检验。单样本 T 检验在检验之前，一般都要求样本数据总体服从正态分布，至少也是无偏分布。由中心极限定理可知，即使原数据不服从正态分布，只要样本量足够大，其样本均值的抽样分布仍是正态的。因此当样本量较大时，研究者很少去考虑单样本 T 检验的适用条件，此时真正限制适用的是均值是否能够代表相应数据的集中趋势。一般而言，单样本 T 检验是一个非常稳健的统计方法，只要没有明显的极端值，其分析结果都是稳定的。

示例：为研究信用卡消费现状，对某地区 500 名信用卡持有者进行了随机调查，得到其月平均刷卡金额数据。据估计，该地区信用卡月刷卡金额的平均值不低于 3000 元。现依据所获得的调查数据（其中样本均值为 4781.9 元）判断是否支持平均刷卡金额不低于 3000 元的假设。对该数据做单样本 T 检验，数据为 SPSS 文件，部分数据如图 4-78 所示。

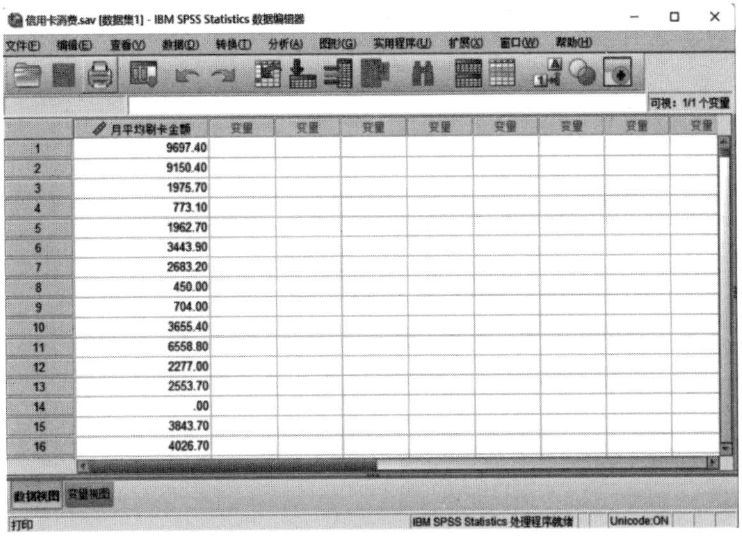

图 4-78　信用卡消费数据

分析思路如下。

选择菜单“分析→比较平均值→单样本 T 检验”，将要检验的变量放入“检验变量”对话框；之后单击“选项”可以指定缺失值的处理方法。其中，“按具体分析排除个案”表示当时计算时涉及的变量上有缺失值，则删除在该变量上为缺失值的个案；“成列排除个案”表示去除所有在任意变量上含有缺失值个案后再进行分析；此外，还可以在“置信区间百分比”中指定置信水平，默认值为 95%。单击“继续”按钮回到主对话框，并单击“确定”按钮，于是可以得到 SPSS 计算的 T 统计量和对应的概率 P 值。单击“继续”按钮完成单样本 T 检验的操作。具体设置如图 4-79 所示。

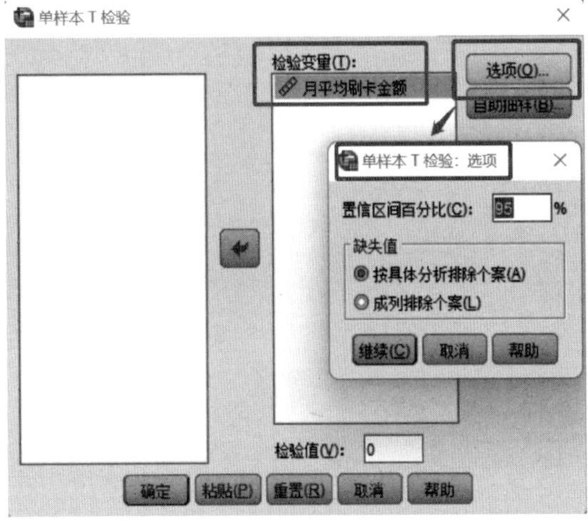

图 4-79　单样本 T 检验

得到的单样本统计结果如表 4-39 所示，T 检验结果如表 4-40 所示。

表 4-39　单样本统计

	个案数	平均值	标准偏差	标准误差平均值
月平均刷卡金额	500	4781.8786	7418.71785	331.77515

由表 4-39 可知，500 个被调查者月刷卡金额的平均值为 4781.9 元，标准差为 7418.7 元，均值标准误差为 331.8。

表 4-40　T 检验

	检验值 = 0					
	t	自由度	Sig.（双尾）	平均值差值	差值 95% 置信区间	
					下　限	上　限
月平均刷卡金额	14.413	499	.000	4781.87860	4130.0302	5433.7270

由表 4-40 可知，对该问题应采用单侧检验方法，因此比较 α 和 p/2，如果 α 取 0.05，由于 p/2 小于应拒绝原假设，接受备择假设。认为该地区信用卡月刷卡金额的平均值与 3000 元有显著差异，且显著高于 3000 元。

95%的置信区间告诉我们，有 95%的把握认为月刷卡金额均值在 4130.0～5433.7 元之间，3000 元没有包含在置信区间内，也证实了上述应拒绝原假设的推断。

5. 考点 2：对数据进行两独立样本分析

两个独立样本检验是检验两个独立样本均值是否存在显著差异的一种方法。使用 SPSS 进行两个独立样本检验的时候，要求两个样本都来自正态总体，在进行两个独立样本，检验之前，首先要判断两个样本对应的总体方差是否相等，也就是方差齐性检验。在两个总体方差相同和不同的情况下，两独立样本，检验的统计量公式也是不同的。

示例：为研究长期吸烟是否为导致胆固醇升高的直接原因，对烟龄 25 年以上（过度吸烟）和 5 年以下（短期吸烟）的吸烟者分别进行随机抽样，获得两组人群的烟龄和胆固醇数据，共 76 条记录，判断过度吸烟者的胆固醇水平的总体均值（是否）大于等于短期吸烟者的均值，进行两独立样本 T 检验。部分数据如图 4-80 所示。

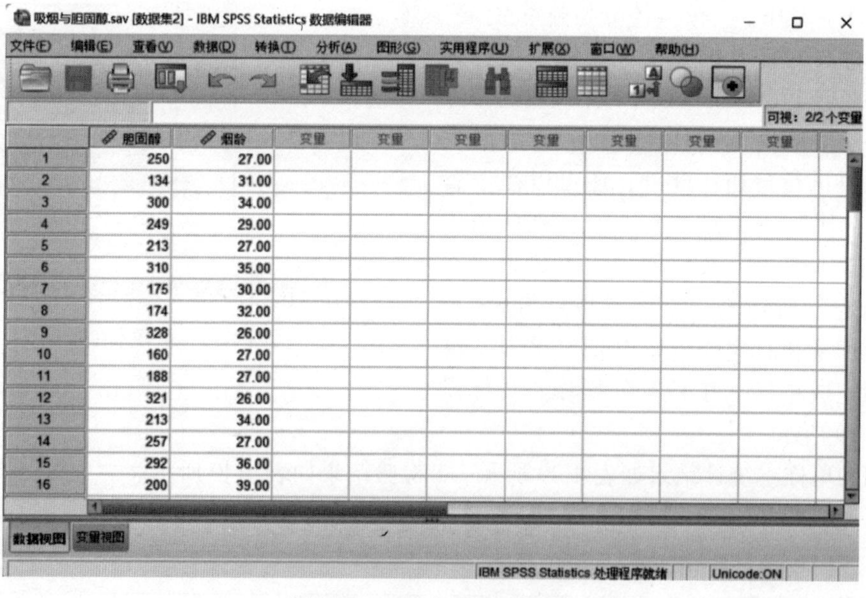

图 4-80　吸烟与胆固醇数据

分析思路

1）选择菜单“分析→比较平均值→独立样本 T 检验”选项，选择检验变量到“检验变量”对话框中，选择总体标识变量到“分组变量”框中，单击“定义组”按钮定义两个总体的表示值，其中“使用指定值”表示分别输入对应的两个不同总体的标记值；“分割点”框中应输入一个数字，大于等于该值的对应一个总体，小于该值的对应另一个总体。

2）两个独立样本 T 检验的“选项”选项含义与单样本 T 检验的相同。

3）至此，SPSS 会首先自动计算 F 统计量，并计算在两总体方差相等和不相等情况下的 T 统计量的观测值及各自对应的双侧概率 P 值。具体操作如图 4-81 所示。

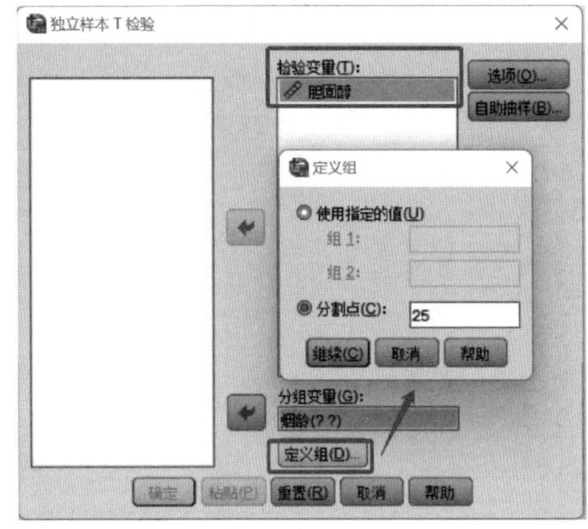

图 4-81　“独立样本 T 检验”对话框

运行结果如表 4-41、表 4-42 所示。

由表 4-41 可知，过度吸烟者胆固醇水平的样本均值略低于短期吸烟者，但还需检验其是否具有统计上的显著性。

表 4-41　组统计表

	烟　龄	个　案　数	平　均　值	标 准 偏 差	标准误差平均值
胆固醇	≥25.00	33	233.06	47.683	8.300
	< 25.00	43	237.98	38.538	5.877

由表 4-42 可知，过度吸烟者和短期吸烟者的胆固醇水平的总体方差不存在显著差异（F 检验的概率 P 值大于 0.05），应看第一列的 T 检验结果。

T 统计量的观测值为-0.497，对应的双侧概率 P 值为 0.621，若显著性水平 α 为 0.05，则 p/2 不小于 0.05，不能拒绝原假设，即没有充分的证据和理由推翻过度吸烟者的胆固醇水平的总体均值高于或等于短期吸烟者的论断。

表 4-42　独立样本检验结果表

		莱文方差等同性检验		平均值等同性 t 检验						
		F	显著性	t	自由度	Sig.（双尾）	平均值差值	标准误差差值	差值 95% 置信区间	
									下限	上限
胆固醇	假定等方差	1.561	.215	-.497	74	.621	-4.916	9.890	-24.622	14.789
	不假定等方差			-.483	60.535	.631	-4.916	10.170	-25.256	15.424

6. 考点 3：对数据进行两配对样本分析

两个配对样本 T 检验的目的是利用来自两个总体的配对样本推断两个总体的均值是否存在显著差异。示例：为研究某种减肥茶是否具有明显的减肥效果，某机构对 35 名肥胖志愿者进行了减肥跟踪调研。首先将其喝减肥茶以前的体重记录下来，3 个月后再依次将这 35 名志愿者喝茶后的体重记录下来。通过这两组样本数据的对比分析，推断减肥茶是否具有明显的减肥作用。做两配对 T 检验。部分数据如图 4-82 所示。

图 4-82　减肥茶数据

分析思路如下。

1）选择菜单“分析→比较平均值→成对样本 T 检验”选项，选择一对或者若干对检验变量到“成对变量”框中，并且可以交换两个配对变量的顺序。选项选择与单样本 T 检验的相同，单击“确定”按钮执行计算，如图 4-83 所示。

2）SPSS 将自动计算 T 统计量和对应的概率 P 值，可以据此做出假设检验的判断。运行结果如表 4-43、表 4-44、表 4-45 所示。

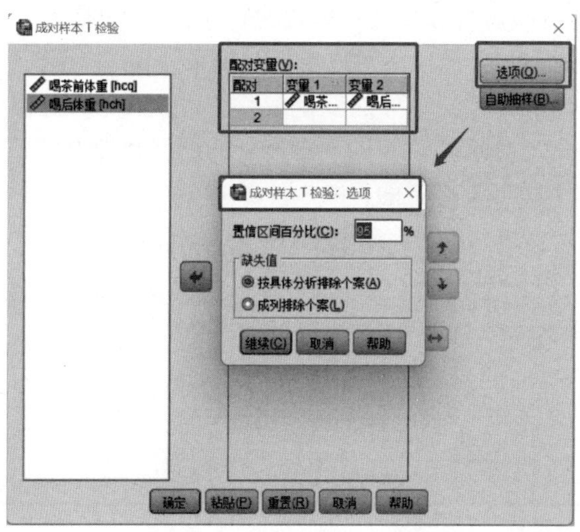

图 4-83　成对样本 T 检验

表 4-43　配对样本统计结果表

		平 均 值	个 案 数	标 准 偏 差	标准误差平均值
配对 1	喝茶前体重	89.2571	35	5.33767	.90223
	喝后体重	70.0286	35	5.66457	.95749

结果表明，喝茶前与喝茶后样本的平均值（依次为 89.3 和 70.0）有较大差异。喝茶后的样本平均体重低于喝茶前的平均体重。

表 4-44 中第三列是喝茶前与喝茶后两个样本的简单相关系数，第四列是相关系数检验的概率 P 值。它表明在显著性水平 α 为 0.05 时，肥胖志愿者服用减肥茶前后的体重并没有明显的线性关系，喝茶前与喝茶后体重的线性相关程度较弱。

表 4-44　配对样本相关性结果表

		个 案 数	相 关 性	显 著 性
配对 1	喝茶前体重 & 喝后体重	35	-.052	.768

表 4-45 中，第一列是喝茶前与喝茶后体重的平均差异，相差了 19.2 千克；第二列是差值样本的标准差；第三列是差值样本均值抽样分布的标准误；第四列、第五列是两总体均值差 95%的置信区间的下限和上限；第六列是 T 检验统计量的观测值；第七列是 T 分布的自由度；第八列是 T 检验统计量观测值对应的双侧概率 P 值，接近 0。如果显著性水平 α 为 0.05，由于概率 P-值小于显著性水平 α，应拒绝原假设即认为体重差的总体平均值与 0 有显著不同，意味着喝茶前与喝茶后的体重总体均值存在显著差异，可以认为该减肥茶具有显著的减肥效果，且有 95%的置信度认为可减重 16.5 千克至 22 千克。

表 4-45　配对样本检验表

		配对差值					t	自由度	Sig.（双尾）
		平均值	标准偏差	标准误差平均值	差值 95%置信区间				
					下限	上限			
配对 1	喝茶前体重-喝后体重	19.22857	7.98191	1.34919	16.48669	21.97045	14.252	34	.000

4.3.6　卡方检验

1. 概述

T 检验和单因素方差分析均是检验分类数据与连续数据之间差异，如果检验分类数据与分类数据之间的差异就用到了卡方检验。卡方检验分为卡方独立性检验（一种参数检验的方法）和拟合度的卡方检验（一种非参数检验的方法），是 K.Pearson 提出的一种最常用的检验方法。它用于检验观测数据是否与某种概率分布的理论数值相符合，进而推断观测数据是否是来自该分布样本。卡方拟合优度检验研究差异性，卡方独立性检验研究相关性。下面分别来介绍这两种卡方检验。

2. 目标

掌握 SPSS 卡方检验独立性检验以及拟合优度卡方检验操作，学会分析实际问题。

3. 准备

软件版本：IBM SPSS Statistics 26。

4. 考点 1：对数据进行卡方独立性检验

- 卡方独立性检验又称列联表的卡方检验，其原假设为行变量与列变量独立，即行列变量不存在相关关系。

- 根据检验统计量的观测值和临界值比较的结果进行决策。在卡方检验中，如果卡方的观测值大于卡方临界值，则认为卡方值已经足够大，实际分布与期望分布之间的差距显著，可以拒绝原假设，断定列联表的行列变量间不独立，存在相关关系；反之，如果卡方的观测值不大于卡方临界值，则认为卡方值不够大，实际分布与期望分布之间的差异不显著，不能拒绝原假设，不能拒绝列联表的行列变量独立。
- 根据检验统计量观测值的概率 P-值和显著性水平 a 比较的结果进行决策。在卡方检验中，如果卡方观测值的概率 P-值小于等于 a，则认为在原假设成立的前提下，卡方观测值及更大值出现的概率（概率 P-值）很小，一个本不应发生的小概率事件发生了。

示例：为分析不同性别的学生在填报高考志愿时所考虑的因素是否存在差异，即影响高考志愿填报的因素与性别是否有关。指定列联表的行变量为“性别”，列变量为“志愿者决定因素”，有效调查记录为 919 条，利用卡方检验方法进行判断。部分数据如图 4-84 所示。

（1）分析思路

1）选择菜单“分析→描述统计→交叉表”，打开“交叉表”对话框；选择行变量到“行”中，选择列变量到“列”中，行列变量必须是分类变量，如果要编制三维或高维列联表，可将其他变量选入“层 1/1”中，选进层的变量相当于统计分析中的控制变量。控制变量可以有多个，可单击“下一个”按钮进行添加，或者单击“上一个”按钮进行修改。交叉表格下面有两个复选框，“显示簇状条形图”表示输出各变量交叉分组下的频数分布图，“禁止显示表”表示不输出列联表，只输出相关统计量。具体如图 4-85 所示。

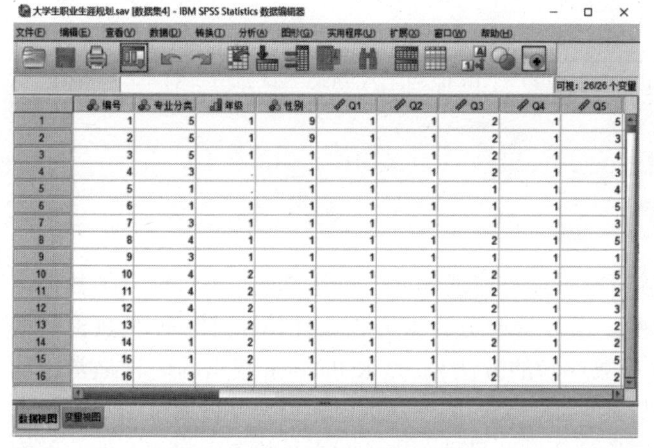

图 4-84　大学生职业生涯规划数据

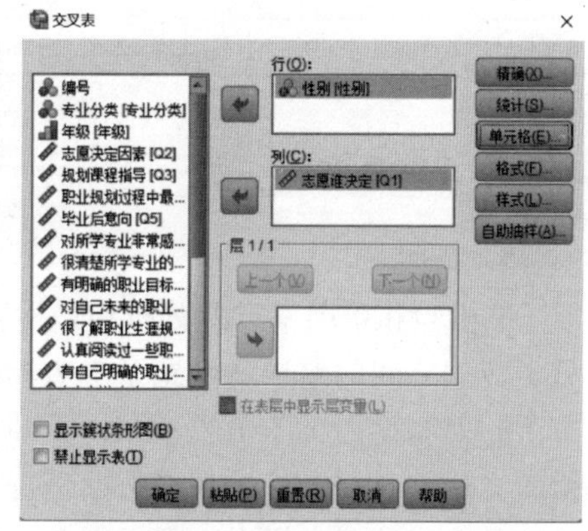

图 4-85　“卡方-交叉表”对话框

2）单击“统计”，打开“交叉表：统计”子对话框，如图 4-86 所示，勾选“卡方”检验，可根据具体的变量特征选取相应的方法进行分析，点击“继续”按钮返回主对话框；单击主对话框中的“单元格”按钮指定列联表单元格中的输出内容，如图 4-87 所示，“交叉表：单元格”显示对话框中的主要内容就是在列联表中输出的主要内容，SPSS 一般默认只输出观察值，可根据需要决定是否输出期望值及各种百分比。其中“隐藏较小的计数”表示可以自行设置将小于指定数的计数隐藏；“残差”中的复选框表示是否在列联表中输出期望频数与实际观测频数的差。

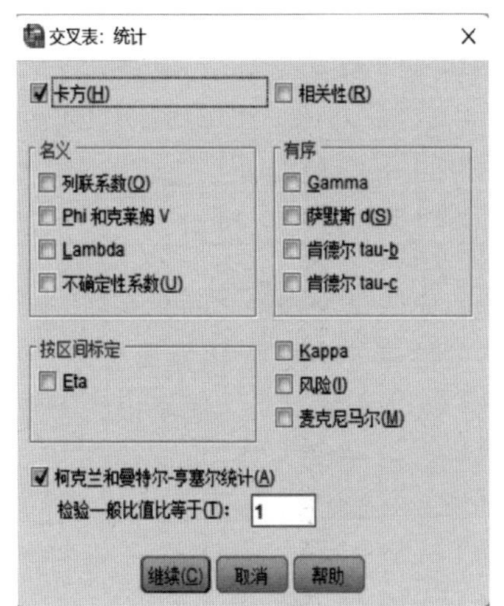

图 4-86 “交叉表：统计”对话框

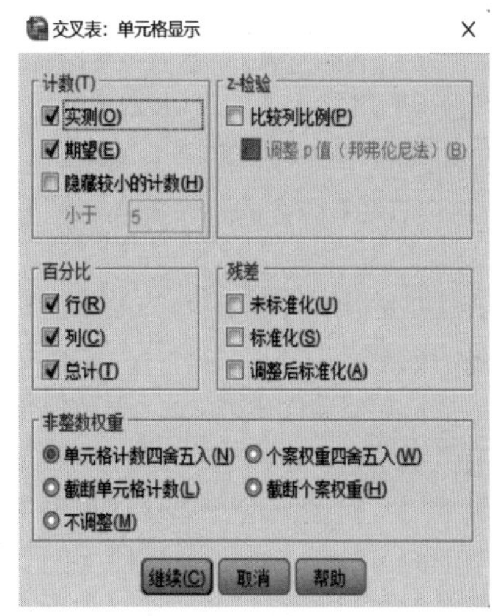

图 4-87 “交叉表：单元格显示”对话框

（2）根据上述操作，得到分析结果如表 4-46、图 4-47 所示。

表 4-46　性别 ＊ 志愿决定因素交叉表

			志愿决定因素						总计
			兴趣爱好	市场就业	职业目标	能力优势	性格特点	其他	
性别	男	计数	270	99	0	0	0	0	369
		期望计数	110.9	117.9	31.2	56.7	27.9	24.2	369.0
		占性别的百分比	73.2%	26.8%	0.0%	0.0%	0.0%	0.0%	100.0%
		占志愿决定因素的百分比	100.0%	34.5%	0.0%	0.0%	0.0%	0.0%	41.1%
		占总计的百分比	30.1%	11.0%	0.0%	0.0%	0.0%	0.0%	41.1%
	女	计数	0	188	76	138	68	59	529
		期望计数	159.1	169.1	44.8	81.3	40.1	34.8	529.0
		占性别的百分比	0.0%	35.5%	14.4%	26.1%	12.9%	11.2%	100.0%
		占志愿决定因素的百分比	0.0%	65.5%	100.0%	100.0%	100.0%	100.0%	58.9%
		占总计的百分比	0.0%	20.9%	8.5%	15.4%	7.6%	6.6%	58.9%
总计		计数	270	287	76	138	68	59	898
		期望计数	270.0	287.0	76.0	138.0	68.0	59.0	898.0
		占性别的百分比	30.1%	32.0%	8.5%	15.4%	7.6%	6.6%	100.0%
		占志愿决定因素的百分比	100.0%	100.0%	100.0%	100.0%	100.0%	100.0%	100.0%
		占总计的百分比	30.1%	32.0%	8.5%	15.4%	7.6%	6.6%	100.0%

表 4-47　卡方检验

	值	自　由　度	渐进显著性（双侧）
皮尔逊卡方	630.094a	5	.000
似然比	846.425	5	.000

（续）

	值	自由度	渐进显著性（双侧）
线性关联	450.418	1	.000
有效个案数	898		
a. 0 个单元格（0.0%）的期望计数小于 5。最小期望计数为 24.24			

上表就是输出的卡方检验的结果。由于卡方检验的原假设为变量之间相互独立，即高考志愿填报的因素与性别之间不存在相关关系或者相关性很小，如果将显著性水平 α 设为 0.05，由于卡方检验的 P 值<a，因此应该拒绝零假设，认为影响高考志愿填报的因素与性别是否（有关）。

5. 考点 2：对数据进行拟合优度卡方检验

拟合度的卡方检验，是研究有关总体比例的问题。它检验的内容仅涉及一个因素多项分类的计数资料，检验的是单一变量在多项分类中实际观察次数分布与某理论次数是否有显著差异。

示例：医学家在研究心脏病人猝死人数与日期的关系时发现：一周之中，星期一心脏病人猝死者较多，其他日子基本相当。各天的比例近似为 2.8：1：1：1：1：1：1。现收集到心脏病人死亡日期的样本数据，推断其总体分布是否与上述理论分布相吻合，具体数据如图 4-88 所示。

图 4-88 心脏病猝死数据

（1）任务流程

1）给出上述实训的原假设，并指定相应的加权变量，进行加权操作。

2）判断变量的变量类型，选择卡方检验方法进行检验分析。注意“卡方检验→期望值→值”的输入。

（2）分析思路

1）原假设为心脏病人死亡日期的总体分布的比例与 2.8：1：1：1：1：1：1 比例无显著差异。在菜单栏中“数据→个案加权”中对死亡人数进行加权。

2）选择菜单“分析→非参数检验→旧对话框→卡方检验”，打开“卡方检验”对话框，选定待检验的变量“死亡日期”到“检验变量列表”框中，“期望范围”框中确定参与分析的观测值的范围。“期望值”框中填写比例值 2.8：1：1：1：1：1：1。“精确”按钮用于选择计算显著性水平 sig 值的集中方法，包括渐进法、蒙特卡洛法等计算精确概率的方法。“选项”按钮中选择“描述”“四分位数”和“按检验排除个案”三项，显示检验数据的描述性统计量，操作如图 4-89 所示。

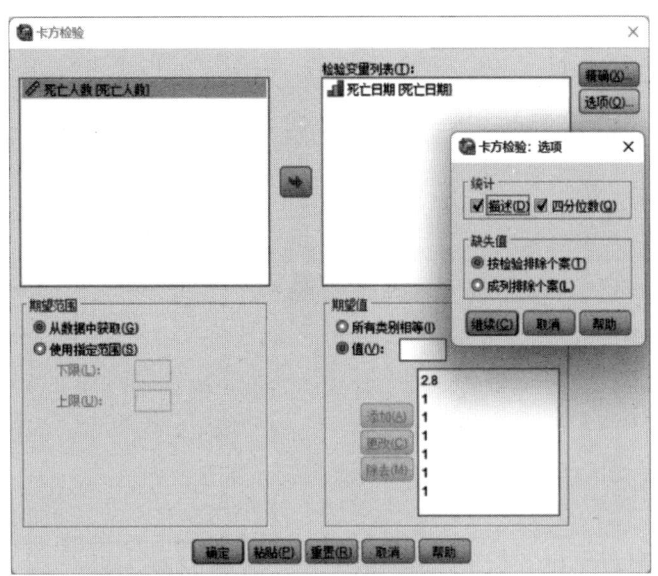

图 4-89　卡方检验

（3）运行结果如表 4-48、表 4-49 所示。

表 4-48　描述统计表

	实测个案数	期望个案数	残　差
1.00	55	53.5	1.5
2.00	23	19.1	3.9
3.00	18	19.1	−1.1
4.00	11	19.1	−8.1
5.00	26	19.1	6.9
6.00	20	19.1	.9
7.00	15	19.1	−4.1
总计	168		

表 4-48 结果说明：168 个观测数据中，星期一至星期日实际死亡人数分别为 55、23、18、11、26、20、15；按照理论分布，168 人在一周各天死亡的期望频数应为 53.5、19.1、19.1、19.1、19.1、19.1、19.1；实际观测频数与期望频数的差分别为 1.5、3.9、−1.1、−8.1、6.9、0.9、−4.1。

表 4-49 死亡日期检验统计表

	死亡日期
卡方	7.757a
自由度	6
渐近显著性	.256
a. 0个单元格（0.0%）的期望频率低于 5，期望的最低单元格频率为 19.1	

表 4-49 是计算得到的卡方统计量观测值以及对应概率 P 值。如果显著性水平 α 是 0.05，由于概率 P 值大于 α，表示实际分布与理论分布无显著差异，即心脏病猝死人数与日期的关系基本是 2.8∶1∶1∶1∶1∶1∶1 的分布。

思考与练习

一、选择题

1. Excel 中，一个工作簿就是一个 Excel 文件，其扩展名为(　　)。

A. XLSX　　B. DBFX　　C. EXEX　　D. LBLX

2. Excel 电子表格 A1 到 C5 为对角构成的区域，其表示方法是(　　)。

A. A1:C5　　B. A1,C5　　C. C5;A1　　D. A1+C5

3. 以下单元格引用中，下列哪一项属于混合引用(　　)。

A. E3　　B. $C $18　　C. $D $13　　D. B $20

4. 下列属于 Excel 主要功能的是(　　)。

A. 排序与筛选　　B. 数据图表　　C. 分析数据　　D. 文字处理

5. 对于 Excel 的自动填充功能，正确的说法是(　　)。

A. 数字、日期、公式和文本都是可以进行填充的

B. 日期和文本都不能进行填充

C. 只能填充数字和日期系列

D. 不能填充公式

6. 通常，我们所说的前端就是指 HTML、CSS 和 JavaScript 三项技术，(　　)用来描述网页的样式。

A. HTML　　B. CSS　　C. JavaScript　　D. 三项技术都可以

7. 在 HTML 文档中可以使用(　　)标签将 JavaScript 脚本嵌入到其中。

A. <head>... </head>　　B. <js>... </js>

C. <script>... </script>　　D. <javascript>... </javascript>

8. 可以使用(　　)实现非贪婪匹配。

A. (.*)　　B. .*+　　C. .*　　D. .*?

9. split()函数用于实现根据正则表达式分割字符串，并以(　　)的形式返回。

A. 列表　　B. 元祖　　C. 字典　　D. 字符串

10. PyMySQL 模块中，可以使用(　　)方法向数据表中批量添加多条记录。

A. executemany()　　B. execute()　　C. connectmany()　　D. connect()

11. 在使用 Beautiful Soup 搜索文档树时，(　　)函数只能获取第一个匹配的节点内容。

A. find( )　　B. find_all( )　　C. finds( )　　D. finds_all( )

12. SPSS 的主要操作流程大致可以分为五部分，其中第一步是(　　)。

A. 数据读入　　B. 数据预处理　　C. 结果解读　　D. 模型处理

13. SPSS 默认的是打开文件名为(　　)的文件。

A. doc　　B. xls　　C. pdf　　D. sav

14. 在其他条件相同时，下列置信区间中置信度最高的是(　　)。

A. 0~10 万　　B. 0~100 万　　C. 0~500 万　　D. 0~1000 万

15. 一般来说，检验 P 值低于(　　)，就认为差异效果是明显的，反之则认为差异效果不显著。

A. 1%　　B. 5%　　C. 8%　　D. 10%

二、简答题

1. 简述相对引用、绝对引用及混合引用。
2. 简述精确匹配与模糊匹配的区别。
3. 简述 HTTP 网络协议与 HTTPS 网络协议的区别。
4. 简述网络信息采集的流程。
5. 简述 SPSS 中 T 检验的具体过程。

第 5 章 数据挖掘与数据可视化

本章要点：

- 回归、分类、降维算法实现
- 关联分析算法实现
- 借助 Python 第三方库实现数据可视化
- 利用前端工具 ECharts 和 D3.js 实现图表的绘制
- 商业 BI 工具快速实现图表可视化

5.1 数据挖掘

数据挖掘（Data Mining）是从大量数据中，通过算法搜索来提取隐藏在其中的有用信息的过程。数据挖掘是一种决策支持过程，根据过去（或已有）的数据建立一个决策模型来预测未来（或未知）的结果。

5.1.1 线性回归

1. 概述

线性回归（Linear Regression）算法是一种预测性建模技术，主要用来研究因变量（连续型变量）和自变量之间的关系，属于监督学习算法。

简单的线性回归是指：在回归任务中，如果只含有一个自变量和一个因变量，且这两者的关系可通过一条直线进行近似表示，那么称这种回归分析为一元线性回归。当回归分析中含有两个或两个以上的自变量，且因变量和自变量之间满足线性关系，则称这种回归分析为多元回归分析。

2. 目标

使用线性回归进行数据建模。

3. 准备

系统环境：Python 3.8.5，Pandas 1.2.0，Scikit-Learn 1.1.2。

4. 考点：基于线性回归的数据预测

表 5-1 是某公司不同渠道的广告费用支出以及对应的收益情况（广告投放收益

（SV）），根据此数据进行线性回归建模。

表 5-1　广告投放收益数据　　　　（单位：万元）

印刷媒体费用	社交媒体费用	户外广告费用	收　益
165349.2	136897.8	471784.1	1922618
162597.7	151377.59	443898.53	1917921
153441.51	101145.55	407934.54	1910504
144372.41	118671.85	383199.62	1829020
142107.34	91391.77	366168.42	1661879
131876.9	99814.71	362861.36	1569911
134615.46	147198.87	127716.82	1561225
130298.13	145530.06	323876.68	1557526
120542.52	148718.95	311613.29	1522118
123334.88	108679.17	304981.62	1497600

利用 Scikit-Learn 库可直接调用线性回归模型建模，并输出模型准确率。具体代码如下。

```
import pandas as pd
from sklearn.linear_model import LinearRegression
data = pd.read_csv('广告投放收益.csv', encoding='gbk')
x = data.iloc[:,:3]
y = data.iloc[:,3]
lr = LinearRegression()          #建立线性回归模型
lr.fit(x,y)                      #训练模型
print('模型的平均准确率为:%s' % lr.score(x,y))
```

运行代码输出结果如下。

模型的平均准确率为：0.9507459940683246

可知模型的准确率为 95.1%。

5.1.2　逻辑回归

1. 概述

逻辑回归（Logistics Regression）又称为对数几率回归，是一种广义的线性模型，它在线性回归的基础上增加了一个 Sigmoid 函数，使得逻辑回归成为优秀的分类算法。虽然逻辑回归名字中带有“回归”，但却是利用线性决策边界来解决非线性问题的分类算法。

2. 目标

使用逻辑回归进行数据建模。

3. 准备

系统环境：Python 3.8.5，Scikit-Learn 1.1.2，NumPy 1.29.5，Pandas 1.2.0。

4. 考点：基于逻辑回归的数据分析

表 5-2 是某电信公司的客户数据（电信客户数据.xlsx），根据此数据进行逻辑回归建模。

表 5-2　电信客户数据

年龄（岁）	收入（元）	开通月数	基本费用（元）	无线费用（元）	流失（个）
44	64.00	13	3.70	0.00	1
33	136.00	11	4.40	35.70	1
52	116.00	68	18.15	0.00	0
33	33.00	33	9.45	0.00	1
30	30.00	23	6.30	0.00	0
39	78.00	41	11.80	0.00	0
22	19.00	45	10.90	0.00	1
35	76.00	38	6.05	64.90	0
59	166.00	45	9.75	0.00	0
41	72.00	68	24.15	0.00	0

利用 Scikit-Learn 库可直接调用逻辑回归模型建模，并输出模型准确率，具体代码如下。

```
import numpy as np
import pandas as pd
df=pd.read_excel('电信客户数据.xlsx')
x=df[['年龄', '收入', '开通月数', '基本费用', '无线费用']]
y=df['流失']
#建立逻辑回归模型
from sklearn.linear_model import LogisticRegression
lr = LogisticRegression(solver='liblinear', penalty='l2', C=0.1)   #建立线性回归模型
lr.fit(x, y)                                                        #训练模型
print('模型准确率为:', lr.score(x, y))
```

运行代码输出结果如下。

```
模型准确率为：0.766
```

可知模型的准确率为 76.6%。

5.1.3　支持向量机

1. 概述

支持向量机（Support Vector Machine）是一种有监督的二元分类模型。它的基本思想是找到一个分离超平面，将正负例样本分离到超平面两侧。

支持向量机包含三种模型，线性可分支持向量机、线性支持向量机和非线性支持向量机。当数据线性可分时，通过使用硬间隔最大化学习的线性分类器，即线性可分支持向量机，也称作硬间隔支持向量机；当训练数据近似线性可分时，通过使用软间隔最大化学习的线性分类器，即线性支持向量机，也称作软间隔支持向量机；当训练数据线性不可分时，通过使用核技巧及软间隔最大化学习的非线性支持向量机。

2. 目标

使用线性支持向量机算法进行数据建模。

3. 准备

系统环境：Python 3.8.5，Scikit-Learn 1.1.2，Pandas 1.2.0。

4. 考点：基于支持向量机的产品分类

表 5-3 是某公司产品的指标特征（部分）（产品指标.xlsx），X1~X10 为指标，类别列为产品类别，根据此数据进行线性支持向量机和核函数向量机建模。

表 5-3　产品指标数据

X1	X2	X3	X4	X5	X6	X7	X8	X9	X10	类别
0.913917	1.162073	0.567946	0.755464	0.780862	0.352608	0.759697	0.643798	0.879422	1.231409	1
0.635632	1.003722	0.535342	0.825645	0.924109	0.64845	0.675334	1.013546	0.621552	1.492702	0
0.72136	1.201493	0.92199	0.855595	1.526629	0.720781	1.626351	1.154483	0.957877	1.285597	0
1.234204	1.386726	0.653046	0.825624	1.142504	0.875128	1.409708	1.380003	1.522692	1.153093	1
1.279491	0.94975	0.62728	0.668976	1.232537	0.703727	1.115596	0.646691	1.463812	1.419167	1
0.833928	1.523302	1.104743	1.021139	1.107377	1.01093	1.279538	1.280677	0.51035	1.528044	0
0.944705	1.251761	1.074885	0.286473	0.99644	0.42886	0.910805	0.755305	1.1118	1.110842	0
0.816174	1.088392	0.895343	0.24386	0.943123	1.045131	1.146536	1.341886	1.225324	1.425784	0
0.776551	1.463812	0.783825	0.337278	0.742215	1.072756	0.8803	1.312951	1.118165	1.225922	0
0.77228	0.515111	0.891596	0.940862	1.430568	0.885876	1.205231	0.596858	1.54258	0.981879	1

利用 Scikit-Learn 库可直接调用支持向量机模型建模，并输出模型准确率，具体代码如下。

```
import pandas as pd
from sklearn.svm import SVC
from sklearn.svm import LinearSVC
data = pd.read_excel('产品指标.xlsx')
X = data.iloc[:,:-1]
y = data.iloc[:,-1]
#最大-最小值归一化
from sklearn.preprocessing import MinMaxScaler
Mm = MinMaxScaler()
X = Mm.fit_transform(X)
#线性支持向量机
lsvc = LinearSVC()                #建立线性支持向量机模型
lsvc.fit(X, y)                    #训练模型
#核函数支持向量机
svc = SVC()                       #建立核函数向量机模型
svc.fit(X, y)                     #训练模型
print('线性 SVM 准确率为:', lsvc.score(X, y))
print('核函数 SVM 准确率为:', svc.score(X, y))
```

运行代码输出结果如下。

```
线性 SVM 准确率为: 0.95
核函数 SVM 准确率为: 0.9733333333333334
```

可知线性支持向量机的准确率为95%，核函数支持向量机的准确率为97.3%。

5.1.4 朴素贝叶斯

1. 概述

朴素贝叶斯（Naive Bayes Model）是基于贝叶斯定理与特征条件独立假设的分类方法，特征条件独立假设就是“朴素”。朴素贝叶斯算法是机器学习的经典算法，也是统计模型中的基本方法，基本思想是利用条件概率进行分类。朴素贝叶斯基于输入和输入的联合概率分布，对于给定的输入，利用贝叶斯公式求出后验概率最大的输出。朴素贝叶斯是有监督算法，属于生成模型。

- 先验概率：事件还没有发生，根据已知规律求得事件将要发生的概率称为先验概率，即平时所说的概率。
- 后验概率：事件已经发生，求事件发生的原因是由哪些因素引起的称为后验概率。后验概率可以近似理解为条件概率。

2. 目标

使用朴素贝叶斯算法进行数据建模。

3. 准备

系统环境：Python 3.8.5，Scikit-Learn 1.1.2，Pandas 1.2.0。

4. 考点：基于朴素贝叶斯的产品类别分析

表5-4是某公司产品的参数数据（product.csv），根据此数据进行朴素贝叶斯建模。

表5-4 产品参数数据

面积	周长	密度	长度	宽度	对称度	槽深	中心
15.26	14.84	0.871	5.763	3.312	2.221	5.22	0
14.88	14.57	0.8811	5.554	3.333	1.018	4.956	0
14.29	14.09	0.905	5.291	3.337	2.699	4.825	0
13.84	13.94	0.8955	5.324	3.379	2.259	4.805	0
16.14	14.99	0.9034	5.658	3.562	1.355	5.175	0
14.38	14.21	0.8951	5.386	3.312	2.462	4.956	0
14.69	14.49	0.8799	5.563	3.259	3.586	5.219	0
14.11	14.1	0.8911	5.42	3.302	2.7	5	0
16.63	15.46	0.8747	6.053	3.465	2.04	5.877	0
16.44	15.25	0.888	5.884	3.505	1.969	5.533	0

利用Scikit-Learn库可直接调用朴素贝叶斯模型建模，并输出模型准确率，具体代码如下。

```
import pandas as pd
data = pd.read_csv('product.csv', encoding='gbk')
X = data.iloc[:,:-1]
y = data.iloc[:,-1]
#分箱,用于多项式贝叶斯
```

```
from sklearn.preprocessing import KBinsDiscretizer
kbs = KBinsDiscretizer(n_bins=10, encode='onehot')
kbs = kbs.fit(X)
X_M = kbs.transform(X)
#最大-最小值归一化,用于伯努利贝叶斯
from sklearn.preprocessing import MinMaxScaler
Mm = MinMaxScaler()
X_B = Mm.fit_transform(X)
#高斯贝叶斯(连续变量分类)
from sklearn.naive_bayes import GaussianNB
gnb = GaussianNB()
gnb.fit(X, y)
#多项式贝叶斯(多分类)
from sklearn.naive_bayes import MultinomialNB
mnb = MultinomialNB()
mnb.fit(X_M, y)
#伯努利贝叶斯(二分类)
from sklearn.naive_bayes import BernoulliNB
bnb = BernoulliNB(binarize=0.5)
bnb.fit(X_B, y)
print('高斯贝叶斯准确率:', gnb.score(X, y))
print('多项式贝叶斯准确率:', mnb.score(X_M, y))
print('伯努利贝叶斯准确率:', bnb.score(X_B, y))
```

运行代码输出结果如下。

```
高斯贝叶斯准确率: 0.9428571428571428
多项式贝叶斯准确率: 0.9642857142857143
伯努利贝叶斯准确率: 0.9428571428571428
```

可知高斯贝叶斯的准确率为 94.3%，多项式贝叶斯的准确率为 96.4%，伯努利贝叶斯的准确率为 94.3%。

5.1.5 决策树

1. 概述

决策树（Decision Tree）是一种依托于策略抉择而建立起来的树，是机器学习中一类常见的有监督学习方法，它代表的是对象属性与对象值之间的一种映射关系。树中每个节点表示某个对象，而每个分叉路径则代表的某个可能的属性值，从根节点到叶节点所经历的路径对应一个判定测试序列。决策树可以是二叉树或非二叉树，可以把它看作是 if-else 规则的集合，也可以认为是在特征空间上的条件概率分布。决策树在机器学习模型领域的特殊之处在于其信息表示的清晰度。决策树通过训练获得的“知识”直接形成层次结构，以这样的方式保存和展示知识，即使是非专家也可以很容易理解。

决策树发展至今已经产生了许多算法，常见的有 ID3 算法、C4.5 算法、CART 算法，在 Scikit-Learn 库中，决策树使用的是 CART 算法。

2. 目标

使用决策树算法进行数据建模。

3. 准备

系统环境：Python 3.8.5，Scikit-Learn 1.1.2，Pandas 1.2.0。

4. 考点：基于决策树算法的数据预测

表 5-5 是某医疗机构的心脏病患者数据（部分）（heart.csv），数据包含每个测量者的 6 项特征及患病信息，根据此数据进行决策树建模。

表 5-5　心脏病患者数据（部分）

年　龄	性别（男 1 女 0）	机能评估	静息血压	血糖值类型	最大心率	是否患病（是 1 否 0）
63	1	3	145	1	150	1
37	1	2	130	0	187	1
41	0	1	130	0	172	1
56	1	1	120	0	178	1
57	0	0	120	0	163	1
57	1	0	140	0	148	1
56	0	1	140	0	153	1
44	1	1	120	0	173	1
52	1	2	172	1	162	1
57	1	2	150	0	174	1

利用 Scikit-Learn 库可直接调用决策树模型建模，并输出模型准确率。具体代码如下。

```
import pandas as pd
data = pd.read_csv('heart.csv')
X = data.iloc[:,:6]
y = data.iloc[:,-1]
#分割训练集和测试集
from sklearn.model_selection import train_test_split
X_train, X_test, y_train, y_test = train_test_split(X, y, test_size=0.2, random_state=42)
#决策树
from sklearn.tree import DecisionTreeClassifier
clf = DecisionTreeClassifier(random_state=42)
clf.fit(X_train, y_train)
print('测试集的准确率为:%s' % clf.score(X_test, y_test))
```

运行代码输出结果如下。

```
测试集的准确率为:0.8205128205128205
```

可知模型测试集的准确率为 82.1%。

5.1.6　时间序列分析

1. 概述

时间序列是指按时间顺序排列的一组数据，是一个变量在一定时间段内不同时间点上观测值的集合。这些观测值是按时间顺序排列的，时间点之间的间隔是相等的。根据观察时间的不同，时间序列中的时间间隔可以是年份、季度、月份、星期、日或其他时间段。

在研究统计中，常用按时间顺序排列的一组随机变量来表示一个随机事件的时间序列，简记为或。用或表示该随机序列的个有序观察值。

2. 目标

使用时间序列算法进行未来温度预测。

3. 准备

系统环境：Python 3.8.5，Statsmodels0.12.0，Numpy1.19.5，Pandas 1.12.0，Matplotlib 3.3.2，Seaborn 0.11.0。

4. 考点：基于 ARIMA 模型的温度预测

表 5-6 是某地区温度的时间序列数据（温度.csv），根据此数据进行时间序列建模预测。

表 5-6　温度时间序列数据

时间（年/月/日）	温度（℃）
2019/1/1	26.4
2019/1/2	29.6
2019/1/3	23.8
2019/1/4	22
2019/1/5	25.2
2019/1/6	28.4
2019/1/7	23.6
2019/1/8	23.8
2019/1/9	32
2019/1/10	24.2

Statsmodels 库是 Python 中一个强大的统计分析库，包含假设检验、回归分析、时间序列分析等功能。接下来利用 Statsmodels 库实现时间序列分析，具体步骤如下。

（1）读取数据

读取时间序列数据，将时间转换为日期格式并设置为索引，依此绘制时间序列图像。

```
import pandas as pd
import numpy as np
import matplotlib.pyplot as plt
from statsmodels.tsa.stattools import adfuller as ADF  #平稳性检测
from statsmodels.stats.diagnostic import acorr_ljungbox     #白噪声检验
import seaborn as sns
sns.set(color_codes=True) # seaborn 设置背景
import warnings
warnings.filterwarnings("ignore")
#读取 csv
data = pd.read_csv('温度.CSV', encoding="gbk",  index_col=0) # 读取 csv 文件,设置编码,首列设为
索引
```

```
data.index=pd.to_datetime(data.index, format='%Y-%m-%d') #更改索引为时间格式
plt.figure(figsize=(6, 6)) #设置图像大小
plt.plot(data)
plt.xticks(rotation=45) # x 轴标签倾斜
plt.show()
```

运行代码输出结果如图 5-1 所示。

由图 5-1 可以看出，时间序列带有趋势，是一个非平稳序列，应先进行平稳性检验，绘制自相关图，检验单位根。

（2）平稳性检验

平稳序列是指基本不存在趋势的序列，非平稳序列是指包含趋势、季节性或周期性的序列。进行时间序列分析时要根据序列选取合适的模型。

```
#自相关(acf),偏自相关(pacf)
import statsmodels.api as sm
fig = plt.figure(figsize=(6, 6))
ax1 = fig.add_subplot(211)
fig = sm.graphics.tsa.plot_acf(data, lags=20, ax=ax1) #自相关图
ax2 = fig.add_subplot(212)
fig = sm.graphics.tsa.plot_pacf(data, lags=20, ax=ax2) #偏自相关图
plt.subplots_adjust(hspace=0.3)
plt.show()
```

运行代码输出结果如图 5-2 所示。

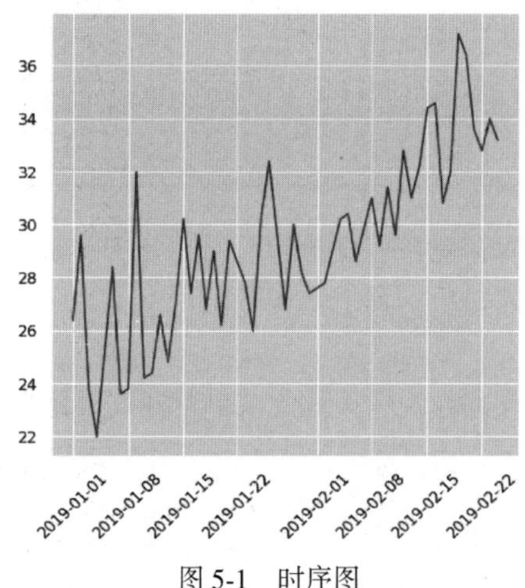

图 5-1　时序图

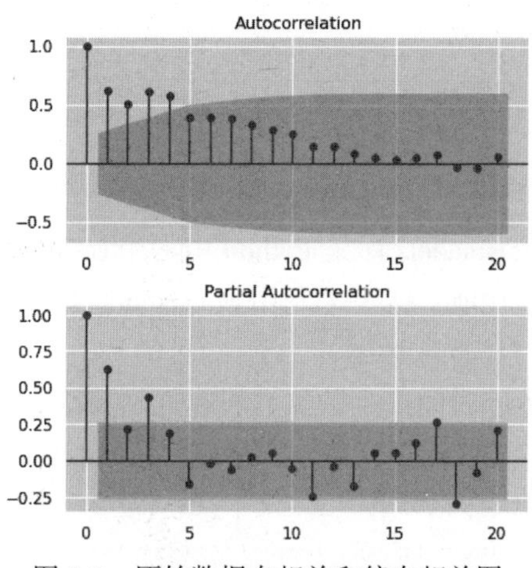

图 5-2　原始数据自相关和偏自相关图

根据图 5-2 的自相关和偏自相关图可以明显看出序列是非平稳序列。接下来进行单位根检验。

（3）单位根检验

单位根检验是指检验序列中是否存在单位根，存在单位根就是非平稳时间序列。

```
#单位根
from statsmodels.tsa.stattools import adfuller as ADF  #单位根检验
```

```
adf = ADF(data) #对序列进行单位根检验
adf
```

运行代码得到单位根检验结果：

```
(-0.9649027709412945,0.765849071475071,3,51,{'1%': -3.5656240522121956,
'5%': -2.920142229157715,'10%': -2.598014675124952},182.6899707308715)
```

P 值为 0.765849071475071，远大于 0.05。确定是非平稳序列后先对原始序列先进行 1 阶差分。

（4）1 阶差分

差分是指用下一个数值减去上一个数值，其实质是使用自回归的方式提取确定性信息，适当阶数的差分可以充分提取确定性信息。

```
d_data = data.diff(1).dropna()  #1 阶差分,丢弃 na 值
plt.figure(figsize=(6, 6))
plt.plot(d_data) #绘制差分时序图
plt.xticks(rotation=45) # x 轴标签倾斜角
plt.show()
```

运行代码输出结果如图 5-3 所示。

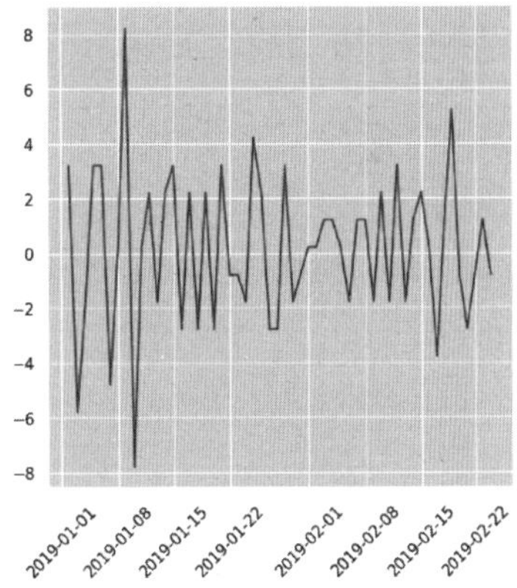

图 5-3 显示 1 阶差分后时序图近似平稳，接下来用单位根检验差分序列是否为白噪声。

图 5-3　差分序列

（5）白噪声检验

如果序列是白噪声（纯随机性）序列，那么序列各项之间没有任何关系，是完全随机的，在此情况下就没有办法对序列进行分析。白噪声检验是通过构造统计量，检验序列值之间是否相互独立，以此判断是否为白噪声序列。

```
#单位根检验
adf = ADF(d_data) #单位根检验
adf
```

运行代码得到单位根检验结果：

```
(-8.51571930367153,1.1355497571680627e-13,2,51,{'1%': -3.5656240522121956,
'5%': -2.920142229157715,'10%': -2.598014675124952},175.05750557609895)
```

P 值远小于 0.05 确定是平稳序列，接着进行白噪声检验。

```
from statsmodels.stats.diagnostic import acorr_ljungbox
#[统计量,p-value]
acorr_ljungbox(d_data, lags=1) #差分序列白噪声检验
```

运行代码得到白噪声检验结果：

```
(array([7.54583883]), array([0.00601488]))
```

P 值为 0.00601488，也远小于 0.05，可确定 1 阶差分后的序列为平稳非白噪声序列，用贝叶斯信息准则确定（p,q）阶数。

(6) 确定 (p,q) 阶数

BIC 准则又称贝叶斯信息准则，是从拟合角度，选择一个对现有数据拟合最好的模型。利用 BIC 准则可有效防止模型精度过高造成的模型复杂度过高。

```
# bic 定阶
pmax = 7
qmax = 7
bic_matrix = []  # bic 矩阵
for p in range(pmax+1): #遍历 p
tmp = []
    for q in range(qmax+1):  #遍历 q
        try:
p_q = sm.tsa.arima.ARIMA(data,order=(p, 1, q)).fit().bic #训练 ARIMA 模型计算 bic
tmp.append(p_q)
        except:
tmp.append(None)
bic_matrix.append(tmp)
bic_matrix = pd.DataFrame(bic_matrix)  #转换为 DataFrame
p,q = bic_matrix.stack().idxmin() #展平找到最小值
print(u'BIC 最小的 p 值和 q 值为:%s、%s'  %(p,q))
```

运行代码输出结果如下。

```
BIC 最小的 p 值和 q 值为:0、1
```

(7) 训练模型

在确定 (p, d, q) 的阶数之后，即可将具体数值带入 ARIMA 模型中进行拟合，根据残差中信息量的多少判断模型拟合的优劣。

时间序列预测中对残差的假设是：

- 残差均值为 0；
- 残差无相关性；
- 残差为正态分布。

```
#将(p,d,q)带入 ARIMA 模型训练。
import statsmodels.api as sm
model = sm.tsa.arima.ARIMA(data, order=(0, 1, 1)) # ARIMA 模型
result = model.fit() #训练模型
```

1) 运行代码训练模型，模型训练完成后，检验残差数据正态是否是均值为 0 的正态分布。首先绘制残差图，看残差是否在 0 附近波动。

```
#绘制残差图
plt.figure(figsize=(6,6))
plt.plot(residuals.index[1:],residuals.iloc[1:,0])
plt.xticks(rotation=45) # x 轴标签倾斜角
plt.show()
```

运行代码输出结果如图 5-4 所示。

图 5-4 显示残差在 0 附近波动，再检验相关性。

2）检验相关性。通过 acf 图和 pacf 图检验残差相关性。

```
residuals = pd.DataFrame(result.resid) #转为 dataframe
fig = plt.figure(figsize=(6, 6))
ax1 = fig.add_subplot(211)
fig = sm.graphics.tsa.plot_acf(residuals, lags=10, ax=ax1) #自相关图
ax2 = fig.add_subplot(212)
fig = sm.graphics.tsa.plot_pacf(residuals, lags=10, ax=ax2) #偏自相关图
plt.subplots_adjust(hspace=0.3)
plt.show()
```

运行代码输出结果如图 5-5 所示。

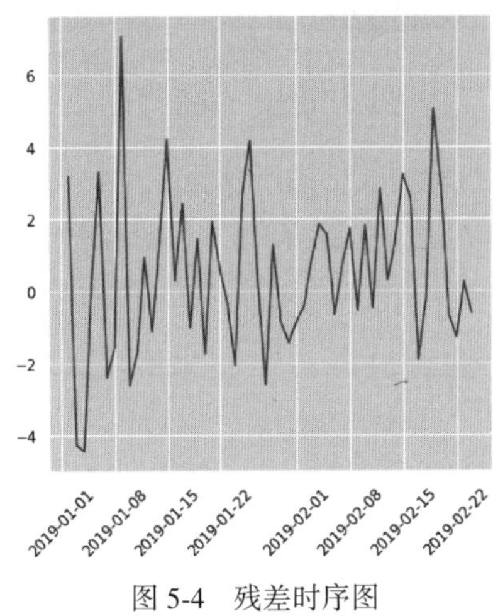

图 5-4　残差时序图

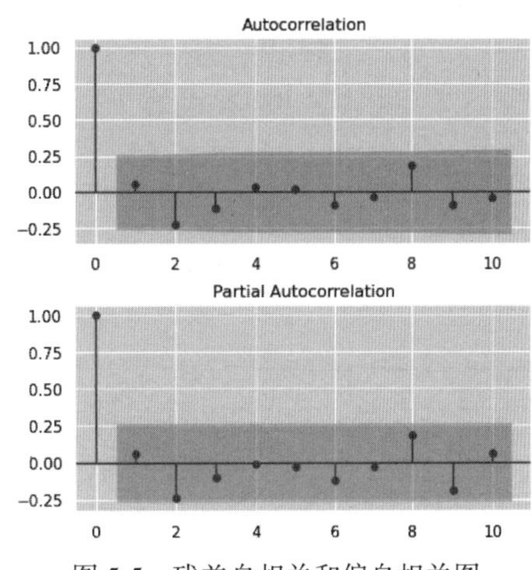

图 5-5　残差自相关和偏自相关图

由图 5-5 可以看出，残差无相关性，然后用 QQ 图检验正态分布。QQ 图是一种散点图，对应于正态分布的 QQ 图，是由标准正态分布的分位数为横坐标，样本值为纵坐标的散点图。若 QQ 图上的点是否近似地在一条直线附近，图形是直线说明是正态分布。

3）检验正态分布。态分布可以通过很多方式检验，这里是用 QQ 图和直方图检验。

```
#绘制残差 qq 图(检验正态分布)
from statsmodels.graphics.api import qqplot
plt.figure(figsize=(6, 6))
qqplot(result.resid, line='q') # qq 图
plt.show()
```

运行代码输出结果如图 5-6 所示。

由图 5-6 的 QQ 图看出，大致符合一条直线，即符合正态分布。另外，也可用直方图检验正态性。

```
#绘制残差直方图(检验正态分布)
fig = plt.figure(figsize=(6, 6))
plt.hist(result.resid, bins=50) #直方图
plt.show()
```

运行代码输出结果如图 5-7 所示。

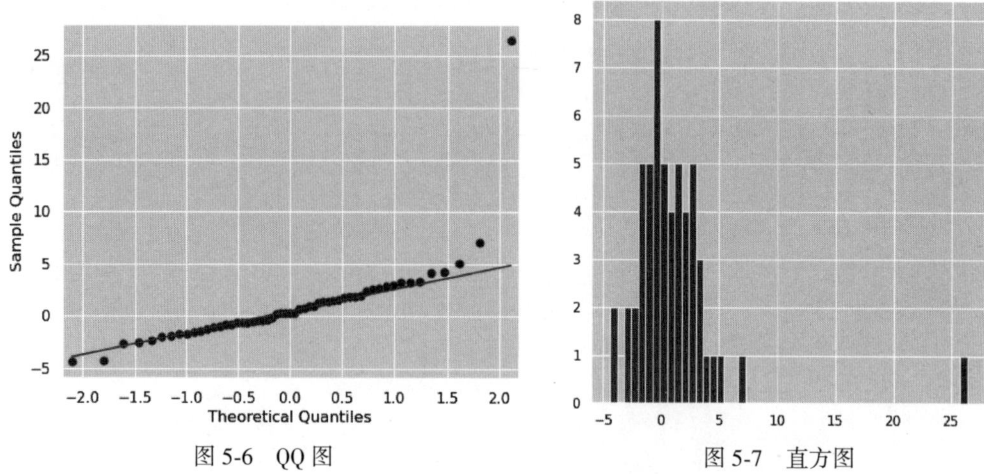

图 5-6　QQ 图　　　图 5-7　直方图

由结果可知，直方图检验也符合正态分布。残差检验完成，进行预测。

（8）预测

由步骤（1）~（7）得到最终的时间序列模型，接下来即可运用此模型对时间序列进行预测。

```
plt.figure(figsize=(6, 6))
plt.plot(data, label='Data')
#plt.plot(result.forecast(5), label='Forecast')
plt.plot(result.predict('2019-01-02','2019-02-24'), label='Predict')
plt.xticks(rotation=45) #旋转 45 度
plt.legend() #显示图例
plt.show()
```

运行代码输出结果如图 5-8 所示。

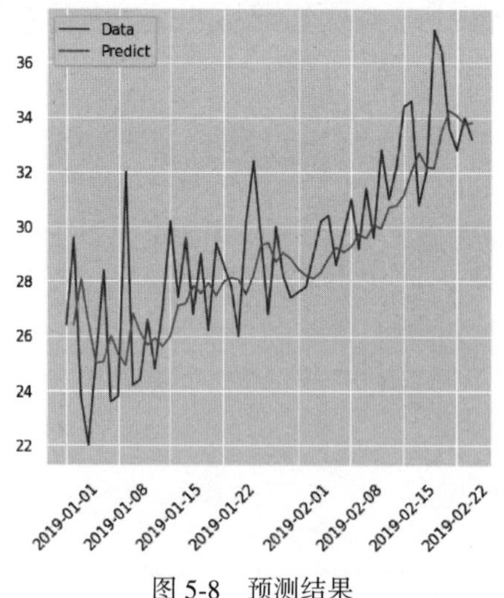

图 5-8　预测结果

相对平滑的曲线为最终的预测结果。

5.1.7 关联分析

1. 概述

关联就是反映某个事物与其他事物之间相互依存关系，而关联分析是指在数据中找出存在于项目集合之间的关联模式，即如果两个或多个事物之间存在一定的关联性，则其中一个事物就能通过其他事物进行预测。通常的做法是挖掘隐藏在数据中的相互关系，当两个或多个数据项的取值相互间高概率的重复出现时，那么就认为它们之间存在一定的关联。

关联分析有很多算法，例如 Apriori 算法、FP-Tree 算法、Eclat 算法等，本节主要介绍 Apriori 算法。

Apriori 算法是第一个，也是最经典的挖掘频繁项集的算法之一。它利用逐层搜索的迭代方法找出数据库中项集的关系，以形成规则，其过程由连接与剪枝组成。该算法中项集即为项的集合，包含 k 个项的集合为 k 项集。项集出现的频率是包含项集的事务数，称为项集的频率。如果某项集满足最小支持度，则称它为频繁项集。

Apriori 算法的核心思想是通过连接产生候选项及其支持度，然后通过剪枝生成频繁项集。

2. 目标

使用关联分析算法进行图书馆借书种类关联分析。

3. 准备

系统环境：Python 3.8.5，mlxtend 0.21.0，Pandas 1.2.0。

考点：基于 Apriori 算法的数据关联分析表（见表 5-7）是某图书馆的部分借书数据（book.csv），每条数据记录本次借书的种类，0 表示没借此类图书，1 表示借此类图书，根据此数据进行关联分析。

表 5-7　借书数据

哲学	社会科学	军事	经济	文学	艺术	农业科学	交通运输	航空航天	医药卫生	生物科学
0	1	0	1	0	0	1	0	0	0	0
1	0	0	0	0	0	0	0	0	0	0
0	0	0	0	0	0	0	0	0	0	0
1	1	1	0	1	0	1	0	0	0	0
0	0	1	0	0	0	1	0	0	0	0
1	0	0	0	0	1	0	0	0	0	1
0	1	0	0	0	0	0	0	0	0	0
0	1	0	0	1	0	0	0	0	0	0
1	0	0	1	0	0	0	0	0	0	0
1	1	1	0	0	0	1	0	0	0	0

利用 mlxtend 库可直接调用关联分析算法，并输出模型结果。具体代码如下。

```
import pandas as pd
data = pd.read_csv('book.csv', encoding='gbk')
```

```
# apriori 寻找频繁项集
from mlxtend.frequent_patterns import apriori
frequent_items = apriori(data,
min_support=0.2,                                    # 最小支持度设置为 0.2
use_colnames=True,                                  # 用列名
max_len=3).sort_values(by='support', ascending=False
                    )                               # 最大长度设为 3,按照支持度降序排列
# 关联规则
from mlxtend.frequent_patterns import association_rules
ass_rule = association_rules(frequent_items,        # 频繁项集
                        metric='confidence',        # 选择置信度
min_threshold=0.5                                   # 最小置信度为 0.5
                        )

print(frequent_items)
print(ass_rule)
```

运行代码输出结果如表 5-8、表 5-9 所示。

表 5-8　频繁项集

序　　号	support	itemsets
0	0.420	哲学
2	0.420	军事
3	0.280	经济
5	0.270	农业科学
6	0.245	军事，哲学
1	0.235	社会科学
4	0.220	艺术

表 5-9　关联规则

序号	antecedents	consequents	antecedent support	consequent support	support	confidence	lift	leverage	conviction
0	(军事)	(哲学)	0.42	0.42	0.245	0.583333	1.388889	0.0686	1.392
1	(哲学)	(军事)	0.42	0.42	0.245	0.583333	1.388889	0.0686	1.392

由表 5-8 和表 5-9 可知，符合最小支持度为 0.2 且最大长度为 3 的频繁项集共有 7 个（借书种类在借书记录中出现（共同出现）次数的概率大于 0.2，长度小于等于 3）；在此基础之上，符合最小置信度为 0.5 的关联规则共有两条，军事类/哲学类图书被借阅的条件下，另一类图书被借阅的概率为 0.583333。

5.1.8　K-Means 聚类

1. 概述

K-Means 聚类（K-Means Algorithm）是基于样本集合划分的聚类算法，属于无监督算

法。通过人为给定的簇个数，将样本集合划分为 k 个子集，使得同一个簇内样本的相似性尽可能小，同时不在同一个簇内的样本差异性也尽可能大。它的基本思想是：通过迭代方式寻找 k 个簇（Cluster）的一种划分方案，使得聚类结果对应的代价函数最小。

2. 目标

使用 K-Means 算法对社会评测参与人员聚类分析。

3. 准备

系统环境：Python 3.8.5，Scikit-Learn 1.1.2，Pandas 1.2.0。

4. 考点：基于 K-Means 算法聚类分析

表 5-10 是某机构做的部分社会评测数据（人员信息.csv），每个 ID 是一个人，包含三个特征。依据这些特征对人员进行聚类。

表 5-10　社会评测数据

ID	年　龄	年　收　入	得　分
1	19	15	39
2	21	15	81
3	20	16	6
4	23	16	77
5	31	17	40
6	22	17	76
7	35	18	6
8	23	18	94
9	64	19	3
10	30	19	72

利用 Scikit-Learn 库可直接调用 K-Means 模型建模，并输出聚类中心。数据中包含年龄、年收入、需要分 3 个维度，设定聚类簇个数为 4，即：将数据划分到 4 个子集中。具体代码如下。

```
import pandas as pd
data = pd.read_csv('人员信息.csv', encoding='gbk', index_col='ID')
#最大-最小值归一化
from sklearn.preprocessing import MinMaxScaler
Mm = MinMaxScaler()
data = Mm.fit_transform(data)
# K 均值聚类
from sklearn.cluster import KMeans
model = KMeans(n_clusters=4)              #将其聚为 4 类
model.fit(data)                           #训练模型
print('聚类标签是:\n', model.labels_)
print('聚类中心是:\n', model.cluster_centers_)
```

运行代码输出结果如图 5-9 所示。

由结果可知，聚类算法随机从数据集中选择 4 个点，作为聚类中心点，通过多次算法迭代确定聚类中心，即三维空间的簇中心坐标。结合聚类中心，对所有数据进行子标签输出。

```
聚类中心是:
 [[0.28605769 0.58278689 0.82168367]
 [0.41093117 0.58606557 0.1895811 ]
 [0.14304993 0.20491803 0.60508414]
 [0.69201183 0.26809584 0.39764521]]
聚类标签是:
 [2 2 2 2 2 2 3 2 3 2 3 2 3 2 3 2 2 2 3 2 2 2 3 2 3 2 3 2 3 2 3 2 3 2 3 2 3
 2 3 2 3 2 3 2 3 2 3 2 2 2 3 2 2 3 3 3 3 3 2 3 3 2 3 3 3 2 3 3 2 2 3 3 3 3
 3 2 3 3 2 3 3 2 3 3 2 3 3 2 2 3 3 2 3 3 2 2 3 2 3 2 2 3 3 2 3 2 3 3 3 3 3
 2 1 2 2 2 3 3 3 3 2 1 0 0 1 0 1 0 3 0 1 0 1 0 1 0 1 0 1 0 1 0 1 0 1 0 1 0
 1 0 1 0 1 0 1 0 1 0 1 0 3 0 1 0 1 0 1 0 1 0 1 0 1 0 1 0 1 0 1 0 1 0 1 0 1
 0 1 0 1 0 1 0 1 0 1 0 1 0 1 0]
```

图 5-9　聚类结果展示

5.1.9　主成分分析

1. 概述

主成分分析（Principal Component Analysis）是一种最常用的无监督降维方法。PCA 通过正交变换将一组由线性相关变量表示的数据转换为几个由线性无关变量表示的数据，这几个线性无关变量就是主成分。其具体方法是对角化协方差矩阵，对角化后的矩阵非对角线上的元素都是 0，对角线上的元素是新维度的方差，挑选方差较大的就完成了降维的操作。

主成分分析是用较少的变量解释大部分变异，以达到降维的目的，通常用于其他机器学习方法的前处理。

2. 目标

对鸢尾花数据集降维操作并进行主成分分析。

3. 准备

系统环境：Python 3.8.5，Scikit-Learn 1.1.2，NumPy 1.19.5，Pandas 1.2.0。

4. 考点：基于 PCA 算法的数据降维分析

用 Scikit-Learn 自带的鸢尾花数据集降维，降至 2 维后对数据进行可视化。利用 Scikit-Learn 库可直接调 PCA 模型建模。

```
import pandas as pd
import numpy as np
import matplotlib.pyplot as plt
plt.rcParams['font.sans-serif']=['SimHei'] #用来正常显示中文标签
plt.rcParams['axes.unicode_minus']=False #用来正常显示负号
#鸢尾花数据集
from sklearn.datasets import load_iris   #导入数据集 iris
iris = load_iris()   #载入数据集
#最大-最小值归一化
from sklearn.preprocessing import MinMaxScaler
mm=MinMaxScaler()
data = mm.fit_transform(iris.data)
# PCA 降维
from sklearn.decomposition import PCA
```

```
pca = PCA(n_components=2)
pca.fit(data)
data = pca.transform(data)
#拼接标签与特征
iris.target = iris.target[:, np.newaxis]
d_t = np.hstack((iris.data, iris.target))
df = pd.DataFrame(d_t, columns=['一维', '二维', '三维', '四维', '标签'])
#提取索引
X0 = df[df['标签']==0].index
X1 = df[df['标签']==1].index
X2 = df[df['标签']==2].index
#可视化
plt.figure()
plt.scatter(data[[X0], 0], data[[X0], 1], color='r')
plt.scatter(data[[X1], 0], data[[X1], 1], color='g')
plt.scatter(data[[X2], 0], data[[X2], 1], color='b')
plt.show()
```

运行代码，输出结果如图 5-10 所示，即是鸢尾花数据集通过降维之后的二维图像。

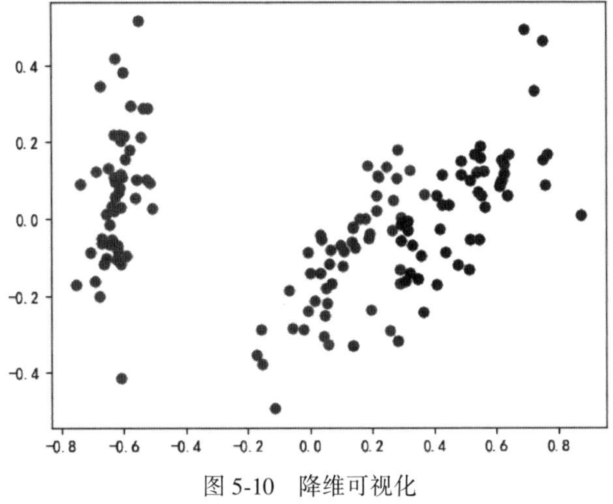

图 5-10　降维可视化

5.2　数据可视化

5.2.1　报表可视化

1. 概述

（1）基础图表

数据可视化，是关于数据视觉表现形式的科学技术研究。其中，这种数据的视觉表现形式被定义为，一种以某种概要形式抽提出来的信息，包括相应信息单位的各种属性和变量。基础图表主要包括常见的柱状图、折线图、饼图。

（2）进阶图表

实际工作中，在数据处理后，对数据的呈现仅用上方简单的图表显示，不足以满足更加复杂的数据需求。WPS Excel 表格工具中还可以做更复杂的图表，来提升可视化效果。包括但不限于折线图 & 柱状组合图、瀑布图、子弹图。

2. 目标

掌握 Excel 中的基础图表如折线图、柱状图、饼图，以及进阶图表中的瀑布图、子弹图等。

3. 准备

软件版本：WPS Excel3.9.1（6204）。

4. 考点 1：基础图表

（1）折线图

折线图是排列在工作表的列或行中的数据可以绘制到折线图中。其也可以显示随时间而变化的连续数据，因此非常适用于显示在相等时间间隔下数据的趋势。

位置：插入选项卡——折线图。

示例：对处理好的数据进行可视化，选择类别和商品进价制作成折线图。

同时选中两列数据，单击“插入”选项卡，单击“折线图”。根据需求可以对制作好的基础图表进行修改，常见的图表元素有图表区、绘图区、图表标题、数据标签、数据系列、坐标轴、网格线、分类名称、图例等，如图 5-11 所示。单击图表右侧的图表元素标签，可以看到常规设置的图表元素。

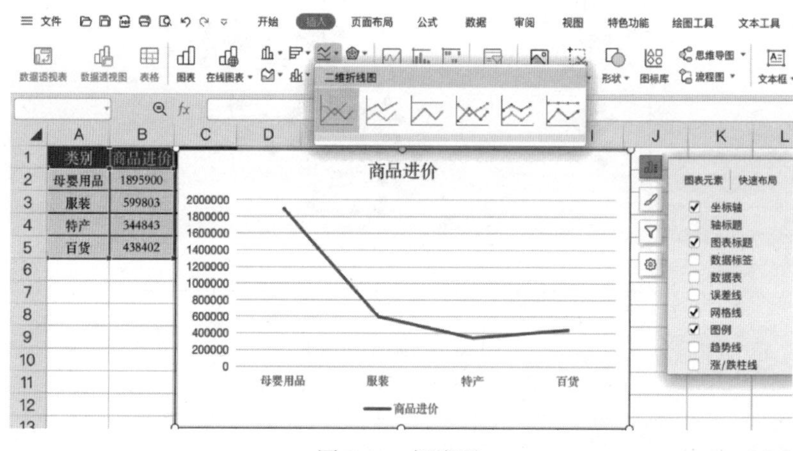

图 5-11　折线图

（2）柱状图

柱状图，又称长条图、柱状统计图等，是一种以长方形的长度为变量的统计图表。长条图用来比较两个或以上的价值（不同时间或者不同条件），只有一个变量，通常利用于较小的数据集分析。长条图亦可横向排列，或用多维方式表达。

位置：插入选项卡——柱状图。

示例：对处理好的数据进行可视化，选择类别和商品进价制作成柱状图，原始数据如图 5-11 所示，同时选中两列数据，单击“插入”选项卡，单击“柱状图”，结果如图 5-12 所示。

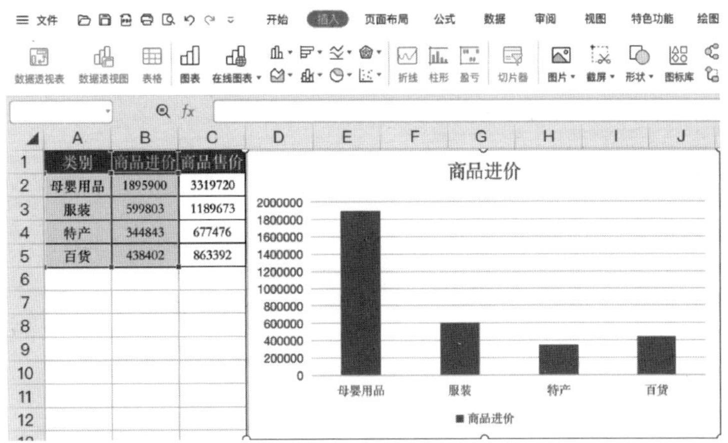

类别	商品进价	商品售价
母婴用品	1895900	3319720
服装	599803	1189673
特产	344843	677476
百货	438402	863392

图 5-12　柱状图

同样可以根据需求对制作好的基础图表进行修改，修改的位置与图 5-12 一致。同时 WPS Excel 支持对数据进行拓展，可以在图 5-12 的基础上，增加系列。右键选择“选择数据”命令，在弹出的“系列”窗口中，选择“商品售价”作为新的系列，如图 5-13a 所示。单击“确定”按钮后，可以看到商品售价列加入到基础图表中，如图 5-13b 所示。

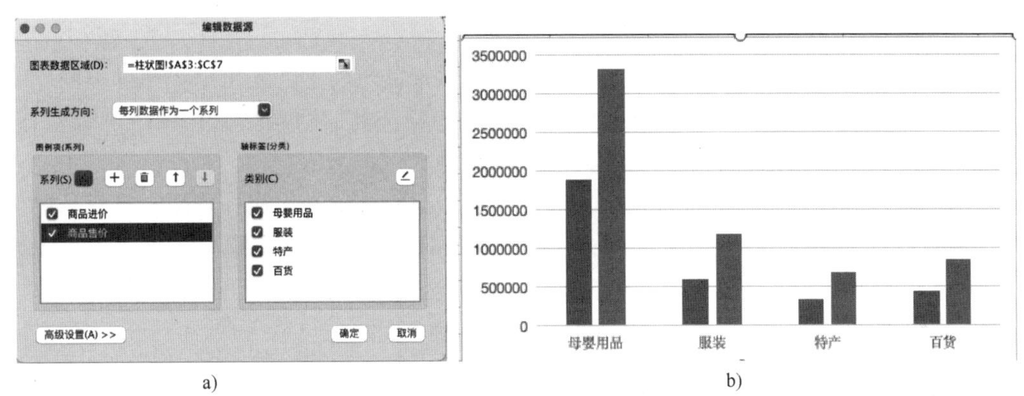

a)　　　　b)

图 5-13　柱状图修改

a）加入新系列　b）修改后的柱状图

（3）饼图

饼图。常用于统计学模块。2D 饼图为圆形，仅排列在工作表的一列或一行中的数据可以绘制到饼图中。

位置：插入选项卡——饼图。

示例：对处理好的数据进行可视化，选择类别和商品进价制作成饼图，原始数据如图 5-12 所示。同时选中两列数据，单击“插入”选项卡，单击“饼图”。饼图相对于折线图和柱状图而言，可以调整的内容相对比较简单，可以看到在图表元素中，只有三项（图表标题、数据标签、图例）。在图表元素中，勾选“数据”标签，可以看到对应的扇形上出现对应的数值，结果如图 5-14 所示。

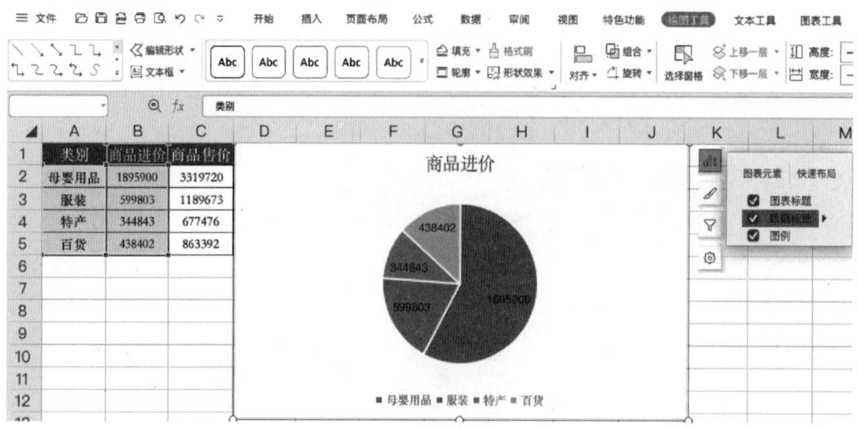

图 5-14　饼图

Excel 提供数据标签修改的方法，可以双击“数据”标签，在表格右侧出现对应的工具栏，可以在工具栏中看到标签选项卡。单击“标签”选项，可以选择标签中显示的内容，包括系列名称、类别名称、值、百分比、显示引导线、图例项标示，以及标签内容显示间隔方式，包括逗号、分号、句号、分行符、空格。

5. 考点 2：进阶图表

（1）折线 & 柱状图

在制作图表时，不仅可以将两列数据以不同的形式进行展示，还可以将两种不同形式的图表优点进行组合，且可以使用副坐标轴调整显示趋势，例如两列数据存在数量级差异时，采用统一坐标轴，会弱化数量级低的数据的变化趋势。

示例：对处理好的数据进行可视化，选择类别和商品进价制作成柱状图，将商品售价制作为折线图。首先在图 5-13b 的基础上，在制作好的柱状图上单击右键，选择“更改图表类型”，在弹出页面中选择“组合图”，将商品进价勾选为“柱状图”，商品售价勾选为“折线图”，并将商品售价勾选为“次坐标轴”。如图 5-15 所示。

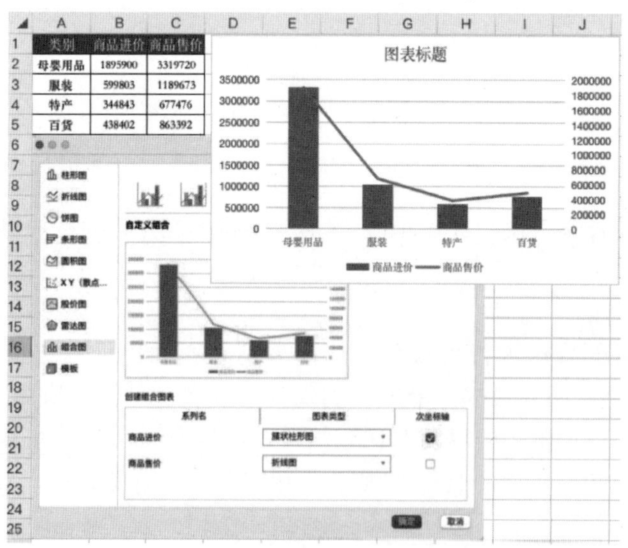

图 5-15　柱状 & 折线图

（2）瀑布图

瀑布图本质上也是一种组合图，因为形似瀑布流水而称之为瀑布图。此种图表采用绝对值与相对值结合的方式，适用于表达数个特定数值之间的数量变化关系。例如，不同商品类型的数值变化情况。当用户想表达一连续的数值加减关系时，即可使用瀑布图。例如母婴用品商品进价为 1895900，服装商品进价为 599803，特产商品进价为 344843，百货商品进价为 438402。

示例：对数据进行处理，增加辅助列。已知类别列为 A 列，商品进价列为 B 列，在 B 列后插入一列空白列。母婴用品为第一个数据，在 C2 单元格输入 0，在 C3 单元格输入母婴用品的数值，在 C4 单元格输入母婴用品加服装的值，在 C5 单元格输入母婴用品加服装加特产，C5 输入 0。

选中所有数据，在“插入”选项卡下，选择“堆积柱状图”。右键选择“选择数据”选项，将商品进价与辅助列的位置互换，单击“确定”按钮。最后只需要将下方辅助列进行隐藏即可。如图 5-16 所示。

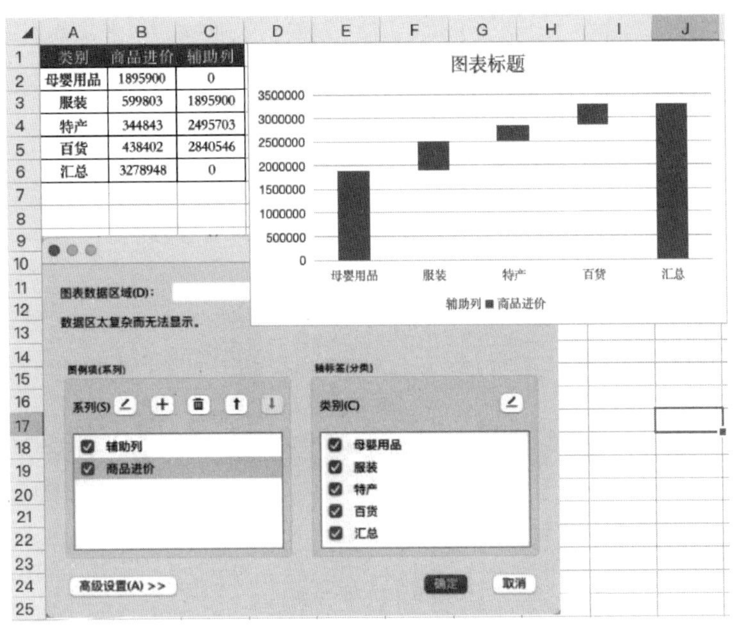

图 5-16　瀑布图

（3）子弹图

子弹图，顾名思义是由于该类信息图的样子很像子弹射出后带出的轨道。

示例：对处理好的数据进行可视化，选择类别、商品进价和商品售价制作成柱状图。在制作好的柱状图上单击右键选择“更改图表类型”，在弹出页面中选择“组合图”，将商品进价勾选为“柱状图”，商品售价也勾选为“柱状图”。并将商品进价勾选为“次坐标轴”，结果如图 5-17 所示。

最后只需要修改外侧数据，将外侧图形填充设置为“无填充”线条设置为直线，颜色修改为红色，将商品售价的颜色修改为蓝色，这时，简易的子弹图已经制作完成，具体操作结果如图 5-18a 所示。最后对商品进价形状进行修改，宽度修改为 1.25 磅，在系列中修改分类间距为 163%，最终结果如图 5-18b 所示。

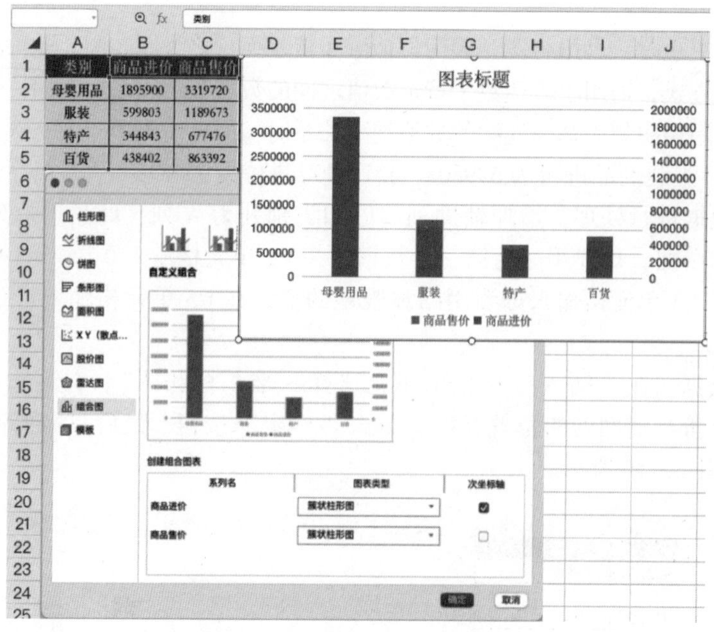

图 5-17　柱状图设置坐标轴

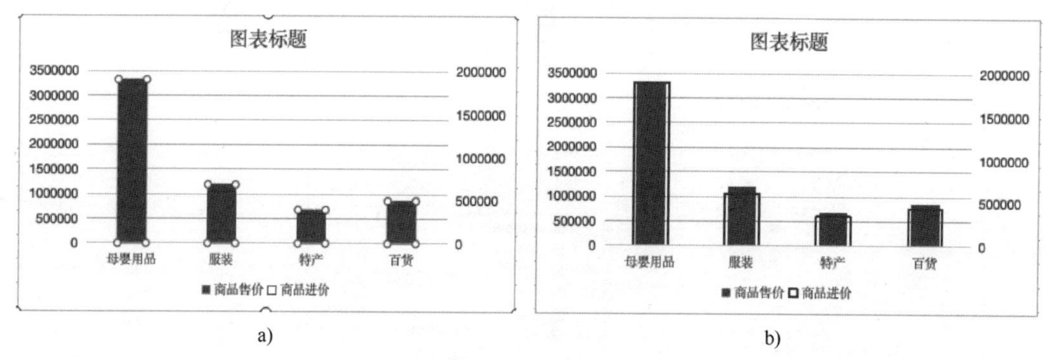

a)　　　　b)

图 5-18　子弹图

a）设置效果 1　b）设置效果 2

5.2.2　Matplotlib 可视化

1. 概述

Matplotlib 是一个 Python 2D 绘图库，它可以在各种平台上以各种硬拷贝格式和交互式环境生成出具有出版品质的图形。

Matplotlib 能够让使用者很轻松地将数据图形化，并且提供多样化的输出格式。如，柱形图、折线图、饼图、直方图，条形图，散点图、等高线图、雷达图、3D 图形等。此外，Matplotlib 可以用来绘制各种静态，动态，交互式的图表。

2. 目标

能够使用 Matplotlib 实现数据可视化。

3. 准备

操作系统：Windows 7。

开发环境：Python 3.X。

开发工具：PyCharm 2020.3.3。

第三方库：Matplotlib 3.4.2。

4. 考点：Matplotlib 绘图

（1）绘制简单线条

通过两个坐标（0，0）到（0，100）来绘制一条线。

```
import matplotlib.pyplot as plt
import numpy as np
xpoints = np.array([0, 6])
ypoints = np.array([0, 100])
plt.plot(xpoints, ypoints)
plt.show()
```

输出结果如图 5-19 所示。

（2）绘制气温折线图

模拟某地 14 天内的气温数据，其中，X 轴数据对应的是日期，Y 轴数据对应的是气温，具体数据如表 5-11 所示。

表 5-11　气温数据

日期	1	2	3	4	5	6	7	8	9	10	11	12	13	14
温度（℃）	14	12	9	13	10	8	7	7	5	4	3	2	4	5

根据数据，绘制基本折线图，再结合 Matplotlib 绘图标记、绘图线、网格线及标题等美化折线图，最终结果如图 5-20 所示。

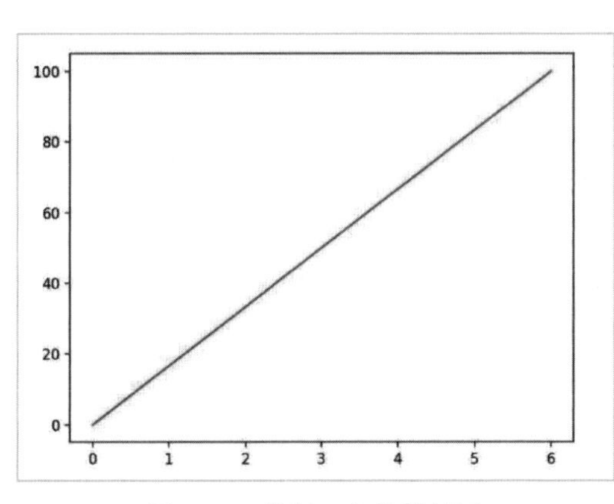

图 5-19　绘制一条线效果图

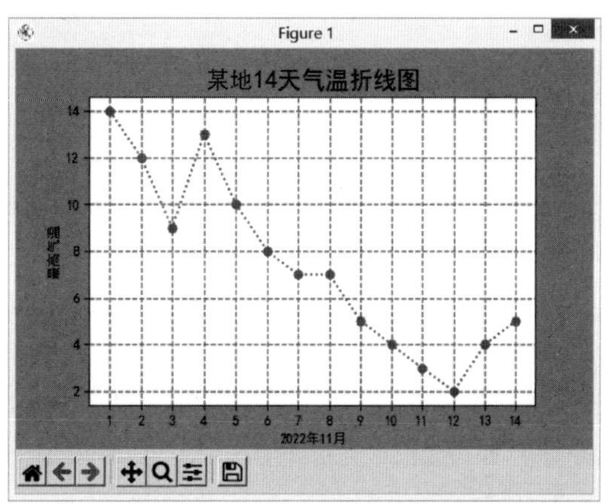

图 5-20　某地 14 天气温折线图

实现步骤：

1）导入 matplotlib 中的 pyplot 模块，并解决中文乱码问题；

2）设置画布大小为 6×4（英寸），背景色为蓝绿色；

3）根据 X 轴和 Y 轴数据，绘制基本折线图；

4）改变折线图的线条样式，其中线条颜色为红色，线条类型为虚线，线条标记为实心圆；

5）为折线图添加 X 轴标题为“2022 年 3 月”，添加 Y 轴标题为“最高气温”，添加图表标题为“北京 14 天气温折线图”，并设置图表标题为 18 像素；

6）添加网格线，并设置网格线灰度值为 0.5，线条为双划线，线条宽度为 1。

完整代码如下。

```
#导入 matplotlib 中的 pyplot 模块
import matplotlib.pyplot as plt
#添加黑体字体并解决中文乱码问题
plt.rcParams['font.sans-serif'] = ['SimHei']
#画布大小为 6×4(英寸),背景色为蓝绿色
plt.figure(figsize=(6, 4), facecolor='c')
#X 轴和 Y 轴数据
x=["1","2","3","4","5","6","7","8","9","10","11","12","13","14"]
y=[14,12,9,13,10,8,7,7,5,4,3,2,4,5]
#红色,实线,实际气温位置使用实心圆标记
plt.plot(x, y, color='r', linestyle=':', marker='o')
# x 轴标题
plt.xlabel('2022 年 3 月')
# y 轴标题
plt.ylabel('最高气温')
#灰度值为 0.5,线条为双划线,线条宽度为 1
plt.grid(color='0.5', linestyle='--', linewidth=1)
#设置图表标题,字体大小为 18
plt.title('北京 14 天气温折线图', fontsize=18)
plt.show()  #显示图表
```

5.2.3 Seaborn 可视化

1. 概述

Seaborn 是一个基于 Matplotlib（2D 绘图）的 Python 数据可视化库，它提供了更为高级的接口，用于绘制表现力更强和信息更为丰富的统计图形。

虽然 Seaborn 可以满足大部分情况下的数据分析需求，但是针对一些特殊情况，还是需要用到 Matplotlib 的。所以 Seaborn 不能替代 Matplotlib。换句话说，Matplotlib 更加灵活，可定制化，而 Seaborn 像是更高级的封装，使用方便快捷。因此可以把 Seaborn 视为 Matplotlib 的补充，如图 5-21 所示是 Seaborn 绘制出来的图表。

2. 目标

能够使用 Seaborn 实现数据可视化。

3. 准备

操作系统：Windows 7。

开发环境：Python 3.X。

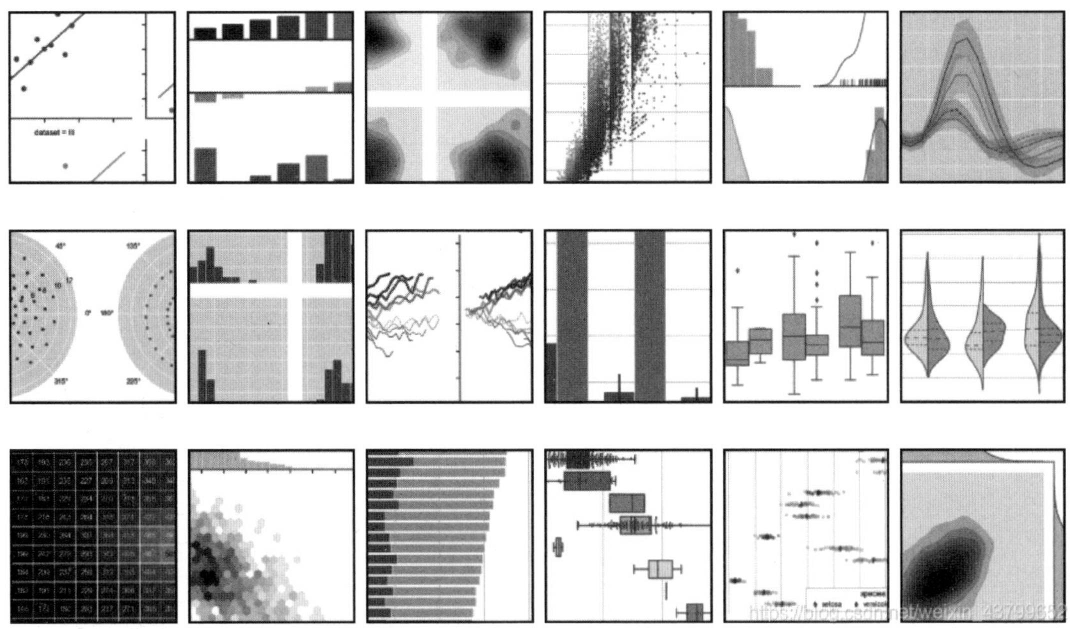

图 5-21　Seaborn 可以绘制的图表

开发工具：PyCharm2020.3.3。

第三方库：Seaborn 0.12.0。

4. 考点：Seaborn 绘制图表

现有数据集记录了用餐小费与各潜在影响因素的特征值，部分数据如图 5-22 所示。

	total_bill	tip	sex	smoker	day	time	size
0	16.99	1.01	Female	No	Sun	Dinner	2
1	10.34	1.66	Male	No	Sun	Dinner	3
2	21.01	3.50	Male	No	Sun	Dinner	3
3	23.68	3.31	Male	No	Sun	Dinner	2
4	24.59	3.61	Female	No	Sun	Dinner	4

图 5-22　部分内置数据集

（1）散点图

散点图使用点来表示不同数值变量的值。每个点在水平轴和垂直轴上的位置表示单个数据点的值。它们用于观察变量之间的关系。

```
import numpy as np
import pandas as pd
import matplotlib.pyplot as plt
import seaborn as sns
tips = sns.load_dataset("tips")
sns.stripplot(x = 'day', y = 'total_bill', data = tips)
plt.show()
```

运行上述代码，结果如图 5-23 所示。

（2）箱线图

箱线图常用于显示数据的分布。在 Seaborn 中，只需要一行代码就可以使用 boxplot 函数显示箱线图。语法如下。

结合上述数据集实现箱线图，具体代码如下。

```
sns.boxplot(x='day',y='total_bill',hue='smoker',data=tips,palette='Reds')
plt.show()
```

运行上述代码，结果如图 5-24 所示。

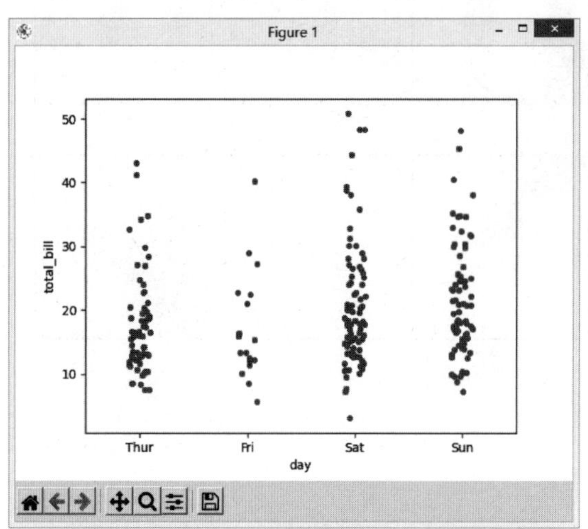

图 5-23　Seaborn 绘制散点图

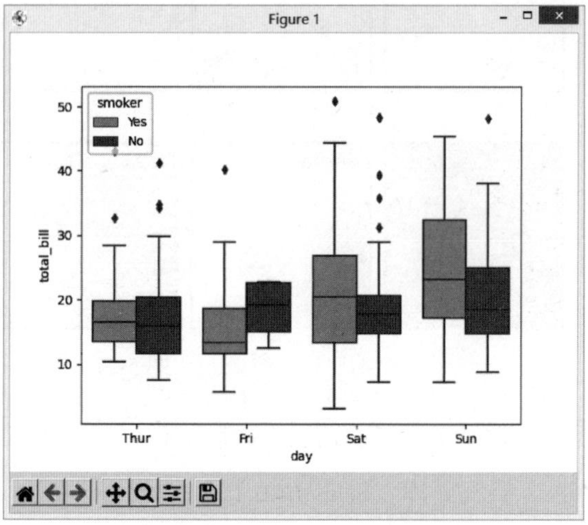

图 5-24　Seaborn 绘制箱线图

（3）琴形图

琴形图可以通过 violinplot 函数来绘制。具体代码如下。

```
sns.violinplot(x='day',y='total_bill',data=tips)
plt.show()
```

运行上述代码，结果如图 5-25 所示。

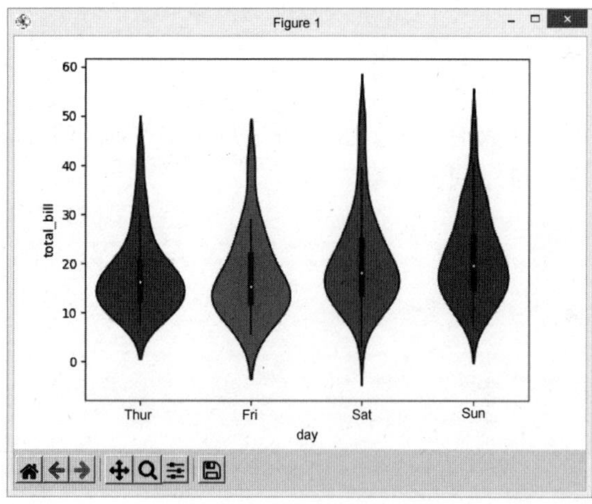

图 5-25　Seaborn 绘制琴形图

5.2.4　ECharts 实现数据可视化

1. 概述

ECharts 为 Enterprise Charts 的缩写，是一种商业级数据图表工具。作为百度的一个开源数据可视化工具推出之后，全球著名开源社区 Apache 基金会宣布“百度开源的 ECharts 项目全票通过进入 Apache 孵化器”。这是百度第一个进入国际顶级开源社区的项目，也标志着百度开源正式进入开源发展的快车道。

ECharts 是一个使用 JavaScript 实现的开源可视化库，涵盖各行业图表，满足各种需求。其遵循 Apache 2.0 开源协议，免费商用。

ECharts 提供了图例、视觉映射、数据区域缩放、Tooltip、数据筛选等开箱即用的交互组件，可以对数据进行多维度数据筛选、视图缩放、展示细节等交互操作。

2. 目标

使用 ECharts 实现数据可视化。

3. 准备

操作系统：Windows 7。

开发软件：VSCode。

插件：echarts.js。

4. 考点：绘制流量趋势折线图

模拟各时段访问流量数据，其中 X 轴是时间，Y 轴是流量，结果如图 5-26 所示。

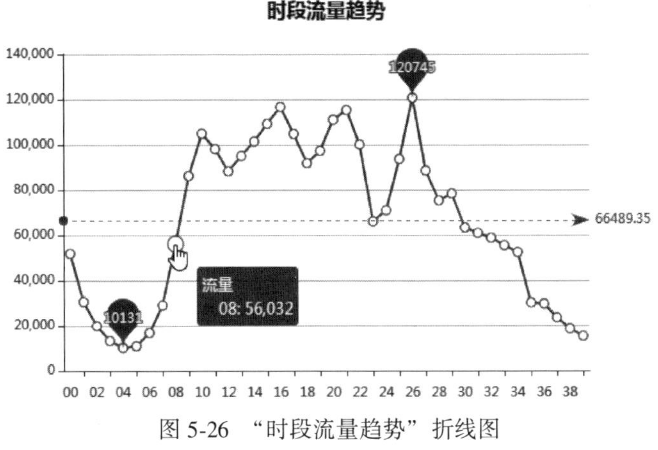

图 5-26　“时段流量趋势”折线图

（1）实现步骤

1）创建文件夹（自定义即可），同时在此文件夹下创建 index.html 文件用于绘制图形，创建 js 文件夹并存入 echarts.js 库；

2）创建一个 HTML 页面，并引入 echarts.js 文件；

3）为 ECharts 准备一个宽度为 600 像素、高度为 400 像素的容器，并初始化 ECharts 实例；

4）准备 X 轴及 Y 轴数据，并设置图表类型为折线图；

5）为图表设置最大值、最小值和平均值；

6）为图表配置提示信息，当鼠标滑过数据点时，提示当前流量；

7）设置折线的数据点大小为8；

8）设置图表标题为“时段流量趋势”，并居中显示。

（2）完整代码

```
<! DOCTYPE html>
<html>
<head>
<meta charset="utf-8">
<!--引入 ECharts 文件 -->
<script src="js/echarts.js"></script>
<body>
<div id="main" style="width: 600px;height:400px;"></div>
</body>
<script type="text/javascript">
    //基于准备好的 dom,初始化 echarts 实例
    var myChart = echarts.init(document.getElementById('main'));
    //指定图表的配置项和数据
    option = {
title:{
            text:'时段流量趋势',
left:'center'
        },
tooltip: {},
xAxis: {
            type:'category',
            data: ['00','01','02','03','04','05','06','07','08','09','10','11','12','13',
'14','15','16','17','18','19','20','21','22','23','24','25','26','27','28','29','30','31','32',
'33','34','35','36','37','38','39']
        },
yAxis: {
            type:'value'
        },
        series: [{
data:[51807,30498,19813,13239,10131,10838,16733,28936,56032,86227,104872,98135,88281,
95095,101455, 109255, 116679, 104756, 91826, 97247, 111019, 115282, 100121, 65976, 70876, 93686,
120745,88602,75231,78297,63251,60879,58762,55409,52397,30152,29658,23512,18562,15302],
        type:'line',
        name:'流量',
markPoint: {
            data: [
                { type:'max', name:'最大值' },
                { type:'min', name:'最小值' }
            ]
        },
markLine: {
```

```
            data: [{
                type: 'average',
                name: '平均值'
            }]
        },
symbolSize: 8
    }]
    };
    //使用刚指定的配置项和数据显示图表。
myChart.setOption(option);
</script>
</head>
</html>
```

（3）难点解析

在上述代码中，X 轴数据写在了对应的 xAxis 中，而 Y 轴数据并没有写在 yAxis 中，而是写在了 series 中，这是为什么？

因为坐标轴 xAxis 或者 yAxis 中的 type 属性值主要有两种：分别是 category 和 value。

如果 type 属性的值为 category，那么需要配置 data 数据，代表在 X 轴的呈现；如果 type 属性的值为 value，那么无需配置 data 数据，此时 Y 轴会自动去 series 下找数据进行图表的绘制。

5.2.5　D3 实现数据可视化

1. 概述

D3（Data-Driven Documents）是一个被数据驱动的文档。简而言之，D3 是一个 JavaScript 的函数库，它主要用来做数据可视化。

JavaScript 文件的后缀名通常为.js，故 D3 也常被称为 D3.js。D3 提供了各种简单易用的函数，大大简化了 JavaScript 操作数据的难度。由于它本质上是 JavaScript，所以用 JavaScript 也可以实现所有功能，但使用 D3 能大大减小工作量，尤其是在数据可视化方面，D3 已经将生成可视化的复杂步骤精简到了几个简单的函数，使用者只需要输入几个简单的数据，就能够转换为各种绚丽的图形。

D3 与 W3C 标准兼容，并且利用广泛实现的 SVG、JavaScript 和 CSS 标准，改良自早期的 Protovis 程序库。与其他的程序库相比，D3 对视图结果有很大的可控性。D3 是 2011 年面世的，同年的 8 月发布了 2.0.0 版。目前，D3 已被更新到了 7.2.1 版。

2. 目标

使用 D3 实现数据可视化。

3. 准备

操作系统：Windows 7。

开发软件：PyCharm。

插件：d3.js。

4. 考点：绘制波动面积图

某超市商品进货价一直上升，本案例通过模拟商品进货价数据实现商品进货价波动面积图，最终结果如图 5-27 所示。

（1）实现步骤

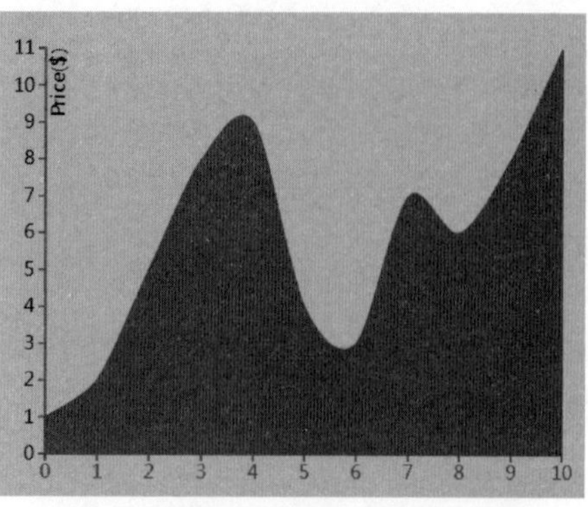

图 5-27　商品进货价波动面积图

1）创建文件夹（自定义即可），同时在此文件夹下创建 index.html 文件用于绘制图形，创建 js 文件夹并存入 d3.js 库；

2）创建一个 HTML 页面，并引入 d3.js 文件；

3）使用 div 标签创建一个宽度为 500 像素、高度为 400 像素，背景颜色为#ddd 的容器；

4）定义所需变量，分别定义面积图宽度为 500 像素、高度为 400 像素，外边距为上外边距为 30 像素、右外边距为“20”像素、下外边距为 35 像素、左外边距为 40 像素，X 坐标轴的宽度和 Y 坐标轴的高度；

5）获取 div 容器，并为此容器添加 svg 元素，同时为 svg 元素设置宽度和高度；

6）获取 svg 元素，并向 svg 元素中添加 g 元素，同时为 g 元素设置左偏移量和上偏移量；

7）定义面积图数据为“1、2、5、8、9、4、3、7、6、8、11”，并使用比例函数为 X 轴和 Y 轴进行缩放控制，并给定 domain（定义域）和 range（值域）进行数值之间的转换；

8）生成 area 的数据，并对 X 轴和 Y 轴进行比例缩放控制；

9）绘制面积图，其中需要向 g 元素中添加一个 path 路径元素，同时为 g 元素添加一个 path-data 属性 d，为其定义一个函数，用来生成曲线轮廓的数据，然后定义面积区域的填充颜色为#4682B4，最后设置面积图为圆滑线条；

10）获取 X 轴和 Y 轴的坐标，并将其添加至 g 元素中。其中，X 轴坐标水平向下移动，并设置填充颜色为#4682B4；Y 轴坐标添加文本标签，其文本内容为“Price（$）”，再设置文本逆时针旋转 90 度及文本末尾对其；最后设置其沿 Y 轴向右平移。

（2）完整代码

```
<! DOCTYPE html>
<html lang="en">
<head>
<meta charset="UTF-8">
<title>面积图</title>
<style type="text/css">
        #container{
            width: 500px;
            height: 400px;
            background: #ddd;
        }
        /*绘制 line 的 path 线段的样式 */
path{
            fill: none;
            stroke: #4682B4;
            stroke-width: 1.5;
```

```
        }
        /*设置 y 轴刻度线样式 */
.domain,.tick line{
            stroke: gray;
            stroke: #4682B4;
            stroke-width: 1.5;
        }
</style>
</head>
<body>
<div id="container"></div>
<script src="js/d3.js"></script>
<script>
//定义变量
        var width = 500   /*面积图宽*/
        var height = 400   /*面积图高*/
        var margin = {top:30,right:20,bottom:35,left:40}   /*面积图距容器的间距*/
        var g_width = width - margin.left-margin.right
        var g_height = height - margin.top - margin.bottom

        var svg = d3.select('#container')//选择容器元素
            .append('svg')   //并向其内添加一个 svg 元素。
            .attr('width',width) //设置宽高
.attr('height',height)

        //向 svg 中添加 g 元素
        var g = d3.select('svg')
            .append('g') //向 svg 中添加一个 g 元素
            .attr('transform','translate('+margin.left+','+margin.top+')')   //为 g 元素设置
一个偏移量

        //定义 line 的 x 轴坐标数据
        var data = [1,2,5,8,9,4,3,7,6,8,11]

        //对图形 line 进行 x,y 轴缩放控制
        var scaleX = d3.scale.linear()
                .domain([0,data.length-1]) //定义输入的范围
                .range([0,g_width])   //定义输出的范围
        var scaleY = d3.scale.linear()
                .domain([0,d3.max(data)]) //定义输入的范围
                .range([g_height,0])   //定义输出的范围,调换 x,y 坐标位置。

        //生成 area 的数据
        var createAreaPath = d3.svg.area()
                .x(function(d,i){ return scaleX(i) }) //对 x 轴进行缩放
                .y0(g_height)   //定义 y0 轴
```

```
                .y1(function(d){return scaleY(d)})  //对 y1 轴进行缩放
                .interpolate('cardinal') //让 line 变得圆滑

        //绘制面积
        d3.select('g')
            .append('path')  //向 g 元素中添加一个 path 路径元素
            .attr('d',createAreaPath(data)) //为 g 元素添加一个 path-data 属性 d,为其
定义一个函数,用来生成曲线轮廓的数据
            .style('fill','#4682B4') //定义面积区域的填充颜色

        //坐标系绘制
        var axisX = d3.svg.axis().scale(scaleX)
        var axisY = d3.svg.axis().scale(scaleY).orient('left')
g.append('g')
.call(axisX)
                .attr('transform','translate(0,'+g_height+')') //向下平移 x 轴
.style('fill','#4682B4')
g.append('g')
.call(axisY)
                .append('text')  //y 轴添加文本标签
                .text('Price($)') //为标签设置文本内容
                .attr('transform','rotate(-90)')//逆时针旋转 90 度
                .attr('text-anchor','end') //文本末尾对其
                .attr('dy','1rem') //沿 y 轴向右平移
</script>
</body>
</html>
```

(3) 难点解析

在上述代码中，需要设置或获取各种数值，比如面积图宽、面积图高等。那么如何根据已有变量获取到 X 轴的宽度、Y 轴的高度以及左偏移量和上偏移量等数值呢？

具体方法如下。

1) 获取 X 轴的宽度方法是面积图宽度-左外边距-右外边距；

2) 获取 Y 轴的高度方法是面积图高度-上外边距-下外边距；

3) 左偏移量和上偏移量就是左外边距的数值和上外边距的数值。

5.2.6 FineBI 实现数据可视化

1. 概述

FineBI 是帆软软件有限公司推出的一款商业智能（Business Intelligence）产品。

FineBI 是新一代大数据分析的 BI 工具，旨在帮助企业的业务人员充分了解和利用他们的数据。FineBI 凭借强劲的大数据引擎，用户只需简单拖拽便能制作出丰富多样的数据可视化信息，自由地对数据进行分析和探索，让数据释放出更多未知潜能。

现阶段各行各业在使用数据进行查询分析时基本都是前端业务人员需要与信息部 IT 人员沟通，这样的模式不但沟通成本大，而且灵活性差，不能及时响应。

FineBI 通过多人协同合作来解决上述弊端，业务人员借助其对业务关系的了解在可理解的数据基础上创建 BI 分析，无须再与 IT 人员反复沟通，从而降低沟通成本和使用门槛。领导者直接查看分析，可通过修改统计维度和指标来达到了解各个方面数据的分析结果，灵活多变，利用分析结果发现问题，解决问题并辅助做出决策。

2. 目标

能够使用 FineBI 实现数据可视化。

3. 准备

操作系统：Windows 7。

操作软件：FineBI。

4. 考点 1：使用 FineBI 添加 Excel 数据

（1）数据准备

1）单击“数据准备/我的自助数据集”，选择对应的业务包，如图 5-28 所示。

图 5-28　选择业务包

2）单击“添加表/Excel 数据集”，如图 5-29 所示。

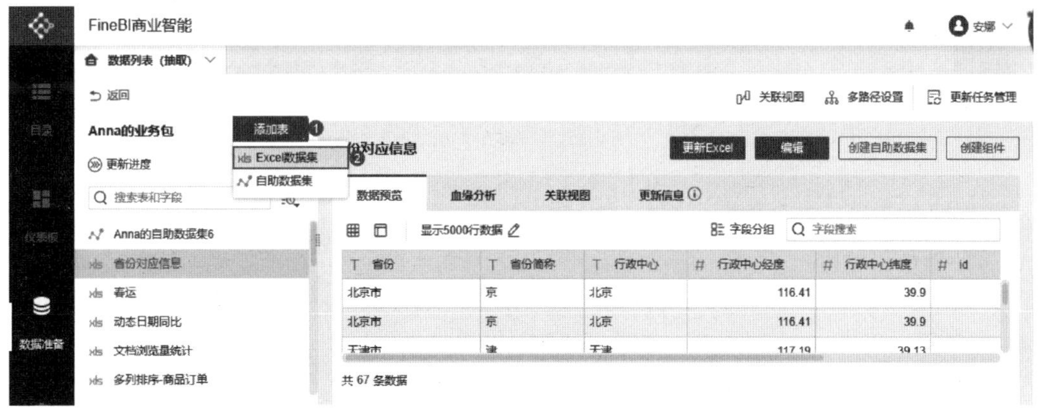

图 5-29　添加数据

3）单击“上传数据”，选择需要上传的 Excel 表，如图 5-30 所示。

4）输入表名，单击“确定”按钮，如图 5-31 所示。

图 5-30　上传数据

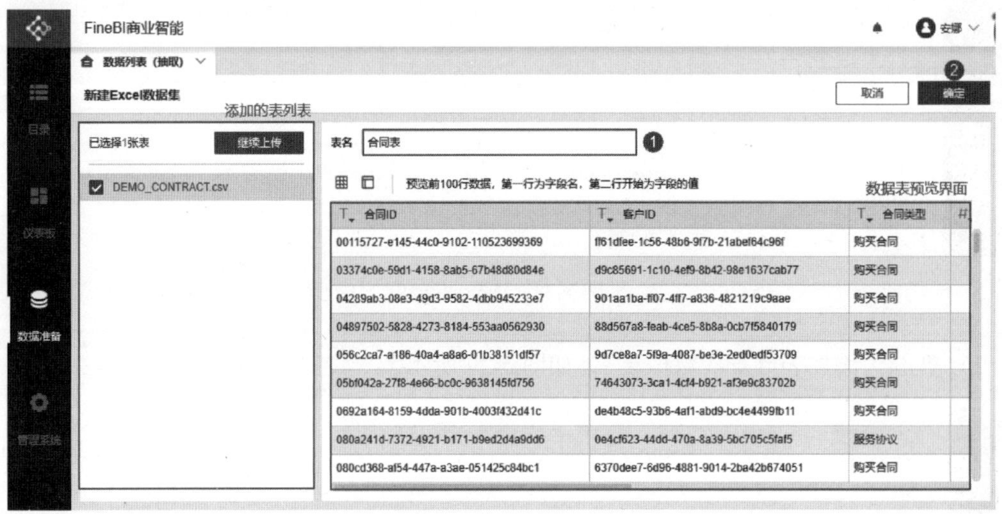

图 5-31　输入表名

数据添加完成后进行数据可视化。

（2）可视化分析

1）进入“数据准备/我的自助数据集”分组，选择对应的业务包，选择之前上传的 Excel 数据集，单击“创建组件”，如图 5-32 所示。

2）弹出“创建组件”框，可以为该仪表板设置仪表板名称，并选择仪表板保存的位置，如图 5-33 所示。

3）单击“确定”按钮，自动跳转到组件编辑界面，此时可以对 Excel 表进行可视化操作，如图 5-34 所示。

图 5-32　创建组件

图 5-33　设置仪表板名称和存储位置

图 5-34　进入可视化操作界面

4）将维度“合同类型”拖入横轴，指标“购买数量”拖入纵轴，选择图表类型为“多系列柱形图”，如图 5-35 所示。

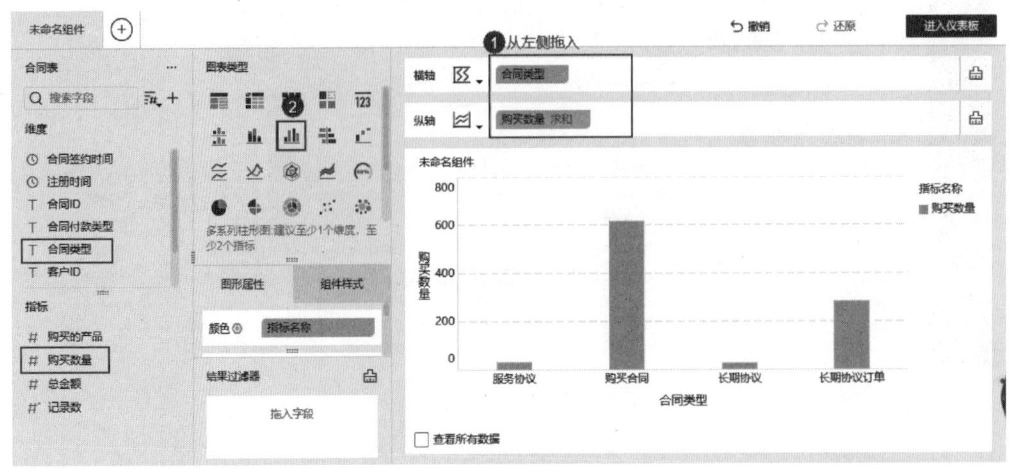

图 5-35　绘制柱形图

5）若是需要在柱形图上显示标签，将左侧“购买数量”拖入标签，如图 5-36 所示。

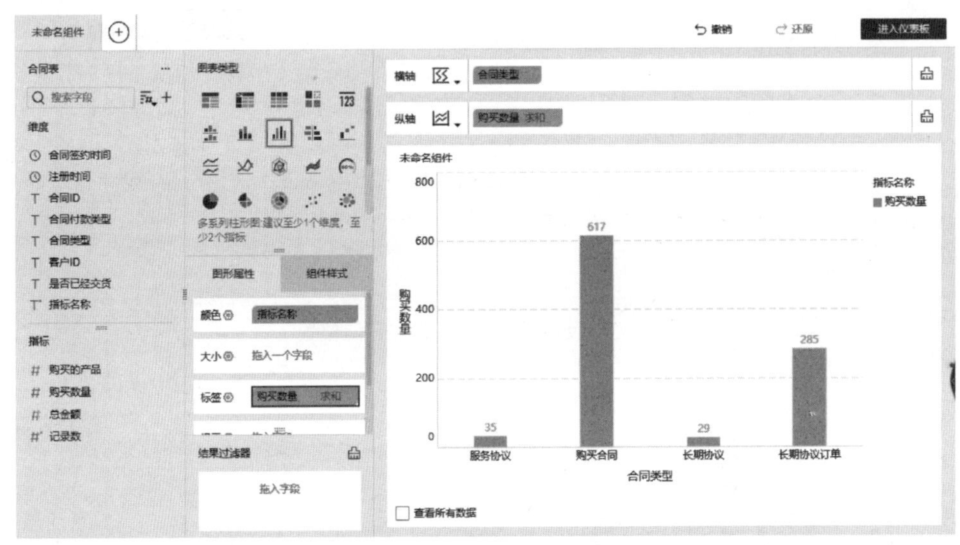

图 5-36　为柱形图添加标签

6）若要对其进行排序，可选择“合同类型”下拉，“降序（购买数量（求和））”，则横轴的“合同类型”按“购买数量”大小降序排列。如图 5-37 所示。

5. 考点 2：绘制销售数据仪表板

（1）项目需求

某厂家想要了解办公用品销售情况，于是统计了 2018—2021 年销售数据，部分数据如图 5-38 所示。

要求：最终效果需要制作出卡片图、柱状图、组合图及地图，仪表板结果如图 5-39 所示。

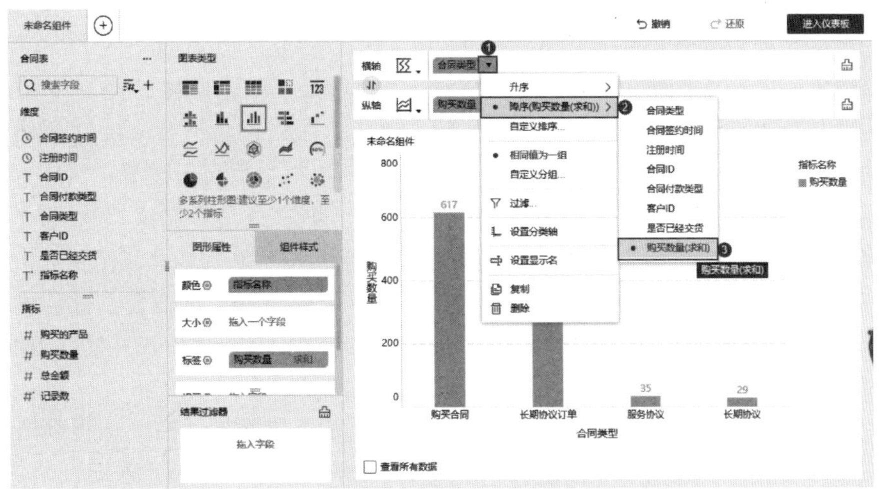

图 5-37　对柱形图排序

订单编号	签约时间	大类	产品名称	产品图片url	省份	城市	区域经理	销售额	利润
D00004	2021-12-06 00:00:00	耗材	纸张	https://s2.loli.net/2022/03/30/XwG2zug4ZEiAht3.png	上海	上海市	孙阳	2,452.8	562.8
D00005	2021-12-08 00:00:00	家具	办公椅	https://s2.loli.net/2022/03/30/hnXW7QhSKBIUDgL.png	北京	北京市	李林	5,324.76	-181.44
D00006	2021-12-30 00:00:00	家具	办公椅	https://s2.loli.net/2022/03/30/hnXW7QhSKBIUDgL.png	河北	保定市	李林	1,899.8	702.8
D00007	2021-12-28 00:00:00	家具	收纳柜	https://s2.loli.net/2022/03/30/fv5CTise2SrDcyP.png	上海	上海市	孙阳	570.5	159.6
D00008	2021-12-30 00:00:00	家具	收纳柜	https://s2.loli.net/2022/03/30/fv5CTise2SrDcyP.png	河北	保定市	李林	1,851.64	536.76
D00009	2021-12-29 00:00:00	设备	电话	https://s2.loli.net/2022/03/30/7fgTkNQLAjZ3OtD.png	广东	广州市	王颖	614.88	-307.44
D00010	2021-12-24 00:00:00	设备	打印机	https://s2.loli.net/2022/03/30/gipJalTONUECFRo.png	天津	天津市	李林	1,214.92	12.04
D00011	2021-12-26 00:00:00	设备	电话	https://s2.loli.net/2022/03/30/7fgTkNQLAjZ3OtD.png	山东	青岛市	孙阳	1,035.72	-172.62
D00012	2021-12-30 00:00:00	家具	办公桌	https://s2.loli.net/2022/03/30/XHozfWB42v1iguL.png	广西	南宁市	王颖	2,119.71	-689.25
D00013	2021-12-24 00:00:00	设备	装订机	https://s2.loli.net/2022/03/30/bCqdOJchwgeLfaA.png	北京	北京市	李林	260.12	12.88
D00014	2021-12-26 00:00:00	耗材	笔记本	https://s2.loli.net/2022/03/30/2rLZYjCXz4PieNI.png	广东	广州市	王颖	106.12	12.6
D00015	2021-12-29 00:00:00	家具	收纳柜	https://s2.loli.net/2022/03/30/fv5CTise2SrDcyP.png	广东	广州市	王颖	876.54	17.22
D00016	2021-12-30 00:00:00	家具	收纳柜	https://s2.loli.net/2022/03/30/fv5CTise2SrDcyP.png	广东	广州市	王颖	1,144.08	125.72
D00017	2021-12-30 00:00:00	设备	电话	https://s2.loli.net/2022/03/30/7fgTkNQLAjZ3OtD.png	河北	保定市	李林	3,189.2	63.7
D00018	2021-12-29 00:00:00	设备	装订机	https://s2.loli.net/2022/03/30/bCqdOJchwgeLfaA.png	北京	北京市	李林	53.2	25.48
D00019	2021-12-22 00:00:00	家具	办公椅	https://s2.loli.net/2022/03/30/hnXW7QhSKBIUDgL.png	福建	福州市	孙阳	1,039.5	301.14
D00020	2021-12-26 00:00:00	设备	装订机	https://s2.loli.net/2022/03/30/bCqdOJchwgeLfaA.png	内蒙古	赤峰市	李林	89.04	12.88
D00021	2021-12-23 00:00:00	耗材	笔记本	https://s2.loli.net/2022/03/30/2rLZYjCXz4PieNI.png	陕西	宝鸡市	齐蕾	142.38	29.82
D00022	2021-12-24 00:00:00	家具	办公桌	https://s2.loli.net/2022/03/30/XHozfWB42v1iguL.png	上海	上海市	孙阳	13,542.03	-6,771.41
D00023	2021-12-12 00:00:00	设备	电话	https://s2.loli.net/2022/03/30/7fgTkNQLAjZ3OtD.png	北京	北京市	李林	3,879.96	-1,294.44

图 5-38　办公用品销售数据

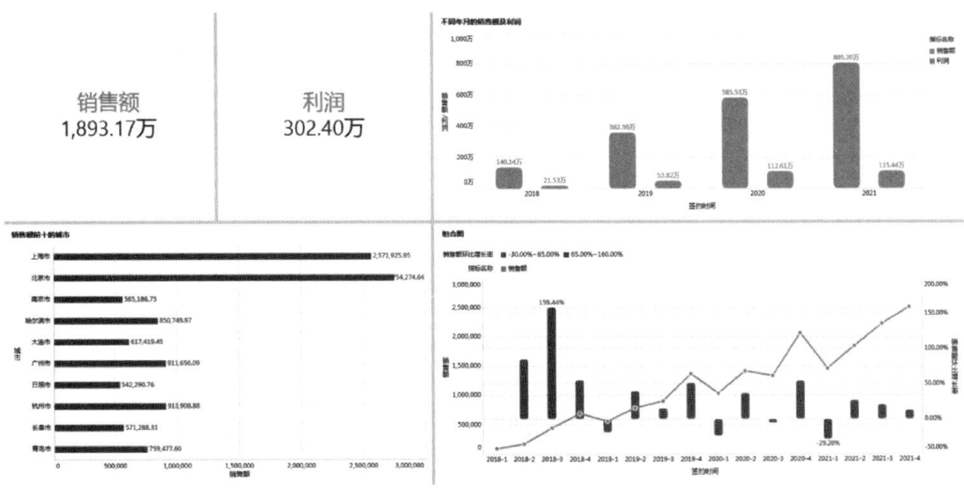

图 5-39　办公用品销售数据分析效果图

(2) 实现步骤

1) 将原始数据上传数据到 FineBI;

2) 制作卡片图;选择图表类型“KPI 指标卡”,并在“图表属性”的“文本”中拖入“销售额”字段;单击“文本”,设置文本的展示格式;然后再单击分析区域“销售额”字段,下拉调整“数值格式”为“万”;再使用同样的方法绘制利润指标卡;

3) 制作柱状图;拖入字段,并设置字段下拉按“年”分组。完成后选择“自定义图表”,选择“图形属性”的图形类型为“柱形图”;再拖入“利润”。当有多个指标时,自定义图表支持对每个指标的图形进行设置;在“图形属性”中美化图表,分别设置图形属性下“全部”的颜色大小。销售额和利润分别在“标签”中拖入字段,并修改数值单位。

4) 制作组合图。

① 数据处理。将“签约日期”及“销售额”字段拖入维度指标栏(销售额拖入两次);下拉日期字段“签约日期”选择“年季度”;下拉指标字段“销售额”并进行“快速计算>同环比>环比增长率”得到指标后重命名为“销售额环比增长率”。

② 制作组合图。切换图表:准备好可视化图表需要的数据后,单击“自定义图表”即可一键进入组合图制作;设置组合图图形:组合图的“图形属性”中单击对应指标,可以设置不同的图形。例如希望销售额是“线”,销售额环比增长率是“柱形图”;设置值轴:完成后,由于两个指标共用一个左值轴,导致数据显示不合理。单击下拉“销售额环比增长率”,可以设置值轴为“右值轴”。

③ 图形美化。在“图形属性”中,可以对全部、或单个指标进行美化。首先对柱形图美化,分为三个步骤:第一步,设置小于 0 的柱形图红色显示,**将“销售额”拖入“颜色”选项中并计算环比增长率**,然后单击“颜色设置”设置自定义区间;第二步:显示最大最小值,将“销售额”拖入“标签”选项中并计算环比增长率,然后单击“标签显示”的“最大/最小”选项即可;第三步:设置柱形图圆角,单击“大小”选项,设置圆角数值为 5px。接着对折线图美化,分为两个步骤:第一步,单击“图形属性→销售额”选项,然后单击“颜色”选项可以修改折线颜色;第二步,如果希望折线图不被柱形图遮挡,可以调整指标顺序。让折线图指标的“销售额”显示在最后一个即可。

5) 制作条形图。

① 选择图表类型“自定义图表”,再将“销售额”拖入横轴,“城市”拖入纵轴,实现各个城市销售额条形图;

② 下拉横轴“销售额(求和)”选项对销售额进行过滤,目的是过滤出销售额前十的城市;

③ 将“销售额”拖放到“图形属性”下的标签中,使图表显示出数据标签;

④ 最后将标题修改为“销售额前十的城市”即可。

(3) 难点解析

在上述步骤中,为什么要做组合图?实现思路是什么?

通常情况下,一个图表(如柱形图)只能从某一维度来分析数据。如果想要通过一个图表来展示多维度的数据,就需要使用组合图。本小节案例中通过柱形图-折线图组合起来展示数据,既可以用柱形图比较数据大小,又可以通过折线图查看数据变化趋势。从而节约作图的空间,节省读者时间,还能提高信息传达的效率。

组合图实现思路梳理:

想要实现每个季度的销售额情况和销售额环比增长率情况。首先对“签约日期”进行处理，变成季度，这样就可以得到每个季度的销售情况；然后再添加字段，计算出销售额按季度的环比增长率，就可以得到销售额环比增长率情况。

5. 2. 7　Tableau 实现数据可视化

1. 概述

Tableau 是目前全球领先的数据可视化工具，其具备强大的统计分析扩展功能。它能够根据用户的业务需求对报表进行迁移和开发，业务分析人员可以独立自主、简单快速、以界面拖拽式的操作方法对业务数据进行联机分析处理、即时查询。

数据可视化分析以后，将分析结论、业务报表、可视化图表部署到 Tableau Server 上，用户可以通过浏览器来进行访问，此外，Tableau 工具还具有邮件发送功能，可以实现业务监控和预警。

2. 目标

使用 Tableau 实现数据可视化。

3. 准备

操作系统：Windows 7。

操作软件：Tableau 2018.3。

4. 考点 1：绘制条形图

Tableau 可以绘制生成多种多样的数据可视化图表，可以帮助用户找出数字背后隐藏的信息，从而总结趋势和规律，并进行行业决策。

数据可视化图表类型包括：条形图、柱形图、折线图、饼图、面积图、符号图、树状图、气泡图、文字云、热图、盒须图、双轴图、漏斗图等。

这里以“示例-超市”数据集为例，绘制不同省/自治区销售额对应的条形图，并用“类别”字段对条形图的颜色进行调整。

首先，将“国家”字段拖到“行”功能区，“销售额”字段拖到“列”功能区，如图 5-40

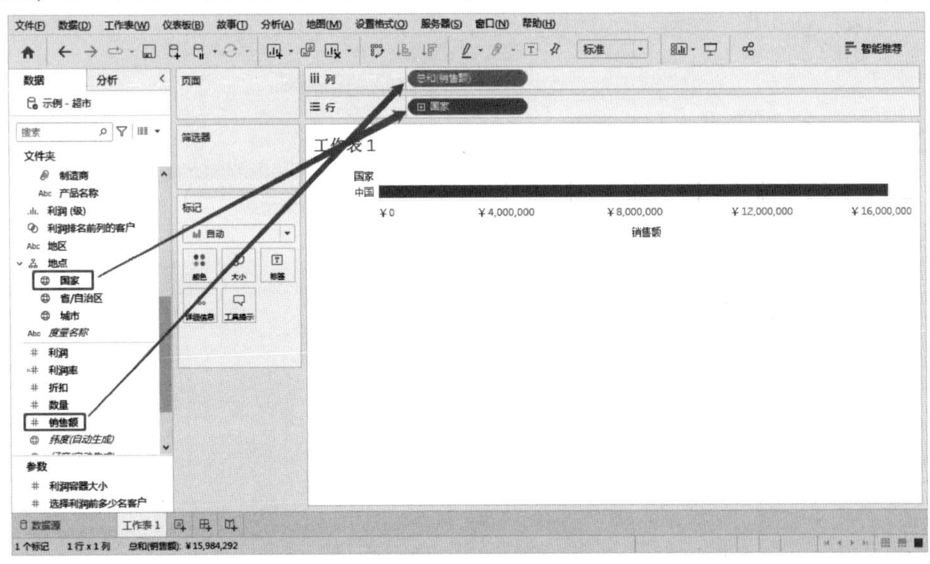

图 5-40　绘制条形图步骤 1

所示。

由于“国家”“省/自治区”以及“城市”都是地理角色字段，且它们之间具有分层结构，可以进行展开和折叠分析。单击“国家”前面的符号“+”，展开到“省/自治区”维度进行分析，然后单击 x 轴标题“销售额”右侧的排序按钮进行排序，如图 5-41 所示。此时不同省/自治区销售额对应的条形图就绘制好了。

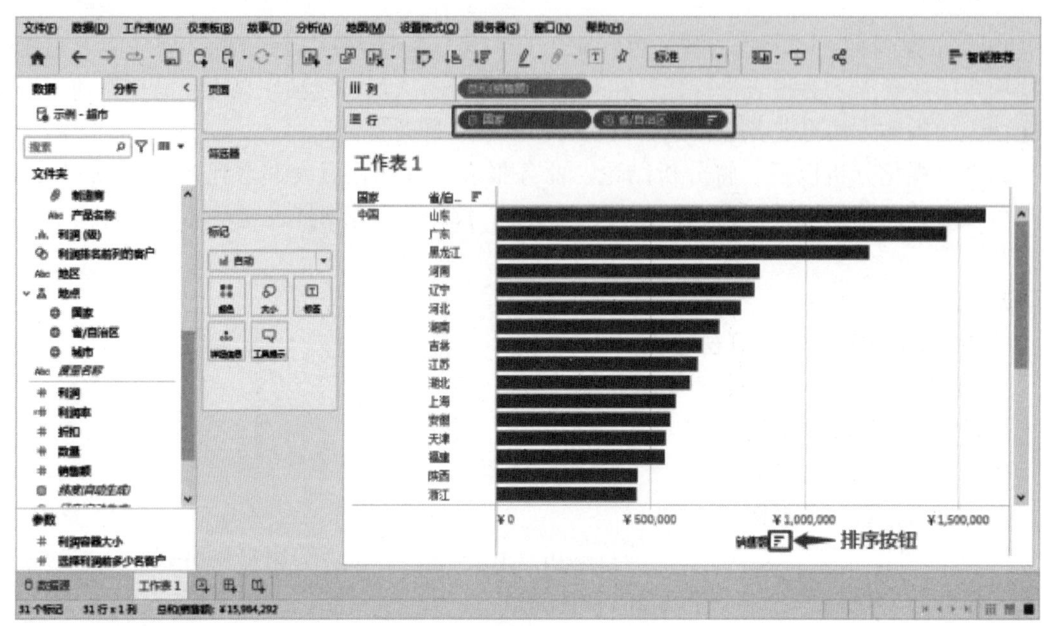

图 5-41　绘制条形图步骤 2

使用“标记”选项卡，将“类别”字段拖到“标记”选项卡下的“颜色”上，如图 5-42 所示。此时可以看出不同省/自治区内不同类别的数值分布情况。

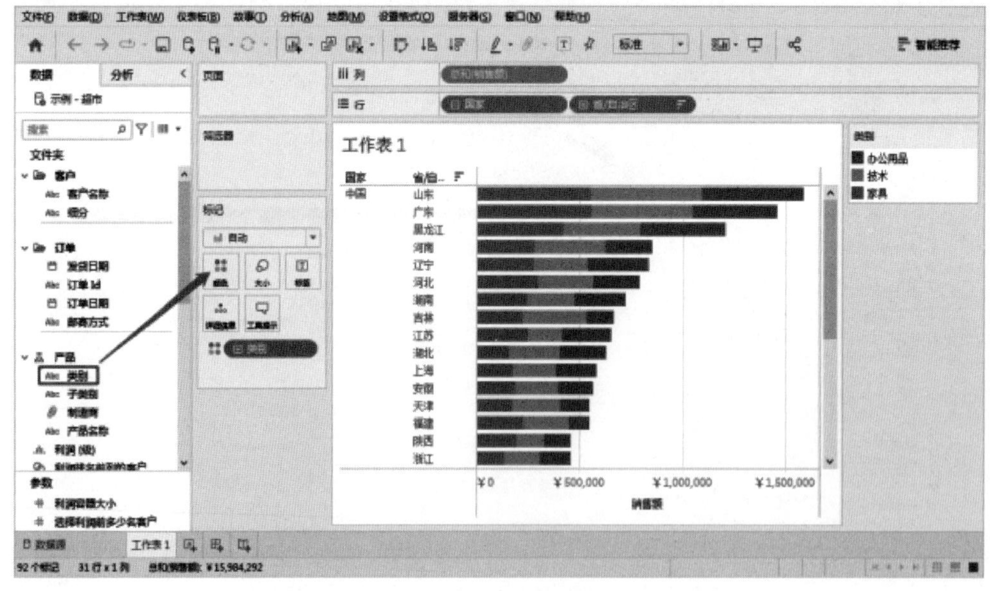

图 5-42　添加颜色

如果用户对软件自动分配的颜色不满意，可以编辑颜色，单击“颜色-编辑颜色”即可自定义颜色。

5. 考点 2：绘制不同类别的销售额占比饼图

以 Tableau 自带的数据集“示例-超市”为例，实现不同类别的销售额占比饼图，最终结果如图 5-43 所示。

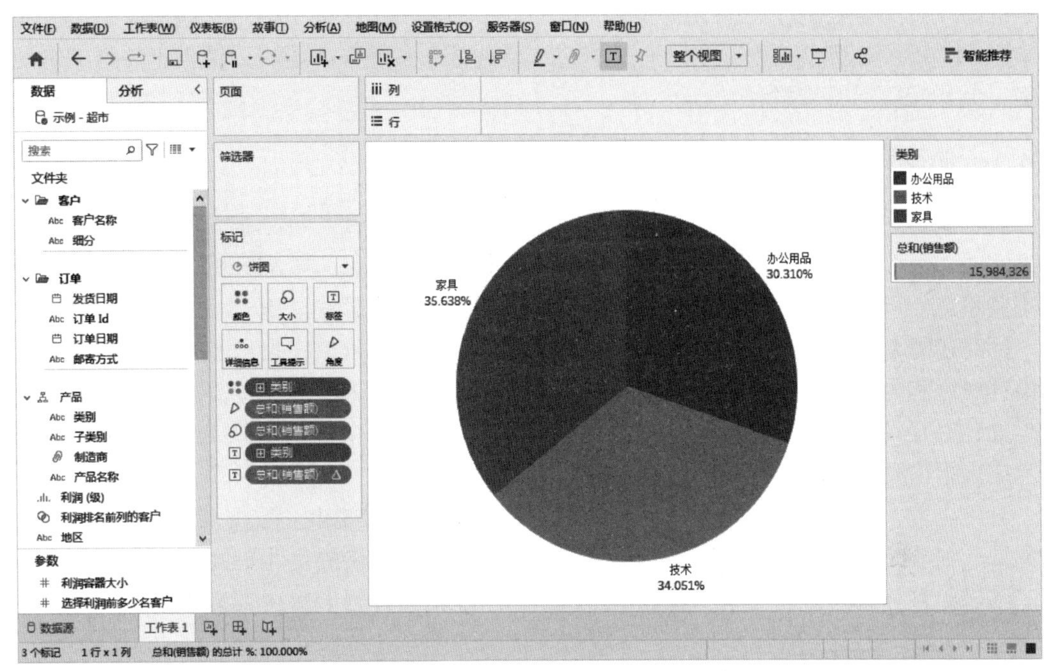

图 5-43　绘制饼图

（1）实现步骤

1）将“类别”字段拖到“行”功能区，“销售额”字段拖到“列”功能区；

2）单击工具栏中的“智能推荐”，图表类型选择饼图；

3）分别将“类别”字段和“销售额”字段拖到“标记”卡下的“标签”上；

4）更改标签格式。单击标签“总计（销售额）”右侧的三角按钮，选择“快速表计算”中的“总额百分比”选项，得到不同类别的销售额占比饼图。

（2）难点解析

上述示例中计算饼图的百分比，实际上是用到了表计算的功能。表计算是基于图形元素（如轴、数值标签、图例等）做进一步的二次、三次或多次运算，其实质是为了改变图形。

具体操作方式：

右击“标签”格式的“计数（Titanic）”，选择“快速表计算”，并选择“合计百分比”，便可以将数值标签转换为比例标签。

5.3　业务分析报告撰写

数据分析报告是整个业务分析过程的成果总结，是评定一条业务线的重要参考依据。

在进行数据报告撰写时，要注意报告各部分的完整性，一个完整的数据报告应该包括以下部分：报告背景、报告目的、数据来源及情况、分页图表内容、结果总结、趋势预测及应对策略。

其中报告背景和目的表明主题，是指导业务报告的方向；数据情况是业务报告的重点依据，数据来源可以增加报告的可信度；分页图表可以让企业对报告有更加直观的感受和理解，同时注意图表绘制过程中需要遵循一定的顺序和逻辑；结果小结及总结是业务报告的最终结果和整理；趋势预测则是企业通过当前结果进行未来趋势的预测，结合业务给出建议和方案，制作相应运营策略和方针。

5.3.1 明确背景与目的

制作报告之前，需要了解其业务背景，注意其目的是什么？每一张表每一个图都是有用且真实的，每个数据指标的定义都要清晰明了，做到抓住重点、精准分析，通过报告可以了解哪些信息？可以发现哪些问题？如何解决问题？应该采取哪些措施？

同时还需要了解受众群体的特性，这样才能体现报告的价值。报告受众的不同决定了报表设计风格和内容方向的不同，同时应该尽可能的获取受众人员的直接需求。

如针对开发人员，需要重点考虑实用性，围绕提升效率、实际解决问题进行措施建议，内容应该指出具体问题，具有针对性；

对于决策人员，则需要侧重结果的呈现，是否达到预期效果，数据展示要求简单明了，避免深入细节，若是达到预期目标，总结重要成因以及进一步的优化措施，若未达到预期目标，则需要整合原因，进一步拆分细化，找出问题原因，并附上解决方案和建议。

5.3.2 寻找合适数据

明确分析目标之后，就需要收集支撑数据，一般寻找合适数据有两种方式。

一个是从自身工作中查找数据，可从单位系统或数据库中抽取数据，也可通过调查问卷等方式收集数据，此类数据基于我们自身的知识背景、工作环境等便利条件，能够快速了解数据维度。

一个是从公开数据集中获取数据、也可通过网络埋点等形式收集数据。

数据要求真实有效。同时还应该满足业务要求，数据中要含有想要分析的对应指标数据和相关数据，如分析某产品销售情况，则需要有商品、单价、销售量、折扣等指标信息，另外数据类型和数据量也要考虑其中。

5.3.3 数据分析与图表

明确分析目的后，可以针对分析目标进行指标分解，从而进一步挖掘现状和问题。可以使用思维导图等脑图工具将问题具体量化展示。

数据分析时可以规划一个分析框架，层次要求架构清晰、主次分明，结合问题依次进行分析。

数据描述是对数据的基本情况进行描述，数据建模中还要对数据的趋势、极值、离散程度等内容进行分析。

指标分析是对数据的实际情况进行分析，如数据在某时间周期内的变动，可以使用环比、同比进行分析，其他还有目标用户分布、地域分布、用户在线时间分布等指标分析，多产品之间的对比分析等。

进行分析报告时，可以将数据通过不同的表和图形，可视化展示出来，进而使得结果更加清晰、直观、容易被理解。

成分对比主要体现在对于一个整体的每个部分的百分比的对比。常常出现“份额”“百分比”等词汇。成分对比通常使用如图 5-44 所示的饼图来展现。

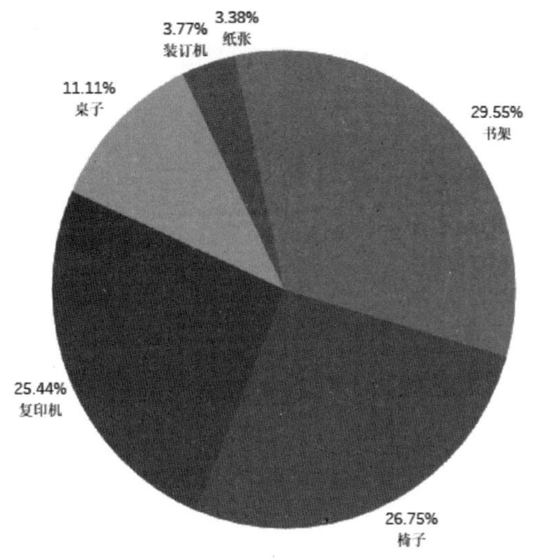

图 5-44　办公用品销售数据分析效果图

频率分布对比表现的是数据分布范围情况。常常出现“范围”“密度”“分布”等词汇。频率分布对比通常使用柱状图或折线图来展示，当比较范围数量较多时可使用折线图，较少时可通过柱状图，如图 5-45a 所示。图表展示建议 5 到 20 个分组。不同分组的大小应相同，否则会造成数据扭曲。对于即需要展示频率分布，又需要进行项目间对比，可将分布柱状图设置为簇状柱形图，如图 5-45b 所示。

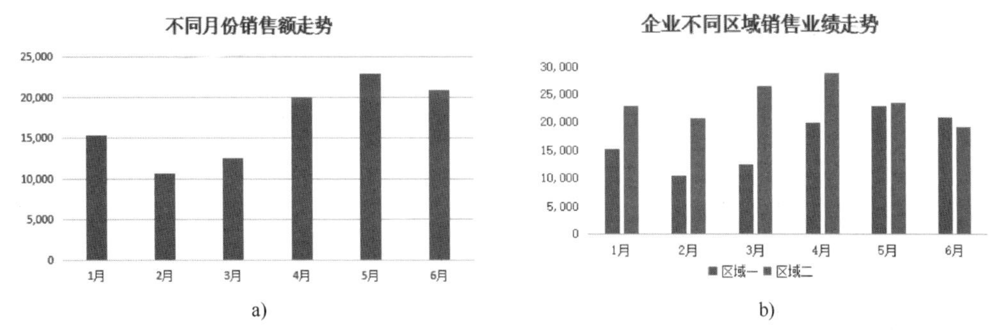

图 5-45　不同月份销售额走势

a）月份对比　b）不同区域月份对比

相关性对比表现的是不同变量之间的关系。常常出现“与 XX 有关”“随 XX 增长”等词汇。相关性对比通常使用散点图或双条形图来展示，如图 5-46 所示。

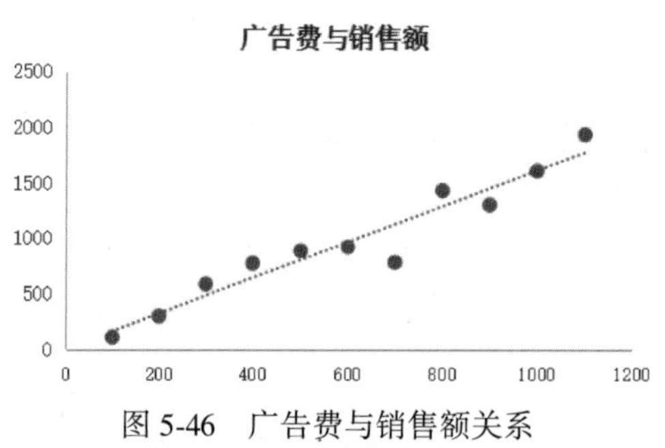

图 5-46　广告费与销售额关系

通过上图可以发现，此图展示的是广告费与销售额之间的关系，当广告费越高，销售额也越高，即销售额随广告费的增长而增长。

听众在接受我们分析报告信息时，需要消耗脑力去学习新知识，脑力是有限的，因此需要消除听众无关紧要的脑力消耗。

例如通过将图 5-47a 中网格线消除、标记点消除、金额度量转换、直接标记数据等手段降低认知负荷，修改后的图表如图 5-47b 所示。

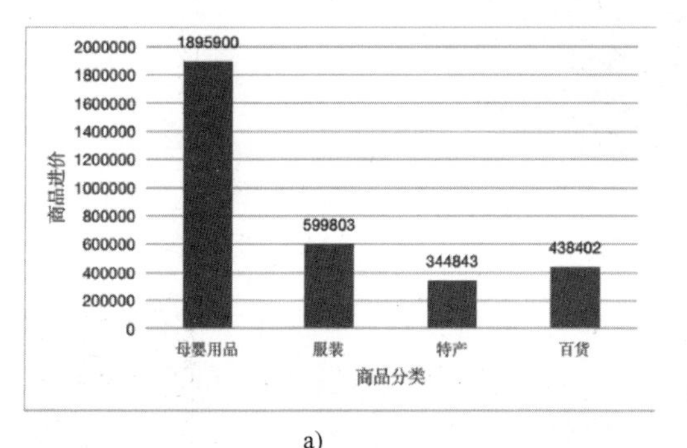

a)

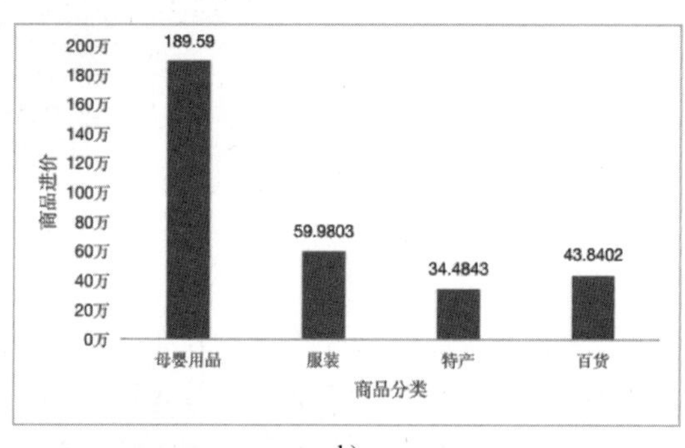

b)

图 5-47　不同商品进价总额

a）修改前　b）修改后

通过消除一些干扰，能突出我们所需要表达的重点。所有的数据不是同等重要的，消除不需要关注的元素，或将不直接影响内容的元素融入背景。

同时要突出需要吸引观众注意力的地方。在文字中可通过加粗、颜色、斜体、大小、空间隔离、下划线等手段突出文字关键词。在图表中主要通过颜色、大小突出需要强调的内容。在使用颜色时需慎重选择，不能在一张图中有太多颜色，造成视觉干扰；可以使用颜色的不同饱和度来强调数据；根据分析报告背景，可选择互补色来做内容的突出强调。

5.3.4　报告结论与建议

洞察结论是报告的关键，结论需要和分析目的紧密相连，同时需要明确的判定标准和结论，标准可以通过对业务的深刻理解或以往经验来制定，可以将公式计算结果作为指标界定参考，探究不同维度下的指标差异。

分析结论不宜过多，一个分析发现一个问题即可达到目的，每页图表表达一个对应观点和内容即可。

分析的本质是为了发现问题并为解决问题提供决策依据。发现问题、正视问题也是数据报告价值所在，对应的建议和解决方案要有可行性，切记不能假大空，无法落地。

解决方案是决策者做决策时的参考，可以积极和受众对象进行沟通，收集反馈，及时跟进，快速调整。

5.3.5　逻辑结构清晰

分析报告完成之后，还需要以更好的语言表达方式呈现给听众。为了保证整个分析报告的逻辑清晰，可以构建类似金字塔的逻辑结构，以某一个中心论点为塔尖，在其以下分支出不同论点的数据分析支撑，让听众对我们的分析报告有个清晰的逻辑结构。在文本阐述时，还需要注意语言的组织。

1）避免堆积大量的文字，需要从大量文字中提炼听众想要了解的或想要看到的话，精简描述。

2）避免使用段落句，文字较多时达不到精炼的效果，可以使用简单短句进行代替。

3）提炼节奏感强的短句，通常节奏感强的短句比较朗朗上口，所以可以优选排比句或对仗句。

分析报告的实质可以认为是一种沟通与交流的形式，将分析结果、可行性建议以及其他价值的信息传递给业务或者决策人员。综上所述，一份优秀的数据分析报告，有很多细节需要打磨，还需要在实际操作中，逐步地完善。

思考与练习

一、选择题

1. 关联规则的评价指标是(　　)。

A. 均方误差、均方根误差　　B. Kappa 统计、显著性检验

C. 支持度、置信度　　D. 平均绝对误差、相对误差

2. 回归分析首要解决的问题是(　　)。

A. 确定解释量和被解释变量　　B. 确定回归模型

C. 建立回归方程　　D. 进行检验

3. 聚类方法中，以下(　　)方法需要指定聚类个数。

A. 层次聚类　　B. K 均值聚类

C. 基于密度的聚类　　D. 基于网格的聚类

4. 数据挖掘中 Naive Bayes 属于(　　)方法。

A. 聚类　　B. 分类　　C. 时间序列　　D. 关联规则

5. 下列选项中，属于关联规则算法的是(　　)。

A. 决策树、对数回归、关联模式　　B. K 均值法、SOM 神经网络

C. Apriori 算法、FP-Tree 算法　　D. RBF 神经网络、K 均值法、决策树

6. 以下不属于监督学习模型的是(　　)。

A. 支持向量机　　B. 朴素贝叶斯　　C. 关联分析　　D. 线性回归

7. 以下四项指标中，不能用于线性回归中的模型比较的是(　　)。

A. R 方　　B. 调整 R 方　　C. AIC　　D. BIC

8. 以下选项哪个不属于分类算法(　　)。

A. KNN 算法　　B. 逻辑回归　　C. C4.5 算法　　D. TF-TDF 算法

9. 无监督学习中应用最广的是(　　)。

A. 分类算法　　B. 聚类算法　　C. 关联算法　　D. 时序

10. 以下(　　)说法不是 K-Means 算法的优点。

A. 收敛较快

B. 迭代次数一般为几次，较神经网络简单

C. 中心点的个数，通常值是在 3~5 个之间

D. 算法可能收敛到局部最优点

11. 使用以下(　　)可视化工具不需要编程基础。

A. D3. js　　B. Tableau　　C. SAC　　D. Vega

12. ECharts 是一个使用(　　)实现的开源可视化库。

A. JavaScript　　B. Python　　C. Java　　D. C

13. 在 D3 中，用于选择元素的函数有(　　)。

A. d3.select()　　B. d3.test()　　C. d3.selectAll()　　D. d3.update()

14. Tableau 的特点包含以下(　　)。

A. 简单易用　　B. 敏捷高效

C. 支持多种数据源连接　　D. 自助式开发

15. Tableau 中性能下降的可能原因是(　　)。

A. 更多提取，过滤器和依赖数据源

B. 少量提取，少用过滤器和依赖数据源

C. 适量提取，适量过滤器和依赖数据源

D. 没有配置好 Tableau 底层调优参数

二、理论题

1. 线性回归算法因变量的数据类型主要是什么？

2. 简述 Apriori 算法的核心思想。

3. 简述支持向量机的基本思想。

4. 简述什么是降维及 PCA 算法的流程。

5. 数据可视化可以使用的工具有哪些？